U0201837

零基础学R语言数据分析入门与实战

明日科技 编著

化学工业出版社
·北京·

内容简介

本书全面且细致地介绍了R语言数据分析所需的各项知识，即使是零基础也可以轻松入门，并将R语言数据分析应用到实际工作中。

全书共17章，分三篇，即基础篇、提高篇和统计分析篇：基础篇包括初识R语言、集成开发环境RStudio、R语言快速入门、流程控制语句、R语言的数据结构、字符串及正则表达式、文件及目录操作以及日期和时间序列；提高篇包括获取外部数据、数据处理与清洗、数据统计计算、数据分组统计与透视表、基本绘图、ggplot2高级绘图；统计分析篇包括基本统计分析、方差分析和回归分析。

本书包含200余个实例及相关代码，力求为读者打造一本“基础+应用+实践”一体化的R语言零基础快速入门图书。

图书在版编目（CIP）数据

零基础学R语言：数据分析入门与实战 / 明日科技编著. -- 北京：化学工业出版社，2024. 10. -- ISBN 978-7-122-45978-7

Ⅰ. TP312.8

中国国家版本馆CIP数据核字第2024SV2154号

责任编辑：张　赛　要利娜　　文字编辑：侯俊杰　温潇潇

责任校对：王鹏飞　　装帧设计：王晓宇

出版发行：化学工业出版社

（北京市东城区青年湖南街13号　邮政编码100011）

印　　装：大厂回族自治县聚鑫印刷有限责任公司

787mm×1092mm　1/16　印张21 1/2　字数518千字

2024年10月北京第1版第1次印刷

购书咨询：010-64518888　　售后服务：010-64518899

网　　址：http://www.cip.com.cn

凡购买本书，如有缺损质量问题，本社销售中心负责调换。

定　　价：98.00元

版权所有　违者必究

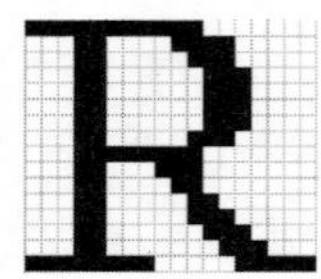

前言 PREFACE

R语言是现如今最受欢迎的数据统计分析和可视化工具之一，它是开源的软件，并提供了Windows、Mac OS和Linux系统的版本。

通过本书，您可以全面掌握R语言基础、数据统计分析、数据可视化和数据预测等知识。

本书内容

本书提供了从零基础入门R语言到进阶数据统计分析、数据可视化和数据预测必备的各类知识。全书共分为3篇，具体介绍如下。

基础篇：本篇全面地介绍了R语言基础知识，主要包括初识R语言、集成开发环境RStudio、R语言快速入门、流程控制语句、R语言的数据结构、字符串及正则表达式、文件及目录操作以及日期和时间序列。

提高篇：本篇为数据分析核心技术，按照数据分析的基本流程，详细介绍了获取外部数据、数据处理与清洗、数据统计计算、数据分组统计与透视表、基本绘图、ggplot2高级绘图。

统计分析篇：本篇详细讲解了常用的数据分析与建模，包括基本统计分析、方差分析和回归分析，并结合了实例和案例。

本书特点

- **由浅入深，循序渐进：**本书以R语言初学者为对象，将带领读者先从R语言基础学起，然后以数据分析基本流程学习R语言数据分析、数据可视化等核心知识，最后介绍常用的数据分析方法。
- **基础知识+案例实战：**通过例子学习是最好的学习方式，本书通过“知识点+实例”的模式，详尽透彻地讲述了R语言数据分析所需的各类知识，为初学者打造“学习+应用”的强化实战学习环境。
- **精彩栏目，贴心提示：**本书根据学习需要在正文中设计了很多“注意”“说明”“技巧”“代码解析”等小栏目，辅助读者轻松理解所学知识，规避编程陷阱。

读者对象

- ☑ R语言初学者
- ☑ 数据分析师
- ☑ 高校统计相关专业的学生
- ☑ 编程开发人员
- ☑ 职场人员
- ☑ 培训机构的学员及老师

致读者

本书由明日科技的开发团队策划并组织编写，主要编写人员有高春艳、王小科、赛思琪、刘书娟、王国辉、李磊、赛奎春、赵宁、张鑫、田旭、杨丽、李颖、李雪、葛忠月、张颖鹤、王艳玲、程瑞红等。在编写本书的过程中，我们本着科学、严谨的态度，力求精益求精，但疏漏之处在所难免，敬请广大读者批评斧正。

感谢您阅读本书，希望本书能成为您编程路上的领航者。

祝您读书快乐！

编著者

2024年4月

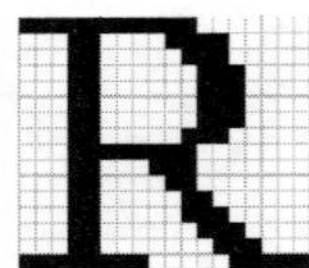

目录

CONTENTS

第1篇 基础篇

第 2 篇 提高篇

第 1 篇
基础篇

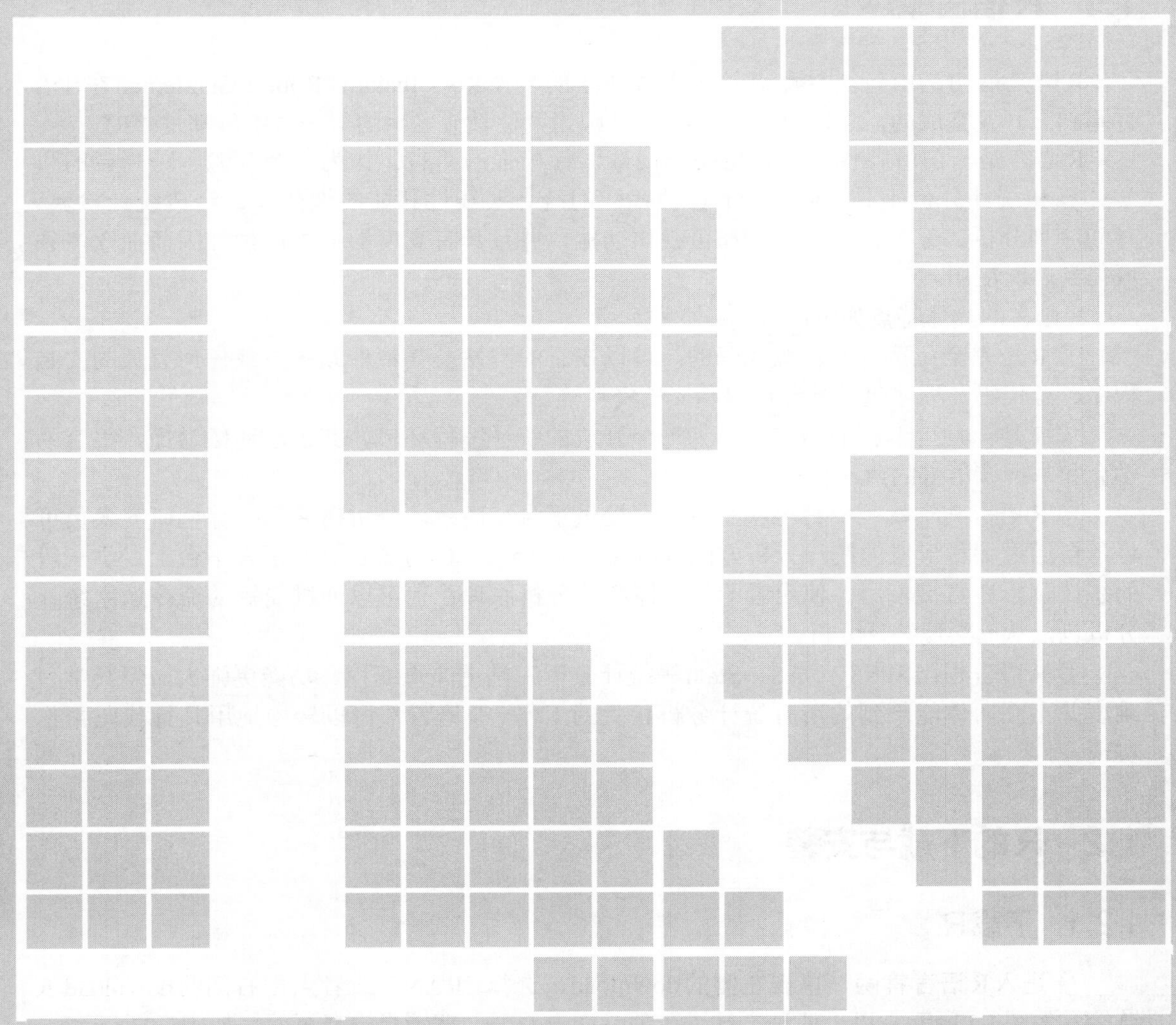

第1章

初识R语言

R语言的魅力在于它具有极其出色的计算与统计分析能力。R语言可以用极少的代码量完成许多复杂的数据分析工作，因而成为统计分析、数据可视化、数据分析报告的优秀工具。那么本章就让我们一起来认识一下R语言。

1.1 R语言概述

R语言最初是由新西兰奥克兰大学统计系的教授Ross Ihaka和Robert Gentleman在S语言基础上开发完成的，之所以叫作“R”，是因为两位教授名字的第一个字母都是“R”。

R语言是一门解释性语言，也是一门数学性极强的语言。作为一个开源、跨平台的科学计算和统计分析工具，R提供了各种各样的统计（线性和非线性建模、经典统计检验、时间序列分析、分类、聚类等）和可视化功能，并且具有高度的可扩展性，因而在众多领域得到广泛应用。

R语言的具体特点如下：

① R是完全免费、开放源代码的。可以在它的网站及其镜像站中下载任何有关的安装程序、源代码、程序包及其源代码和文档资料等。

② R是一种可编程的语言。作为一个开放的统计编程环境，其语法通俗易懂，很容易学会和掌握该语言的语法。

③ R语言其实就是一种环境平台。它提供平台，而统计分析研究和计算机研究人员可将各自通过编程形成的统计分析方法以打包（package）的方式放在R语言平台上，供一般的统计分析者直接使用。使用者即使不懂统计分析原理，也可以通过简短的命令调用统计分析包，从而实现统计分析。

④ R语言相比SPSS、SAS、Stata等统计分析工具更注重编程，功能更强大，但其学习难度并不高。你能想到的所有统计分析相关的工作，R语言都可以轻松地用几行代码帮你实现。

1.2 R的下载与安装

1.2.1 下载R

① 进入R语言官网，单击左侧的download，选择CRAN，或者点击右侧的download R链接，如图1.1所示。以上两种方法进入的是同一页面，即镜像选择页面，如图1.2所示。

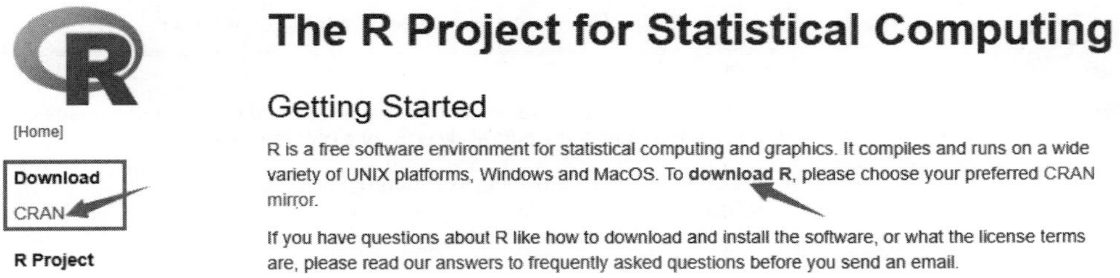

[Home]

R Project

The R Project for Statistical Computing

Getting Started

R is a free software environment for statistical computing and graphics. It compiles and runs on a wide variety of UNIX platforms, Windows and MacOS. To **download R**, please choose your preferred CRAN mirror.

If you have questions about R like how to download and install the software, or what the license terms are, please read our answers to frequently asked questions before you send an email.

图1.1 R语言官网

> 说明 CRAN是Comprehensive R Archive Network的简写，是拥有同一资料，包括R的发布版本、包、文档和源代码的网络集合。

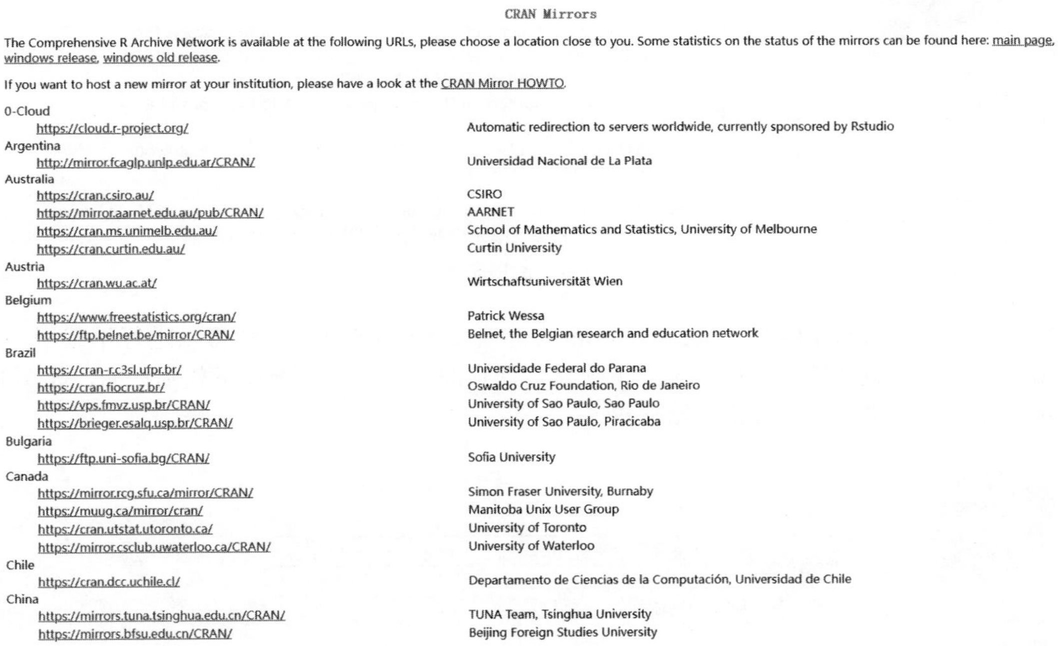

CRAN Mirrors

The Comprehensive R Archive Network is available at the following URLs, please choose a location close to you. Some statistics on the status of the mirrors can be found here: main page, windows release, windows old release.

If you want to host a new mirror at your institution, please have a look at the CRAN Mirror HOWTO.

0-Cloud	
https://cloud.r-project.org/	Automatic redirection to servers worldwide, currently sponsored by Rstudio
Argentina	
http://mirror.fcaglp.unlp.edu.ar/CRAN/	Universidad Nacional de La Plata
Australia	
https://cran.csiro.au/	CSIRO
https://mirror.aarnet.edu.au/pub/CRAN/	AARNET
https://cran.ms.unimelb.edu.au/	School of Mathematics and Statistics, University of Melbourne
https://cran.curtin.edu.au/	Curtin University
Austria	
https://cran.wu.ac.at/	Wirtschaftsuniversität Wien
Belgium	
https://www.freestatistics.org/cran/	Patrick Wessa
https://ftp.belnet.be/mirror/CRAN/	Belnet, the Belgian research and education network
Brazil	
https://cran-r.c3sl.ufpr.br/	Universidade Federal do Parana
https://cran.fiocruz.br/	Oswaldo Cruz Foundation, Rio de Janeiro
https://vps.fmvz.usp.br/CRAN/	University of Sao Paulo, Sao Paulo
https://brieger.esalq.usp.br/CRAN/	University of Sao Paulo, Piracicaba
Bulgaria	
https://ftp.uni-sofia.bg/CRAN/	Sofia University
Canada	
https://mirror.rcg.sfu.ca/mirror/CRAN/	Simon Fraser University, Burnaby
https://muug.ca/mirror/cran/	Manitoba Unix User Group
https://cran.utstat.utoronto.ca/	University of Toronto
https://mirror.csclub.uwaterloo.ca/CRAN/	University of Waterloo
Chile	
https://cran.dcc.uchile.cl/	Departamento de Ciencias de la Computación, Universidad de Chile
China	
https://mirrors.tuna.tsinghua.edu.cn/CRAN/	TUNA Team, Tsinghua University
https://mirrors.bfsu.edu.cn/CRAN/	Beijing Foreign Studies University

图1.2 镜像选择页面

② 选择相关的镜像，镜像链接是按照国家进行分组的，这里我们找到China，然后任意选择一个镜像即可。

③ 在下载页面，可以看到R语言为不同操作系统提供了不同的下载文件，包括Linux、macOS和Windows，如图1.3所示。这里我们选择Windows版本，点击Download R for Windows链接。

> 说明 所谓镜像，就是把一个网站资源的副本放在镜像服务器上，也就是说登录不同的镜像网站都跟登录主网站一样。一般选择离得近的镜像，这样下载速度更快。另外，如果主站不能用了，镜像网站也可以作为备用。

CRAN
Mirrors
What's new?
Search
The Comprehensive R Archive Network
Download and Install R
Precompiled binary distributions of the base system and contributed packages, **Windows and Mac** users most likely want one of these versions of R:
Download R for Linux (Debian, Fedora/Redhat, Ubuntu)
Download R for macOS
Download R for Windows

图1.3 选择适合的镜像入口

④ 对于Windows版本，R语言也提供了不同的版本，这里我们选择base即可，如图1.4所示。

CRAN
Mirrors
What's new?
Search
About R
R Homepage
The R Journal
R for Windows
Subdirectories:
base
Binaries for base distribution. This is what you want to **install R for the first time**.
contrib
Binaries of contributed CRAN packages (for R >= 3.4.x).
old contrib
Binaries of contributed CRAN packages for outdated versions of R (for R < 3.4.x).
Rtools
Tools to build R and R packages. This is what you want to build your own packages on Windows, or to build R itself.
Please do not submit binaries to CRAN. Package developers might want to contact Uwe Ligges directly in case of questions / suggestions related to Windows binaries.

图1.4 选择版本

⑤ 点击Download R-4.2.1 for Windows的链接（如图1.5所示）就可以进行下载了。在弹出的“新建下载任务”窗口，选择下载文件保存的地址，这里选择下载到桌面，如图1.6所示，然后单击“下载”按钮开始下载。

New features in this version
This build requires UCRT, which is part of Windows since Windows 10 and Windows Server 2016.
On older systems, UCRT has to be installed manually from here.

图1.5 根据操作系统选择适合的版本

新建下载任务

文件名 R-4.2.1-win.exe 78.79MB

保存到 桌面

复制链接地址

直接打开 下载 取消

图1.6 下载

1.2.2　安装R

下面介绍如何安装R，具体步骤如下：

① 下载完成后，桌面上会出现如图1.7所示的EXE文件，双击该文件进行安装。首先选择语言，这里我们选择“中文（简体）”，如图1.8所示，然后单击“确定”按钮。

② 打开“安装向导”窗口，如图1.9所示，单击“下一步”按钮。

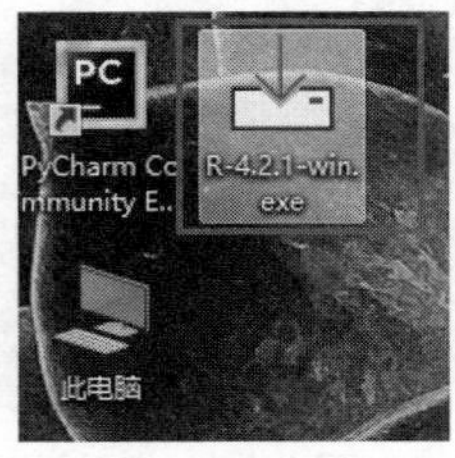

图1.7　R的快捷方式

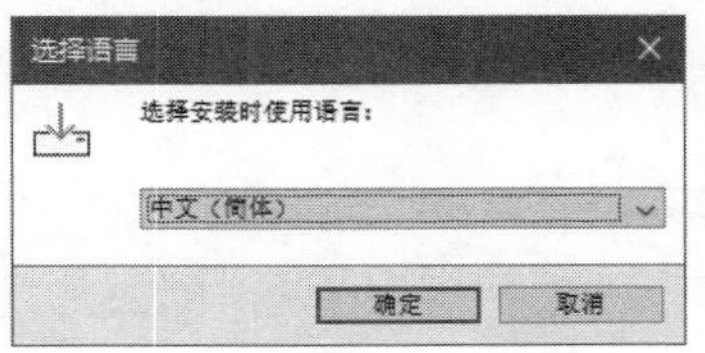

图1.8　选择安装语言

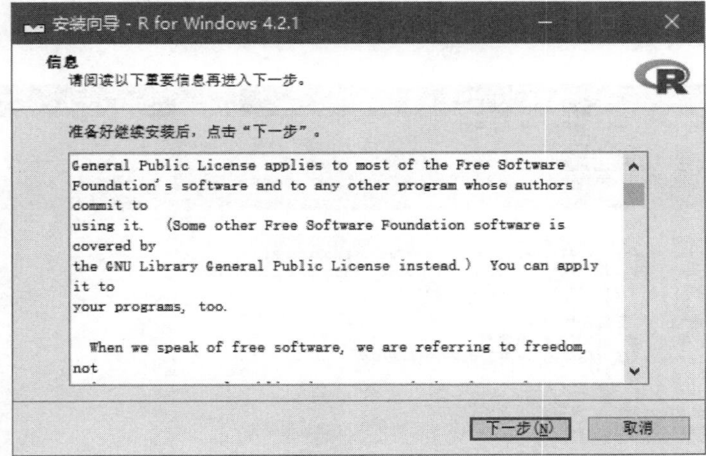

图1.9　安装向导

③ 选择安装位置，这里选择安装到D盘，如图1.10所示，单击“下一步”按钮。

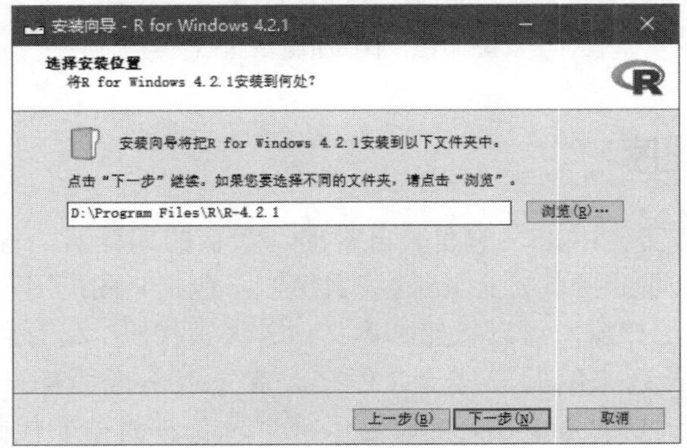

图1.10　选择安装位置

④ 选择组件，采用默认设置，如图1.11所示，单击“下一步”按钮。

⑤ 启动选项，采用默认设置，如图1.12所示，单击“下一步”按钮。

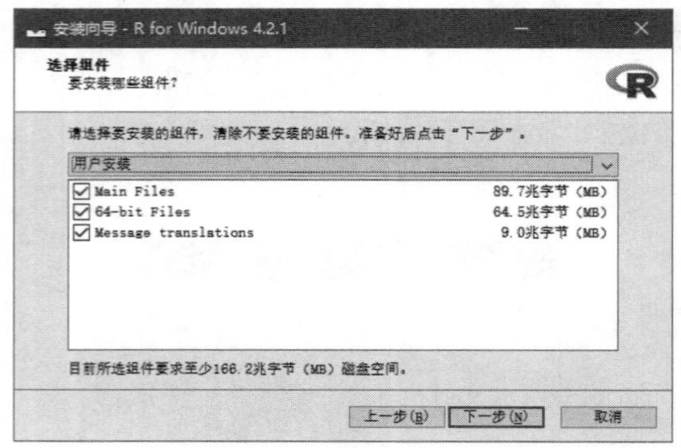

图1.11 选择组件

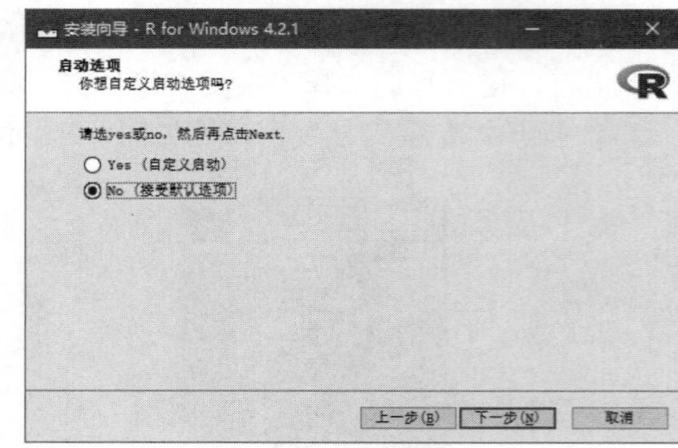

图1.12 启动选项

⑥ 创建快捷方式，采用默认设置，单击“下一步”按钮，开始安装。

⑦ 安装完成后，在桌面会自动创建一个R的图标，双击该图标会出现如图1.13所示的界面，证明R安装成功了。

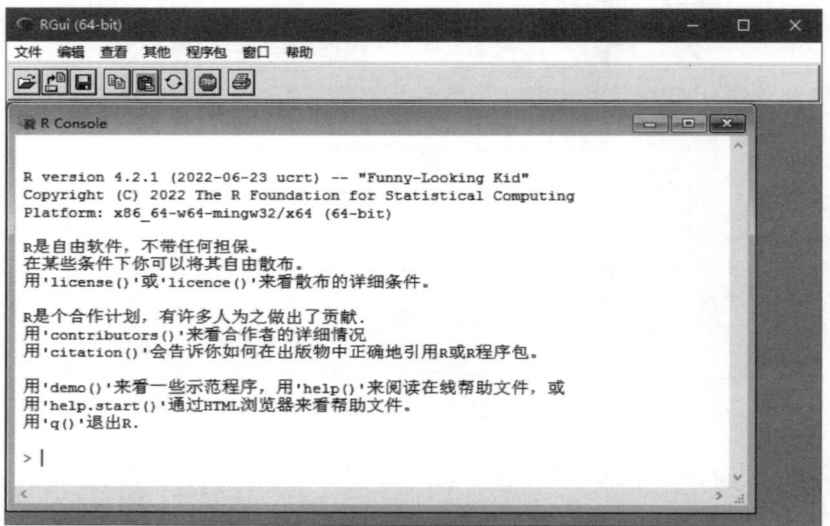

图1.13 RGui编辑窗口

1.3 第一个R程序

安装R后，会自动安装RGui，它是R自带的、默认的编译器，程序开发人员可以利用RGui与R交互。运行R看到的就是RGui的编辑窗口，包括R图形用户界面（RGui）和R控制台（R Console）。通过该窗口可以新建脚本文件、编写代码、运行程序等。

下面就跟着本书一起来编写第一个R程序。首先双击桌面R的快捷方式图标，运行RGui，然后在R控制台（R Console）的R提示符“＞”右侧输入代码，每写完一条语句，并且按下<Enter>键，就会执行一条。而在实际开发时，通常需要多行代码才能实现更多功能，如果需要编写多行代码时，可以单独创建一个脚本文件保存这些代码，在全部编写完毕后一起执行。具体方法如下所述。

① 在RGui编辑窗口的菜单栏上，选择“文件”→“新建程序脚本”命令，打开一个新窗口，在该窗口中，可以直接编写R代码，并且输入一行代码后按下<Enter>键，将自动换到下一行，等待继续输入，如图1.14所示。

图1.14　新创建的程序脚本文件窗口

② 在代码编辑区中，编写“hello world”程序，代码如下：

```
print("hello world")
```

③ 编写完成的代码效果如图1.15所示。按下快捷键<Ctrl + S>保存文件，这里将其保存为demo.R，其中，.R是R文件的扩展名。

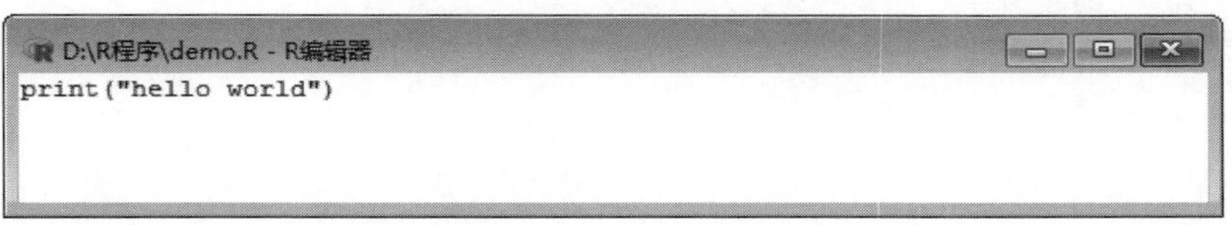

图1.15　编写代码

④ 运行程序。在菜单栏中选择“编辑”→“运行所有代码”菜单项，运行效果如图1.16所示。

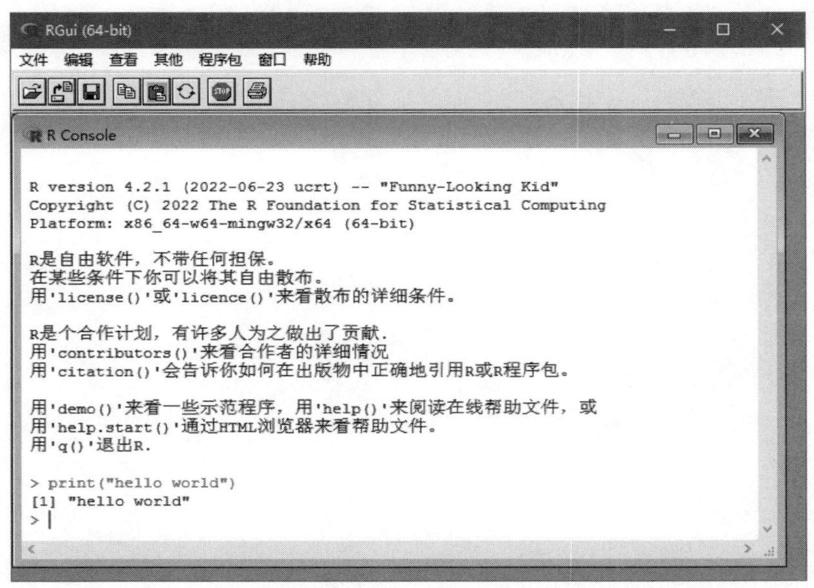

图1.16　第一个R程序

> **说明** 程序运行结果会在 R Console 中呈现，每运行一次程序，就在 R Console 中呈现一次。

本章思维导图

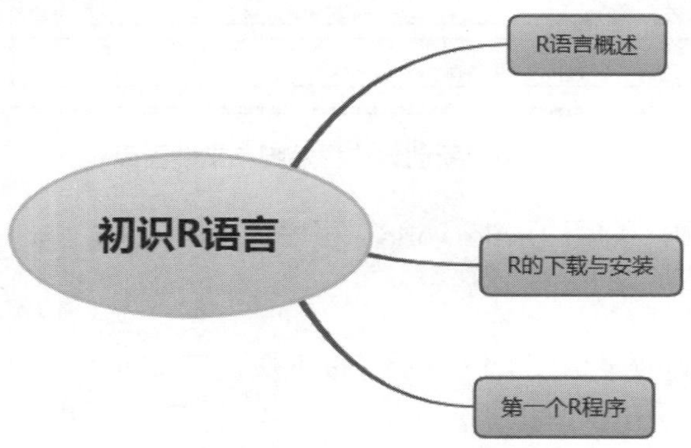

第2章

集成开发环境RStudio

2.1 RStudio概述

R语言自带编译器的功能较为薄弱，无法实现代码高亮、自动纠错、快捷命令等实用功能。而RStudio则是改装后的编译器，它是R语言的集成开发环境（IDE）。所谓集成开发环境，就是将程序开发所需要的代码编辑器、编译器、调试器等工具都集成在一个界面环境中，让我们的开发更加方便快捷。

RStudio是一个独立的开源项目，它将许多功能强大的编程工具集成到一个直观、易于学习的界面中，并且支持在不同平台（例如Windows、Mac、Linux）上运行，也可以通过Web浏览器（使用服务器安装）运行。

与RGui相比，RStudio具有极为友好的页面以及强大的功能，它弥补了R Console的许多不足，可以更加方便地编写代码、修改代码，具有自动纠错功能，还可利用R社区里提供的各种程序包，轻松实现各种算法拓展及数据可视化。

2.2 下载与安装RStudio

2.2.1 下载RStudio

RStudio也是免费开放源代码的，所以尽可能通过官网下载，具体下载步骤如下：

① 打开RStudio的官方网址，界面如图2.1所示。

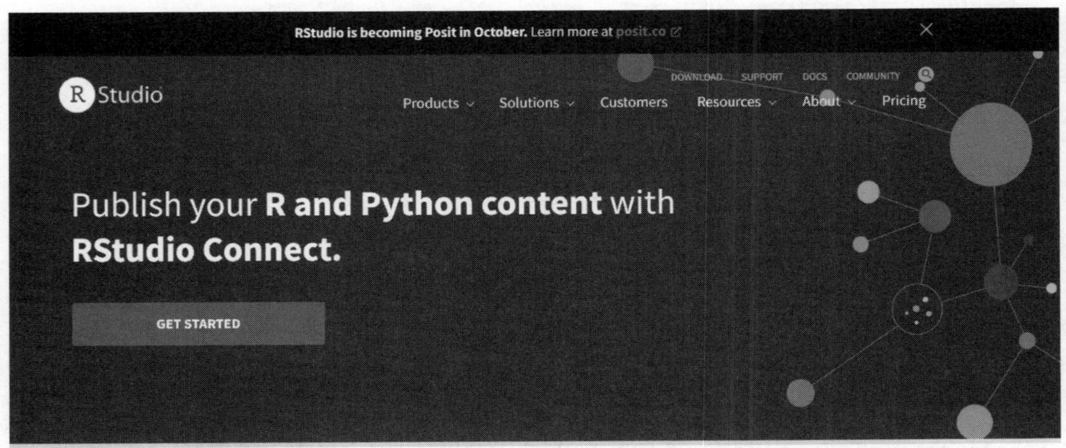

图2.1 RStudio官网页面

② 单击Products菜单选择RStudio，如图2.2所示。

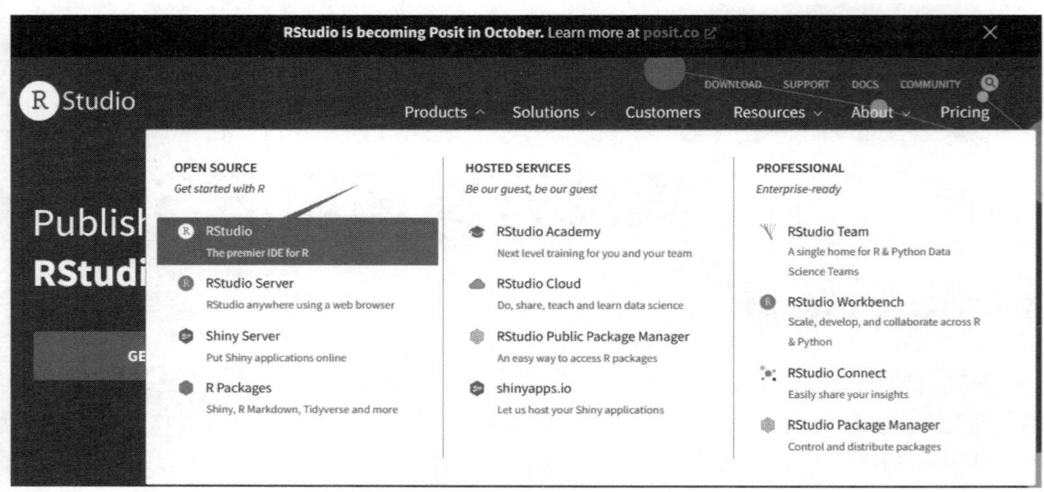

图2.2 选择RStudio

③ 单击RStudio桌面版的下载选项，如图2.3所示。注意商业版以及专业版的RStudio是收费的，虽然功能更强大，但是对于刚接触R语言的读者，开源的RStudio完全能够满足日常开发需求。

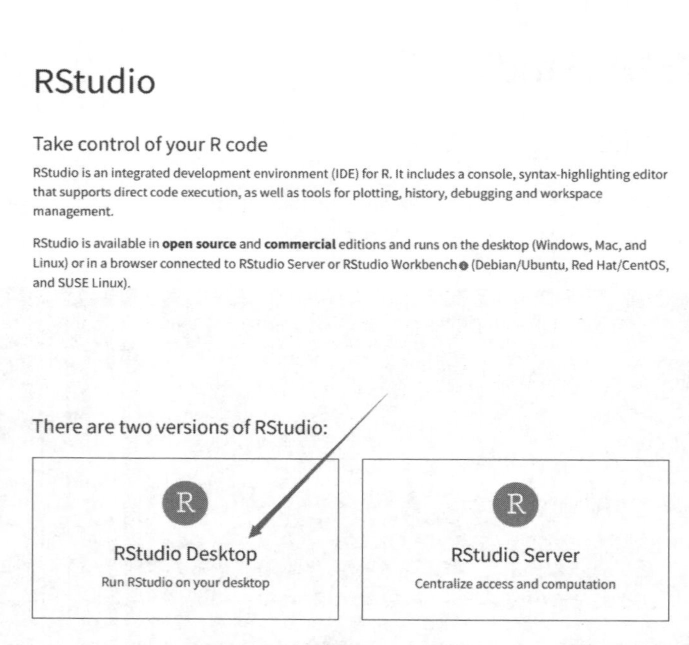

图2.3 单击RStudio桌面版

④ 进入下载页面，如图2.4所示，单击DOWNLOAD RSTUDIO DESKTOP按钮，选择桌面版，如图2.5所示，单击DOWNLOAD按钮。

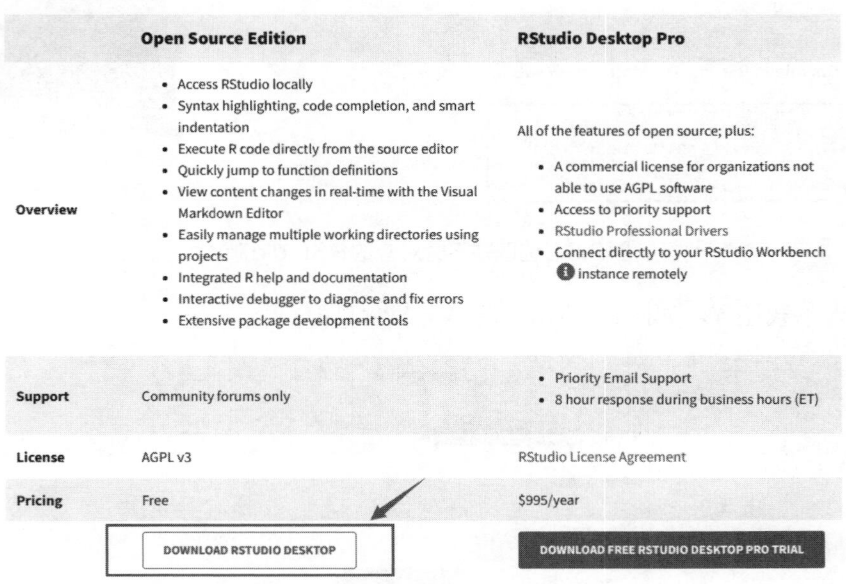

图2.4 单击DOWNLOD RSTUDIO DESKTOP按钮

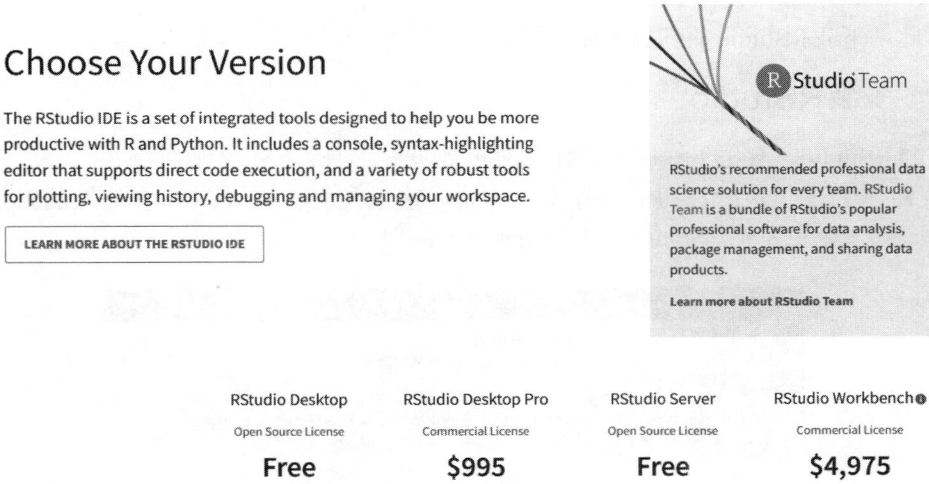

图2.5 单击DOWNLOAD按钮

⑤ 根据自身使用的计算机操作系统，选取并下载对应的RStudio版本，这里选择下载Windows 10/11（64-bit），如图2.6所示，单击DOWNLOAD RSTUDIO FOR WINDOWS按钮开始下载。需要注意的是，在下载RStudio之前，要确保电脑里已经安装了R语言，并且版本不低于3.3.0。

RStudio Desktop 2022.07.1+554 - Release Notes

1. Install R. RStudio requires R 3.3.0+.

2. Download RStudio Desktop. Recommended for your system:

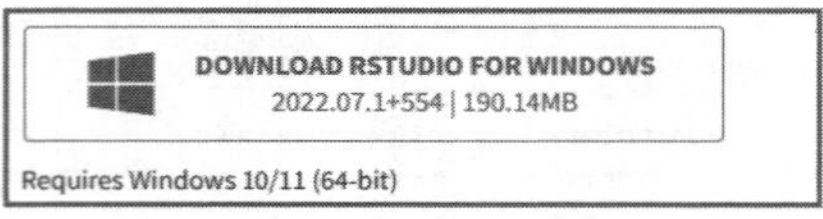

图2.6　选取并下载对应的RStudio版本

⑥ 进入下载任务，如图2.7所示，这里下载到桌面。

新建下载任务

文件名　RStudio-2022.07.1-554.exe　181.34MB

保存到　桌面

复制链接地址

直接打开　下载　取消

图2.7　下载任务

至此，下载RStudio的任务就完成了。

2.2.2　安装RStudio

安装RStudio，双击下载后的EXE文件开始安装，具体安装步骤如下：

① 单击“下一步”按钮，选择安装位置，这里我们将RStudio安装在R的目录里（如图2.8所示），以免发生RStudio无法关联到R的问题。

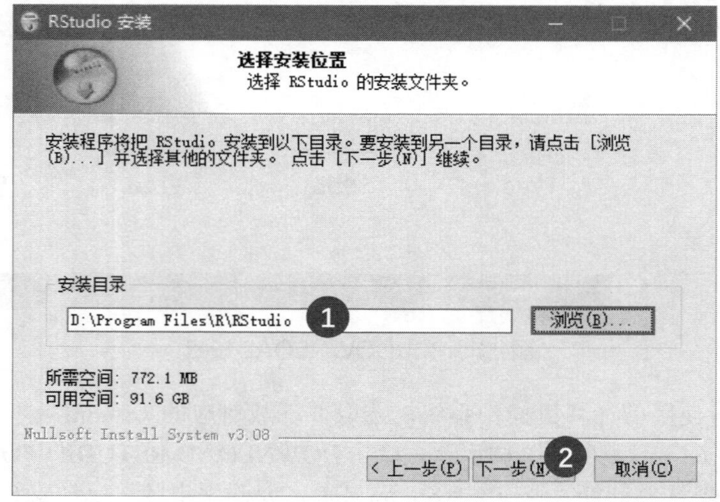

图2.8　选择安装位置

② 选择开始菜单文件夹，如图2.9所示，单击“安装”按钮，开始安装。

③ 安装程序结束，如图2.10所示，单击“完成”按钮，开始菜单会出现一个蓝色的RStudio图标，双击即可进入RStudio的编辑窗口。

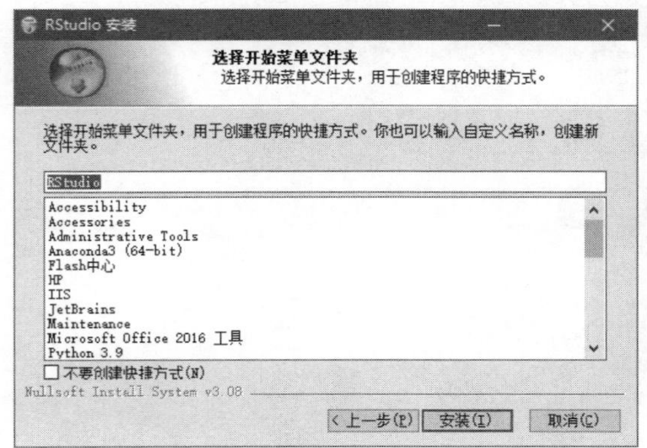

图2.9　选择开始菜单文件夹

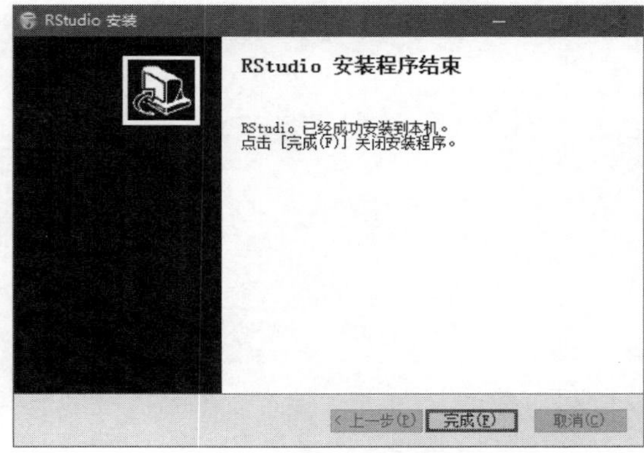

图2.10　安装程序结束

2.3　在RStudio中编写第一个R程序

RStudio安装完成后，接下来牛刀小试，在RStudio集成开发环境中编写R程序，具体步骤如下：

① 首先运行RStudio新建一个项目。选择“File”→“New Project”菜单项，然后单击“New Directory”→“New Project”选择一个位置以创建新项目，如图2.11所示。

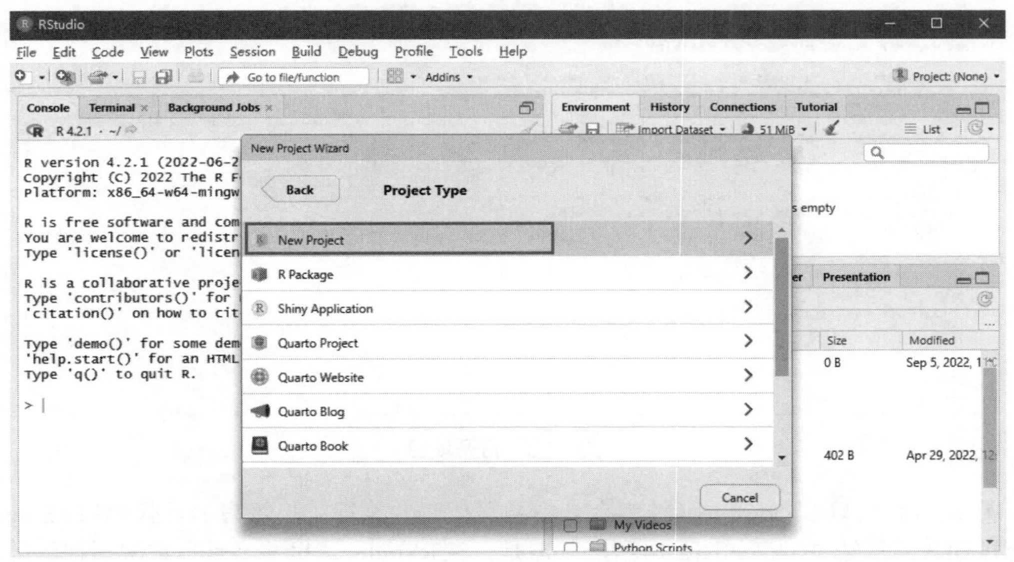

图2.11　创建新项目

> **说明**　项目创建完成后，日常创建的R程序（.R文件）都可以存放在该项目文件夹中，以方便管理。

② 打开新建项目窗口，输入项目文件夹名称（如RProjects），选择项目存放的路径（如D:/R程序），如图2.12所示，然后单击“Create Project”按钮，创建项目。

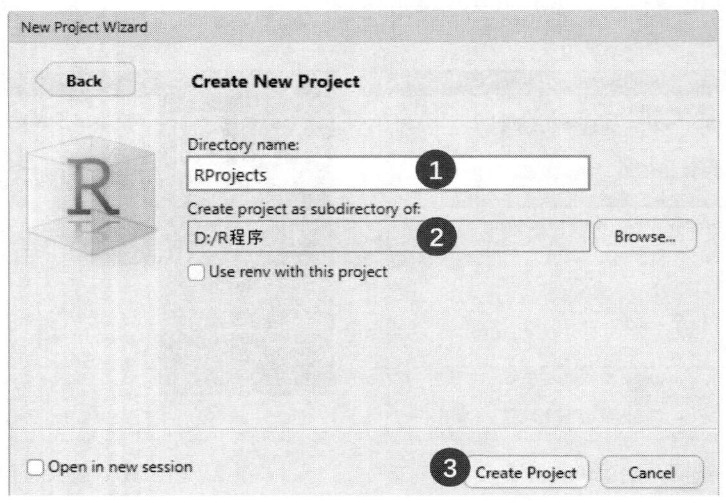

图2.12　新建项目窗口

③ 完成创建后，项目（Project）会自动打开，如图2.13所示。

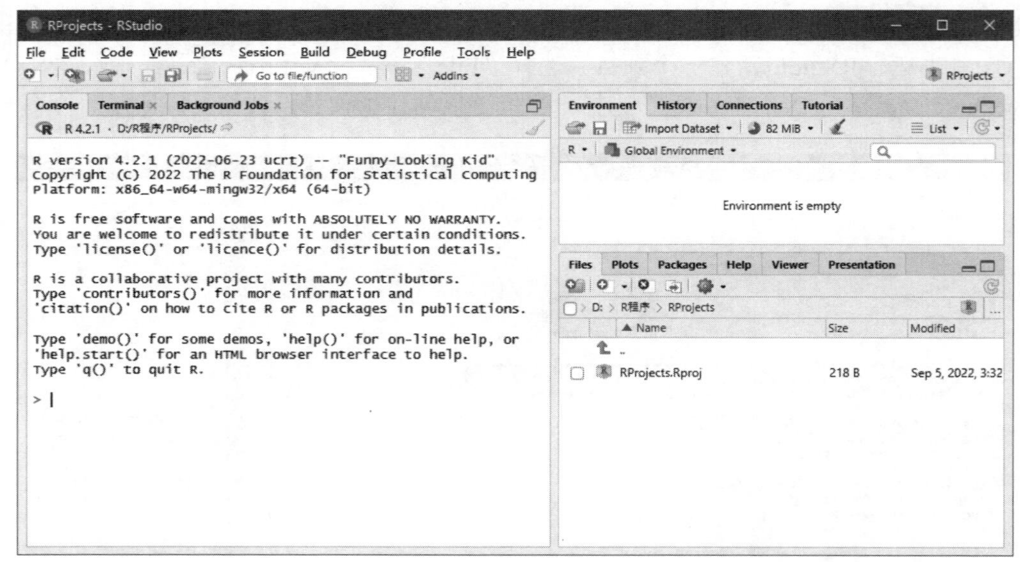

图2.13　打开项目

④ 此时就可以在Console（控制台）中编写代码并执行了。每写一行代码按<Enter>键就会执行并显示结果，例如图2.14所示。但是，在RStudio这里并不是日常编写代码的常规操作，因为这些代码不会被保存。下面的步骤才是我们经常用到的操作。

注意：双引号为英文输入法状态下的双引号。

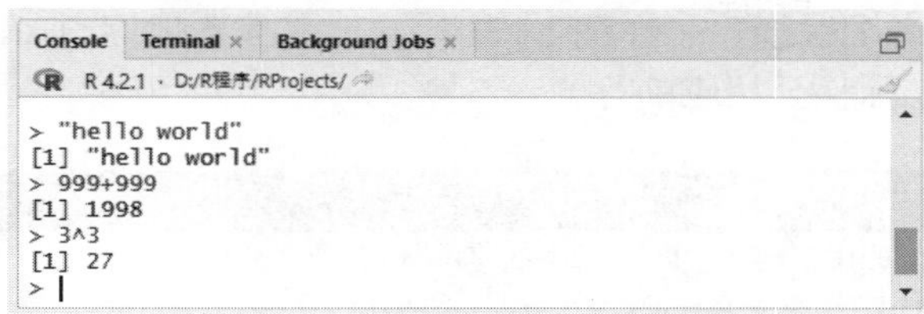

图2.14　在Console中编写代码

⑤ 新建R脚本文件（R Script），单击左上角的绿色加号按钮，选择R Script即可，如图2.15所示。

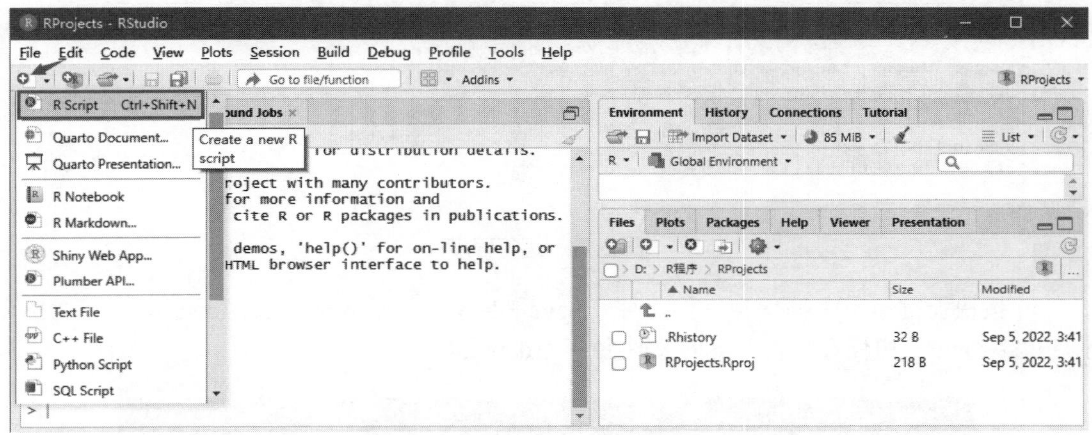

图2.15　选择R Script

⑥ 创建完成如图2.16所示，默认文件名为Untitled1。此时再编写代码就可以保存为.R文件了。

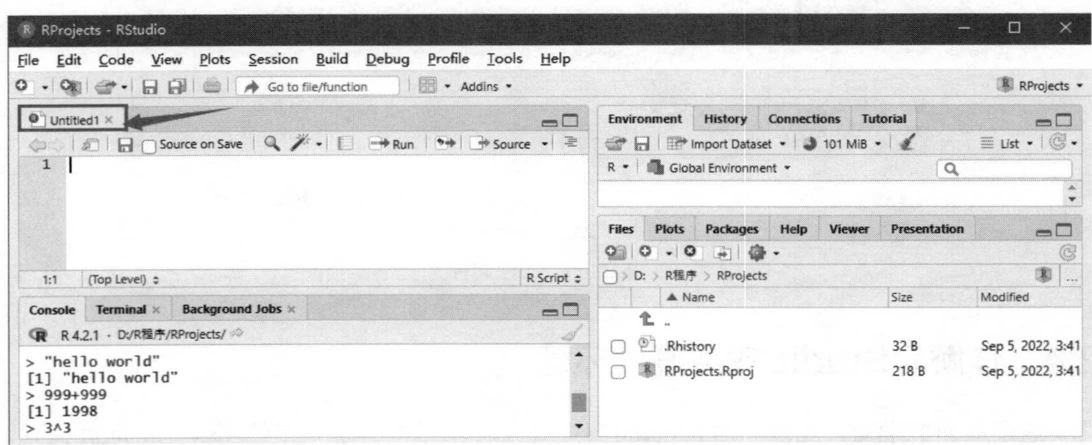

图2.16　新建R文件

⑦ 在上述窗口中编写代码，使其输出“hello world”。代码如下：

```
print("hello world")
```

⑧ 运行程序，单击运行按钮（如图2.17所示），或按快捷键<Ctrl+Enter>键，运行结果如图2.17所示（需将光标移至相应的行）。

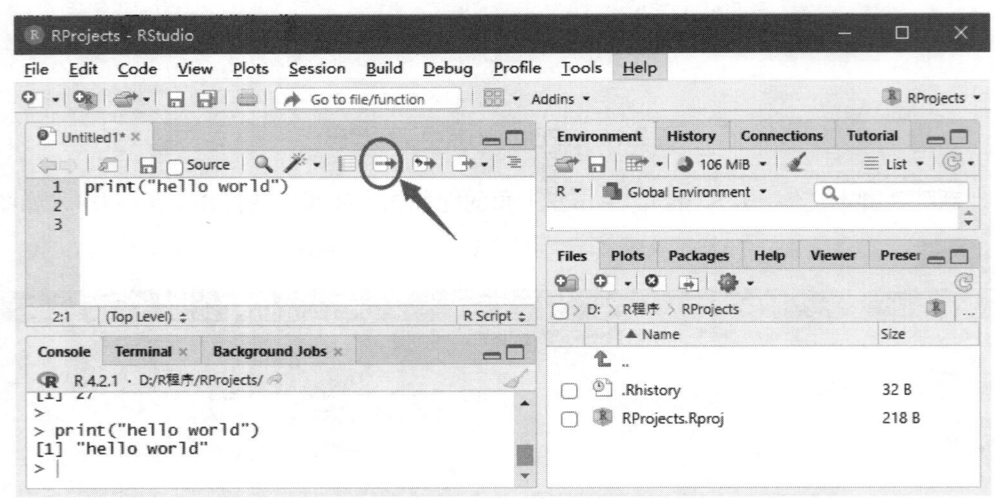

图2.17 运行程序

⑨ 按快捷键<Ctrl+S>保存文件，打开Save File窗口，输入文件名为demo，如图2.18所示，单击Save按钮保存文件，此时文件名变为demo.R。

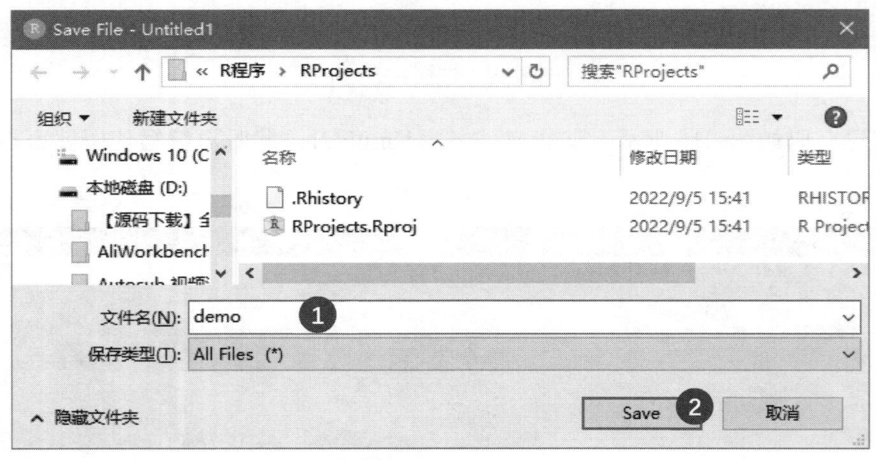

图2.18 保存文件

2.4 详解RStudio集成开发环境

通过前面的学习，相信您对RStudio集成开发环境已经有了初步的了解，下面就让我们详细地认识一下它，如图2.19所示是RStudio完整的界面。

2.4.1 RStudio编辑窗口

RStudio的编辑窗口主要由4个独立的窗口组成，分别为代码编辑窗口、环境管理窗口、控制台（代码运行窗口）以及资源管理窗口，如图2.19所示。这4个窗口的大小可以通过拖拽鼠标来调整。

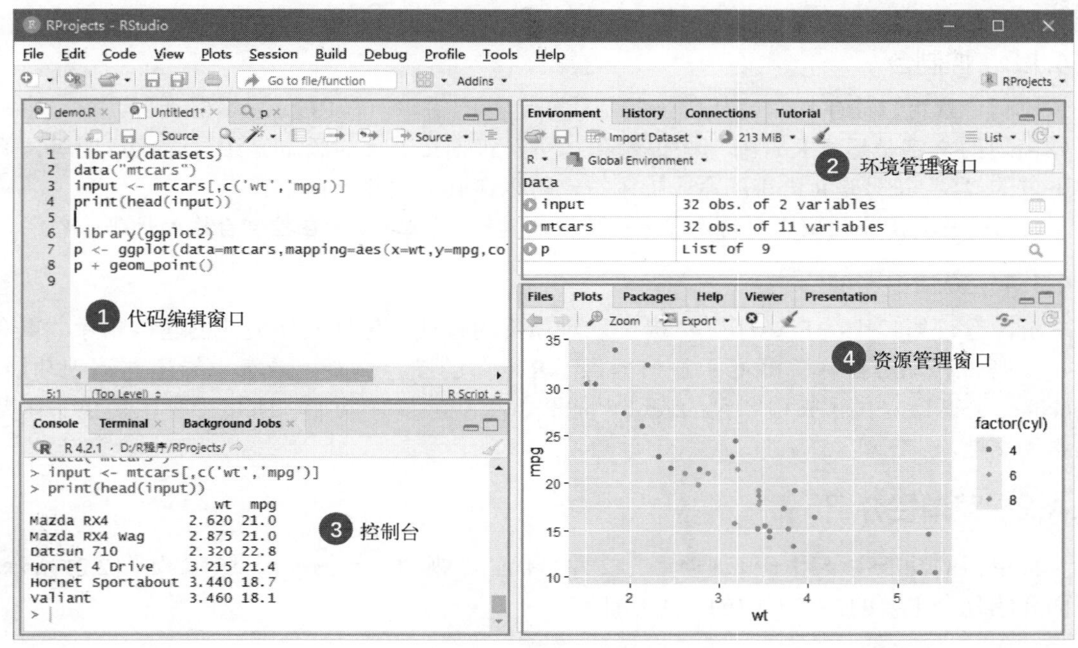

图2.19 RStudio编辑窗口

下面详细介绍一下这4个窗口的功能。

2.4.1.1 代码编辑窗口

代码编辑窗口是R语言脚本文件的编辑区域。在该区域上方依次提供的是“追溯源位置”“显示窗口”“代码保存”“查找/替换”“代码工具”“编辑报告”“运行光标所在行或选定区域的代码”“运行所有行”等功能，如图2.20所示。

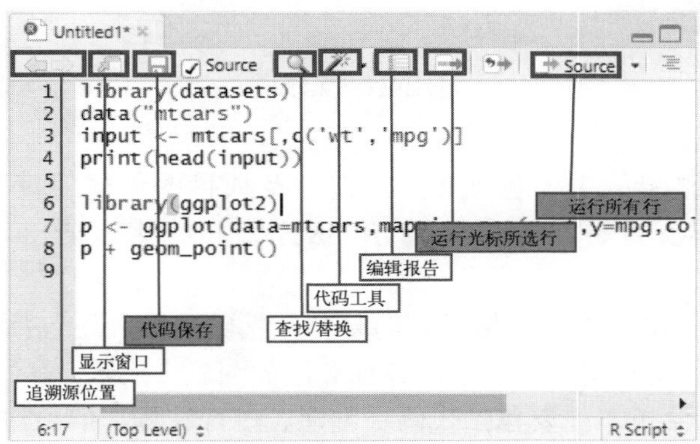

图2.20 代码编辑窗口

> **说明** 代码编辑窗口中常用的是“代码保存”“运行光标所在行”和“运行所有行”。

2.4.1.2 环境管理窗口

环境管理窗口可以查看代码运行产生的工作变量、代码的运行记录及RStudio的相关链接。

2.4.1.3 控制台

控制台既可以简单地编写代码，又是代码运行的窗口，与RGui编辑器类似，窗口中最开始出现的文字是运行R时的一些说明和指引，包括R语言的版本介绍、版权声明等，文字下方的“>”符号是R语言的命令提示符，可以在其后面输入命令。

技巧：若要清除控制台中的内容可以按快捷键<Ctrl+L>或者在控制台输入代码cat('\f')。

2.4.1.4 资源管理窗口

资源管理窗口中的Files子窗口提供了对项目的管理，包括文件夹的创建、删除、重命名、复制、移动等操作。Plots子窗口提供了R绘图的图片浏览、放大、导出与清理功能。Packages子窗口提供了R程序包的安装、加载、更新等操作功能。Help子窗口提供了函数的帮助文档。

2.4.2 菜单栏介绍

菜单栏的功能主要用于管理项目、文件、代码、视图、绘图、调试等，如图2.21所示。下面介绍几个主要的菜单栏中的常用功能。

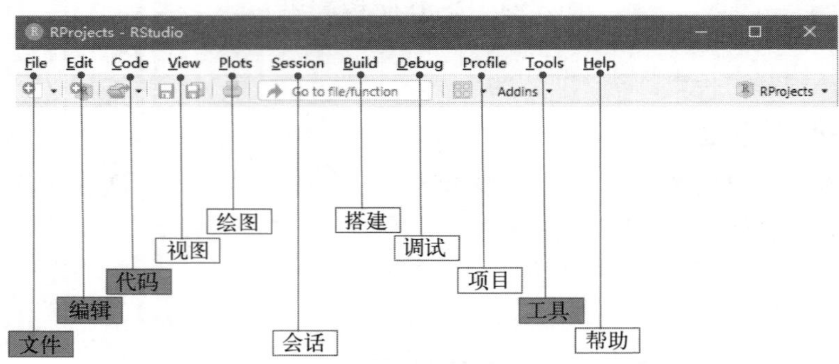

图2.21 菜单栏

① File（文件）菜单：主要包括R脚本文件及项目的创建、打开、保存，以及重命名、导入数据（文本文件、Excel、SAS、SPSS等）和编辑报告等，详细介绍如图2.22所示。

② Edit（编辑）菜单：主要包括代码的复制、粘贴功能，还包括查找代码、代码字符替换、清除运行窗口的历史记录等功能，详细介绍如图2.23所示。

③ Code（代码）菜单：主要包括代码块创建、多行注释、取消注释、转换函数、运行等功能，详细介绍如图2.24所示。

④ Tools（工具）菜单：主要包括数据集的导入、程序包的安装与升级、DOS形式的R命令行页面、内置R语言版本设置、默认工作路径设置、页面布局、RStudio与代码外观设置等全局设置，详细介绍如图2.25所示。

New File
新建文件
New Project...
新建工程
Open File... Ctrl+O
打开文件
Open File in New Column...
在新建代码窗口中打开文件
Reopen with Encoding...
重新打开并选择编码方式
Recent Files
最近打开的文件
Open Project...
打开工程
Open Project in New Session...
在新会话打开工程
Recent Projects
最近打开的工程
Import Dataset
导入数据集
Save Ctrl+S
保存文件
Save As...
文件另存为
Rename
文件重命名
Save with Encoding...
保存并选择编码方式
Save All Ctrl+Alt+S
全部保存
Compile Report...
编译报告
Print...
打印
Close Ctrl+W
关闭当前程序
Close All Ctrl+Shift+W
关闭所有
Close All Except Current Ctrl+Alt+Shift+W
关闭当前程序外的所有程序
Close Project
关闭工程
Quit Session... Ctrl+Q
退出会话

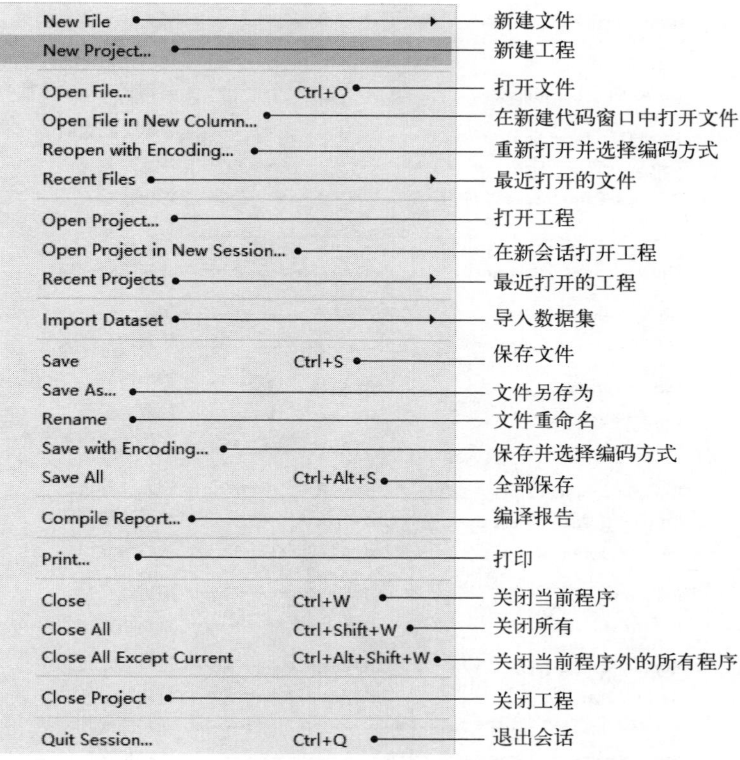

图2.22 文件菜单

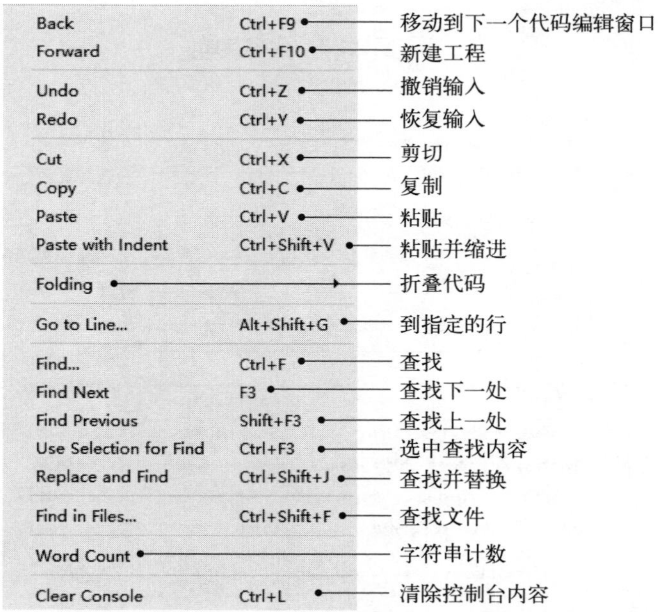

Back Ctrl+F9
移动到下一个代码编辑窗口
Forward Ctrl+F10
新建工程
Undo Ctrl+Z
撤销输入
Redo Ctrl+Y
恢复输入
Cut Ctrl+X
剪切
Copy Ctrl+C
复制
Paste Ctrl+V
粘贴
Paste with Indent Ctrl+Shift+V
粘贴并缩进
Folding
折叠代码
Go to Line... Alt+Shift+G
到指定的行
Find... Ctrl+F
查找
Find Next F3
查找下一处
Find Previous Shift+F3
查找上一处
Use Selection for Find Ctrl+F3
选中查找内容
Replace and Find Ctrl+Shift+J
查找并替换
Find in Files... Ctrl+Shift+F
查找文件
Word Count
字符串计数
Clear Console Ctrl+L
清除控制台内容

图2.23 编辑菜单

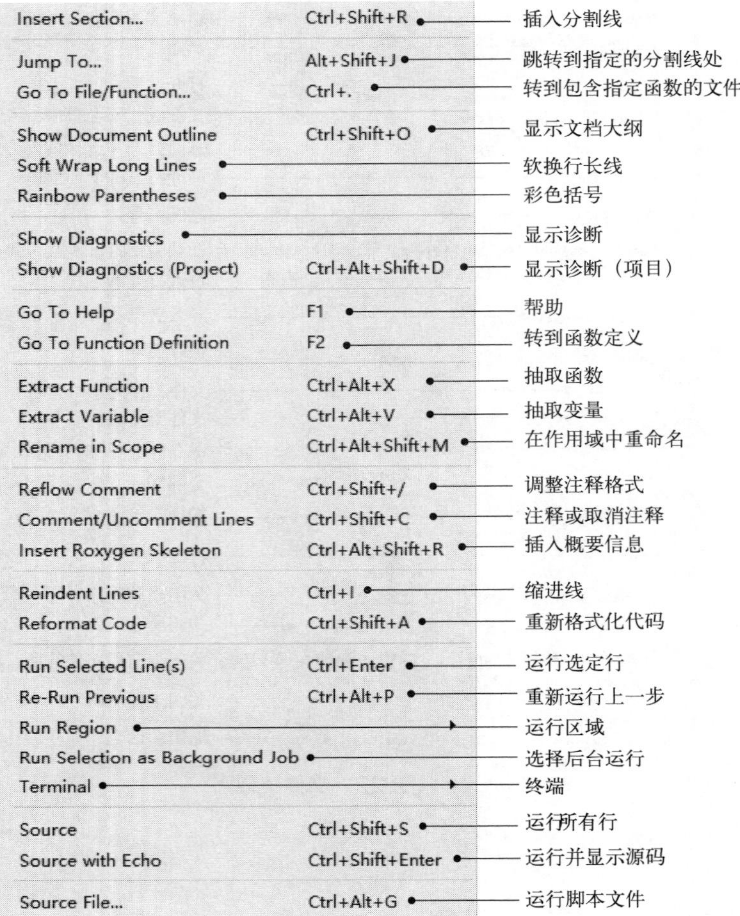

图2.24　代码菜单

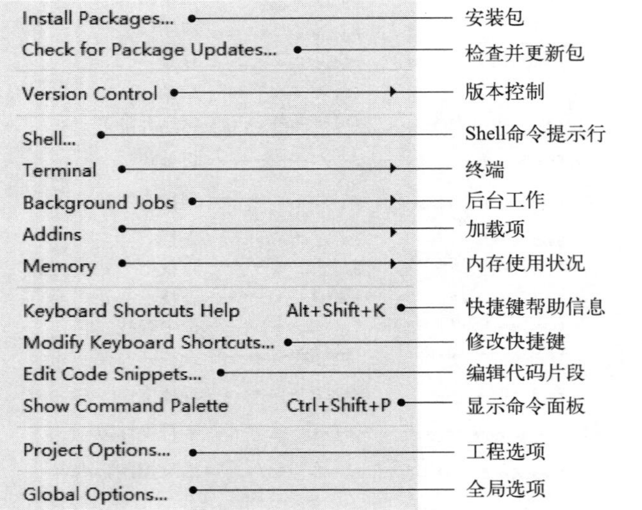

图2.25　工具菜单

2.4.3　RStudio特色功能

下面通过举例的方式一一列举RStudio都有哪些特色的功能。

（1）特色1：能够看到完整流程

RStudio编辑窗口通过4部分展示代码的流程，编写代码→查看变量→运行代码→数据可视化，一个完整的流程一目了然。

（2）特色2：自动代码补全

在编写代码的过程中，RStudio能够自动补全以及通过关键字快速显示相关函数。例如输入library，不需要拼写完整，RStudio就会自动显示完整的函数名称和相关语法，如图2.26所示。

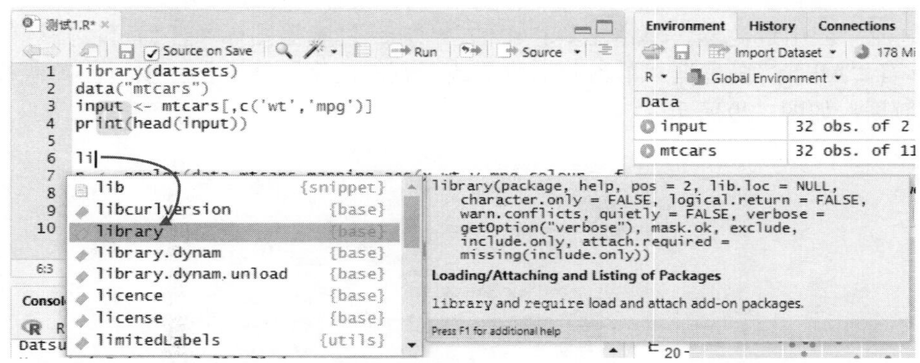

图2.26　自动代码补全

（3）特色3：自动补充完整的括号

当输入一个函数时，例如print给出左括号时会自动补全右括号，这样就避免了落下括号而导致程序出错的问题。

（4）特色4：数据查看器

使用RStudio IDE中的数据查看器可以帮助我们查看数据，实现探索性数据分析的功能。

在控制台中通过调用数据框的View()函数来调用数据查看器，例如查看内置的iris数据集，代码如下：

```
data(iris)
View(iris)
```

也可以在右侧的Environment面板中单击图标来启动查看器，如图2.27所示。

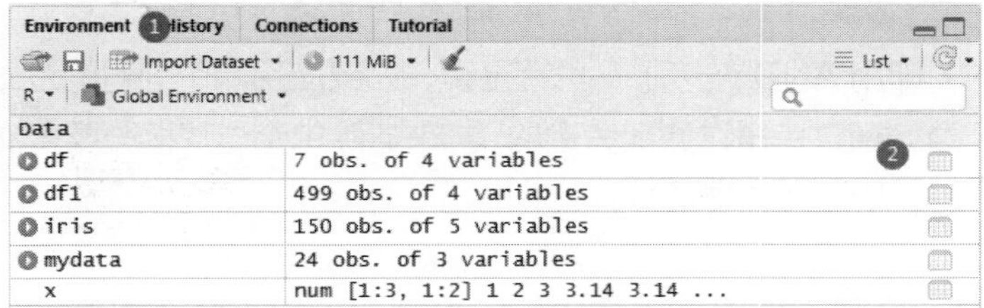

图2.27　启动查看器

通过数据查看器可以实现以下功能。

① 排序。如图2.28所示，通过单击任意列实现升序/降序排序。如果恢复原始排序状态，可以单击左上角的空单元格。

	Sepal.Length	Sepal.Width	Petal.Length	Petal.Width	Species
14	4.3	3.0	1.1	0.1	setosa
9	4.4	2.9	1.4	0.2	setosa
39	4.4	3.0	1.3	0.2	setosa
43	4.4	3.2	1.3	0.2	setosa
42	4.5	2.3	1.3	0.3	setosa
7	4.6	3.4	1.4	0.3	setosa

图2.28　排序

② 过滤。应用过滤器，单击工具栏中的 Filter 过滤器图标。任何可以筛选的字段都有一个标有“All”的白色框。单击此框可更改要查看的字段值。例如要过滤掉萼片宽度大于3.6的数据，如图2.29所示。

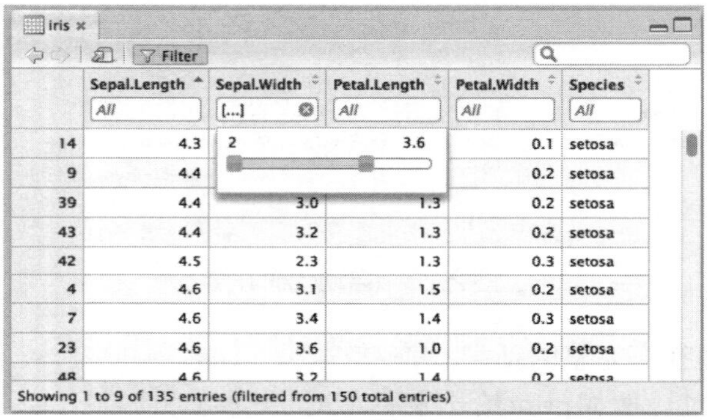

iris × Filter

	Sepal.Length	Sepal.Width	Petal.Length	Petal.Width	Species
	All	[...]	All	All	All
14	4.3			0.1	setosa
9	4.4			0.2	setosa
39	4.4	3.0	1.3	0.2	setosa
43	4.4	3.2	1.3	0.2	setosa
42	4.5	2.3	1.3	0.3	setosa
4	4.6	3.1	1.5	0.2	setosa
7	4.6	3.4	1.4	0.3	setosa
23	4.6	3.6	1.0	0.2	setosa
48	4.6	3.2	1.4	0.2	setosa

2　3.6

Showing 1 to 9 of 135 entries (filtered from 150 total entries)

图2.29　过滤

注意

表格最底部的文本，指示数据集过滤前后包含记录的条数，例如我们将150条记录过滤为135条。并不是所有类型的字段都可以过滤，目前仅支持以下类型。

- Numeric（数值型）
- Character（字符型）
- Factor（因子），大于256将作为字符处理
- Boolean（逻辑型）

过滤器是相加的（即用AND连接），也就是说，如果应用两个列对的过滤器，将得到与它们都匹配的记录。通过单击过滤器旁边的 ⊗ 来清除单个过滤器；要一次清除所有过滤器，需要单击工具栏中的过滤器图标。

③ 查找。通过在全局过滤器文本框中输入要查找的内容，在数据框的所有列中搜索包含该内容的数据，如图2.30所示。

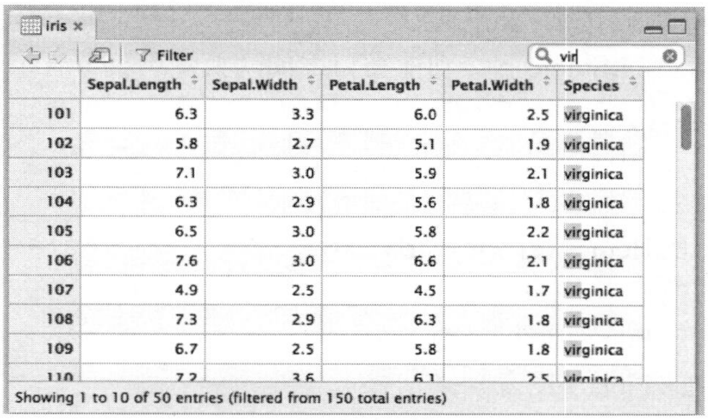

iris × Filter vir

	Sepal.Length	Sepal.Width	Petal.Length	Petal.Width	Species
101	6.3	3.3	6.0	2.5	virginica
102	5.8	2.7	5.1	1.9	virginica
103	7.1	3.0	5.9	2.1	virginica
104	6.3	2.9	5.6	1.8	virginica
105	6.5	3.0	5.8	2.2	virginica
106	7.6	3.0	6.6	2.1	virginica
107	4.9	2.5	4.5	1.7	virginica
108	7.3	2.9	6.3	1.8	virginica
109	6.7	2.5	5.8	1.8	virginica
110	7.2	3.6	6.1	2.5	virginica

Showing 1 to 10 of 50 entries (filtered from 150 total entries)

图2.30　查找

说明　查找功能将需要查找的内容与显示的值进行匹配，因此除了查找字符型字段中的文本之外，还可以搜索布尔值和数值（例如 TRUE 或 4.6）并查看逻辑型和数值型字段的结果。查找和过滤是相加的，当两者都应用时，将只看到与过滤器匹配并包含查找内容的记录。

④ 自动刷新。在大多数情况下，如果数据查看器检测到基础数据已经更改，它会自动刷新。

```
data(Orange)
View(Orange)
Orange[1, "age"] <- 120
```

⑤ 标签。数据查看器支持列标签，例如由Hmisc包和从haven导入的SPSS等附加的列标签，如图2.31所示。

```
library(Hmisc)
data(women)
label(women[[1]]) <- "Woman's Height"
label(women[[2]]) <- "Woman's Weight"
View(women)
```

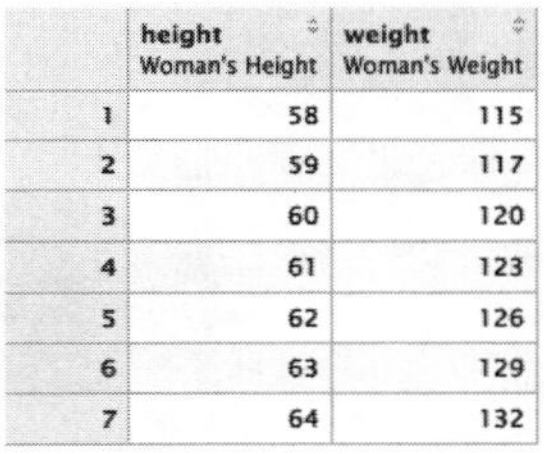

	height Woman's Height	weight Woman's Weight
1	58	115
2	59	117
3	60	120
4	61	123
5	62	126
6	63	129
7	64	132

图2.31　标签

说明　数据查看器可以显示的行数实际上是无限的，大量的行不会降低界面的速度。虽然行是无限的，但列的上限是 100，大量的列会导致界面速度明显变慢。
另外，数据查看器是一项帮助我们进行探索性数据分析的功能，目前不支持保存。

2.4.4 RStudio常用的快捷键

为了提高日常编程效率，节省时间，下面介绍常用的快捷键。

① 新建脚本文件：Ctrl+Shift+N。

② 运行代码：Ctrl+R，代替“Run”按钮，运行选中的多行或者光标所在单行代码。

③ 打开文件：Ctrl+O。

④ 清除控制台中的内容：Ctrl+L。

⑤ 关闭当前脚本文件：Ctrl+W。

⑥ 批量注释所选代码：Ctrl+Shift+C。

通过快捷键还可以在RStudio各个功能窗口之间切换，不仅节省了时间，而且也改善工作流程，相关快捷键如下。

① 代码编辑窗口：Ctrl+1。

② 控制台：Ctrl+2。

③ 资源管理窗口的Help（帮助）：Ctrl+3。

④ 环境管理窗口的搜索：Ctrl+4。

⑤ 资源管理窗口的File（文件）：Ctrl+5。

⑥ 资源管理窗口的Plots（图表）：Ctrl+6。

⑦ 资源管理窗口的Packages（包）：Ctrl+7。

⑧ 环境管理窗口的Environment（环境）：Ctrl+8。

⑨ 资源管理窗口的Viewer（查看）：Ctrl+9。

⑩ 最大化窗口：Ctrl+Shift+数字（如Ctrl+Shift+1），恢复窗口Ctrl+Alt+Shift+0。

⑪ 最大化环境管理窗口中的Connections（连接）：Ctrl+Shift+F5。

⑫ 最大化资源管理窗口的Presentation：Ctrl+Shift+F7。

本章思维导图

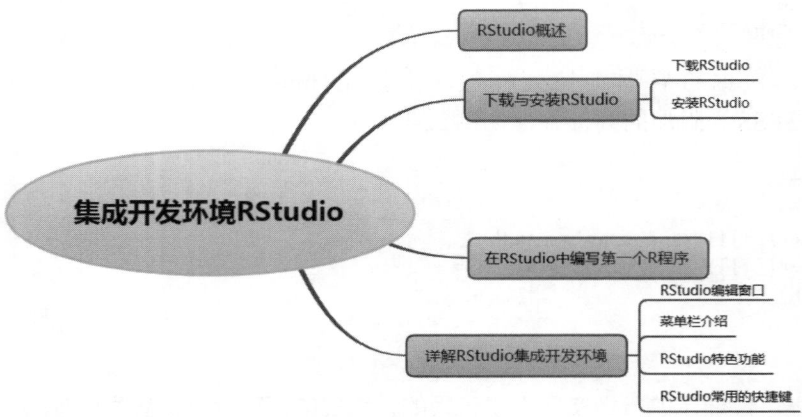

第3章

R语言快速入门

本章开始正式学习R语言。首先是入门知识，包括R语言基本用法、R语言变量、数据类型、运算符、函数、基本输入和输出，以及如何安装和使用R语言提供的程序包。最后，还将介绍如何使用R语言提供的帮助，让我们的学习轻松自如。

3.1 R语言基本用法

3.1.1 在哪里编写代码

对于初学者来说，建议先在RGui中体验R代码编写。可直接在RGui的控制台（R Console）中编写代码，也可通过新建程序脚本，在R编辑器中编写代码。接下来简单了解一下R Console和R编辑器的使用规则。

3.1.1.1 R Console的使用规则

① 在R Console中编写代码，在命令提示符“>”后输入代码，每次按<Enter>键，输入的代码就会立刻运行，如图3.1所示。

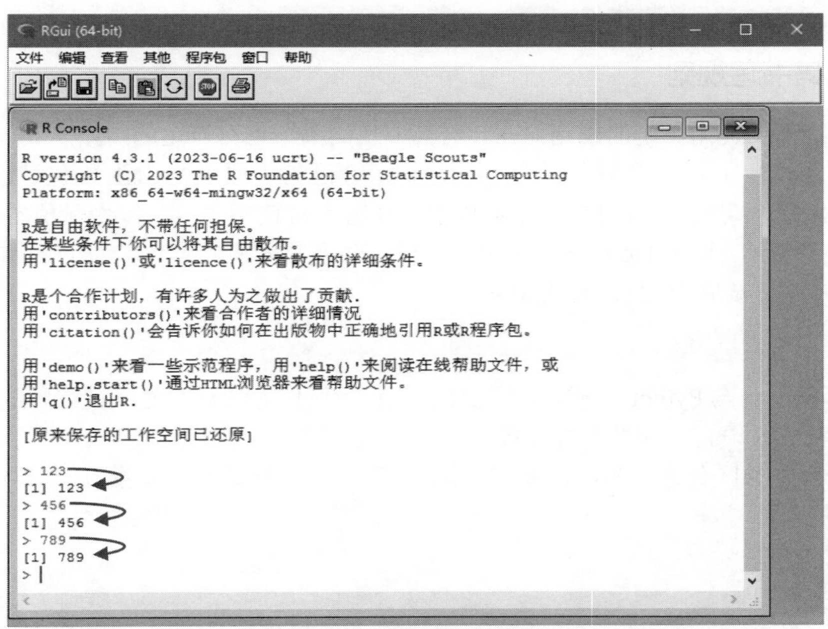

图3.1 在R Console中编写代码

② 在R Console中编写代码，无法直接通过鼠标拖拽改变代码的位置。例如输入代码print（“奋发图强”），想通过鼠标拖拽将“发”拖拽到“奋”前面则无法实现。另外，鼠标选中“发”按<Delete>键也无法删除，只有通过键盘上的左右方向键改变光标位置，通过<Backspace>键进行删除。通过键盘上的上下方向键显示上一行或下一行代码。

3.1.1.2 R编辑器的使用规则

① 若要保存程序文件，则需要在R编辑器中编写代码。首先在RGui中的“文件”菜单中选择“新建程序脚本”，编写代码后，在“文件”菜单中选择“保存”为.R文件。

② 在R编辑器中编写代码，首先在“文件”菜单中选择“新建程序脚本”，然后在R编辑器中输入代码，例如123，此时按<Enter>键只会换行而不会立刻运行，如图3.2所示。如果需要运行代码，可以选择“编辑”菜单中的“运行当前行或所选代码”或“运行所有代码”。

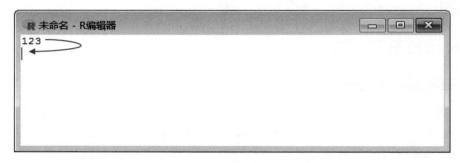

图3.2 左R编辑器中编写代码

> **注意** 在R编辑器中，必须用鼠标手动选中所有需要运行的代码，否则只会运行光标所在位置的那一行代码。

3.1.2 代码书写规则

任何事物都要遵循一定的规则，在R语言中代码书写也有一定的规则，具体如下所述。

① 赋值语句。R语言和其他编程语言一样，R语句一般也是由函数和赋值语句构成，例如print("好好学习")、a <- 123。不同的是，R语言常使用“<-”作为赋值符号，而不像其他语言使用“=”作为赋值符号。另外，在编程过程中尽量在“<-”符号的前后各空一个格。例如将变量a赋值为123，写法如下：

```
a <- 123
```

② 注释符号。与Python一样，R语言也使用“#”作为注释符号，被注释的内容不参与编译。需要注意R语言不支持多行注释。

③ R语言本身区分大小写，例如字母a和A在R语言里是两个变量。例如下面的代码：

```
> a <- 99
> A <- 100
> a
[1] 99
> A
[1] 100
```

④ 多段代码可以使用分号（;）隔开，例如print("a");print("b");print("c")。

⑤ 当输入的函数错误时，R语言会直接提示错误。当输入不完整时，按<Enter>键，R语言会自动出现一个红色的加号“+”提醒，此时在加号“+”后面可以继续输入代码，如果代码还是不完整，再按<Enter>键，还会继续出现加号“+”提醒，直到代码输入完整才结束，例如图3.3所示。

```
> print("奋发图强"
+
+ )
[1] "奋发图强"
```

图3.3　加号“+”提醒

> **注意** 如果代码中出现的错误R也不认识，那就只能按<Esc>键退出。当输入行的开头变成“>”，就可以继续输入代码了。

3.2　变量

在R语言中，值可以改变的量称为“变量”，本节主要介绍变量命名规则，如何创建变量以及变量的查看和删除。

3.2.1　变量命名规则

每一个变量都有一个名字，例如a。在R语言中，不需要先声明变量名及其类型，直接赋值即可创建各种类型的变量。需要注意的是：对于变量的命名并不是任意的，应遵循以下几条规则。

① 变量名可以包含英文字母、数字、下划线和英文句号（.）。

② 变量名不能存在中文（新版本可以使用中文，但不建议）、空格、“-”“$”等符号。

③ 不能以数字和下划线开头。

④ 变量名以“.”符号开头的，后面不能是数字，如果是数字会变成0.XXXX。

⑤ 变量名不能是R语言的保留字。

⑥ 谨慎使用小写字母l和大写字母O，容易与1和0混淆。

⑦ 应选择有意义的单词作为变量名。

3.2.2　创建变量

创建变量的方法是直接为变量赋值，可以使用“<-”符号也可以使用“=”符号。在R语言中，常用的是“<-”符号，最好在“<-”符号前后各空一个格。

例如创建一个变量myval，赋值为888，运行程序，结果如图3.4所示。

```
# 使用"<-"符号赋值
myval <- 888
myval
# 使用"="符号赋值
myval = 888
myval
```

从运行结果得知：“<-”符号和“=”符号是等效的。

技巧：如果多个变量的值是一样的，可以同时进行赋值，例如图3.5所示的代码。

另外，R语言是一种动态类型的语言，也就是说，变量的类型可以随时变化。例如上

```
> # 使用"<-"符号赋值
> myval <- 888
> myval
[1] 888
> # 使用"="符号赋值
> myval = 888
> myval
[1] 888
```

图3.4 创建变量

```
> a <- b <- c <- 888
> a
[1] 888
> b
[1] 888
> c
[1] 888
```

图3.5 多个变量同时赋值

述创建的变量myval是数值型的变量，如果直接为该变量赋值一个字符串，那么该变量就是字符型，代码如下：

```
myval <- "明日科技"
```

【例3.1】 测试变量的动态类型

首先创建变量myval，赋值为“明日科技”，输出该变量的类型，然后再将该变量赋值为888，输出该变量的类型，测试变量类型的变化。运行RGui，新建程序脚本，编写如下代码。

```
myval <- "明日科技"                # 为变量myval赋值
print(mode(myval))                 # 输出变量myval的类型
myval <- 888
print(mode(myval))
```

代码解析

上述代码中mode()函数为R语言内置函数，用于返回变量类型。

运行程序，结果如图3.6所示。

通过上述测试，说明R语言是一种动态类型的语言。

```
> myval <- "明日科技"              # 为变量myval赋值
> print(mode(myval))             # 输出变量myval的类型
[1] "character"
> myval <- 888
> print(mode(myval))
[1] "numeric"
```

图3.6 测试变量的动态类型

3.2.3 变量的查看和删除

（1）查看变量

编程过程中，有时候需要查看在当前环境下都使用了哪些变量，此时可以使用ls()函数，结果如图3.7所示。

```
> ls()
[1] "a"     "b"     "c"     "myval" "x"     "x1"    "y"
```

图3.7 查看变量

除了以上变量，可能还存在一些隐藏的变量，可以在ls()函数中指定all.names参数值为TRUE进行查看，结果如图3.8所示。

```
> ls(all.names=TRUE)
[1] ".Random.seed" "a"            "b"            "c"            "myval"
[6] "x"            "x1"           "y"
```

图3.8 查看隐藏变量

还可以通过指定关键字查看符合条件的变量，方法是在ls()函数中指定pattern参数，例如查看包含字母“x”的变量，结果如图3.9所示。

```
> ls(all.names=TRUE,pattern="x")
[1] "x"  "x1"
```

图3.9 查看符合条件的变量

注意 上述运行结果是笔者使用过的一些变量，您的运行结果和笔者会有所不同。

（2）删除变量

在编程过程中，有时需要删除变量，此时可以使用remove()函数［简写为rm()］，例如删除变量x，代码如下：

```
rm(x)
```

如果需要删除当前环境下的所有变量，可以在rm()函数中指定list参数，代码如下：

```
rm(list=ls())
```

3.3 数据类型

3.3.1 基本数据类型

R语言的基本数据类型可分为数值型（numeric，含数字、整型、双整型）、字符型（character）、逻辑型（logical）等，如表3.1所示。例如一个人的姓名使用字符型存储，年龄使用数值型存储，而婚否可以使用逻辑型存储。

表3.1 基本数据类型

数据类型	说明	举例
numeric	数值型	1、3.14、−99
interger	整型	1、2、3、4、5……（必须为整数）
double	双整型	88、0.88、−88
logical	逻辑型	TRUE、FALSE、NA
character	字符型	"明日科技"
complex	复数类型	3.14+12.5j

下面对表3.1中的基本数据类型进行详细介绍。

（1）数值型

数值型又可以分为数字（numeric）、整型（integer）、双整型（double）等，这些类型的大类就是数值型。

（2）整型（integer）

整数用来表示整数数值，即没有小数部分的数值。在R中通过在数字后面加大写字母L的方式，可以声明该数字以整型方式储存。在计算机内存中，整型比双整型更加准确（除非该整数非常大或非常小）。

（3）双整型（double）

用于储存普通数值型数据，包括正数、负数和小数。R中键入的任何一个数值都默认以double类型存储。在数据科学里，常被称为数值型（numeric）。

（4）字符型

字符型向量用以储存一小段文本，在R语言中字符要加双引号表示。字符型向量中的单个元素被称为“字符串（string）”，字符串不仅可以包含英文字母、中文，也可以由数字或符号组成。需要注意的是一定加上引号，如"mingrisoft" "明日科技"，不加引号会报错，单引号或双引号都可以。

（5）逻辑型

逻辑型变量也就是我们常说的布尔变量（Boolean），其值为TRUE和FALSE或者大写的T和F，需要注意的是英文字母全是大写。另外一种取值为NA缺失值（未知值），数值型和字符型也有NA。

（6）复数类型

R语言中的复数与数学中的复数的形式完全一致，都是由实部和虚部组成，并且使用j或J表示虚部。当表示一个复数时，可以将其实部和虚部相加，例如一个复数的实部为3.14，虚部为12.5j，则这个复数为3.14+12.5j。复数类型主要用来存储数据的原始字节。

3.3.2　数据类型查看

如果您想了解数据是什么类型的，可以通过以下3个函数来查看。

☑ class() 函数：用于查看数据的类型。

☑ mode() 函数：用于查看数据的大类。

☑ typeof() 函数：用于查看数据的细类。

【例3.2】 使用不同的函数查看数据类型

下面分别使用class()函数、mode()函数和typeof()函数查看数据类型，运行RGui，新建程序脚本，编写如下代码。运行结果如图3.10所示。可见，不同的函数返回结果略有不同。

```
class("mr")
class(TRUE)
class(99)
mode("mr")
mode(TRUE)
mode(99)
typeof("mr")
typeof(TRUE)
typeof(99)
```

```
> class("mr")
[1] "character"
> class(TRUE)
[1] "logical"
> class(99)
[1] "numeric"
> mode("mr")
[1] "character"
> mode(TRUE)
[1] "logical"
> mode(99)
[1] "numeric"
> typeof("mr")
[1] "character"
> typeof(TRUE)
[1] "logical"
> typeof(99)
[1] "double"
> |
```

图3.10　查看数据类型

3.3.3 数据类型判断与转换

虽然R语言不需要先声明变量的类型，但有时仍然需要对数据类型进行判断和转换，主要用到的函数如表3.2所示。

表3.2 数据类型判断和转换函数

数据类型	判断函数	转换函数
numeric	is.numeric	as.numeric
interger	is.interger	as.interger
logical	is.logical	as.logical
character	is.character	as.character
complex	is.complex	as.complex

上述表中is族函数用于判断数据类型，返回值为TRUE和FALSE，例如is.numeric("明日科技")判断“明日科技”是否为数值型。as族函数用于实现数据类型之间的转换，例如as.numeric("666")将字符串“666”转换为数值型666。

3.3.4 特殊值

特殊值也称保留字，是R语言中已经被赋予特定意义的一些单词。在编写代码时，不可以把这些保留字作为变量、函数、类、模块和其他对象的名称来使用。R语言中的常用保留字如表3.3所示。

表3.3 R语言中常用的保留字

if	for	next	NA
else	function	repeat	Inf
TRUE	break	return	NaN
FALSE		while	NULL

上述表中有几个比较特殊的保留字，是数据处理过程中经常遇到的保留字。下面来简单了解一下它们的含义。

① NA：表示缺失值，是“Not Available”的缩写。

② Inf：表示无穷大，是“Infinite”的缩写。

③ NaN：表示非数值，即不是一个数，是“Not a Number”的缩写。

④ NULL：表示空值。

3.4 运算符

运算符是一些特殊的符号，主要用于数学计算、比较大小和逻辑运算等。R语言中的运算符主要包括算术运算符、关系（比较）运算符、逻辑运算符、赋值符号。在R语言中，运算符主要用于向量运算，下面介绍一些常用的运算符。

3.4.1 算术运算符

算术运算符主要用于向量运算，即元素与元素之间的算术运算。常用的算术运算符及举例如表3.4所示。

表3.4 算术运算符

算术运算符	说明	举例	运行结果
+	向量相加	a<-c(2,2,0,5) b<-c(1,1,1,0) print(a+b)	3 3 1 5
-	向量相减	a<-c(2,2,0,5) b<-c(1,1,1,0) print(a-b)	1 1-1 5
*	向量相乘	a<-c(2,2,0,5) b<-c(1,1,1,0) print(a*b)	2 2 0 0
/	向量相除	a<-c(2,2,0,5) b<-c(1,1,1,0) print(a/b)	2 2 0 Inf
%%	两个向量求余，返回除法的余数	a<-c(2,2,0,5) b<-c(1,1,1,0) print(a%%b)	0 0 0 NaN
%/%	两个向量取整除，返回商的整数部分	a<-c(2,2,0,5) b<-c(1,1,1,0) print(a%/%b)	2 2 0 Inf
^或**	乘方，例如x^y（或x**y）返回x的y次方。将第二个向量作为第一个向量的指数	a<-c(2,2,0,5) b<-c(1,1,1,0) print(a^b)	2 2 0 1

说明

"向量"是R语言中最简单、最重要的一种数据结构，由一系列同一种数据类型的有序的元素构成，类似一维数组。另外，上述代码c()函数主要用于创建向量。例如x<-c(1,2)是将1和2两个数组合成向量(1,2)，并存入到变量x当中。有关向量更加详细的介绍可参见第5章5.1节。

下面重点看一下R语言和其他编程语言比较有哪些不同。

① R语言中乘方运算既可以使用"^"符号，也可以使用"**"符号。

② 除法"/"运算与C/C++不同，在C/C++中若不能整除则会向下取整，而R语言与Python是一样的，均采用浮点数计算，例如下面的代码分别是R语言和Python的除法运算结果。

R语言代码：

```
> 1/3
[1] 0.3333333
```

Python代码：

```
>>> 1/3
0.3333333333333333
```

【例3.3】 计算学生成绩总和和各科的平均分

通过R语言计算某班3名同学三大主科成绩的总和以及各科的平均分，各科成绩如表3.5所示。

表3.5　各科成绩

姓名	语文	数学	英语
同学1	98	99	100
同学2	95	99	100
同学3	97	100	95

下面以编程实现：

□ 计算语文、数学和英语3科的总和；

□ 计算语文、数学和英语各科的平均分。

运行RGui，新建程序脚本，首先定义3个变量，用于存储语文、数学和英语各科成绩，然后应用加法运算符计算成绩总和，应用求和计算和除法运算符计算各科成绩的平均分，最后输出计算结果。

运行程序，结果如图3.11所示。

```
> chinese <- c(98,95,97)                          # 定义向量，存储3名同学的语文成绩
> math <- c(99,99,100)                            # 定义向量，存储3名同学的数学成绩
> english <- c(100,100,95)                        # 定义向量，存储3名同学的英语成绩
> mysum <- chinese+math+english                   # 计算语文、数学和英语3科的总和
> print(mysum)
[1] 297 294 292
> mymean <- c(sum(chinese)/3,sum(math)/3,sum(english)/3)    # 计算各科的平均分
> print(mymean)
[1] 96.66667 99.33333 98.33333
```

图3.11　计算学生成绩总和和各科的平均分

3.4.2　比较运算符

在R语言中，比较运算符主要用于将第一个向量中的每一个元素与第二个向量中对应的元素进行比较，比较后的结果通常为布尔值。常用的比较运算符及举例如表3.6所示。

表3.6　比较运算符

关系运算符	作用	举例	运行结果
>	大于	a<-c(1,3,5) b<-c(2,4,6) print(a>b)	FALSE FALSE FALSE
<	小于	a<-c(1,3,5) b<-c(2,4,6) print(a<b)	TRUE TRUE TRUE
==	等于	a<-c(1,3,5) b<-c(2,4,6) print(a==b)	FALSE FALSE FALSE
!=	不等于	a<-c(1,3,5) b<-c(2,4,6) print(a!=b)	TRUE TRUE TRUE

续表

关系运算符	作用	举例	运行结果
>=	大于或等于	a<-c(1,3,5) b<-c(2,4,6) print(a>=b)	FALSE FALSE FALSE
<=	小于或等于	a<-c(1,3,5) b<-c(2,4,6) print(a<=b)	TRUE TRUE TRUE

3.4.3 逻辑运算符

逻辑运算符是对真（TRUE）和假（FALSE）两种布尔值进行运算，即将第一个向量中的每个元素与第二向量中对应的元素进比较，运算后的结果仍是一个布尔值。R语言的逻辑运算符仅适用于逻辑型、数值型或复杂类型的向量。主要逻辑运算符及举例如表3.7所示。

表3.7 逻辑运算符

<table>
<tr><th>逻辑运算符</th><th>用途</th><th>举例</th><th>运行结果</th></tr>
<tr><td>&</td><td>与（and），按元素进行逻辑运算。两侧都为TRUE，则结果为TRUE。否则结果为FALSE</td><td>a<-c(1,5,FALSE,8,FALSE)
b<-c(4,15,FALSE,4,TRUE)
print(a&b)</td><td>TRUE TRUE FALSE TRUE FALSE</td></tr>
<tr><td>&&</td><td>同“&”，不同的是仅判断向量中第一个元素</td><td>print(a&&b)</td><td>TRUE</td></tr>
<tr><td>|</td><td>或，两侧都为FALSE，则结果为FALSE。有一侧为真，则结果为TRUE</td><td>print(a|b)</td><td>TRUE TRUE FALSE TRUE TRUE</td></tr>
<tr><td>||</td><td>同“|”，不同的是仅判断向量中第一个元素，如果其中一个为TRUE，则结果为TRUE</td><td>print(a||b)</td><td>TRUE</td></tr>
<tr><td>!</td><td>逻辑非运算符</td><td>print(!a)</td><td>FALSE FALSE TRUE FALSE TRUE</td></tr>
</table>

3.4.4 赋值运算符

R语言中赋值运算符用于为向量赋值。主要赋值运算符及举例如表3.8所示。

表3.8 赋值运算符

赋值运算符	用途	举例	运行结果
<- = <<-	左分配赋值（即运算符左边为变量名，右边为向量值）	a1<-c(2,4,6,8,10) print(a1) a2=c(2,4,6,8,10) print(a2) a3<<-c(2,4,6,8,10) print(a3)	2 4 6 8 10 2 4 6 8 10 2 4 6 8 10
-> ->>	右分配赋值（即运算符右边为变量名，左边为向量值）	c(2,4,6,8,10)->b1 print(b1) c(2,4,6,8,10)->>b2 print(b2)	2 4 6 8 10 2 4 6 8 10

以上赋值运算符，编程过程中常用的是标准赋值运算符“<-”。

3.4.5　其他运算符

其他运算符用于特定目的，而不是一般的数学运算或逻辑运算。其他运算符及举例如表3.9所示。

表3.9　其他运算符

其他运算符	用途	举例	运行结果
:	用于创建公差为1或-1的等差数列的向量，形式为x:y	a<-c(1:9) print(a)	1 2 3 4 5 6 7 8 9
%in%	一种特殊的比较运算符，形式为x %in% y 表示向量x中的元素是否匹配向量y中的元素	c(1,3,4) %in% c(2,3,4) c(1,3) %in% c(2,3,4)	FALSE TRUE TRUE FALSE TRUE
%*%	矩阵乘法	m1=matrix(1:4,2) m2=matrix(1:4,2) print(m1%*%m2)	[,1] [,2] [1,] 7 15 [2,] 10 22

3.5　函数

我们可以把实现某一功能的代码定义为一个函数，然后在需要使用时随时调用，十分方便。在R语言中，函数分为内置函数和自定义函数。下面分别进行介绍。

3.5.1　内置函数

内置函数是R语言自带的函数，包括多种类型，如数学计算函数、三角函数、统计函数、字符串处理函数、文件操作函数等，内置函数可以在编写的程序中直接调用。下面先来了解一下数学计算函数、三角函数和统计函数，其他函数在相应的章节会有详细的介绍。

数学计算函数主要用于计算四舍五入、绝对值、平方根和幂等，函数说明如表3.10所示。

表3.10　数学计算函数

函数	说明
round(x,n)	四舍五入，保留n位小数
signif(x,n)	四舍五入，保留n位有效数字
ceiling(x)	向上取整
floor(x)	向下取整
abs(x)	求绝对值
sqrt(x)	求平方根
exp(x)	e的x次幂
log(x,base)	对x取以base为底的对数，base默认为e
log2(x)	对x取以2为底的对数
log10(x)	对x取以10为底的对数
Re(z)	返回复数z的实部
Im(z)	返回复数z的虚部

三角函数主要用于计算正弦、余弦和正切等，函数说明如表3.11所示。

表3.11 三角函数

函数	说明
sin(x)	正弦函数
cos(x)	余弦函数
tan(x)	正切函数
asin(x)	反正切函数
acos(x)	反余弦函数
atan(x)	反正切函数
sinh(x)	双曲正弦函数
cosh(x)	双曲余弦函数
tanh(x)	双曲正切函数
asinh(x)	反双曲正弦函数
cosh(x)	反双曲余弦函数
atanh(x)	反双曲正切函数

统计函数主要用于求最小值、求最大值、求和、求平均值等，函数说明如表3.12所示。

表3.12 统计函数

函数	说明
min(x)	求最小值
max(x)	求最大值
sum(x)	求和
cumsum(x)	求累计和
prod(x)	求积
cumprod(x)	求累计积
mean(x)	求平均值
median(x)	求中位数
quantile(x,pr)	求分位数
sd(x)	求标准差
var(x)	求方差
cov(x)	求协方差
cor(x)	求相关系数

例如求和、求最小值、求最大值、求平均值，代码如图3.12所示。

```
> # 最小值
> min(23:98)
[1] 23
> # 最大值
> max(23:98)
[1] 98
> # 求和
> sum(23:98)
[1] 4598
> # 平均值
> mean(23:98)
[1] 60.5
```

图3.12 统计计算函数

说明：关于统计计算函数在第11章还有更加详细的介绍，本章了解即可。

技巧：R语言的内置函数在R的基础包base中，如果想要了解更多的内置函数及说明，可以在RGui中输入如下代码查看。

```
library(help = "base")
```

3.5.2 自定义函数

顾名思义，自定义函数就是自己定义的函数，当内置函数无法满足程序需求的时候，我们可以自己手动创建函数，然后在程序中调用。下面介绍如何创建函数和调用函数。

3.5.2.1 创建函数

创建函数也称为自定义函数，可以理解为创建一个具有某种用途的工具。在R语言中自定义函数主要使用function()函数，语法格式如下：

```
function_name <- function(arg_1, arg_2, ...)
{
Function body
}
```

参数说明：

☑ function_name：函数名称。

☑ arg_1, arg_2, ...：参数，是一个占位符。当函数被调用时，将传递一个值到参数。参数是可选的，也就是说，函数可能不包含参数。参数也可以有默认值。

☑ Function body：函数体，定义函数功能的代码块。

【例3.4】 自定义计算BMI指数的函数

自定义计算BMI（体脂）指数的函数fun_bmi()。运行RGui，新建程序脚本，编写如下代码。

```
fun_bmi <- function(height,weight)
{
weight/(height*height)
}
```

代码解析

上述代码中，fun_bmi是创建的函数名，height和weight是该函数的参数（形参），大括号中的内容为函数体，用于计算BMI指数。

> **说明** 大括号也可以省略，因为函数体只有一行，省略后的代码如下。
>
> ```
> fun_bmi <- function(height,weight)weight/(height*height)
> ```

3.5.2.2 调用函数

调用函数也就是执行函数。如果把创建函数理解为创建一个具有某种用途的工具，那么调用函数就相当于使用该工具。

例如调用【例3.2】创建的fun_bmi()函数，代码如下：

```
fun_bmi(1.6,65)
```

运行程序，结果为：[1] 25.39062

上述代码也可以指定x和y参数，示例代码如下：

```
fun_bmi(x=1.6,y=65)
```

那么，在不指定的情况下，R语言也会自动按位置匹配，即1.6为第一个参数，65为第二个参数。

如果自定义函数中没有参数，那么直接调用函数名即可，例如下面的代码：

```
myfun <- function()
{
print(4*5)
}
myfun()
```

3.5.2.3 返回值

前面创建的函数都只是为了完成特定的任务，完成了也就结束了。但实际上，有时还需要对计算的结果进行获取。类似于主管向下级职员下达命令，职员去做，最后需要将结果报告给主管。那么，函数设置返回值的作用就是将函数的处理结果返回给调用它的程序。

在R语言中，可以在函数体中使用return()函数为自定义函数指定返回值，如果不使用return()函数，默认会将最后执行的语句的值作为返回值。如果自定义函数需要多个返回值，可以打包在一个列表（list）中。另外，函数的返回值可以是任何R语言对象。

例如定义一个计算BMI指数函数fun_bmi()并且带返回值，代码如下：

```
fun_bmi <- function(height,weight)
{
bmi=weight/(height*height)
return(bmi)
}
fun_bmi(1.5,70)
```

3.6 基本输入和输出

基本输入和输出类似于我们通过键盘输入内容，然后在屏幕上显示出来。

在R语言中基本输出主要使用print()函数和cat()函数，基本输入主要使用scan()函数和readline()函数。本节将主要介绍这几个函数及其应用。

3.6.1 简单输出print()

print()函数相信大家并不陌生，在一些编程语言中，只要是简单输出都会使用print()函数，R语言也不例外。在R语言中，print()函数用于输出某个变量或表达式的值，例如下面的代码。

```
x <- 3.1415926
print(x)
```

运行程序，结果为：[1] 3.141593

注意

在 R 控制台中显示的运行结果自动保留了 7 位有效数字，这是 R 语言的默认设置，如果想更改该设置可以使用 options() 函数，通过该函数还可以更改 R 控制台输出的最大行数、宽度等。

```
y <- c(2,4,6,8,10)
print(y)
```

运行程序，结果为：[1] 2 4 6 8 10

说明

在 R 语言中，也可以直接使用变量名或表达式输出，作用与 print() 函数一样。

下面介绍 print() 函数两个比较好用的参数：digits 参数和 na.print 参数。digits 参数用于设置数字有效位数，na.print 参数表示输出 NA 值（空值）。

例如保留指定位数输出，代码如下。

```
x <- 3.1415926
print(x,digits=2)
[1] 3.1
print(x,digits=3)
[1] 3.14
print(x,digits=4)
[1] 3.142
```

例如输出空值，代码如下。

```
a <- c(45,66,NA,87,90,102,115)
print(a,na.print="")
[1]  45  66      87  90 102 115
```

3.6.2 输出到屏幕 / 文件 cat()

cat() 函数不仅可以输出到屏幕，还可以输出到文件，比 print() 函数更加实用。不仅如此，print() 函数只能输出一个表达式，而且输出结果带编号，而 cat() 函数则不带编号。cat() 函数语法格式如下：

```
cat(... , file = "", sep = " ", fill = FALSE, labels = NULL, append = FALSE)
```

参数说明：

☑ ...：R 对象。

☑ file：打印输出到文件的文件名。

☑ sep：指定的分隔符。

☑ fill：逻辑值或正数数字，控制如何将输出内容分成连续的行。默认值为 FALSE，表示只按显示换行符 “\n” 进行换行，否则将分成几行。如果参数值为 TRUE，则按选项宽度（默认值为 80，调整 R 控制台宽度时该值会自动更新）换行。如果参数值为数值，则按 fill 值（宽度）换行，换行只在元素之间，比 fill 值宽的字符串不会被换行。非正数填充值将被忽略，并出现警告提示。

☑ labels：指定标签。

☑ append：逻辑值，当file参数是文件名时使用，如果参数值为TRUE，表示输出将追加到文件，否则将覆盖文件的内容。

例如输出上述举例中的x和y的值，代码如下。

```
cat(x)
```

运行程序，结果为：3.141593

```
cat(y,file="D: \\test.txt")
```

运行程序，即可在D盘找到该文件。

3.6.3 输入函数readline()

在R语言中通过键盘输入内容时，可以使用readline()函数，该函数是一个非常有用的函数，它可以帮助用户从R控制台中读取输入的数据，与用户实现交互。readline()函数用法非常简单，只需要在控制台输入readline()函数，按下<Enter>键即可。

例如“请输入用户名/手机号”，代码如下。

```
name <- readline("请输入用户名/手机号: ")
```

按下<Enter>键将出现“请输入用户名/手机号：”的提示信息，等待用户输入用户名/手机号。用户输入完后，按下<Enter>键输入的内容会自动存储在变量name中。

【例3.5】 交互式输入（实例位置：资源包\Code\03\01）

下面使用readline()函数和fun()函数自定义交互式输入的函数，如“请输入用户名/手机号：”，当用户输入为空时，提示“输入错误!”当用户输入不为空时，提示“谢谢！”运行RGui，新建程序脚本，运行程序，结果如图3.13所示。

```
> # 创建输入函数
> myfun <- function() {
+   name <- readline("请输入用户名/手机号:")
+   # 如果输入内容为空
+   if (name == "")
+     # 输出"输入错误！"
+     cat("输入错误!\n")
+   # 否则
+   else{
+     # 输出"谢谢!"
+     cat("谢谢!\n")
+   }
+ }
> # 交互时执行myfun()函数
> if(interactive()) myfun()
请输入用户名/手机号:
输入错误!
> if(interactive()) myfun()
请输入用户名/手机号:gcy
谢谢!
```

图3.13 交互式输入

代码解析

最后一行代码的interactive()函数用于判断R是否交互式运行，如果是交互式运行则返回TRUE，否则返回FALSE。

除了上述用法，readline()函数还提供了一个prompt参数，用来显示提示信息，例如下面的代码。

```
age <- readline(prompt="请输入年龄: ")
```

3.6.4 读取函数scan()

scan()函数是R语言用于从用户输入或文件读取数据的函数，它一次可以读取一个或多个值，并将其存储为R对象。语法格式如下：

```
scan(file = "", what = double(), nmax = -1, n = -1, sep = "", quote = if(identical(sep,
"\n")) "" else "'\"", dec = ".",skip = 0, nlines = 0, na.strings = "NA",flush = FALSE,
fill = FALSE, strip.white = FALSE, quiet = FALSE, blank.lines.skip = TRUE, multi.line =
TRUE,comment.char = "", allowEscapes = FALSE,fileEncoding = "", encoding = "unknown",
text, skipNul = FALSE)
```

主要参数说明：

☑ file：指定要读取的文件名或文件链接，默认值为标准输入，即从命令行读取输入。

☑ what：指定要读取的数据类型，如整型、浮点型和字符型等，默认值为double()，即浮点型。

☑ nmax：指定最多读取的数据数量，默认值为-1，表示读取所有数据。如果是列表，则要读取的记录的最大数量。如果省略或不为正数或整数的值无效（并且nlines参数未设置为正数），则将读取到文件的末尾。

☑ sep：指定分隔符，默认读取以“空白”为分隔符的数据。

☑ skip：在开始读取数据值之前要跳过的输入文件的行数。

☑ nlines：如果为正数，则表示要读取的最大数据行数。

例如使用cat()函数写入内容到num.data文件，然后使用scan()函数读取指定的数据，代码及结果如图3.14所示。

```
> # 写入内容到num.data文件
> cat("1 3 5 7 9", "2 4 6 8", file = "num.data", sep = "\n")
> scan("num.data",nmax = 3) # 读取num.data文件的数据数量为3
Read 3 items
[1] 1 3 5
> scan("num.data", skip = 1) # 跳过一行
Read 4 items
[1] 2 4 6 8
> scan("num.data", nlines = 1)# 读取一行
Read 5 items
[1] 1 3 5 7 9
```

图3.14 使用scan()函数读取指定的数据

3.7 包的安装与使用

3.7.1 查看包

R语言中的程序包（以下称“包”）是R函数、编译代码和样本数据集的集合。它们存储在R语言安装目录下的一个名为“library”文件夹中，图3.15所示。

默认情况下，R语言自带了一些包，例如base、boot、class等。如果想了解R语言安装了哪些包，可以使用library()函数查看，代码如下：

```
library()
```

运行程序，结果如图3.16所示。

如果程序需要一些特殊功能的包（即扩展包）可以通过下载安装后使用。下面介绍如何安装包、载入包和使用包。

3.7.2 包的安装

在R语言中安装包有以下两种方法。

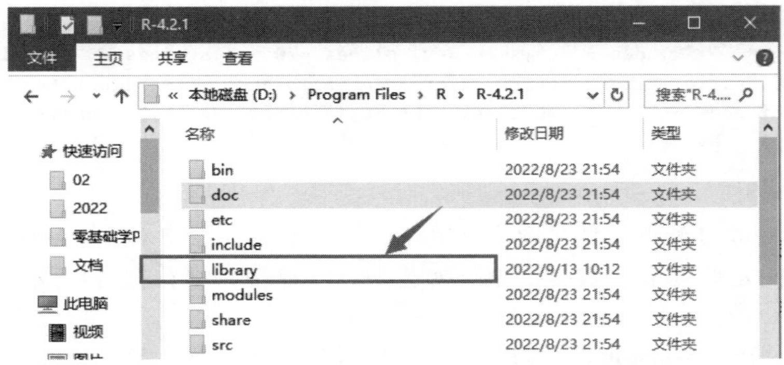

图3.15 包的存储位置

```
有R程辑包
图书馆'D:/Program Files/R/R-4.2.1/library'里有个程辑包:

base                    The R Base Package
boot                    Bootstrap Functions (Originally by Angelo
                        Canty for S)
class                   Functions for Classification
cli                     Helpers for Developing Command Line
                        Interfaces
cluster                 "Finding Groups in Data": Cluster Analysis
                        Extended Rousseeuw et al.
codetools               Code Analysis Tools for R
colorspace              A Toolbox for Manipulating and Assessing
                        Colors and Palettes
compiler                The R Compiler Package
datasets                The R Datasets Package
digest                  Create Compact Hash Digests of R Objects
fansi                   ANSI Control Sequence Aware String Functions
farver                  High Performance Colour Space Manipulation
foreign                 Read Data Stored by 'Minitab', 'S', 'SAS',
                        'SPSS', 'Stata', 'Systat', 'Weka', 'dBase',
                        ...
```

图3.16 已经安装的包

方法1：在RGui控制台输入安装命令install.packages("R包名")来安装R包。例如安装包ggplot2，代码如下。

```
install.packages("ggplot2")
```

按<Enter>键，将显示一个CRAN镜像站点的列表，选择一个适合的镜像站点，如图3.17所示，单击“确定”按钮开始安装。

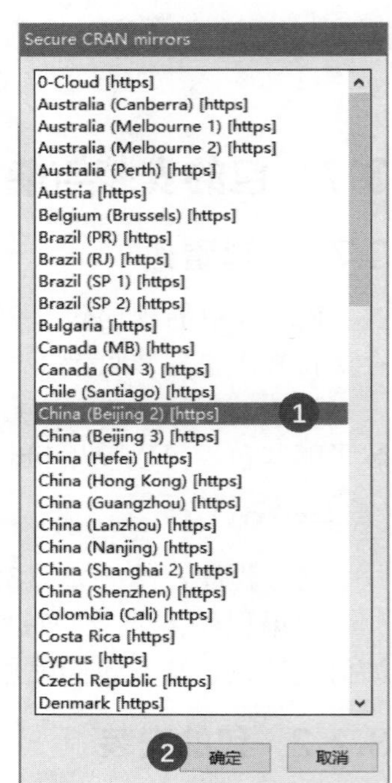

图3.17 CRAN镜像站点的列表

如果需要一次安装多个包，代码如下。

```
install.packages(c("包1","包2"))
```

方法2：在RStudio编辑窗口的“资源管理窗口”，进入Packages页面，点击图3.18中标记的Install选项，在弹出的窗口中输入包名称，然后单击“Install”按钮即可安装R包，如图3.18所示。

3.7.3 包的使用

包安装完成后，就可以在程序中使用了，具体方法如下。

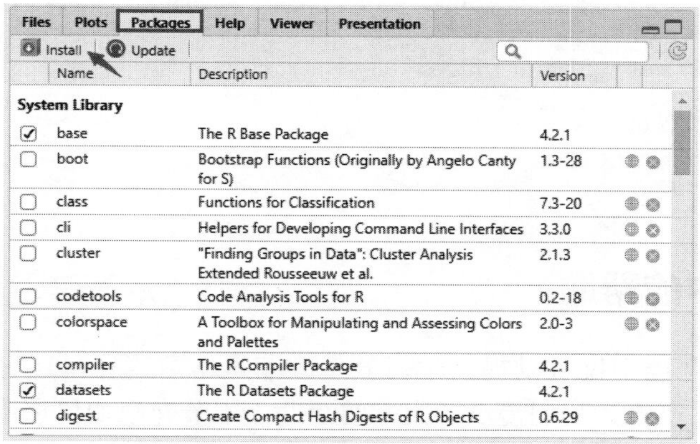

图3.18　在RStudio编辑窗口的“资源管理窗口”安装包

在RGui控制台或RStudio代码编辑窗口输入library(R包名)命令或require(R包名)命令都可以。例如使用包lubridate，示例代码如下：

```
library(lubridate)
```

如果代码需要某个函数，可以临时加载包，而不用事先library，写法为R包名::函数名，示例代码如下：

```
lubridate::floor_date()
```

或者

```
require(ggplot2)
```

如果需要加载多个包，可以使用多个library，例如下面的代码。

```
library(datasets)
library(ggplot2)
library(lubridate)
```

除此之外，还可以进行以下操作：

（1）查看已加载的包

```
(.packages())
```

（2）去除已加载的R包

```
detach("package:R包名")
```

（3）删除R包

```
remove.packages("R包名称")
```

（4）更新R包

```
update.packages("R包名称")
```

（5）查看R包版本

```
# 首先加载R包
library(R包名)
```

```
# 然后查看R包版本
sessionInfo("R包名")
```

（6）查看所有R包的安装路径

```
.libPaths()
```

3.8 R语言中的帮助

学会使用帮助文档不仅可以提高学习效率、缩短学习路径，还可以解决日常编程中遇到的各种问题。R语言为我们提供了大量的帮助，本节介绍如何使用R语言中的帮助。

3.8.1 菜单栏的help

在RStudio中可以通过菜单栏中的Help菜单查看帮助信息，例如选择Help→R Help即可打开帮助页，如图3.19所示。

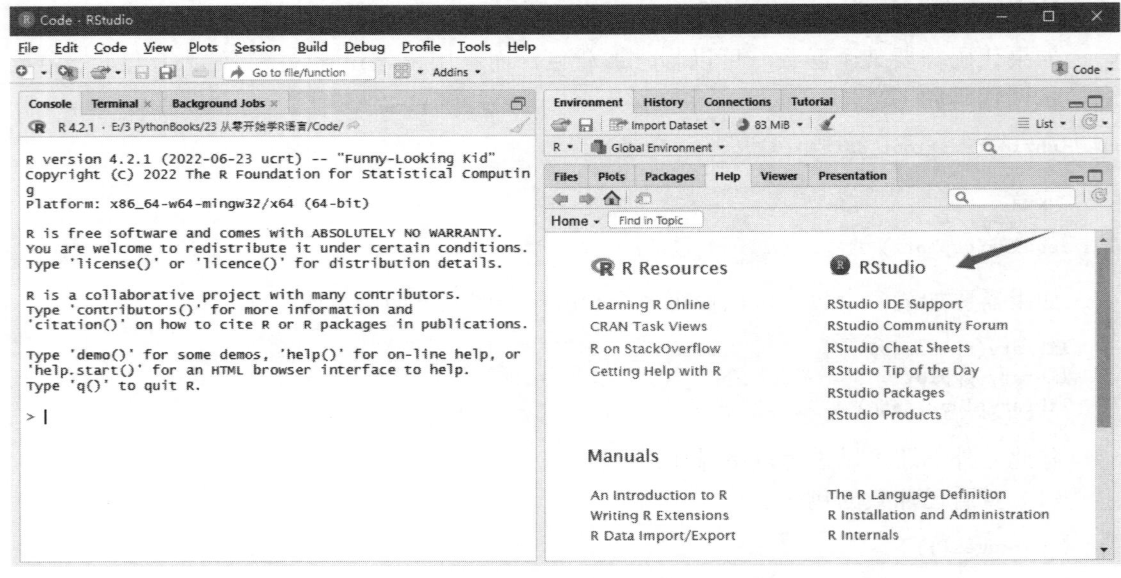

图3.19 通过Help选项查看帮助信息

在帮助页的搜索框中输入关键字进行搜索，例如输入list，list()函数的相关帮助信息就可以显示出来了，如图3.20所示。

或者在RStudio中代码编辑窗口中指定的关键词处按<F1>键，相关的帮助信息就可以显示出来了。

3.8.2 帮助函数

R语言还提供了一些帮助函数用于获取函数的参数解释和使用示例等，帮助我们快速了解相关知识，这些函数需要在RGui或RStudio的控制台中使用。下面介绍R语言中的帮助函数，如表3.13所示。

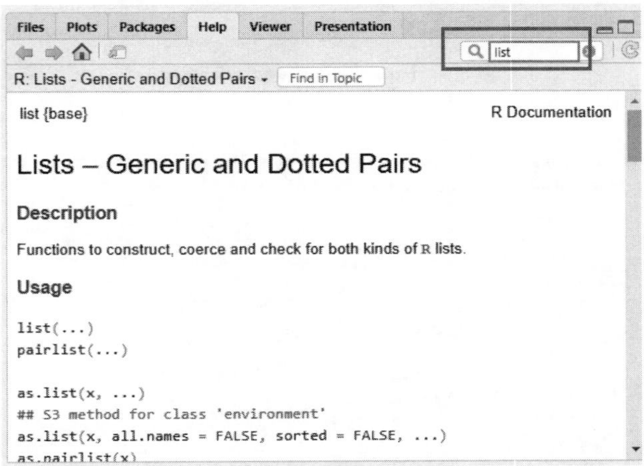

图3.20 list()函数的帮助信息

表3.13 帮助函数

函数	用途
help.start()	打开帮助文档首页
help()	查看函数的帮助文档，例如help("list")或者?list用于查看函数list的帮助文档（引号可以省略）
help.search()	通过关键词搜索相关帮助文档，例如help.search("c")或者??c
args()	显示函数的参数，例如args(list)
example()	查看函数的使用示例，例如example("list")
demo()	列出包的应用场景，例如demo(graphics)
apropos()	列出名称中含有关键字的内容，例如下面的代码： apropos("c") # 列出所有包含c的内容 apropos("c",mode="funtion") # 只列出函数
data()	列出当前已加载包中包含的可用的示例数据集
RSiteSearch()	通过关键字搜索在线文档，例如RSiteSearch("list")通过关键词list搜索在线文档
vignette()	列出当前已安装包中所有可用的vignette文档，例如vignette("manage")显示manage的vignette文档

说明 vignette文档包含更多的内容，也更加规范，例如里面有简介、教程、开发文档等，可以通过vignette()函数来查看，不过并非每个包都包含这种格式的文档。

例如想了解split()函数的用法，在RGui控制台中输入如下代码：

```
help("split")
```

按下<Enter>键，将打开帮助页面，如图3.21所示，其中包括语法、参数说明和示例等。

split {base} R Documentation

Divide into Groups and Reassemble

Description

`split` divides the data in the vector `x` into the groups defined by `f`. The replacement forms replace values corresponding to such a division. `unsplit` reverses the effect of `split`.

Usage

```
split(x, f, drop = FALSE, ...)
## Default S3 method:
split(x, f, drop = FALSE, sep = ".", lex.order = FALSE, ...)

split(x, f, drop = FALSE, ...) <- value
unsplit(value, f, drop = FALSE)
```

Arguments

`x`
vector or data frame containing values to be divided into groups.

`f`
a 'factor' in the sense that `as.factor(f)` defines the grouping, or a list of such factors in which case their interaction is used for the grouping. If `x` is a data frame, `f` can also be a formula of the form `~ g` to split by the variable `g`, or more generally of the form `~ g1 + ... + gk` to split by the interaction of the variables `g1, ..., gk`, where these variables are evaluated in the data frame `x` using the usual non-standard evaluation rules.

`drop`
logical indicating if levels that do not occur should be dropped (if `f` is a `factor` or a list).

图3.21 split()函数的帮助页面

例如查看数据集相关示例：

```
example(mtcars)
```

按<Enter>键进行翻页查看示例运行结果。

例如查看包的帮助信息，包括包的函数及说明，查看R的基础包base中包含的函数及说明的代码如下：

```
library(help = "base")
```

3.8.3 帮助文档

官方帮助文档一般保存在R安装文件目录下，例如D:\Program Files\R\R-4.3.1\doc\manual，帮助文档的大致内容如下：

☑ fullrefman：基本和推荐包的所有帮助页面的打印版本。
☑ R-admin：R的安装和管理。
☑ R-data：R数据导入/导出。
☑ R-exts：编写R扩展。
☑ R-FAQ：R常见问题。
☑ R-intro：R的介绍。
☑ R-ints：R内部结构、核心团队。
☑ R-lang：R语言定义。

本章思维导图

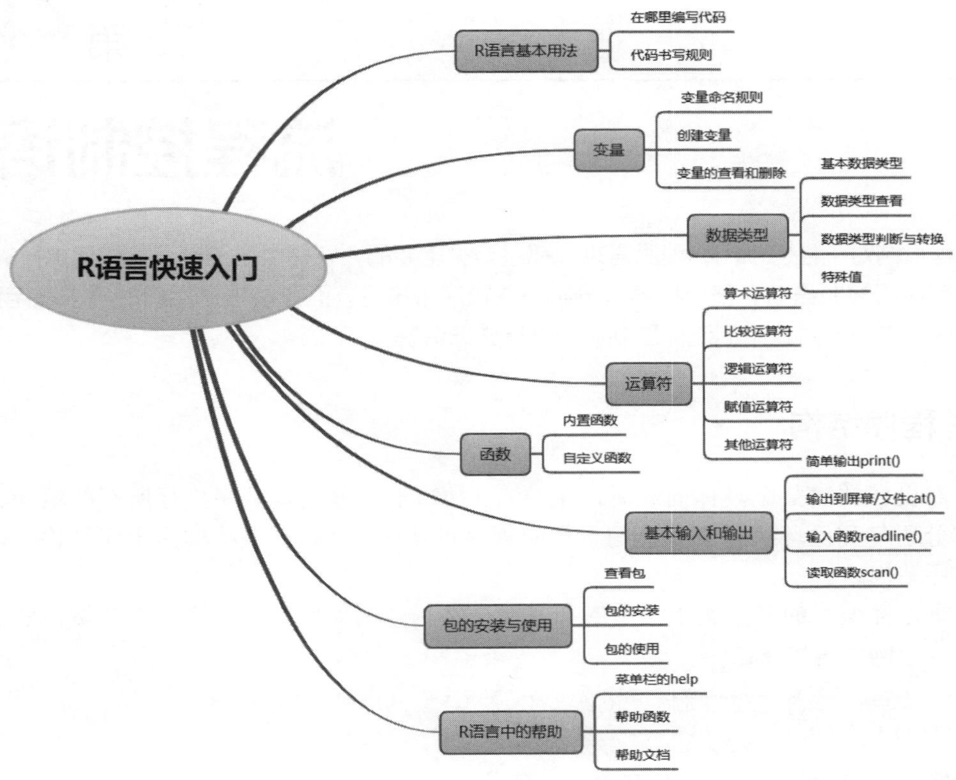
R语言快速入门
R语言基本用法
在哪里编写代码
代码书写规则
变量
变量命名规则
创建变量
变量的查看和删除
数据类型
基本数据类型
数据类型查看
数据类型判断与转换
特殊值
运算符
算术运算符
比较运算符
逻辑运算符
赋值运算符
其他运算符
函数
内置函数
自定义函数
基本输入和输出
简单输出print()
输出到屏幕/文件cat()
输入函数readline()
读取函数scan()
包的安装与使用
查看包
包的安装
包的使用
R语言中的帮助
菜单栏的help
帮助函数
帮助文档

第4章

流程控制语句

流程控制对于任何一门编程语言来说都是至关重要的，它提供了控制程序如何执行的方法。如果没有流程控制语句，整个程序将按照线性顺序来执行，而不能根据用户的需求决定程序执行的顺序。本章将对R中的流程控制语句进行详细讲解。

4.1 程序结构

计算机在解决某个具体问题时，主要有3种情形，分别是顺序执行所有的语句、选择执行部分语句和循环执行部分语句。对应程序设计中的3种基本结构是顺序结构、选择结构和循环结构。

本章之前编写的多数例子采用的都是顺序结构。例如定义一个字符型变量，然后输出该变量，示例代码如下：

```
a <- "命运给予我们的不是失望之酒，而是机会之杯。"
print(a)
```

选择结构和循环结构的应用场景如下所述。

看过《射雕英雄传》的人可能会记得，黄蓉与瑛姑见面时，曾出过这样一道数学题：今有物不知其数，三三数之剩二，五五数之剩三，七七数之剩二，问几何？

解决这道题，有以下两个要素：

□ 需要满足的条件是一个数，除以三余二，除以五余三，除以七剩二。这就涉及条件判断，需要通过选择语句实现。

□ 依次尝试符合条件的数。这就需要循环执行，需要通过循环语句实现。

4.2 选择语句

在生活中，我们总是要做出许多选择，程序也是一样。下面给出几个常见的例子：

☑ 如果购买成功，那么用户余额减少，用户积分增多。

☑ 如果输入的用户名和密码正确，那么提示登录成功，进入网站，否则，提示登录失败。

☑ 如果用户使用微信登录，则使用微信扫一扫；如果使用QQ登录，则输入QQ号和密码；如果使用微博登录，则输入微博账号和密码；如果使用手机号登录，则输入手机号和密码。

以上例子中的判断，就是程序中的选择语句，也称为条件语句。即按照条件选择执行不同的代码片段。在R语言中选择语句主要有4种形式，分别为if语句、if…else语句、向量化的ifelse语句和switch多分支语句，下面将分别对它们进行详细讲解。

4.2.1　最简单的if语句

R语言中最简单的选择语句是使用if保留字组成的选择语句，语法格式如下：

```
if(表达式) {语句块}
```

其中，小括号中的表达式可以是一个单纯的布尔值或变量，也可以是比较表达式或逻辑表达式（例如，a > b and a != c），如果表达式为真（TRUE），则执行“语句块”，如果表达式的值为假（FALSE），就跳过“语句块”，继续执行后面的语句，这种形式的if语句相当于汉语里的“如果……就……”，其流程如图4.1所示。

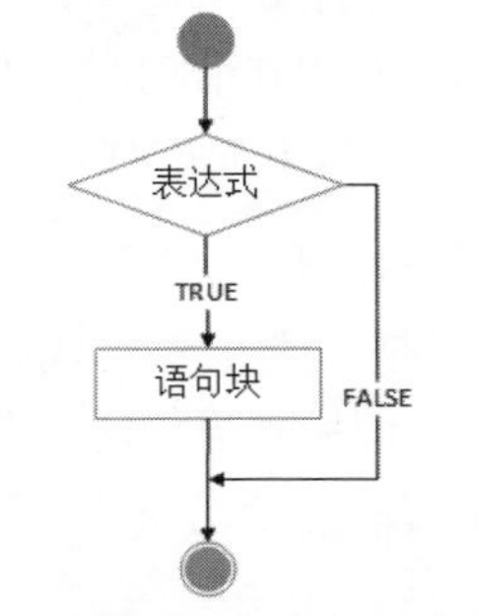

图4.1　if语句的执行流程

下面通过一个具体的实例来解决4.1节给出的应用场景中的第一个要素：判断一个数，除以三余二，除以五余三，除以七剩二。

【例4.1】　判断输入的是不是黄蓉所说的数1

使用if语句判断用户输入的数字是不是黄蓉所说的除以三余二，除以五余三，除以七剩二的数，运行RStudio，编写如下代码：

```
01 # 为number赋值
02 number <- 23
03 # 判断是否符合条件
04 if (number%%3 ==2 && number%%5==3 && number%%7==2)
05   print(paste(number,"符合条件：三三数之剩二，五五数之剩三，七七数之剩二"))
```

运行程序，当number赋值为23时，结果如图4.2所示，当number赋值为不符合条件的数字时，将不输出黄蓉所说的“三三数之剩二，五五数之剩三，七七数之剩二”。

```
[1] "23 符合条件：三三数之剩二，五五数之剩三，七七数之剩二"
```

图4.2　输入的是符合条件的数

代码解析

第04行代码：%%符号返回除法的余数。

第05行代码：paste()函数用于连接字符串，具体介绍可参见第3章。

【例4.2】　if语句判断并安装R包（实例位置：资源包\Code\04\01）

在安装所需的R包时，有时候不知道是否安装了，而在R中查看又很麻烦，此时可以通过if语句进行判断，如果所需的包没有安装则进行安装，否则不安装。运行RStudio，编写如下代码。

```
# if语句判断并安装包
if(!require(ggplot2)) {
  # 安装ggplot2
  install.packages("ggplot2")
  require(ggplot2)
}
```

运行程序，如果系统中不存在ggplot2包则进行安装。

↙ 代码解析

第2行代码：require()函数也是用于加载包的函数，该函数可以根据R包存在与否返回TRUE或FALSE。

下面再来介绍一下使用if语句的注意事项。

① 使用if语句时，如果只有一条语句可以省略花括号{}。

② 使用if语句时，如果只有一条语句，且语句比较短，语句块可以直接写在表达式的右侧，例如下面的代码：

```
if (a > b) max = a
```

但是，为了程序代码的可读性，建议不要这么做。

③ 使用if语句时，如果有多条语句，需要使用花括号{}，例如下面的代码：

```
if (a > b)
{
  max = a
  print(max)
  print(a)
  print(b)
}
```

4.2.2 if…else语句

生活中有很多"二选一"问题，如坚持或放弃。R语言提供的if…else语句可用于处理类似的问题，其语法格式如下：

```
if (表达式){
    语句块1
} else {
    语句块2
}
```

使用if…else语句时，表达式可以是一个单纯的布尔值或变量，也可以是比较表达式或逻辑表达式，如果if后的条件满足，则执行if与else间的语句，否则执行离else最近的一条语句。如果if块和else块有多条语句，需要将多个语句放在花括号{}中。

这种形式的选择语句相当于汉语里的"如果……否则……"，其流程如图4.3所示。

下面对【例4.1】进行改进，加入：如果输入的数不符合条件，则给出提示的功能。

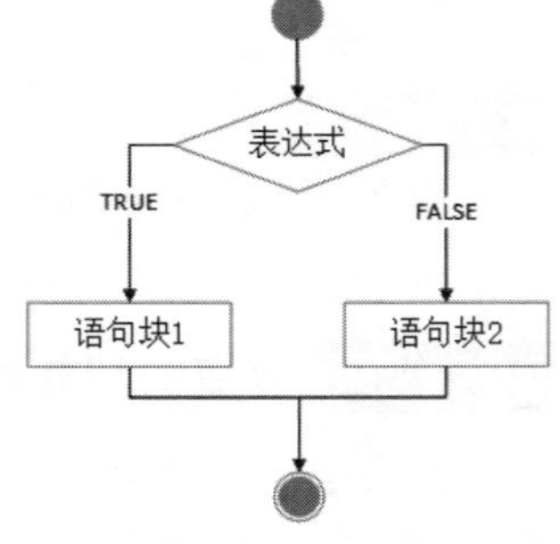

图4.3 if…else语句流程

【例4.3】 判断输入的是不是黄蓉所说的数2（实例位置：资源包\Code\04\02）

使用if…else语句判断用户输入的数字是不是黄蓉所说的除以三余二，除以五余三，除以七剩二的数，并给予相应的提示，运行RStudio，编写如下代码：

```
# 为number赋值
```

```
number <- 17
# 判断是否符合条件
if (number%%3 ==2 && number%%5==3 && number%%7==2){
  print(paste(number,"符合条件"))
} else {     # 不符合条件
  print(paste(number,"不符合条件"))
}
```

运行程序，number赋值为17则执行else之后的语句，即“17不符合条件”。

注意

else 不能单独成一行，它的前面必须有内容，如果没有内容，一个花括号也可以，否则会出现错误提示。或者 else 单独成行时，将 if…else 语句整体放在一个花括号里，例如下面的代码。

```
{
if (number%%3 ==2 && number%%5==3 && number%%7==2)
  print(paste(number,"符合条件"))
else
  print(paste(number,"不符合条件"))
}
```

4.2.3　if…else if…else语句

日常购物时通常有多种付款方式以供选择，如现金、银行卡、移动支付等。用户需要从多个选项中选择一个。在开发程序时，如果遇到多选一的情况，则可以使用if…else if…else语句，该语句是一个多分支选择语句，通常表现为“如果满足某种条件，进行某种处理，否则，如果满足另一种条件，则执行另一种处理……”。if…else if…else语句的语法格式如下：

```
if (表达式1)
    语句块1
else if (表达式2)
    语句块2
else if (表达式3)
    语句块3
…
else
    语句块n
```

使用if…else if…else语句时，表达式可以是一个单纯的布尔值或变量，也可以是比较表达式或逻辑表达式，如果表达式为真，执行语句，而如果表达式为假，则跳过该语句，进行下一个else if的判断，只有在所有表达式都为假的情况下，才会执行else中的语句。if…else if…else语句的流程如图4.4所示。

【例4.4】 根据分数给出不同的提示（实例位置：资源包\Code\04\03）

下面根据学生的分数进行不同程度的分类，即“优”“良”“及格”和“不及格”。运行RStudio，编写如下代码。

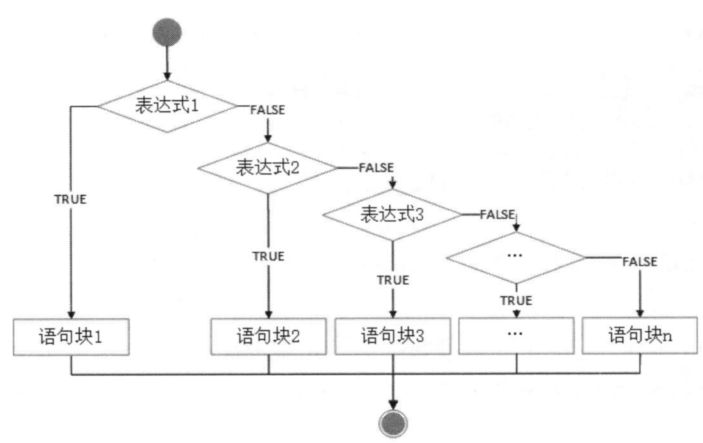

图4.4 if…else if…else语句的流程

```
myval <- 74
{
  if(myval >=0 && myval < 60)
    print("不及格")
  else if(myval < 70)
    print("及格")
  else if(myval < 90)
    print("良好")
  else if(myval <= 100)
    print("优秀")
  else
    print("成绩无效")
}
```

运行程序，当myval赋值为74时，结果为“及格”。如果myval赋值为88，结果为“良好”。myval赋值为95，结果为“优秀”。myval赋值为120，结果为“成绩无效”。

4.2.4 多分支switch语句

当选择的情况较多时，使用if语句实现就会很麻烦且不直观。对此，R提供了switch语句，使用该语句可以方便、直观地处理多分支的控制结构。switch语句的语法格式如下：

```
switch(表达式, case1, case2, case3…)
```

表达式的计算结果为整数，其值在1～length（case语句数量）之间时，则switch语句返回相应位置的值。如果表达式的值超出范围，则没有返回值。

switch语句的流程如图4.5所示。

【例4.5】 根据给定的数字判断星期几（实例位置：资源包\Code\04\04）

通过给定的数字判断星期几，运行RStudio，编写如下代码。

```
myval <- switch(
  7,
  "星期一",
```

```
    "星期二",
    "星期三",
    "星期四",
    "星期五",
    "星期六",
    "星期日"
)
print(myval)
```

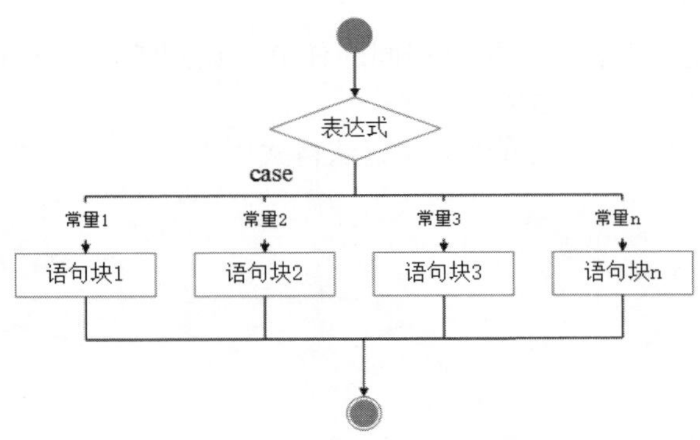

图4.5　switch语句的流程

运行程序，当myval赋值为7时，结果为“星期日”。如果myval赋值为2，结果为“星期二”。myval赋值为88，结果为NULL。

4.2.5　向量化的ifelse语句

除了大多数语言中常见的if、if…else语句，R语言还提供了一个向量化的ifelse语句，它是R语言中常用的一种语句，能够根据用户指定的条件进行各种操作，尤其在数据处理中非常有用。

ifelse语句主要用于判断某个变量是否满足某种条件，如果满足，就执行某个操作，如果不满足，就执行另外一个操作。

例如x大于0返回1，小于等于0返回0，代码如下：

```
x <- c(3,-1,2,-9)
y <- ifelse(x>0, 1, 0)
print(y)
```

运行程序，结果如下：

1 0 1 0

例如数据处理过程中，将性别中的“女”转换为0，“男”转换为1，代码如下：

```
性别 <- c("男","女","女","女","男","男")
myval <- ifelse(性别 == "女",0,1)
print(myval)
```

运行程序，结果如下：

1 0 0 0 1 1

4.3　循环语句

日常生活中很多问题都无法一次解决，如盖楼，所有高楼都是一层一层垒起来的。再或者有些事物必须周而复始地运转才能保证其存在的意义，例如公交车、地铁等交通工具必须每天在同样的时间往返于始发站和终点站之间。类似这样的反复做同一件事的情况，称为循环。在R语言中循环语句主要有4种类型，下面将对这4种类型的循环语句分别进行介绍。

4.3.1　重复循环repeat

重复循环就是重复一次又一次执行相同的任务，直到满足停止条件，如同我们绕操场跑圈，重复一圈又一圈，直到第5圈停止。

在R中重复循环主要使用repeat语句，语法格式如下：

```
repeat {
   循环体
   if(条件表达式) {
      break
   }
}
```

重复循环repeat的执行流程如图4.6所示。

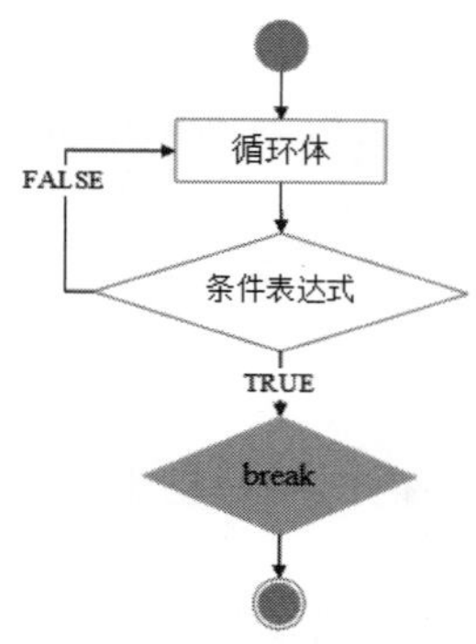

图4.6　repeat语句的流程

【例4.6】　操场跑圈计数（实例位置：资源包\Code\04\05）

下面使用重复循环repeat记录操场跑圈，直到第5圈停止，运行RStudio，编写如下代码。运行程序，结果如图4.7所示。

```
# 初始值为1
n <- 1
repeat {
  print(paste("第",n,"圈"))
  # 计数
  n <- n+1
  # 判断是否符合条件
  if(n > 5) {
    break     # 跳出循环
  }
}
```

```
[1] "第 1 圈"
[1] "第 2 圈"
[1] "第 3 圈"
[1] "第 4 圈"
[1] "第 5 圈"
```

图4.7　操场跑圈计数

4.3.2　while 循环

while 循环只要满足条件就一遍又一遍地执行相同的代码，不满足条件则退出循环。语法格式如下：

```
while (条件表达式) {
    循环体
}
```

while 循环语句的执行流程如图 4.8 所示。

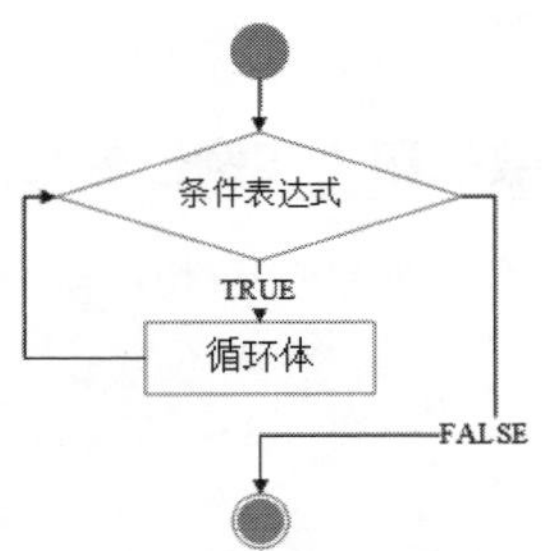

图 4.8　while 循环语句流程

【例 4.7】 while 循环记录操场跑圈（实例位置：资源包\Code\04\06）

下面使用 while 循环记录操场跑圈，直到第 5 圈停止，运行 RStudio，编写如下代码。运行程序，结果如图 4.9 所示。

```
# 初始值为1
n <- 1
while (n <6 ){
  print(paste("第",n,"圈"))
  # 计数
  n <- n+1
}
```

```
[1] "第 1 圈"
[1] "第 2 圈"
[1] "第 3 圈"
[1] "第 4 圈"
[1] "第 5 圈"
```

图 4.9　while 循环记录操场跑圈

4.3.3　for 循环

for 循环是一个计次循环，一般应用在循环次数已知的情况下。通常适用于枚举或遍历序列，以及迭代对象中的元素。语法格式如下：

```
for (迭代变量 in 向量表达式) {
    循环体
}
```

R 语言中，for 循环特别灵活，其中，迭代变量用于保存读取出的值，向量表达式通常是一个序列，可以是整数、输入的数字、字符向量、逻辑向量、列表或表达式。

for 循环语句的执行流程如图 4.10 所示。

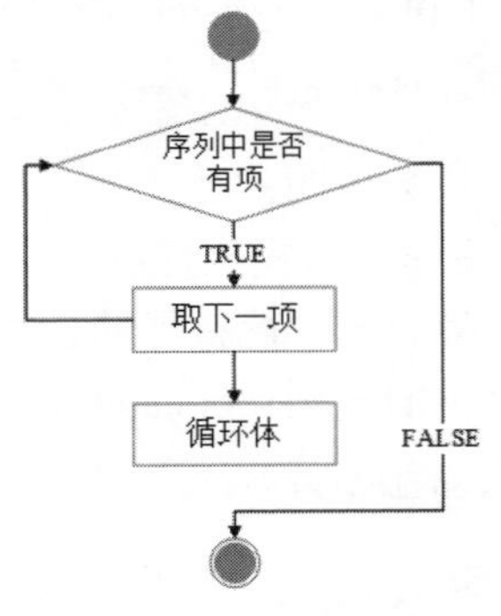

图 4.10　for 循环语句流程

【例4.8】 输出1～12月份（实例位置：资源包\Code\04\07）

下面使用for循环语句输出1～12月份，运行RStudio，编写如下代码。运行程序，结果如图4.11所示。

```
a <- c(1:12)
for ( i in a) {
  print(paste(i,"月"))
}
```

```
[1] "1 月"
[1] "2 月"
[1] "3 月"
[1] "4 月"
[1] "5 月"
[1] "6 月"
[1] "7 月"
[1] "8 月"
[1] "9 月"
[1] "10 月"
[1] "11 月"
[1] "12 月"
```

图4.11 输出1～12月份

【例4.9】 求1～100之间所有数的和（实例位置：资源包\Code\04\08）

下面使用for循环计算1～100之间所有数的和，运行RStudio，编写如下代码。

```
# 初始值为0
myval <- 0
# 求1～100之间所有数的和
for(i in 1:100){
  myval = myval + i
}
print(myval)
```

运行程序，结果为5050。

【例4.10】 通过for循环批量加载R包（实例位置：资源包\Code\04\09）

当程序中需要多个R包时可以使用for循环进行批量加载，例如加载forecast包、Hmisc包和ggplot2包，运行RStudio，编写如下代码。

```
mypack <- c("forecast", "Hmisc", "ggplot2")
for (i in mypack) {
  library(i, character.only = T)
}
```

运行程序，包就加载成功了。

4.3.4 replication()函数

replicate()函数可以重复指定次数执行表达式。语法格式如下：

```
replicate(n, expr)
```

参数说明：

☑ n：重复执行次数。

☑ expr：待执行的表达式。

下面使用replicate()函数将1重复10次，运行RStudio，编写如下代码。

```
replicate(n=10, 1)
```

运行程序，结果如图4.12所示。

上述举例是replicate()函数最简单的应用，在实际数据分析过程中，replicate()函数应用也十分广泛。

```
[1] 1 1 1 1 1 1 1 1 1 1
```

图4.12 1重复10次

【例4.11】 使用replicate()函数生成数据（实例位置：资源包\Code\04\10）

下面借助replicate()函数重复生成5次样本数据，每个样本数据包括10个平均值为5，标准差为3符合正态分布的数据。运行RStudio，编写如下代码。

```
01 # 生成10个平均值为5，标准差为3符合正态分布的数据
02 # 重复5次
03 data <- replicate(n=5, rnorm(10, mean=5, sd=3))
04 # 显示数据
05 data
```

运行程序，结果如图4.13所示。

```
           [,1]     [,2]     [,3]      [,4]         [,5]
 [1,]  3.138900 3.092791 3.482128 5.1804813 -0.743078277
 [2,]  5.126348 3.615066 9.029116 3.2333165  8.529749936
 [3,]  2.267235 9.296847 4.356262 6.5944886  0.005082691
 [4,]  5.474086 3.047911 4.461330 0.4448178  3.609408796
 [5,]  3.036246 4.377858 4.699428 5.9196736  1.652239685
 [6,] 10.301862 3.821576 7.137999 0.3906505  2.747542996
 [7,]  7.150122 4.040021 4.779307 4.0970716 11.261499637
 [8,]  7.730523 4.162660 4.887097 3.4151603  5.052186859
 [9,]  6.152556 6.482565 2.955019 3.0437157  1.141098409
[10,] 10.046528 4.468009 4.027189 4.8293097  0.078183397
```

图4.13　使用replicate()函数生成数据

代码解析

第03行代码：rnorm()函数用于生成服从正态分布的随机数。默认生成平均数为0，标准差为1的随机数。

4.4 跳转语句

4.4.1 next语句

当程序需要跳过当前循环的迭代而不是终止循环时，可以使用next语句。在R语言中next语句类似于C语言中的continue语句。例如【例4.8】输出1～12月份中跳过6月，运行程序，结果如图4.14所示。

```
a <- c(1:12)
for ( i in a) {
  if (i == 6){
    next
  }
  print(paste(i,"月"))
}
```

```
[1] "1 月"
[1] "2 月"
[1] "3 月"
[1] "4 月"
[1] "5 月"
[1] "7 月"
[1] "8 月"
[1] "9 月"
[1] "10 月"
[1] "11 月"
[1] "12 月"
```

图4.14　输出1～12月份跳过6月

4.4.2 break语句

在R语言中break语句有两种用法，下面分别进行介绍。

（1）在循环中应用break语句

break语句可以终止当前的循环，包括repeat、while和for在内的所有控制语句。以独自

一人沿着操场跑步为例，原计划跑5圈。可是在跑到第2圈的时候，遇到自己的女神或者男神，于是果断停下来，终止跑步，这就相当于使用了break语句提前终止了循环，代码如下：

```
# 初始值为1
n <- 1
while (n <6 ){
  print(paste("第",n,"圈"))
  # 计数
  n <- n+1
  if (n == 2){
    break
  }
}
```

break语句的语法比较简单，只需要在相应的repeat、while或for语句中加入即可。

例如在【例4.6】操场跑圈计数的举例中repeat语句中也应用了break语句。

（2）在switch语句中终止情况（case）

可以将break语句放在switch语句最后，作为终止。

本章思维导图

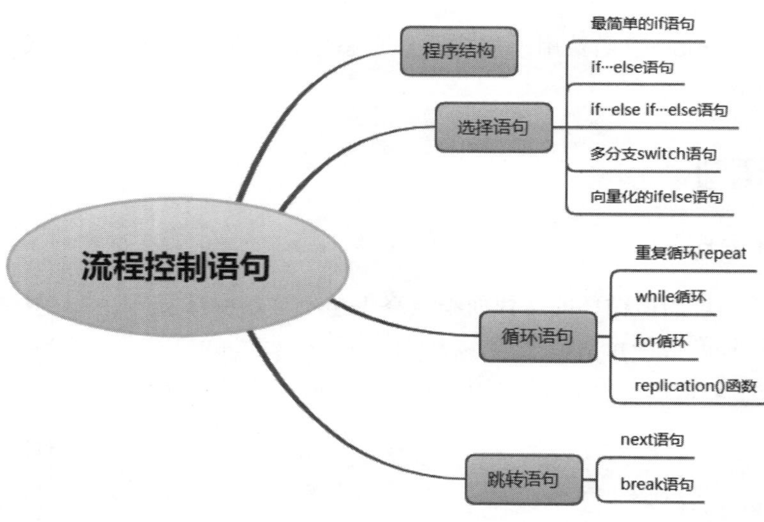

第5章

R语言的数据结构

R语言有许多用于存储数据的数据结构，主要包括向量、矩阵、数组、数据框、因子和列表，其中向量是最基本、最重要的一种数据结构。本章将详细介绍这些数据结构的创建以及一些常用的操作。

5.1 向量

向量是R语言中最基本、最重要的一种数据结构，是构成其他数据结构的基础。在R语言中的向量概念与数学中向量是不同的，更像数学中的集合，由一个或多个元素所构成。

本节将主要介绍如何创建向量、向量索引、向量的操作、向量运算、向量排序和向量合并。

5.1.1 创建向量

创建向量之前，首先来了解一下什么是向量。向量是由一系列同一种数据类型的有序的元素构成的一组数据，如图5.1所示，这里我们可以理解为数组。向量是用于存储数值型、字符型和逻辑型数据的一维数组。

向量

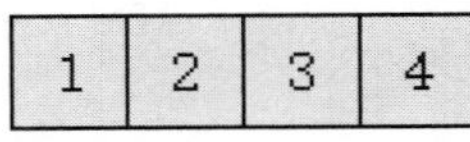

图5.1 向量示意图

在R语言中创建向量的方法有c()函数、冒号（“:”）运算符、seq()函数和rep()函数等，下面一一进行介绍。

5.1.1.1 c()函数创建向量

在R语言中，常用的创建向量的方法主要使用c()函数，其中的参数（元素）用逗号分隔，并且为同一数据类型，如果参数的数据类型不一致，c()函数会强制将所有参数转换为同一数据类型。下面使用c()函数创建不同类型的向量。

（1）数值型向量

示例代码如下：

```
a <- c(1,2,3,4,5)
print(a)
```

运行程序，结果为：1 2 3 4 5

（2）字符型向量

创建字符型向量一定要加引号，示例代码如下：

```
b <- c("m","r","s","o","f","t")
print(b)
```

运行程序，结果为："m" "r" "s" "o" "f" "t"

（3）逻辑型向量

创建逻辑型向量不需要加引号，示例代码如下：

```
c <- c(TRUE,FALSE,TRUE,TRUE)
print(c)
```

运行程序，结果为：TRUE FALSE TRUE TRUE

说明 代码中的TRUE和FALSE可以简写成T和F。

5.1.1.2 冒号运算符创建向量

在R语言中使用冒号（“:”）运算符也可以创建向量。冒号运算符主要用于创建公差为1或-1的等差数列的向量，其使用形式为x:y，使用规则如下：

☑ 当x<y时，将生成x, x+1, x+2, x+3，…等差数列，公差为1，最后的元素≤y。

☑ 当x>y时，将生成x, x-1, x-2, x-3，…等差数列，公差为-1，最后的元素≥y。

☑ 当x和y相同时，将输出只有一个元素的向量，元素就为x。

下面使用冒号运算符创建向量，运行程序，结果如图5.2所示。

```
> d <- 1:20
> print(d)
 [1]  1  2  3  4  5  6  7  8  9 10 11 12 13 14 15 16 17 18 19 20
> d <- 5.1:10.2
> print(d)
[1]  5.1  6.1  7.1  8.1  9.1 10.1
> d <- -2:-10
> print(d)
[1]  -2  -3  -4  -5  -6  -7  -8  -9 -10
```

图5.2 冒号运算符创建向量

从运行结果得知：冒号运算符创建的都是等差数列的向量。

5.1.1.3 seq()函数创建向量

seq()函数也是用来创建等差数列的向量，语法格式如下：

```
seq(from = 1, to = 1, by = ((to - from)/(length.out - 1)),length.out = NULL,
    along.with = NULL, ...)
```

参数说明：

☑ from：数值型，表示等差数列开始的位置，默认值为1。

☑ to：数值型，表示等差数列结束的位置，默认值为1。

☑ by：数值型，表示等差数列之间的间隔。

☑ length.out：数值型，表示等差数列的长度。

☑ along.with：向量，表示产生的等差数列与向量具有相同的长度。

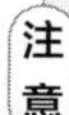

by、length.out和along.with 3个参数只能输入一项。

示例代码及结果如图5.3所示。

```
> seq(1,12,by=2)
[1]  1  3  5  7  9 11
> seq(1,8,by=pi)
[1] 1.000000 4.141593 7.283185
> seq(8)
[1] 1 2 3 4 5 6 7 8
```

图5.3 seq()函数创建向量

5.1.1.4　rep()函数创建向量

rep()函数是一个重复函数，主要用于创建重复的变量或向量，语法格式如下：

```
rep(x, …)
```

参数说明：

☑ x：向量或者类向量的对象。

☑ ...：除了参数x的其他参数，包括each、times和length.out参数，具体介绍如下所述。

- each：x元素重复的次数。
- times：整体重复的次数。
- length.out：向量最终输出的长度。如果长了会被截掉，短了会根据前面规则补上。

示例代码及结果如图5.4所示。

```
> rep(1:5, 2)  # 1~5重复2次
 [1] 1 2 3 4 5 1 2 3 4 5
> # 1~5重复2次，整体重复3次
> rep(1:5, each = 2, times = 3)
 [1] 1 1 2 2 3 3 4 4 5 5 1 1 2 2 3 3 4 4 5 5 1 1 2 2
> # 1~5重复2次，长度为3
> rep(1:5, each = 2, len = 3)
[1] 1 1 2
> # 1~5重复2次，长度为12
> rep(1:5, each = 2, len = 12)
 [1] 1 1 2 2 3 3 4 4 5 5 1 1
```

图5.4　rep()函数创建向量

5.1.1.5　sample()函数随机抽取向量

sample()函数是R语言中常用的一种函数，它可以随机抽取向量，也可以从指定的数据集中抽取指定数量的样本，返回向量或数据框。语法格式如下：

```
sample(x, size, replace = FALSE, prob = NULL)
```

参数说明：

☑ x：表示被抽取的样本的来源。

☑ size：表示抽取的样本的数量。

☑ replace：逻辑值，表示是否重复抽样，默认值为F，表示不重复抽样，此时size参数不能大于x的长度；如果值为T，则表示重复抽样，此时size参数允许大于x的长度。

☑ prob：表示每个样本被抽取的概率。

示例代码如下：

```
01 # 在1~20中不重复地随机创建10个元素的向量
02 sample(c(1:20),size=10)
```

运行程序，结果为：[1] 15 19 7 9 13 6 5 14 12 18

```
01 # 在1~20中重复地随机创建15个元素的向量
02 sample(c(1:20),size=15,replace=T)
```

运行程序，结果为：[1] 11 18 12 3 6 10 17 6 1 19 4 1 2 6 1

5.1.1.6　runif()函数生成符合均匀分布的随机数

在R语言中，runif()函数默认用于生成0～1之间符合均匀分布的随机数，也可以指定

最小值和最大值，示例代码及结果如图5.5所示。

```
> # 生成10个0~1之间符合均匀分布的随机数
> runif(10)
 [1] 0.7979028 0.2773953 0.6552514 0.7402401 0.2816560
 [6] 0.5348352 0.9071048 0.3170784 0.9323483 0.1278111
> # 生成10个最小值为3，最大值为30符合均匀分布的随机数
> runif(10, min = 3, max = 30)
 [1]  3.787232 29.568168  6.827424 27.784316 25.598613
 [6] 16.502409  5.651384 16.957696 25.657432  6.850175
```

图5.5 runif()函数生成符合均匀分布的随机数

5.1.1.7 rnorm()函数生成服从正态分布的随机数

在R语言中，rnorm()函数用于生成服从正态分布的随机数，示例代码如下：

（1）直接使用，默认生成平均数为0、标准差为1的随机数

```
rnorm(20)
```

（2）设置平均值，生成平均数为5、标准差默认为1的随机数

```
rnorm(20,5)
```

（3）设置平均值和标准差，生成平均数为0、标准差为9的随机数

```
rnorm(20, mean = 0, sd = 9)
```

说明

由于使用rnorm()函数生成的是随机数，因此每运行一次代码生成的随机数都是不同的，如果想要生成的随机数不发生改变，可以在rnorm()函数前使用set.seed()函数。set.seed()函数的作用是保证前后生成的随机数保持一致，其中括号里面的参数可以是任意数字，是代表你设置的第几号种子而已，不参与运算，只是一个标记，例如下面的代码。

```
set.seed(0)
rnorm(20,5)
```

5.1.2 向量索引

索引就是向量中元素所处位置的数值，其实就是编号，是自动生成的，值为1、2……依次类推。通过在方括号“[ ]”中指定元素所在位置的数值就可以访问该元素。例如a[1]用于访问向量a中的第1个元素，即3，如图5.6所示。

在R语言中，向量索引分为正（负）整数索引、逻辑索引和名称索引。下面一一进行介绍。

（1）正（负）整数索引

正整数索引从位置1开始，负整数索引从−1开始，如图5.7的示意图。正整数索引访问的是向量中该位置的元素，而负整数索引访问的是向量中除了该位置以外的所有元素。

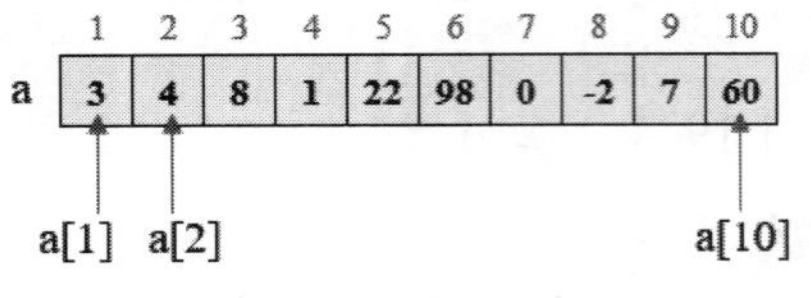

图5.6 访问向量a中的元素

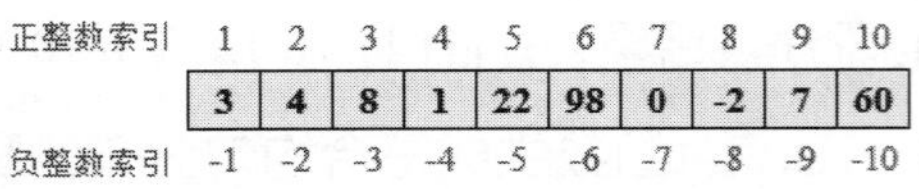

图5.7 正（负）整数索引示意图

示例代码及结果如图5.8所示。

```
> a <- c(100,90,68,77,45,88)
> b <- c("a","b","c","d","e")
> print(a[1])
[1] 100
> print(b[-2])
[1] "a" "c" "d" "e"
```

图5.8　正（负）整数索引的示例

访问向量中的多个元素可以使用向量，例如访问向量a中1、3、5位置的元素，示例代码如下：

```
print(a[c(1,3,5)])
```

运行程序，结果为：100 68 45

连续访问向量中的元素可以使用冒号，示例代码如下：

```
print(a[c(1:3)])
```

运行程序，结果为：100 90 68

（2）逻辑索引

在R语言中还可以使用逻辑向量作为向量的索引，逻辑值为TRUE输出，逻辑值为FALSE不输出，默认值为TRUE输出。示例代码如下：

```
print(a[c(T,T,F,F)])
```

运行程序，结果为：100 90 45 88

如果逻辑值的个数超出了向量中元素的个数，则会出现缺失值（NA），示例代码如下：

```
print(a[c(T,T,F,F,T,T,T,T)])
```

运行程序，结果为：100 90 45 88 NA NA

说明　TRUE可以简写为T，FALSE可以简写为F。

（3）名称索引

除了以上访问向量中元素的方式，在R语言中还可以通过元素名称来访问向量中的元素。首先使用names()函数为向量添加名称，然后通过名称访问向量中的元素。示例代码及结果如图5.9所示。

```
> # 为向量a添加名称
> a <- c(100,90,68,77,45,88)
> names(a) <- c("甲","乙","丙","丁","戊","己")
> print(a)
 甲  乙  丙  丁  戊  己
100  90  68  77  45  88
> # 通过名称索引访问向量中的元素
> print(a["甲"])
 甲
100
> print(a[c("甲","乙","丙")])
 甲  乙  丙
100  90  68
```

图5.9　名称索引

5.1.3　向量的操作

向量创建完成后有时还需要在原始向量中添加元素、修改元素和删除元素等操作，下面进行详细的介绍。

5.1.3.1　添加元素

（1）添加

在原始向量中添加新的元素可以通过添加新的索引并为其赋值的方法进行添加。示例代码如下：

```
# 原始向量a
a <- c(100,90,68,77,45,88)
print(a)
# 为向量a的7、8、9的索引赋值
a[c(7,8,9)] <- c(60,99,50)
print(a)
```

运行程序，结果为：100 90 68 77 45 88 60 99 50，其中60 99 50为新添加的元素。

（2）插入

在指定位置插入元素可以使用append()函数。例如在索引2的后面插入元素60 99 50，示例代码如下：

```
append(x = a,values = c(60,99,50),after = 2)
```

5.1.3.2 修改元素

修改向量中某个元素，可以通过索引找到该元素，然后将新的值赋给它即可。例如将索引为2的元素修改为99，示例代码如下：

```
# 原始向量a
a <- c(100,90,68,77,45,88)
a[2] <- 99
print(a)
```

运行程序，结果为：100 99 68 77 45 88

5.1.3.3 删除向量或向量中的元素

（1）删除整个向量

删除整个向量主要使用rm()函数，例如删除向量a，示例代码如下：

```
rm(a)
```

（2）删除向量中的某一个元素

删除向量中的某一个元素可以采用负整数索引的方式，将不需要的元素排除在外。例如删除向量a中的前4个元素，输出剩余元素，示例代码如下：

```
a[-c(1:4)]
```

运行程序，结果为：45 88

5.1.4 向量运算

向量运算是向量中元素与元素之间的加、减、乘、除、幂、求余等运算。在第3章3.4节中，我们对运算符和向量运算已经有了初步的了解。本小节将主要介绍如何计算向量的绝对值、平方根、对数、指数、最小整数、最大整数等，如表5.1所示。

表5.1 向量运算函数

函数	用途	举例	运行结果
abs()	求绝对值	a <- -3:3 abs(a)	3 2 1 0 1 2 3
sqrt()	计算平方根	sqrt(36)	6
log()	求对数，第一个参数为要求的值，第二个参数为底数，不指定底数，则默认是自然对数	log(16,base=2) log(16)	4 2.772589
log10()	常见的以10为底的对数	log10(10)	1
exp()	计算指数	a <- 1:3 exp(a)	2.718282 7.389056 20.085537

续表

函数	用途	举例	运行结果
ceiling(x)	返回不小于 x 的最小整数	a <- c(-1.8,5,3.1415926) ceiling(a)	-1 5 4
trunc()	返回整数部分	a <- c(-1.8,5,3.1415926) trunc(a)	-1 5 3
round()	四舍五入函数，digits 参数可以规定保留的小数位数	a <- c(-1.8,5,3.1415926) round(a,2)	-1.80 5.00 3.14
signif()	同上，只是保留小数的有效位数	a <- c(-1.8,5,3.1415926) signif(a,2)	-1.8 5.0 3.1
sin()	计算正弦值	a <- 1:3 sin(a)	0.8414710 0.9092974 0.1411200
cos()	计算余弦值	a <- 1:3 cos(a)	0.5403023 -0.4161468 -0.9899925
range()	返回最小值和最大值	a <- -3:3 range(a)	-3 3
prod()	返回向量的连乘的积	a <- 10:15 prod(a)	3603600

5.1.5　向量排序

实现向量排序的主要函数包括 sort()、order()、rev() 和 rank()，下面分别进行介绍。

5.1.5.1　sort() 函数

向量排序是对向量中的元素进行排序，主要使用 sort() 函数，语法格式如下：

```
sort(x, decreasing = FALSE, na.last = NA, ...)
```

参数说明：

☑ x：表示要排序的对象。

☑ decreasing：逻辑值，表示升序排序还是降序排列，默认值为 FALSE 表示升序排序。

☑ na.last：缺失值 NA 的处理方式。当取值为 TRUE 时，缺失值被放在最后；当取值为 FALSE 时，缺失值被放在最前；当取值为 NA 时（默认值），缺失值被移除，不参与排序。

【例 5.1】 学生数学成绩排序（实例位置：资源包\Code\05\01）

下面使用 sort() 函数对一组学生数学成绩数据进行排序，包括升序排序和降序排序。运行 RStudio，新建一个 R Script 脚本文件，代码及结果如图 5.10 所示。

```
> # 创建向量数据
> a <- c(89,90,120,110,78,99,130,56,88,130,145,120,NA)
> print(a)
 [1]  89  90 120 110  78  99 130  56  88 130 145 120  NA
> # 升序排序
> result <- sort(a)
> print(result)
 [1]  56  78  88  89  90  99 110 120 120 130 130 145
> # 降序排序并且NA参与排序
> result <- sort(a,decreasing = TRUE,na.last = TRUE)
> print(result)
 [1] 145 130 130 120 120 110  99  90  89  88  78  56  NA
```

图 5.10　学生数学成绩排序

5.1.5.2 order()函数

order()函数用于返回向量排序后的位置，也就是索引，默认为升序排序，语法格式如下：

```
order(… = data, na.last = TRUE,decreasing = TRUE)
```

参数说明：

☑ ...：表示要排序的向量。

☑ na.last：逻辑值，表示排序时是否将NA值放在最后，默认NA值放在最后。

☑ decreasing：逻辑值，表示升序排序还是降序排序，默认为升序排序。

【例5.2】 使用order()函数将学生数学成绩排序（实例位置：资源包\Code\05\02）

下面使用order()函数将学生成绩排序，对比sort()函数看看结果有什么不同。运行RStudio，编写如下代码。

```
# 创建向量数据
a <- c(89,90,120,110,78,99,130,56,88,130,145,120,NA)
print(a)
# 升序排序
result <- order(a)
print(result)
```

运行程序，结果为：8 5 9 1 2 6 4 3 12 7 10 11 13，这个排序结果是向量索引，是学生成绩数据对应的索引，如图5.11所示。

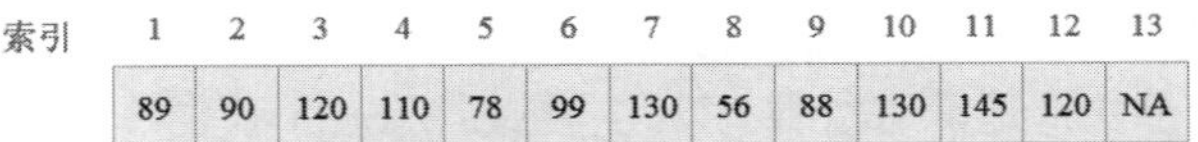

图5.11 向量索引示意图

图5.11所示为排序前的向量索引，使用order()函数排序后，向量索引为8 5 9 1 2 6 4 3 12 7 10 11 13，13为NA值放在了最后。

5.1.5.3 rev()函数

rev()函数用于反向（逆序）排列向量，示例代码及结果如图5.12所示。

```
> rev(1:10)
 [1] 10  9  8  7  6  5  4  3  2  1
> rev(c('a','b','c','d','e'))
[1] "e" "d" "c" "b" "a"
```

图5.12 反向排列向量

5.1.5.4 rank()函数

rank()函数用于排名，返回向量中每个元素的排名，默认为升序。语法格式如下：

```
rank(x, na.last = TRUE,ties.method = c("average", "first", "random", "max", "min"))
```

参数说明：

☑ x：表示要排名的向量。

☑ na.last：逻辑值，表示排名时是否将NA值放在最后，默认NA值放在最后。

☑ ties.method：排名方式，包括5个值，具体介绍如下所述。

- first：是最基本的排名，从小到大的顺序，相同元素先者在前后者在后。
- max：相同元素取该组中最好的水平，即并列排名。
- min：相同元素取该组中最差的水平，可以增大序列的等级差异。
- average：相同元素取该组中的平均水平，该水平可能是个小数。
- random：相同元素随机编排名次，避免了“先到先得”，“权重”优于“先后顺序”的机制增大了随机的程度。

【例5.3】 学生数学成绩排名（实例位置：资源包\Code\05\03）

下面使用rank()函数将学生成绩排序后获取他们的名次，运行RStudio，新建一个R Script脚本文件，编写如下代码。

```
# 创建向量数据
a <- c(89,90,120,110,78,99,130,56,88,130,145,120,NA)
print(a)
# 升序排名
result <- rank(a)
print(result)
```

运行程序，结果为：4.0 5.0 8.5 7.0 2.0 6.0 10.5 1.0 3.0 10.5 12.0 8.5 13.0，这些数字代表着每个成绩的名次，13为NA值放在了最后。

5.1.6 向量合并

在数据处理中，向量合并是一种常见的操作，它可以将不同的向量按照一定的规则合并为一个更大的向量。在R语言中，合并向量主要使用c()函数、rbind()函数和cbind()函数，下面分别进行介绍。

（1）c()函数

c()函数可以将两个或多个向量按照顺序合并为一个向量，示例代码如下：

```
a <- c(1,2,3,4)
b <- c(5,6,7,8)
c(a,b)
```

运行程序，向量a和向量b合并后，结果如下：

[1] 1 2 3 4 5 6 7 8

（2）rbind()函数和cbind()函数

rbind()函数和cbind()函数用于将两个或多个向量按照行或列将向量或矩阵合并为一个矩阵，示例代码及结果如图5.13所示。

```
> # 按行合并
> rbind(a,b)
  [,1] [,2] [,3] [,4]
a    1    2    3    4
b    5    6    7    8
> # 按列合并
> cbind(a,b)
     a b
[1,] 1 5
[2,] 2 6
[3,] 3 7
[4,] 4 8
```

图5.13　向量合并为矩阵

> **说明** 关于矩阵的介绍可参考5.2节。

5.2 矩阵

矩阵是将数据按行和列组织数据的一种数据结构，相当于二维数组，如图5.14所示。

与向量类似，矩阵的每个元素都拥有相同的数据类型。通常用列来表示来自不同变量的数据，用行来表示相同的数据。在R语言中矩阵在数据统计分析过程中尤为重要，尤其矩阵运算是多元统计的核心，而主成分分析、因子分析和聚类分析页也离不开矩阵变换与运算。

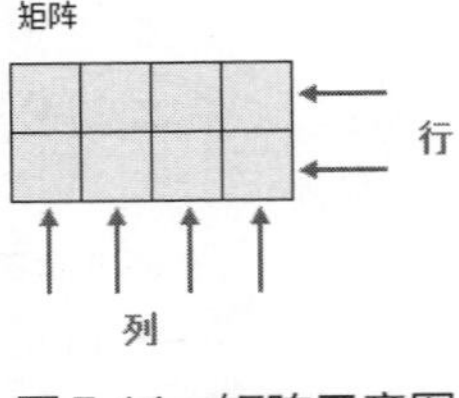

图5.14 矩阵示意图

5.2.1 创建矩阵

在R语言中创建矩阵有几种方式，下面一一进行介绍。

5.2.1.1 直接将向量转换为矩阵

直接将向量转换为矩阵的方法是首先创建一个向量，然后使用dim()函数设置矩阵的维数。dim()函数主要用于获取或设置指定矩阵、数组或数据框的维数。例如创建一个3行5列的矩阵，示例代码如下。运行程序，结果如图5.15所示。

```
x <- 1:15
# 创建3行5列的矩阵
dim(x) <- c(3,5)
print(x)
```

```
     [,1] [,2] [,3] [,4] [,5]
[1,]    1    4    7   10   13
[2,]    2    5    8   11   14
[3,]    3    6    9   12   15
```

图5.15 创建3行5列的矩阵

5.2.1.2 matrix()函数创建矩阵

在R语言中创建矩阵最快捷最常用的方法是使用matrix()函数，语法格式如下：

```
matrix(data=NA, nrow = 1, ncol = 1, byrow = FALSE, dimnames = NULL)
```

参数说明：

☑ data：矩阵的元素，默认值为NA，即如果未给出元素值，则各元素值为NA。

☑ nrow：矩阵的行数，默认值为1。

☑ ncol：矩阵的列数，默认值为1。

☑ byrow：布尔值，元素是否按行填充，默认按列填充。

☑ dimnames：字符型向量，表示行名和列名的标签列表。

说明 NA表示缺失值，是“Not Available”的缩写。

【例5.4】 创建简单矩阵（实例位置：资源包\Code\05\04）

下面使用matrix()函数创建几个简单的矩阵，运行RStudio，代码及结果如图5.16所示。

上述代码中，首先创建了一个包含数字1～25的5×5（即5行5列）的矩阵，接着创建的是一个包含数字1～9的3×3的矩阵，然后创建了一个包含数字1～6的3×2按行填充的矩阵，最后创建了一个包含数字1～6的3×2按列填充的矩阵。

【例5.5】 创建学生成绩表（实例位置：资源包\Code\05\05）

下面介绍如何使用matrix()函数创建学生成绩表。代码及结果如图5.17所示。

```
>   创建5×5的矩阵
> m1 <- matrix(1:25,nrow=5,ncol=5)
> print(m1)
     [,1] [,2] [,3] [,4] [,5]
[1,]    1    6   11   16   21
[2,]    2    7   12   17   22
[3,]    3    8   13   18   23
[4,]    4    9   14   19   24
[5,]    5   10   15   20   25
> # 创建3×3的矩阵
> m2 <- matrix(1:9,nrow=3,ncol=3)
> print(m2)
     [,1] [,2] [,3]
[1,]    1    4    7
[2,]    2    5    8
[3,]    3    6    9
> # 创建3×2，按行填充的矩阵
> m3 <- matrix(1:6,nrow=3,ncol=2,byrow = TRUE)
> print(m3)
     [,1] [,2]
[1,]    1    2
[2,]    3    4
[3,]    5    6
> # 创建3×2，按列填充的矩阵
> m4 <- matrix(1:6,nrow=3,ncol=2,byrow = FALSE)
> print(m4)
     [,1] [,2]
[1,]    1    4
[2,]    2    5
[3,]    3    6
```

图5.16　创建简单矩阵

```
> # 创建学生成绩表
> m1 <- matrix(c(89,90,120,110,78,99,130,56,88,130,145,120),nrow=4,ncol=3,byrow = TRUE,
+              dimnames=list(c("甲","乙","丙","丁"),c("语文","数学","英语")))
> print(m1)
  语文 数学 英语
甲   89   90  120
乙  110   78   99
丙  130   56   88
丁  130  145  120
```

图5.17　创建学生成绩表

上述代码创建了一个4行3列的学生成绩表，并且按行填充，这样数据看上去更清晰，首先创建的是“甲”同学的“数学”“语文”和“英语”成绩，然后是“乙”“丙”和“丁”各科的成绩。通过dimnames参数设置了行标签为姓名，列标签为学科，其中使用了list()函数，该函数用于创建列表。

5.2.1.3　创建对角矩阵和单位矩阵

通过diag()函数可以创建对角矩阵和单位矩阵。语法格式如下：

```
diag(x=1,nrow,ncol)
```

参数说明：

☑ x：一个矩阵、向量或一维数组。

☑ nrow：可选参数，生成对角矩阵的行数。

☑ ncol：可选参数，生成对角矩阵的列数。

【例5.6】　创建对角矩阵和单位矩阵（实例位置：资源包\Code\05\06）

下面使用diag()函数创建对角矩阵和单位矩阵，代码及结果如图5.18所示。

```
> x <- 1:5
> diag(x)
     [,1] [,2] [,3] [,4] [,5]
[1,]    1    0    0    0    0
[2,]    0    2    0    0    0
[3,]    0    0    3    0    0
[4,]    0    0    0    4    0
[5,]    0    0    0    0    5
> # 创建单位矩阵
> x <- rep(1,5)
> diag(x)
     [,1] [,2] [,3] [,4] [,5]
[1,]    1    0    0    0    0
[2,]    0    1    0    0    0
[3,]    0    0    1    0    0
[4,]    0    0    0    1    0
```

图5.18 创建对角矩阵和单位矩阵

从运行结果得知：单位矩阵与对角矩阵不同的是数据是重复的。创建单位矩阵应首先使用rep()函数创建一个包含重复值的向量，然后使用diag()函数创建矩阵就是单位矩阵。

5.2.2 矩阵索引

矩阵索引用于访问矩阵中的元素，类似于向量元素。通过在方括号（“[ ]”）中指定元素所在行和列的位置的数值（也称下标）就可以访问该元素。

【例5.7】 获取矩阵中的元素（实例位置：资源包\Code\05\07）

通过矩阵的下标可以获取到矩阵中的元素，例如x[i,j]用于获取第i行第j列的元素。下面获取学生成绩表中的元素。代码及结果如图5.19所示。

```
> # 创建学生成绩表
> m1 <- matrix(c(89,90,120,110,78,99,130,56,88,130,145,120),nrow=4,ncol=3,byrow = TRUE,
+              dimnames=list(c("甲","乙","丙","丁"),c("语文","数学","英语")))
> print(m1)
   语文 数学 英语
甲   89   90  120
乙  110   78   99
丙  130   56   88
丁  130  145  120
> # 获取所有行第2列的元素
> print(m1[,2])
 甲  乙  丙  丁
 90  78  56 145
> # 获取第1行所有列的元素
> print(m1[1,])
语文 数学 英语
  89   90  120
> # 获取第1行第3列中的元素
> print(m1[1,3])
[1] 120
> # 获取“甲”的成绩
> print(m1["甲",])
语文 数学 英语
  89   90  120
```

图5.19 获取矩阵中的元素

5.2.3 矩阵编辑

矩阵编辑包括矩阵元素的添加、修改和删除。首先来看一组原始矩阵，如图5.20所示。

1	4	7
2	5	8
3	6	9

图5.20 原始矩阵示意图

5.2.3.1　矩阵元素添加

矩阵创建完成后，有时还需要对该矩阵添加一行或者一列，此时可以使用 rbind() 函数或者 cbind() 函数。例如在原始矩阵中添加一行和一列数据，代码及结果如图 5.21 所示。

```
> # 创建原始矩阵
> mat <- matrix(1:9, nrow=3)
> print(mat)
     [,1] [,2] [,3]
[1,]    1    4    7
[2,]    2    5    8
[3,]    3    6    9
> # 在原始矩阵mat后面添加一行
> rbind(mat,c(10,20,30))
     [,1] [,2] [,3]
[1,]    1    4    7
[2,]    2    5    8
[3,]    3    6    9
[4,]   10   20   30
> print(mat)
     [,1] [,2] [,3]
[1,]    1    4    7
[2,]    2    5    8
[3,]    3    6    9
> # 在原始矩阵mat后面添加一列
> cbind(mat,c(10,20,30))
     [,1] [,2] [,3] [,4]
[1,]    1    4    7   10
[2,]    2    5    8   20
[3,]    3    6    9   30
```

图5.21　矩阵元素添加

5.2.3.2　矩阵元素修改

类似于向量，可以通过赋值运算来修改矩阵中的元素。示例代码如下：

```
# 将第2行第2列元素改为15
mat[2, 2] <- 15
print(mat)
# 将第3行元素全部改为5
mat[3,] <- 5
print(mat)
# 将第3列元素全部改为5
mat[,3] <- 5
print(mat)
# 将小于5的元素改为2
mat[mat<5] <- 2
print(mat)
```

5.2.3.3　矩阵元素删除

删除矩阵元素同样是通过赋值运算的方法实现的，原理是通过负整数索引访问矩阵中除了该位置以外的所有元素，也就是将要删除的矩阵元素排除在外，从而实现删除矩阵元素的功能。

示例代码如下：

```
mat <- mat[-2, -2]    # 删除第2行第2列
mat <- mat[-2,]         # 删除第2行
mat <- mat[c(1,3,5),] # 删除多行
```

5.2.3.4 矩阵行列命名

矩阵行列命名可以使用rownames()函数或colnames()函数。例如设置行名为“甲”“乙”和“丙”，列名为“语文”“数学”和“英语”，示例代码如下：

```
rownames(mat) <- c("甲","乙","丙")
colnames(mat) <- c("语文","数学","英语")
```

5.2.4 矩阵运算

本小节主要介绍矩阵运算，包括矩阵加减法运算、乘除法运算、统计计算和线性代数运算等。

5.2.4.1 加减法运算

矩阵加减法运算表示两个矩阵对应元素分别进行加减法运算，返回两个矩阵对应元素分别进行加减法运算的矩阵。需要注意的是，在矩阵加减法运算中，两个矩阵的维数必须一致，否则会报错。例如，创建两个矩阵，实现加减法运算，代码及结果如图5.22所示。

5.2.4.2 乘除法运算

矩阵的乘除法运算表示两个矩阵对应元素分别进行乘除法运算，返回两个矩阵对应元素分别进行乘除法运算的矩阵。同样两个矩阵的维数也必须一致，否则会报错，例如矩阵m1和m2进行乘除法运算，代码及结果如图5.23所示。

```
> # 创建原始矩阵
> m1 <- matrix(1:6, nrow=2)
> print(m1)
     [,1] [,2] [,3]
[1,]    1    3    5
[2,]    2    4    6
> m2 <- matrix(7:12, nrow=2)
> print(m2)
     [,1] [,2] [,3]
[1,]    7    9   11
[2,]    8   10   12
> # 矩阵加法运算
> print(m1+m2)
     [,1] [,2] [,3]
[1,]    8   12   16
[2,]   10   14   18
> # 矩阵减法运算
> print(m1-m2)
     [,1] [,2] [,3]
[1,]   -6   -6   -6
[2,]   -6   -6   -6
```

图5.22 矩阵加减法运算

```
> # 矩阵乘法运算
> print(m1*m2)
     [,1] [,2] [,3]
[1,]    7   27   55
[2,]   16   40   72
> # 矩阵除法运算
> print(m1/m2)
          [,1]      [,2]      [,3]
[1,] 0.1428571 0.3333333 0.4545455
[2,] 0.2500000 0.4000000 0.5000000
```

图5.23 矩阵乘除法运算

5.2.4.3 矩阵的乘法

矩阵的乘法是最有用的矩阵操作，它被广泛应用于网络理论、坐标转换等领域。矩阵的乘法不单单是上述介绍的m1*m2,两个矩阵对应元素分别进行相乘这一种，还有很多种，下面进行详细的介绍。

（1）与标量相乘

首先了解一下标量，标量其实就是一个单独的数，如果一个矩阵与一个标量相乘，那么矩阵中的每个元素都将与这个标量相乘。

例如矩阵m1与10相乘，示例代码如下：

```
# 创建原始矩阵
m1 <- matrix(1:6, nrow=2)
print(m1)
# 与标量相乘
m1 <- 10*m1
print(m1)
```

原始矩阵和运算结果分别如图5.24和图5.25所示。

```
     [,1] [,2] [,3]
[1,]    1    3    5
[2,]    2    4    6
```

图5.24　原始矩阵

```
     [,1] [,2] [,3]
[1,]   10   30   50
[2,]   20   40   60
```

图5.25　与标量10相乘的结果

上述代码中，标量10与矩阵m1中的每个元素相乘，运算过程如下：

```
10*1=10      10*3=30      10*5=50
10*2=20      10*4=40      10*6=60
```

（2）与向量相乘

如果一个矩阵与一个向量相乘，那么向量将被转换为行或列矩阵，以使两个参数相符。例如，矩阵m1与向量相乘，示例代码如下：

```
# 创建一个向量
x <- 1:2
print(m1*x)
```

运行程序，结果如图5.26所示。

运算过程如下：

```
1*1=1      1*3=3      1*5=5
2*2=4      2*4=8      2*6=12
```

```
     [,1] [,2] [,3]
[1,]    1    3    5
[2,]    4    8   12
```

图5.26　矩阵m1与向量相乘的结果

（3）使用%*%运算符的矩阵乘法运算

运算符%*%也用于矩阵乘法，是线性代数的乘法，与运算符*的矩阵乘法的算法有所不同，它的计算方法是：将第一个矩阵的每一行与第二个矩阵的每一列相乘，并将结果累加起来，得到乘积矩阵的每一个元素。需要注意的是，条件是第一个矩阵的列数与第二个矩阵的行数相等。

示例代码如下：

```
m1 <- matrix(1:6, nrow=2)
m2 <- matrix(7:12, nrow=3)
print(m1%*%m2)
```

运行程序，结果如图5.27所示。

运算过程如下：

```
1*7+3*8+5*9=76       1*10+3*11+5*12=103
2*7+4*8+6*9=100      2*10+4*11+6*12=136
```

```
     [,1] [,2]
[1,]   76  103
[2,]  100  136
```

图5.27　%*%运算符的矩阵乘法

5.2.5　线性代数运算

线性代数是一门应用性很强但理论非常抽象的数学学科，与数据分析紧密相连，其中很多定理、性质和方法在数据分析中都起到了关键性的作用。在R语言中提供了很多用于线性代数运算的函数，具体介绍如下。

（1）矩阵求逆

solve()函数可以用来获得逆矩阵，例如solve(a, b, ...)用于求解a %*% x = b的，但是当参数b省略时，b会被设为单位矩阵，此时solve()函数返回a的逆。

示例代码如下：

```
# 创建对角矩阵
m <- diag(1:5)
# 矩阵求逆
solve(m)
```

运行程序，结果如图5.28所示。

```
     [,1] [,2]      [,3] [,4] [,5]
[1,]    1  0.0 0.0000000 0.00  0.0
[2,]    0  0.5 0.0000000 0.00  0.0
[3,]    0  0.0 0.3333333 0.00  0.0
[4,]    0  0.0 0.0000000 0.25  0.0
[5,]    0  0.0 0.0000000 0.00  0.2
```

图5.28 矩阵求逆示例

（2）矩阵转置

矩阵转置就是将原有的行变成列，主要使用t()函数，例如3行4列的矩阵转置成4行3列，代码及结果如图5.29所示。

（3）特征值分解

eigen()函数用于计算矩阵的特征值和特征向量。特征值是缩放特征向量的因子。代码及结果如图5.30所示。

```
> # 原始矩阵
> m <- matrix(1:12,nrow=3,ncol=4)
> print(m)
     [,1] [,2] [,3] [,4]
[1,]    1    4    7   10
[2,]    2    5    8   11
[3,]    3    6    9   12
> # 矩阵转置
> t(m)
     [,1] [,2] [,3]
[1,]    1    2    3
[2,]    4    5    6
[3,]    7    8    9
[4,]   10   11   12
```

图5.29 矩阵转置示例

```
> # 原始矩阵
> m <- matrix(1:9,nrow=3,ncol=3)
> print(m)
     [,1] [,2] [,3]
[1,]    1    4    7
[2,]    2    5    8
[3,]    3    6    9
> # 特征值和特征向量
> eigen(m)
eigen() decomposition
$values
[1]  1.611684e+01 -1.116844e+00 -5.700691e-16

$vectors
           [,1]       [,2]       [,3]
[1,] -0.4645473 -0.8829060  0.4082483
[2,] -0.5707955 -0.2395204 -0.8164966
[3,] -0.6770438  0.4038651  0.4082483
```

图5.30 特征值分解示例

（4）奇异值分解

奇异值分解（SVD）是线性代数中一种重要的矩阵分解，其将矩阵分解为奇异值和奇异向量。每个实数矩阵都有奇异值分解，但不一定都有特征分解。

在R语言中svd()函数可以对矩阵进行奇异值分解。示例代码如下：

```
# 原始矩阵
m <- matrix(c(15,12,30,9,-7,-2), nrow = 2, byr
ow = TRUE)
# 奇异值分解
svd.value <- svd(m, nu = 2, nv = 3)
print(svd.value)
```

运行程序，结果如图5.31所示。

```
$d
[1] 35.62403 11.57275

$u
             [,1]        [,2]
[1,] -0.999968567 0.007928768
[2,]  0.007928768 0.999968567

$v
           [,1]       [,2]       [,3]
[1,] -0.4190478  0.7879411 -0.4511627
[2,] -0.3383987 -0.5966285 -0.7276818
[3,] -0.8425469 -0.1522606  0.5166541
```

图5.31 奇异值分解示例

从运行结果得知：svd()函数返回了3个值，具体说明如下所述。

☑ d：返回数字，表示矩阵m的奇异值，即矩阵d的对角线上的元素。

☑ u：返回正交阵u。

☑ v：返回正交阵v。

（5）Cholesky分解

在R语言中chol()函数用于计算实对称矩阵的Cholesky分解（Cholesky分解是一种分解矩阵的方法，在线性代数中有重要的应用）。“实”代表矩阵的元素都是实数，“对称”代表矩阵的元素沿主对角线是对称相等的，即A(i,j)=A(j,i)。

示例代码如下：

```
x <- 1:4
chol(diag(x))
```

运行程序，结果如图5.32所示。

（6）行列式

在R语言中可以使用det()函数计算指定矩阵的行列式。代码及结果如图5.33所示。

```
     [,1]     [,2]     [,3] [,4]
[1,]    1 0.000000 0.000000    0
[2,]    0 1.414214 0.000000    0
[3,]    0 0.000000 1.732051    0
[4,]    0 0.000000 0.000000    2
```

图5.32　Choleskey分解示例

```
> # 原始矩阵
> x <- matrix(c(2, 13, 26, -1, 7, -6,9,33,-8), 3, 3)
> print(x)
     [,1] [,2] [,3]
[1,]    2   -1    9
[2,]   13    7   33
[3,]   26   -6   -8
> # 矩阵的行列式
> det(x)
[1] -3018
```

图5.33　行列式

5.2.6　矩阵统计计算

矩阵统计计算包括求和［sum()函数］、平均值［mean()函数］、最大值［max()函数］、最小值［min()函数］等，具体介绍如下。

（1）求和［sum()函数］

矩阵求和主要使用sum()函数，可以按行求和，也可以按列求和，代码及结果如图5.34所示。

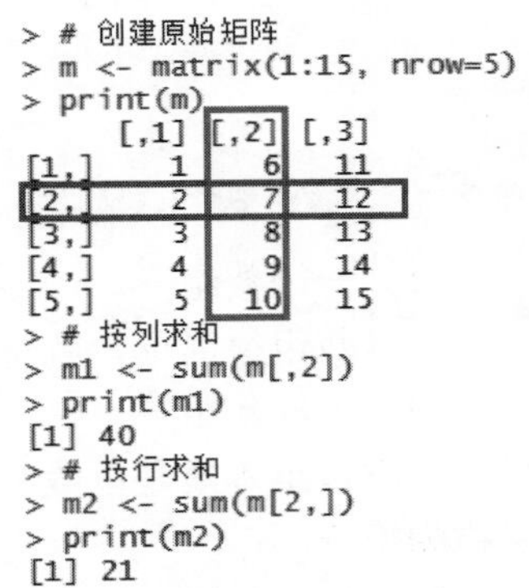

```
> # 创建原始矩阵
> m <- matrix(1:15, nrow=5)
> print(m)
     [,1] [,2] [,3]
[1,]    1    6   11
[2,]    2    7   12
[3,]    3    8   13
[4,]    4    9   14
[5,]    5   10   15
> # 按列求和
> m1 <- sum(m[,2])
> print(m1)
[1] 40
> # 按行求和
> m2 <- sum(m[2,])
> print(m2)
[1] 21
```

图5.34　按列和按行求和

（2）平均值［mean()函数］

矩阵求平均值主要使用mean()函数，可以按行求平均值，也可以按列求平均值，例如求第2列的平均值，示例代码如下。

```
m3 <- mean(m[,2])
print(m3)
```

运行程序，结果为8。

（3）最大值［max()函数］

矩阵求最大值主要使用max()函数，可以求每一行的最大值，也可以求每一列的最大值，例如求第2列的最大值，示例代码如下。

```
m4 <- max(m[,2])
print(m4)
```

运行程序，结果为10。

（4）最小值［min()函数］

矩阵求最大值主要使用min()函数，可以求每一行的最小值，也可以求每一列的最小值，例如求第2列的最小值，示例代码如下。

```
m5 <- min(m[,2])
print(m5)
```

运行程序，结果为6。

5.3 数组

数组主要用于存储多维数据，可分为一维数组、二维数组、三维数组和多维数组，一般三维以上的数组称为多维数组。

5.3.1 认识数组

数组的示意图如图5.35所示。

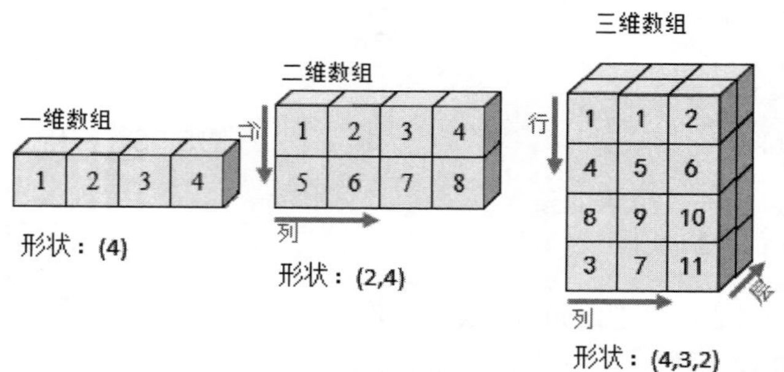

图5.35 数组示意图

（1）一维数组

一维数组很简单，就是一行数据。

（2）二维数组

二维数组本质是以数组作为数组元素的数组。二维数组包括行和列，类似于表格形状，又称为矩阵。

（3）三维数组

三维数组可以看作是由维度相同的矩阵构成的集合，所有元素组成了一个长方体。三维数组包括固定的行数、列数，还有第三个维度叫作层。

三维数组是最常见的多维数组，由于其可以用来描述三维空间中的位置或状态而被广泛使用。例如彩色图像就是三维数组，灰度图像是二维数组。

5.3.2 创建数组

在R语言中创建数组一般使用array()函数，语法格式如下：

```
array(data = NA, dim = length(data), dimnames = NULL)
```

参数说明：

☑ data：表示数据。

☑ dim：表示数组的维数，是数值型向量。

☑ dimnames：表示数组中是各维度中名称标签列表。

【例5.8】 创建数组（实例位置：资源包\Code\05\08）

下面介绍如何创建数组。编写如下代码，结果如图5.36所示。

```
> # 创建2行6列，包含12个元素的数组
> a <- array(1:12,c(2,6))
> print(a)
     [,1] [,2] [,3] [,4] [,5] [,6]
[1,]    1    3    5    7    9   11
[2,]    2    4    6    8   10   12
> # 创建2行3列4层的数组，包含24个元素
> b <- array(1:12,c(2,3,4))
> print(b)
, , 1

     [,1] [,2] [,3]
[1,]    1    3    5
[2,]    2    4    6

, , 2

     [,1] [,2] [,3]
[1,]    7    9   11
[2,]    8   10   12

, , 3

     [,1] [,2] [,3]
[1,]    1    3    5
[2,]    2    4    6

, , 4

     [,1] [,2] [,3]
[1,]    7    9   11
[2,]    8   10   12

> # 创建 2行3列，包含6个元素并设置行列标签
> c <- array(c(89,90,120,110,78,99),c(2,3),dimnames = list(c("甲","乙"),c("语文","数学","英语")))
> print(c)
  语文 数学 英语
甲   89  120   78
乙   90  110   99
```

图5.36　创建数组

在R语言中创建数组还可以使用dim()函数。dim()函数用于获取或设置指定矩阵、数组或数据框的维数。创建方法是通过dim()函数和赋值运算相结合，将向量变成数组。例如创建2行5列2层的数据，示例代码如下：

```
# 创建向量
a <- 1:20
# 添加维度2行5列2层
dim(a) <- c(2,5,2)
print(a)
```

运行程序，结果如图5.37所示。

```
, , 1

     [,1] [,2] [,3] [,4] [,5]
[1,]    1    3    5    7    9
[2,]    2    4    6    8   10

, , 2

     [,1] [,2] [,3] [,4] [,5]
[1,]   11   13   15   17   19
[2,]   12   14   16   18   20
```

图5.37　dim()函数创建数组

5.3.3　数组索引

数组索引用于获取数组中的元素，与向量索引一样是通过在方括号（“[ ]”）中指定元素所在位置的数值，就可以访问到该元素，不同的是由于数组用于存储多维数据，所以数组的索引就需要用到多个下标（即位置的数值）。

例如在【例5.8】中，a[1,5]用于访问第1行第5列的元素，结果为9，如图5.38所示。b[2,3,3]则用于访问第2行第3列第3层的元素，结果为6，如图5.39所示。

```
> # 创建2行6列，包含12个元素的数组
> a <- array(1:12,c(2,6))
> print(a)
     [,1] [,2] [,3] [,4] [,5] [,6]
[1,]    1    3    5    7    9   11
[2,]    2    4    6    8   10   12
```

图5.38　获取数组中的元素1

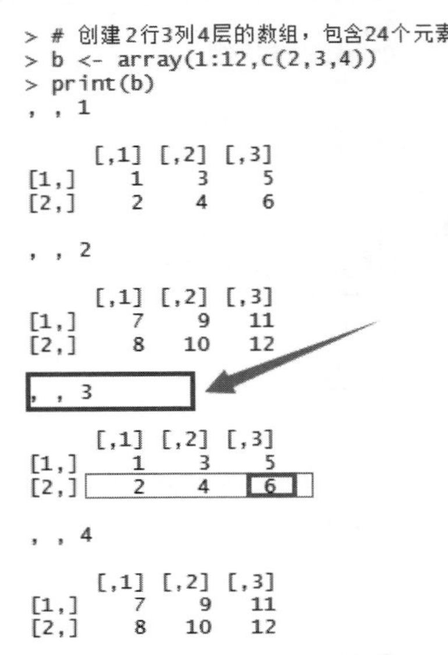

```
> # 创建2行3列4层的数组，包含24个元素
> b <- array(1:12,c(2,3,4))
> print(b)
, , 1

     [,1] [,2] [,3]
[1,]    1    3    5
[2,]    2    4    6

, , 2

     [,1] [,2] [,3]
[1,]    7    9   11
[2,]    8   10   12

, , 3

     [,1] [,2] [,3]
[1,]    1    3    5
[2,]    2    4    6

, , 4

     [,1] [,2] [,3]
[1,]    7    9   11
[2,]    8   10   12
```

图5.39　获取数组中的元素2

【例5.9】　访问数组元素（实例位置：资源包\Code\05\09）

随机创建一组学生成绩数据，然后获取指定的数据，运行RStudio，编写如下代码。

```
学生姓名 = c("甲", "乙", "丙","丁")
学科 = c("语文", "数学", "英语")
类别 = c("期中", "期末")
a = array(sample(60:100, 28, replace = TRUE), dim = c(4,3,2), dimnames = list(学生姓名,学科,类别))
print(a)
# 甲期末的语文成绩
a[1, 1, 2]
# 所有同学期中的数学成绩
a[,2,1]
# 所有同学期中期末的语文成绩
a[, 1,]
# 所有同学的期中成绩
a[,, 1]
# 前3名同学期中期末语文和英语成绩
a[1:3, c(1, 3),]
```

运行程序，结果如图5.40和图5.41所示。

5.3.4　数组的修改

数组的修改与矩阵的修改类似，首先找到索引位置，然后利用赋值语句进行修改。

【例5.10】　修改指定学生的学习成绩（实例位置：资源包\Code\05\10）

修改指定学生的学习成绩，运行RStudio，编写如下代码。

```
学生姓名 = c("甲", "乙", "丙","丁")
学科 = c("语文", "数学", "英语")
类别 = c("期中", "期末")
a = array(sample(60:100, 28, replace = TRUE), dim = c(4,3,2), dimnames = list(学生姓名,学科,类别))
print(a)
# 甲期末的语文成绩
a[1, 1, 2] <- 99
print(a)
# 所有同学期中的数学成绩
a[,2,1] <- c(98,76,89,99)
print(a)
```

运行程序，结果如图5.42和图5.43所示。

```
, , 期中

   语文 数学 英语
甲   98   96   89
乙   68   87   84
丙   65   66   91
丁   96   70   71

, , 期末

   语文 数学 英语
甲   94   97   60
乙   97   60   61
丙   85   91   65
丁   84   63   92
```

图5.40　随机创建的原始数据

```
> # 甲期末的语文成绩
> a[1, 1, 2]
[1] 94
> # 所有同学期中的数学成绩
> a[,2,1]
甲 乙 丙 丁
96 87 66 70
> # 所有同学期中期末的语文成绩
> a[, 1,]
   期中 期末
甲   98   94
乙   68   97
丙   65   85
丁   96   84
> # 所有同学的期中成绩
> a[,, 1]
   语文 数学 英语
甲   98   96   89
乙   68   87   84
丙   65   66   91
丁   96   70   71
> # 前3名同学期中期末语文和英语成绩
> a[1:3, c(1, 3),]
, , 期中

   语文 英语
甲   98   89
乙   68   84
丙   65   91

, , 期末

   语文 英语
甲   94   60
乙   97   61
丙   85   65
```

图5.41　获取指定的数据

```
, , 期中

   语文 数学 英语
甲   98   96   89
乙   68   87   84
丙   65   66   91
丁   96   70   71

, , 期末

   语文 数学 英语
甲   94   97   60
乙   97   60   61
丙   85   91   65
丁   84   63   92
```

图5.42　随机创建的原始数据

```
, , 期中

   语文 数学 英语
甲   99   98   76
乙   69   76   97
丙   65   89   70
丁   65   99   75

, , 期末

   语文 数学 英语
甲   99   71   91
乙   62   81   74
丙   93   97   64
丁   60   97   69
```

图5.43　修改后的数据

5.4 数据框

数据框也是R语言中的一种数据结构，它比矩阵应用更为广泛，包括行/列数据，可以有多种数据类型，如图5.44所示。数据框具有以下特点：

① 每一列都有一个唯一的列名称，同一列的数据类型要求一致，不同列的数据类型可以不同。

② 行名称应该是唯一的。

③ 存储在数据框中的数据可以是字符型、数值型或逻辑型。

dataframe数据框

	姓名	是否走读	成绩
1	甲	TRUE	100
2	乙	FALSE	90
3	丙	TRUE	80
4	丁	TRUE	70

图5.44 数据框示意图

5.4.1 创建数据框

R语言的数据框主要使用data.frame()函数来创建，语法格式如下：

```
data.frame(…,row.names = NULL,check.rows = FALSE,check.names = TRUE,
           fix.empty.names = TRUE,stringsAsFactors = default.stringsAsFactors())
```

参数说明：

☑ ...：列向量，可以是任何类型（字符型、数值型、逻辑型），一般以tag = value的形式表示，也可以是value。

☑ row.names：行名，默认为 NULL，可以设置为单个数字、字符串或字符串和数字的向量。

☑ check.rows：检测行的名称和长度是否一致。

☑ check.names：检测数据框的变量名是否合法。

☑ fix.empty.names：设置未命名的参数是否自动设置名字。

☑ stringsAsFactors：布尔值，字符是否转换为因子。

5.4.1.1 直接使用向量创建数据框

首先创建向量，然后使用data.frame()函数创建数据框。

【例5.11】 创建一个简单的数据框（实例位置：资源包\Code\05\11）

下面使用data.frame()函数创建一个学生成绩表，运行RStudio，编写如下代码。运行程序，结果如图5.45所示。

```
# 创建数据框
df = data.frame(
  姓名 = c("甲", "乙","丙","丁"),
  数学 = c(145,101,78,65),
  语文 = c(100, 120,132,110),
  英语 = c(100,80,76,91)
)
print(df)
```

```
  姓名 数学 语文 外语
1   甲  145  100  100
2   乙  101  120   80
3   丙   78  132   76
4   丁   65  110   91
```

图5.45 学生成绩表

5.4.1.2 使用函数读取文件返回数据框

R语言提供了可以读取各种文件的函数返回数据框，如文本文件、Excel文件、数据库中的数据、SPSS文件、SAS文件等。

【例5.12】 使用read.table()读取文本文件（实例位置：资源包\Code\05\12）

下面使用 read.table() 函数读取“1 月 .txt”文本文件。运行 RStudio，编写如下代码。

```
# 设置工程路径
setwd("D:/R程序/RProjects/Code")
# 读取文本文件
df <- read.table("datas/1月.txt")
# 设置显示最大行数，解决数据显示不全
options(max.print=1000000)
# 输出数据
print(df)
```

运行程序，结果如图 5.46 所示。

```
        买家会员名 买家实际支付金额                    收货人姓名   宝贝标题 订单付款时间
mrhy1        41.86         周某某            零基础学Python 2018/5/16         9:41
mrhy2        41.86         杨某某            零基础学Python  2018/5/9        15:31
mrhy3        48.86         刘某某            零基础学Python 2018/5/25        15:21
mrhy4        48.86         张某某            零基础学Python 2018/5/25        15:21
mrhy7       104.72         张某某          C语言精彩编程200例 2018/5/21         1:25
mrhy8        55.86         周某某          C语言精彩编程200例  2018/5/6         2:38
mrhy9        79.80         李某某          C语言精彩编程200例 2018/5/28        14:06
mrhy10       29.90         程某某       C语言项目开发实战入门 2018/5/20        10:40
mrhy11       41.86         曹某某       C语言项目开发实战入门  2018/5/9        12:09
mrhy12       41.86         陈某某       C语言项目开发实战入门  2018/5/6         0:19
mrhy13       41.86         郝某某       C语言项目开发实战入门  2018/5/5        23:30
mrhy14       41.86         胡某某       C语言项目开发实战入门  2018/5/5        22:37
mrhy15       41.86         孙某某       C语言项目开发实战入门  2018/5/5        20:35
mrhy16       41.86         余某某       C语言项目开发实战入门 2018/5/12        21:14
mrhy17       48.86         郭某某     JavaWeb项目开发实战入门  2018/5/5        19:54
mrhy18       48.86         阿某某     JavaWeb项目开发实战入门  2018/5/4         7:46
mrhy19       48.86         高某某     JavaWeb项目开发实战入门 2018/5/23         0:12
mrhy20     1268.00         许某某          Java编程词典珍藏版 2018/5/27         0:08
mrhy21      195.44         陈某某 Java程序开发全能学习黄金套装 2018/5/14        19:40
mrhy22      195.44         张某某 Java程序开发全能学习黄金套装 2018/5/29        13:21
```

图5.46　读取文本文件

> 说明　关于读取各种文件的详细介绍可参见第 9 章。

5.4.2 数据框信息

（1）使用 names() 和 colnames() 函数查看列名、修改列名

例如获取【例 5.11】中数据框的信息，示例代码如下：

```
names(df)    # 返回列名
colnames(df) # 返回列名
```

运行程序，结果如下：

[1] "姓名" "数学" "语文" "英语"

[1] "姓名" "数学" "语文" "英语"

```
names(df)[4] <- '外语'   # 修改第4列的列名
print(df)
```

```
  姓名 数学 语文 外语
1   甲  145  100  100
2   乙  101  120   80
3   丙   78  132   76
4   丁   65  110   91
```

图5.47　修改列名

运行程序，结果如图 5.47 所示。

（2）使用 row.names() 函数和 rownames() 函数查看行名、修改行名

```
row.names(df)     # 返回行名
```

```
rownames(df)       # 返回行名
```

运行程序，结果如下：

[1] "1" "2" "3" "4"

[1] "1" "2" "3" "4"

```
rownames(df)= c("r1","r2","r3","r4")  # 修改行名
print(df)
```

运行程序，结果如图5.48所示。

```
   姓名 数学 语文 英语
r1   甲  145  100  100
r2   乙  101  120   80
r3   丙   78  132   76
r4   丁   65  110   91
```

图5.48 修改行名

```
dimnames(df)      # 查看行名和列名
```

运行程序，结果如下：

[[1]]

[1] "1" "2" "3" "4"

[[2]]

[1] "姓名" "数学" "语文" "英语"

（3）获取行列信息

```
nrow(df)    # 返回行数
ncol(df)    # 返回列数
dim(df)     # 返回行列数
```

运行程序，结果如下：

[1] 4

[1] 4

[1] 4 4

（4）获取数据框结构信息

```
str(df)
```

运行程序，结果如图5.49所示。

```
'data.frame':   4 obs. of  4 variables:
 $ 姓名: chr  "甲" "乙" "丙" "丁"
 $ 数学: num  145 101 78 65
 $ 语文: num  100 120 132 110
 $ 英语: num  100 80 76 91
```

图5.49 获取数据框结构信息

（5）显示数据框数据

```
head(df)    # 默认返回前6行数据
head(df,2) # 返回前2行数据
tail(df)    # 默认返回最后6行数据
tail(df,2) # 返回最后2行数据
```

运行程序，结果如图5.50所示。

```
> head(df)    # 默认返回前6行数据
  姓名 数学 语文 英语
1   甲  145  100  100
2   乙  101  120   80
3   丙   78  132   76
4   丁   65  110   91
> head(df,2) # 返回前2行数据
  姓名 数学 语文 英语
1   甲  145  100  100
2   乙  101  120   80
> tail(df)    # 默认返回最后6行数据
  姓名 数学 语文 英语
1   甲  145  100  100
2   乙  101  120   80
3   丙   78  132   76
4   丁   65  110   91
> tail(df,2) # 返回最后2行数据
  姓名 数学 语文 英语
3   丙   78  132   76
4   丁   65  110   91
```

图5.50 显示数据框数据

5.4.3 获取数据框中的数据

数据框中指定的数据可以通过指定列名的方式进行获取，下面通过具体的实例进行介绍。

【例5.13】 获取数据框中指定列的数据（实例位置：资源包\Code\05\13）

获取数据框中指定的数据可以通过指定列名的方式，例如获取“姓名”和“数学”成绩。运行RStudio，新建一个R Script脚本文件，编写如下代码。

```
# 创建数据框
data1 = data.frame(
  姓名 = c("甲", "乙","丙","丁"),
  数学 = c(145,101,78,65),
  语文 = c(100, 120,132,110),
  英语 = c(100,80,76,91)
)
print(data1)
# 提取指定列的数据
data2 <- data.frame(data1$姓名,data1$数学)
print(data2)
```

```
  data1.姓名 data1.数学
1         甲        145
2         乙        101
3         丙         78
4         丁         65
```

图5.51 获取数据框中指定列的数据

运行程序，结果如图5.51所示。

> **说明** 上述代码中的“$”符号是 S3 类（R 语言的类）的引用方式，比较常用，通常用于获取数据框、列表和向量中的某个变量，例如 data1$ 姓名。

【例5.14】 获取数据框中指定行列的元素（实例位置：资源包\Code\05\14）

获取数据框中指定行列的元素可以使用下标，例如x[i,j]用于获取第i行第j列的数据。下面获取数据框中指定行列的数据。运行RStudio，编写如下代码。

```
# 创建数据框
data1 = data.frame(
  姓名 = c("甲", "乙","丙","丁"),
  数学 = c(145,101,78,65),
  语文 = c(100, 120,132,110),
  英语 = c(100,80,76,91)
)
print(data1)
# 获取第1行第2列的元素
print(data1[1,2])
print(data1[1,"数学"])
# 获取第1行的所有元素
print(data1[1,])
# 获取第2列的所有元素
print(data1[,2])
print(data1[,"数学"])
```

```
  姓名 数学 语文 英语
1   甲  145  100  100
2   乙  101  120   80
3   丙   78  132   76
4   丁   65  110   91
> # 获取第1行第2列的元素
> print(data1[1,2])
[1] 145
> print(data1[1,"数学"])
[1] 145
> # 获取第1行的所有元素
> print(data1[1,])
  姓名 数学 语文 英语
1   甲  145  100  100
> # 提取第2列的所有元素
> print(data1[,2])
[1] 145 101  78  65
> # 获取第2列的所有元素
> print(data1[,2])
[1] 145 101  78  65
> print(data1[,"数学"])
[1] 145 101  78  65
```

图5.52 获取数据框中指定行列的元素

运行程序，结果如图5.52所示。

5.4.4 数据的增删改查

5.4.4.1 增加数据

增加数据包括增加一列数据和增加一行数据。首先看下原始数据，如图5.53所示。

（1）增加一列数据

增加一列数据有两种方法，一是通过为指定列直接赋值，二是使用cbind()函数，cbind()函数的原理是按列合并数据。下面分别进行介绍。

```
  姓名 数学 语文 英语
1   甲  145  100  100
2   乙  101  120   80
3   丙   78  132   76
4   丁   65  110   91
```

图5.53 原始数据

【例5.15】 增加一列“物理”成绩（实例位置：资源包\Code\05\15）

增加一列“物理”成绩，运行RStudio，编写如下代码。

```
# 创建数据框
df = data.frame(
  姓名 = c("甲", "乙","丙","丁"),
  数学 = c(145,101,78,65),
  语文 = c(100, 120,132,110),
  英语 = c(100,80,76,91)
)
print(df)
# 创建向量
wl <- c(88,79,60,50)
# 增加一列物理
df$物理 <- wl
print(df)
```

```
  姓名 数学 语文 英语 物理
1   甲  145  100  100   88
2   乙  101  120   80   79
3   丙   78  132   76   60
4   丁   65  110   91   50
```

图5.54　增加一列物理成绩

运行程序，结果如图5.54所示。

【例5.16】 使用cbind()函数增加一列数据（实例位置：资源包\Code\05\16）

下面使用cbind()函数实现增加一列“物理”成绩，运行RStudio，主要代码如下。

```
# 增加一列物理
df2 <- cbind(df1,物理=c(88,79,60,50))
print(df2)
```

（2）增加一行数据

增加一行数据主要使用rbind()函数，需要注意的是数据的列名要一致并且列数相同，否则会报错。

【例5.17】 在成绩表中增加一行数据（实例位置：资源包\Code\05\17）

在成绩表中增加一行数据，即“戊”同学的成绩，运行RStudio，主要代码如下：

```
# 创建向量
row <- c("戊",100,120,99)
# 增加一行
df2 <- rbind(df1,row)
print(df2)
```

```
  姓名 数学 语文 英语
1   甲  145  100  100
2   乙  101  120   80
3   丙   78  132   76
4   丁   65  110   91
5   戊  100  120   99
```

图5.55　在成绩表中增加一行数据

运行程序，结果如图5.55所示。

5.4.4.2　删除数据

删除数据框中的数据与删除向量元素的方法相同，同样是采用负整数索引的方式，将不需要的数据排除在外。例如删除第一行“甲”同学的成绩，输出剩余同学的成绩，示例代码如下：

```
df <- df[-1,]
```

例如删除第二列“数学”，示例代码如下：

```
df <- df[,-2]
```

5.4.4.3　修改数据

修改数据框中的数据与矩阵的修改类似，首先找到索引位置，然后利用赋值语句进行修改。

【例5.18】　修改学生成绩数据（实例位置：资源包\Code\05\18）

（1）修改整行数据

例如，修改“甲”同学的各科成绩，示例代码如下：

```
df[1,2:4] <- c(120,115,109)
```

如果各科成绩均加10分，可以直接在原有值加10，示例代码如下：

```
df[1,2:4] <- df[1,2:4]+10
```

（2）修改整列数据

例如，修改所有同学的“语文”成绩，示例代码如下：

```
df[,"语文"] <- c(115,108,112,118)
```

（3）修改某一数据

例如，修改“甲”同学的“语文”成绩，示例代码如下：

```
df[1,"语文"] <- 115
```

5.4.4.4　查询数据

查询数据框中数据的方法有多种，下面分别进行介绍。

（1）which() 函数

which() 函数在向量、矩阵、数据框、列表和因子这些数据结构中有着重要的作用，它可以查找特定的元素返回其在数据中的索引，因此非常方便操作数据。

例如查询数学成绩大于100的数据，示例代码如下：

```
which(df$数学 > 100)
```

运行程序，结果为：[1] 1 2，这个结果返回的是索引位置，要想返回数据框，示例代码如下：

```
df[which(df$数学 > 100),]
```

运行程序，结果如下：

姓名 数学 语文 英语

1　甲 145　100　100

2　乙 101　120　80

（2）subset() 函数

subset 函数用于从某一个数据框中筛选出符合条件的数据或示例，具体介绍如下。

☑ 单条件查询

例如查询性别为女的数据，示例代码如下：

```
result<-subset(df,性别=="女")
```

☑ 指定显示列

例如查询性别为女，仅显示数学一列，示例代码如下：

```
result<-subset(df,性别=="女",select=c(数学))
```

☑ 多条件查询

例如查询性别为女并且数学成绩大于120的数据，示例代码如下：

```
result<-subset(df,性别=="女" & 数学>120,select=c(数学))
```

（3）SQL语句

在R语言中也可以使用SQL语句实现查询数据，但是需要借助第三方包sqldf，安装方法如下：

在RStudio编辑窗口的“资源管理窗口”，选择Packages进入Packages窗口，单击Install打开Install Packages窗口，输入包名sqldf，然后单击“Install”按钮下载并安装sqldf包。接下来就可以使用SQL语句查询数据了。

【例5.19】 使用SQL语句查询学生成绩数据（实例位置：资源包\Code\05\19）

下面通过sqldf包使用SQL语句查询学生成绩数据，运行RStudio，编写如下代码。

```
# 加载程序包
library(sqldf)
# 创建数据框
df = data.frame(
  姓名 = c("甲", "乙","丙","丁"),
  性别 = c("女","男","女","男"),
  数学 = c(145,101,78,65),
  语文 = c(100, 120,132,110),
  英语 = c(100,80,76,91)
)
# 查询所有数据
sqldf('select * from df')
# 查询性别为女的数据
sqldf('select * from df where 性别=="女"')
# 查询性别为女并且数学成绩大于120的数据
sqldf('select * from df where 性别=="女" and 数学>120')
```

运行程序，结果如图5.56所示。

```
> # 查询所有数据
> sqldf('select * from df')
  姓名 性别 数学 语文 英语
1   甲   女  145  100  100
2   乙   男  101  120   80
3   丙   女   78  132   76
4   丁   男   65  110   91
> # 查询性别为女的数据
> sqldf('select * from df where 性别=="女"')
  姓名 性别 数学 语文 英语
1   甲   女  145  100  100
2   丙   女   78  132   76
> # 查询性别为女并且数学成绩大于120的数据
> sqldf('select * from df where 性别=="女" and 数学>120')
  姓名 性别 数学 语文 英语
1   甲   女  145  100  100
```

图5.56 使用SQL语句查询学生成绩数据

5.5 因子

在R语言中，因子是用于处理分类数据的一种数据结构，例如糖尿病的类型、性别、学历、职业和省份等。本节将介绍因子的概念及应用、如何创建因子和改变因子水平。

5.5.1 因子的概念及应用

在R语言中，因子用于对数据进行分类并将其存储为不同级别的数据对象，其命名来源于统计学中的名义变量。

在统计学中，变量分为区间变量（连续变量）、有序变量和名义变量（分类变量），具体介绍如下所述

☑ 区间变量：连续的数值，如身高、体重，可以进行求和、平均值等运算。

☑ 名义变量：没有顺序之分的类别变量。例如性别、民族、省份、职业等。

☑ 有序变量：有次序逻辑关系的变量。例如排名，第一第二第三，有先后顺序，高血压分级（0=正常，1=正常高值，2=1级高血压，3=2级高血压，4=3级高血压），有高低顺序，体积，大中小，有大小顺序。

其中名义变量和有序变量在R语言中称为因子（factor），因子表示向量元素的类别，根据数字和字母表顺序自动排序，如果是数值型向量，因子会将数据重新编码并存储为水平的序号。因子的取值称为水平（level），水平表示向量中不同值的记录。

在R语言中，因子主要应用在以下几方面：

☑ 计算频数

☑ 独立性检验

☑ 相关性检验

☑ 方差分析

☑ 主成分分析

☑ 因子分析

5.5.2 创建因子

在R语言中创建因子主要使用factor()函数，还可以使用gl()函数，下面分别进行介绍。

（1）factor()函数

factor()函数可以将变量转换为因子，如果要排序，则需要设置ordered参数为TRUE。下面创建两种不同类型的因子，示例代码如下：

```
# 创建向量
data<-c("类别1","类别2","类别3","类别4","类别5")
# 查看数据类型
class(data)
# 转换成因子
f_data<-factor(data)
class(f_data)
print(f_data)
# 创建数值型向量
x <- c(5,5,6,6,7,7,2,2)
f_x <- factor(x)
class(f_x)
```

运行程序，结果如图5.57所示。

```
> # 创建向量
> data<-c("类别1","类别2","类别3","类别4","类别5")
> # 查看数据类型
> class(data)
[1] "character"
> # 转换成因子
> f_data<-factor(data)
> class(f_data)
[1] "factor"
> print(f_data)
[1] 类别1 类别2 类别3 类别4 类别5
Levels: 类别1 类别2 类别3 类别4 类别5
> # 创建数值型向量
> x <- c(5,5,6,6,7,7,2,2)
> f_x <- factor(x)
> class(f_x)
[1] "factor"
> print(f_x)
[1] 5 5 6 6 7 7 2 2
Levels: 2 5 6 7
```

图5.57 创建因子

从运行结果得知：字符型向量和数值型向量都被转换成因子类型，并且运行结果中还多了一行“Levels: 类别1 类别2 类别3 类别4 类别5”，这一行在因子中叫作因子水平，表示向量中不同值的记录，根据数字和字母顺序自动排序，对于数值型向量会重新编码并存储为水平的序号。

（2）gl()函数

创建因子还可以使用gl()函数，该函数用于通过指定其级别的模式来生成因子。语法格式如下：

```
gl(x, k, length, labels, ordered)
```

参数说明：

☑ x：级别数。

☑ k：重复次数。

☑ length：结果长度。

☑ labels：向量的标签，可选参数。

☑ ordered：用于对级别进行排序的布尔值。

例如，创建级别数为2、重复次数为10和长度为20的因子变量，示例代码如下：

```
gl(2, 10, 20, labels = c("男","女"))
```

运行程序，结果如下：

[1] 男 男 男 男 男 男 男 男 男 男 女 女 女 女 女 女 女 女 女 女
Levels: 男 女

5.5.3 调整因子水平

从上述举例可以看出因子水平默认是从小到大的顺序排列的。默认情况下，因子水平是以字母顺序或数字大小排序的，或者由factor()函数中的levels参数指定排序的顺序。但是在实际数据分析过程中，有时需要重新排列因子水平，在进行差异化分析时尤为重要，例如员工满意度调查。

重新调整因子水平主要使用relevel()函数，例如调整满意度的顺序，代码如下：

```
# 创建数据
mydata <- rep(c("不满意","满意","不太满意","基本满意","很满意"),
              c(20,62,12,34,19))
print(mydata)
# 转换为因子
f_mydata <-factor(mydata)
print(f_mydata)
# 重新调整因子水平
f_mydata <- relevel(fac,ref='不满意')
print(f_mydata)
```

运行程序，结果如图5.58所示。

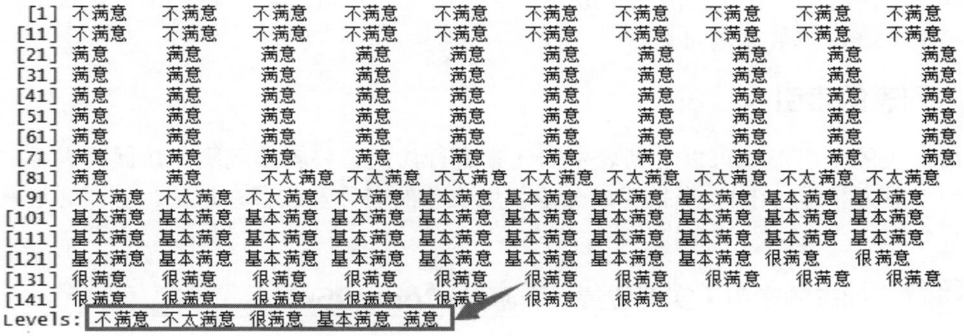

```
  [1] 不满意   不满意   不满意   不满意   不满意   不满意   不满意   不满意   不满意   不满意
 [11] 不满意   不满意   不满意   不满意   不满意   不满意   不满意   不满意   不满意   不满意
 [21] 满意     满意     满意     满意     满意     满意     满意     满意     满意     满意
 [31] 满意     满意     满意     满意     满意     满意     满意     满意     满意     满意
 [41] 满意     满意     满意     满意     满意     满意     满意     满意     满意     满意
 [51] 满意     满意     满意     满意     满意     满意     满意     满意     满意     满意
 [61] 满意     满意     满意     满意     满意     满意     满意     满意     满意     满意
 [71] 满意     满意     满意     满意     满意     满意     满意     满意     满意     满意
 [81] 满意     满意     不太满意 不太满意 不太满意 不太满意 不太满意 不太满意 不太满意 不太满意
 [91] 不太满意 不太满意 不太满意 不太满意 基本满意 基本满意 基本满意 基本满意 基本满意 基本满意
[101] 基本满意 基本满意 基本满意 基本满意 基本满意 基本满意 基本满意 基本满意 基本满意 基本满意
[111] 基本满意 基本满意 基本满意 基本满意 基本满意 基本满意 基本满意 基本满意 基本满意 基本满意
[121] 基本满意 基本满意 基本满意 基本满意 基本满意 基本满意 基本满意 基本满意 很满意   很满意
[131] 很满意   很满意   很满意   很满意   很满意   很满意   很满意   很满意   很满意   很满意
[141] 很满意   很满意   很满意   很满意   很满意   很满意   很满意
Levels: 不满意 不太满意 很满意 基本满意 满意
```

图5.58　调整因子水平

5.6　列表

列表是R语言数据结构中最为复杂的一种。一般来说，列表就是一些对象（或成分）的有序集合。列表允许整合若干（可能无关的）对象到单个对象名下。例如某个列表中可能有若干向量、矩阵或数据框，甚至其他列表的组合。列表具有以下特点：

① 列表是可以包含多个不同数据元素的数据对象。

② 可以包含向量、矩阵、数据框，甚至是列表。

③ 列表的各个元素称为列表项，列表项的数据类型可以不同，长度可以不同。

5.6.1　创建列表

在R语言中创建列表主要使用list()函数，语法格式如下：

```
list(object1, object2, …… )
```

【例5.20】　创建简单列表（实例位置：资源包\Code\05\20）

下面使用list()函数创建一个简单的列表。运行RStudio，编写如下代码。

```
id <- 100
name <- "甲"
```

```
03 math <- c(120,110,89)
04 mylist <- list(id,name,math)
05 print(mylist)
```

运行程序，结果如图5.59所示。

```
[[1]]
[1] 100

[[2]]
[1] "甲"

[[3]]
[1] 120 110  89
```

图5.59 创建简单列表

代码解析

第04行代码：mylist列表由三个成分组成：第一个是id，数值型；第二个name，字符型；第三个math，是数值型向量。

5.6.2 列表的索引

使用列表的索引形式可以对列表中的元素进行访问、编辑或删除。访问列表中的元素可以使用双重方括号“[[]]”来指明成分或使用成分的名称及位置来访问。下面通过具体的例子进行介绍。

【例5.21】 列表的索引（实例位置：资源包\Code\05\21）

通过列表的索引访问列表中的元素。运行RStudio，编写如下代码。

```
# 创建列表
mylist <- list(name=c("甲","乙","丙","丁"),
               languages=c(135,109,87,110),
               math=c(120,110,89,99),
               english=c(99,120,140,101))
print(mylist)
# 访问列表中的第1个成分
print(mylist[1])
# 访问列表中的第3个成分
print(mylist[[3]])
# 访问列表中的第1个到第2个成分
print(mylist[1:2])
# 排除第1个成分
print(mylist[-1])
# 访问第1个和第3个成分
print(mylist[c(1,3)])
# 访问成分名称为name的元素值
print(mylist$name)
print(mylist[["name"]])
# 访问成分名称为name的成分
print(mylist["name"])
# 访问第1个成分中的第2个元素值
print(mylist[[1]][2])
print(mylist[["name"]][2])
```

运行程序，结果如图5.60所示。

```
> # 访问列表中的第1个成分
> print(mylist[1])
$name
[1] "甲" "乙" "丙" "丁"

> # 访问列表中的第3个成分
> print(mylist[[3]])
[1] 120 110  89  99
> # 访问列表中的第1个到第2个成分
> print(mylist[1:2])
$name
[1] "甲" "乙" "丙" "丁"

$languages
[1] 135 109  87 110

> # 排除第1个成分
> print(mylist[-1])
$languages
[1] 135 109  87 110

$math
[1] 120 110  89  99

$english
[1]  99 120 140 101
```

```
> # 访问第1个和第3个成分
> print(mylist[c(1,3)])
$name
[1] "甲" "乙" "丙" "丁"

$math
[1] 120 110  89  99

> # 访问成分名称为name的元素值
> print(mylist$name)
[1] "甲" "乙" "丙" "丁"
> print(mylist[["name"]])
[1] "甲" "乙" "丙" "丁"
> # 访问成分名称为name的成分
> print(mylist["name"])
$name
[1] "甲" "乙" "丙" "丁"

> # 访问第1个成分中的第2个元素值
> print(mylist[[1]][2])
[1] "乙"
> print(mylist[["name"]][2])
[1] "乙"
```

图5.60　列表的索引

本章思维导图

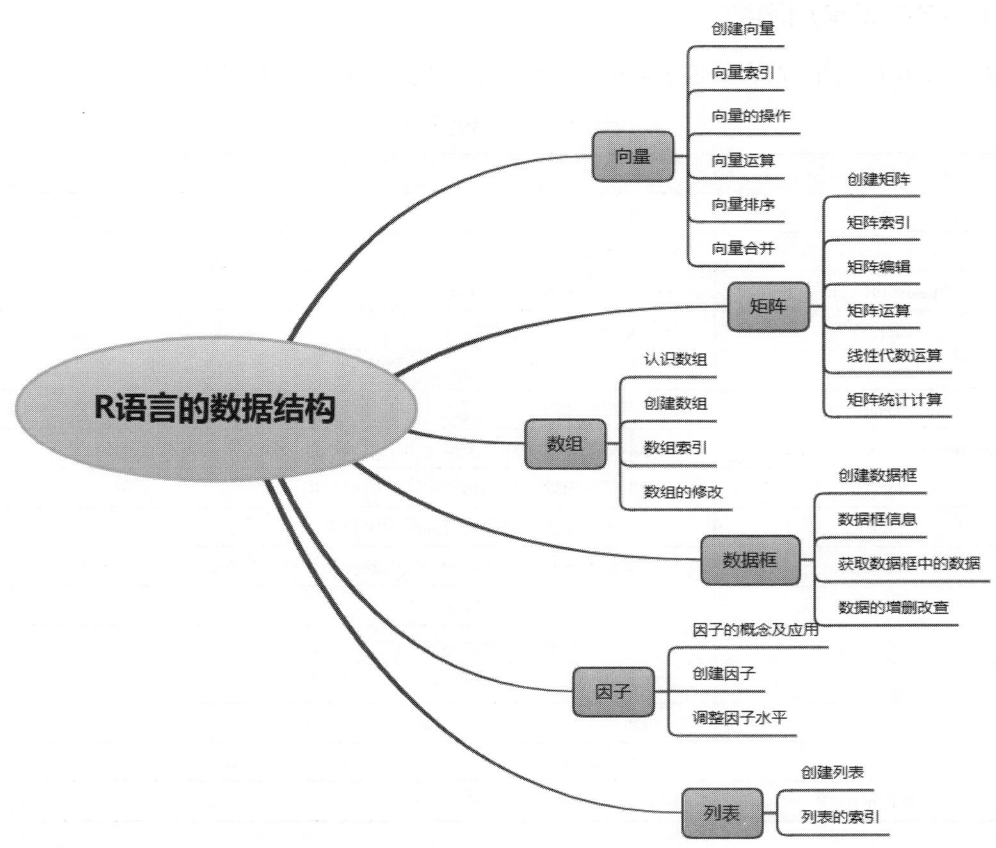

第6章

字符串及正则表达式

在R语言中，字符向量被用来存储文本数据，与其他编程语言不同，R语言中的字符串并非是单个字符，而是一个包含字符串的向量。R语言提供了许多用来处理字符向量的内置函数，另外还提供了专门处理字符串的第三方包，通过这些函数和包，可以轻松实现字符串统计、连接、查找、匹配、替换、提取、拆分等操作。

6.1 基本字符串处理

几乎所有的程序都离不开字符串，例如姓名、性别（男或女）、商品名称、类别等，因此在程序开发过程中就避免不了对字符串进行操作处理。R语言提供许多处理字符串的内置函数，常用的如拼接字符串、计算字符串长度、截取字符串、字符串拆分等。

6.1.1 字符串常用函数

对于字符串的处理可以使用字符串处理函数，具体介绍如表6.1所示。

表6.1 字符串处理函数

函数	说明
strsplit()	字符串分割函数
paste(s1，s2，sep=)	字符串连接函数
paste0(s1,s2)	字符串连接函数（直接无缝连接）
nchar(s)	计算每个字符串的长度
length(s)	计算字符串总长度
substr(s,start,stop)	字符串截取函数
substring(s,start,stop=lenth(s))	字符串截取函数，可以不指定末尾位置，默认为字符串末尾
sub()	字符串替换函数，替换第一个匹配的字符串
gsub()	字符串替换函数，替换所有匹配的字符串
chartr()	字符串替换函数，用指定为参数的新字符替换字符串中出现该字符的所有匹配项
grep()	关键字匹配查询，返回匹配位置
grepl()	关键字匹配查询，返回布尔值
tolower()	小写转换
toupper()	大写转换
trimws()	去除字符串首尾的空格
match()	整词匹配查询，匹配模板

6.1.2　字符统计

在R语言中统计每个元素的字符个数主要使用nchar()函数，该函数用于计算字符串中包含空格的字符数。语法格式如下：

```
nchar(x)
```

参数x是向量。

示例代码如下：

```
myval <- nchar("吉林省明日科技有限公司 ")
print(myval)
myval <- nchar("www.mingrisoft.com")
print(myval)
```

```
> myval1 <- nchar("吉林省明日科技有限公司 ")
> print(myval1)
[1] 12
> myval2 <- nchar("www.mingrisoft.com")
> print(myval2)
[1] 18
```

图6.1　计算字符串长度

运行程序，结果如图6.1所示。

↓补充知识

在R语言中，字符串通常使用单引号或双引号，具体使用规范如下：

☑ 单引号或双引号应成对出现。即在字符串的开头一个单引号或双引号，结尾一个单引号或双引号，例如'mrsoft'和"mrsoft"。

☑ R语言字符串的打印/显示都是用双引号的形式表示，推荐使用双引号。

☑ 如果字符串中已经包含单引号，字符串内出现单引号需要转义（使用反斜杠“\”）。

☑ 单引号可以插入以双引号开头和结尾的字符串。

☑ 双引号不能插入以双引号开头和结尾的字符串。

☑ 单引号不能插入以单引号开头和结尾的字符串。

6.1.3　大小写转换

在R语言中使用toupper()函数和tolower()函数可以改变字符串中字符的大小写，语法格式如下：

```
toupper(x)
tolower(x)
```

参数x是向量。

示例代码如下：

```
myval <- toupper("mingrisoft.COM")
print(myval)
myval <- tolower("mingrisoft.COM")
print(myval)
```

运行程序，结果如图6.2所示。

```
> myval <- toupper("mingrisoft.COM")
> print(myval)
[1] "MINGRISOFT.COM"
> myval <- tolower("mingrisoft.COM")
> print(myval)
[1] "mingrisoft.com"
```

图6.2　大小写转换

6.1.4　字符串连接

R语言中使用paste()函数可以将字符串连接起来，它可以将任何数量的参数组合在一起，语法格式如下：

```
paste(..., sep = " ", collapse = NULL)
```

参数说明：

☑ ...：表示要组合在一起的任意数量的变量。

☑ sep：表示参数之间的任何分隔符，可选参数。

☑ collapse：用于去除两个字符串之间的空格（注意：不是一个字符串中两个字之间的空格）。

【例6.1】　字符串连接示例（实例位置：资源包\Code\06\01）

下面使用paste()函数连接各种字符串。运行RGui，新建程序脚本，编写如下代码。

```
a <- "www"
b <- 'mrsoft'
c <- "com "
print(paste(a,b,c))
print(paste(a,b,c, sep = "."))
print(paste(a,b,c, sep = ".", collapse = ""))
```

运行程序，结果如图6.3所示。

```
> a <- "www"
> b <- 'mrsoft'
> c <- "com "
> print(paste(a,b,c))
[1] "www mrsoft com "
> print(paste(a,b,c, sep = "."))
[1] "www.mrsoft.com "
> print(paste(a,b,c, sep = ".", collapse = ""))
[1] "www.mrsoft.com "
```

图6.3　连接字符串

6.1.5　字符串拆分

字符串拆分主要使用strsplit()函数，该函数可以将字符向量中的元素根据对子字符串的匹配拆分为子字符串，语法格式如下：

```
strsplit(x, split, fixed = FALSE, perl = FALSE, useBytes = FALSE)
```

参数说明：

☑ x：字符向量，函数依次对向量中的每个元素进行拆分。

☑ split：用于拆分的正则表达式的字符向量。如果出现空匹配，例如split参数的长度为0，则将参数x拆分为单个字符。如果split参数的长度大于1，则按照x参数重新循环。

☑ fixed：逻辑值，如果参数值为TRUE则匹配精确拆分，否则使用正则表达式，优先于perl参数。

☑ perl：逻辑值，表示是否使用perl语言的正则表达式。如果正则表达式过长，则可以考虑使用perl语言的正则表达式以提高运算速度。

☑ useBytes：逻辑值，表示是否逐字节进行匹配，默认值为FALSE，表示是按字符匹配而不是按字节匹配。

例如拆分网址，代码如下。

```
strsplit("www.mingrisoft.com", ".", fixed = TRUE)
```

运行程序，结果如下：

[[1]]

[1] "www"　　"mingrisoft" "com"

从运行结果得知：strsplit() 函数返回结果为list类型，如果想将其转换成字符串类型，需要使用unlist() 函数或as.character() 函数。例如使用unlist() 函数转换成字符串，代码如下。

```
unlist(strsplit("www.mingrisoft.com", ".", fixed = TRUE))
```

运行程序，结果如下：

[1] "www"　　"mingrisoft" "com"

另外，如果strsplit() 函数的split参数为空字符串，则返回结果是单个字符，例如下面的代码。

```
strsplit("www.mingrisoft.com", "", fixed = TRUE)
```

运行程序，结果如下：

[[1]]

[1] "w" "w" "w" "." "m" "i" "n" "g" "r" "i" "s" "o" "f" "t" "." "c" "o" "m"

【例6.2】 从地址信息中拆分省、市、区（实例位置：资源包\Code\06\02）

在一组销售数据中有一个收货地址信息，如图6.4所示，那么从这些信息中是否可以拆分省、市、区信息呢？

首先使用readLines() 函数读取文本文件，然后使用strsplit() 函数将地址信息中拆分省、市、区拆分出来，运行RStudio，编写如下代码。

```
# 读取文本文件
v <- file("datas/address1.txt","r")
mystr <- readLines(v)
# 拆分地址
unlist(strsplit(mystr, " ", fixed = TRUE))
```

运行程序，结果如图6.5所示。

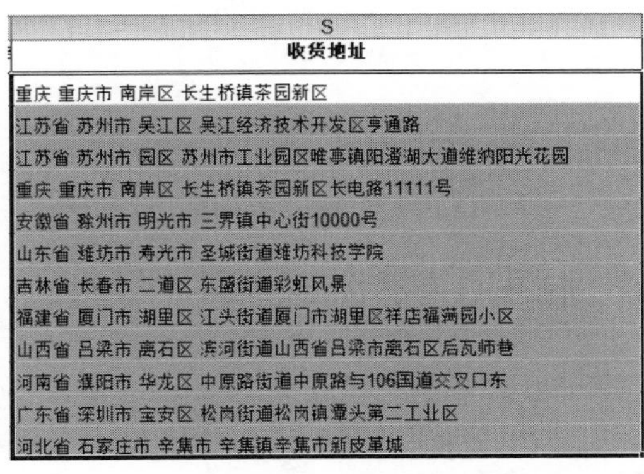

S
收货地址
重庆 重庆市 南岸区 长生桥镇茶园新区
江苏省 苏州市 吴江区 吴江经济技术开发区亨通路
江苏省 苏州市 园区 苏州市工业园区唯亭镇阳澄湖大道维纳阳光花园
重庆 重庆市 南岸区 长生桥镇茶园新区长电路11111号
安徽省 滁州市 明光市 三界镇中心街10000号
山东省 潍坊市 寿光市 圣城街道潍坊科技学院
吉林省 长春市 二道区 东盛街道彩虹风景
福建省 厦门市 湖里区 江头街道厦门市湖里区祥店福满园小区
山西省 吕梁市 离石区 滨河街道山西省吕梁市离石区后瓦师巷
河南省 濮阳市 华龙区 中原路街道中原路与106国道交叉口东
广东省 深圳市 宝安区 松岗街道松岗镇潭头第二工业区
河北省 石家庄市 辛集市 辛集镇辛集市新皮革城

图6.4　地址信息

```
 [1] "重庆"
 [2] "重庆市"
 [3] "南岸区"
 [4] "长生桥镇茶园新区"
 [5] "江苏省"
 [6] "苏州市"
 [7] "吴江区"
 [8] "吴江经济技术开发区亨通路"
 [9] "江苏省"
[10] "苏州市"
[11] "园区"
[12] "苏州市工业园区唯亭镇阳澄湖大道维纳阳光花园"
```

图6.5　拆分后的地址列表

6.1.6　字符串替换

在R语言中基础的字符串替换函数主要包括chartr() 函数、sub() 函数和gsub() 函数，下面分别进行介绍。

（1）chartr() 函数

R语言中的chartr() 函数用于进行字符串替换，它用指定为参数的新字符替换字符串中现有字符的所有匹配项，语法格式如下。

```
chartr(old, new, x)
```

参数说明：

☑ old：要替换的字符串。

☑ new：新字符串。

☑ x：字符串或字符串向量。

例如将字符串 www.mingrisoft.com 中 soft 替换成 book，代码如下：

```
x <- "www.mingrisoft.com"
chartr("soft","book",x)
```

运行程序，结果如下：

[1]“www.mingribook.com”

【例6.3】 替换数据框中的数据（实例位置：资源包\Code\06\03）

例如由于图书出版要求，需要将书名中的“200例”统一修改为“500例”，这就需要将原来书名中的“200例”替换为“500例”。首先读取CSV文件，然后将“宝贝标题”中的“200例”替换为“500例”。运行RStudio，编写如下代码。

```
# 读取CSV文件
df <- read.table("datas/1月.csv",sep = ",",header = TRUE)
# 输出前6条数据
head(df)
# 替换200例为500例
df$宝贝标题 <- chartr("200例","500例",df$宝贝标题)
# 输出前6条数据
head(df)
```

运行程序，对比结果如图6.6和图6.7所示。

```
  买家会员名 买家实际支付金额            宝贝标题
1     mrhy1            41.86     零基础学Python
2     mrhy2            41.86     零基础学Python
3     mrhy3            48.86     零基础学Python
4     mrhy4            48.86     零基础学Python
5     mrhy7           104.72 C语言精彩编程200例
6     mrhy8            55.86 C语言精彩编程200例
```

图6.6 替换前

```
  买家会员名 买家实际支付金额            宝贝标题
1     mrhy1            41.86     零基础学Python
2     mrhy2            41.86     零基础学Python
3     mrhy3            48.86     零基础学Python
4     mrhy4            48.86     零基础学Python
5     mrhy7           104.72 C语言精彩编程500例
6     mrhy8            55.86 C语言精彩编程500例
```

图6.7 替换后

（2）sub()函数和gsub()函数

sub()函数用于替换第一个匹配的字符串，如果是字符串向量，那么将替换所有元素中的第一个匹配的字符串。gsub() 函数则用于替换所有匹配的字符串。语法格式如下：

```
sub(pattern, replacement, x, ignore.case = FALSE, perl = FALSE, fixed = FALSE,
    useBytes = FALSE)
gsub(pattern, replacement, x, ignore.case = FALSE, perl = FALSE, fixed = FALSE,
     useBytes = FALSE)
```

主要参数说明：

☑ pattern：要匹配的字符串，其中包含要在给定字符向量中匹配的正则表达式（或 fixed = TRUE 的字符串）。

☑ replacement：替换字符串。

☑ x：字符串或字符串向量。

☑ ignore.case：逻辑值，替换时是否区分大小写。

例如将字符串中 soft 替换成 book，代码如下：

```
text <- c("www.mingrisoft.com", "mrsoft","softmrsoft")
sub("soft", "book", text)
gsub("soft", "book", text)
```

运行程序，结果如图 6.8 所示。

```
> text <- c("www.mingrisoft.com", "mrsoft","softmrsoft")
> sub("soft", "book", text)
[1] "www.mingribook.com" "mrbook"            "bookmrsoft"
> gsub("soft", "book", text)
[1] "www.mingribook.com" "mrbook"            "bookmrbook"
```

图 6.8　sub() 函数和 gsub() 函数替换字符串

从运行结果得知：sub() 函数和 gsub() 函数的区别在于，在字符串向量中，第 3 个元素中出现了两次 soft，sub() 函数只替换了第一次匹配的 soft，而 gsub() 函数则替换了所有匹配 soft 的字符串。

下面通过正则表达式匹配数字，然后替换为“*”。运行 RStudio，编写如下代码。

```
mystr <- "您的手机号是 11190098765"
sub("[0-9]+","*",mystr)
```

运行程序，结果为：[1] "您的手机号是 *"

上述代码中，正则表达式 "[0-9]+" 表示匹配一个或多个数字。

sub() 函数在文本处理和正则表达式匹配方面应用非常广泛，在数据分析过程中，它可以帮助我们快速地处理字符串数据。

6.1.7　字符串查询

grep() 和 grepl() 两个函数用于在向量中查询指定的字符串，下面分别进行介绍。

（1）grep() 函数

grep() 函数用于在向量 x 中寻找含有特定字符串（pattern 参数指定）的元素，返回其在 x 中的下标，语法格式如下：

```
grep(pattern, x, ignore.case = FALSE, perl = FALSE, value = FALSE, fixed = FALSE,
     useBytes = FALSE, invert = FALSE)
```

主要参数说明：

☑ pattern：字符串类型，正则表达式，指定搜索模式，当将fixed参数设置为TRUE时，也可以是一个待搜索的字符串。

☑ x：字符串向量，用于被搜索的字符串。

☑ value：逻辑值，为FALSE时，grep返回搜索结果的位置信息，为TRUE时，返回结果位置的值。

（2）grepl()函数

grepl()函数用于返回逻辑向量，值为TRUE或FALSE，即是否包含特定的字符串，语法格式如下：

```
grepl(pattern, x, ignore.case = FALSE, perl = FALSE, fixed = FALSE, useBytes = FALSE)
```

参数说明可参见grep()函数。

【例6.4】 查找指定的字符（实例位置：资源包\Code\06\04）

首先创建一个字符串向量，然后分别使用grep()函数和grepl()函数查找指定的字符串，运行RStudio，编写如下代码。

```
#创建一个字符串向量
str1 <- c("m", "r", "mrsoft")
#查找包含m的元素所在的位置
grep("m", str1)
#判断每个元素是否包含r，返回的是逻辑向量
grepl("r", str1)
#同时匹配多个内容，查找包含m或者r的元素所在的位置
grep("m|r", str1)
#同时匹配多个内容，判断每个元素是否包含m或者r，返回的是逻辑向量
grepl("m|r", str1)
```

运行程序，结果如图6.9所示。

```
> #创建一个字符串向量
> str1 <- c("m", "r", "mrsoft")
> #查找包含m的元素所在的位置
> grep("m", str1)
[1] 1 3
> #判断每个元素是否包含r，返回的是逻辑向量
> grepl("r", str1)
[1] FALSE  TRUE  TRUE
> #同时匹配多个内容，查找包含m或者r的元素所在的位置
> grep("m|r", str1)
[1] 1 2 3
> #同时匹配多个内容，判断每个元素是否包含m或者r，返回的是逻辑向量
> grepl("m|r", str1)
[1] TRUE TRUE TRUE
```

图6.9 使用grep()函数和grepl()函数查找指定的字符串

6.1.8 字符串提取

在R语言中字符串提取主要使用substr()函数和substring()函数。substr()函数返回的字符串个数等于第一个向量的长度。substring()函数返回的字符串个数等于其三个参数中长度最长的那个参数的长度。语法格式如下：

```
substr(x, start, stop)
substring(text, first, last)
```

参数说明：

☑ x/text：要提取的字符串向量。

☑ start/first：要提取的第一个字符的位置。

☑ stop/last：要提取的最后一个字符的位置。

例如提取第5位至第14位的字符串，代码如下。

```
myval <- substring("www.mingrisoft.com", 5, 14)
print(myval)
```

运行程序，结果为：[1]“mingrisoft”

【例6.5】 substr()函数和substring()函数的区别（实例位置：资源包\Code\06\05）

下面通过举例来看一下substr()函数和substring()函数的区别。运行RStudio，编写如下代码。

```
a <- "123456789"
substr(a, c(1, 3), c(2, 4, 7))
substring(a, c(1, 3), c(2, 4, 7))
b <- c("12345678", "mingrisoft")
substr(b, c(1, 3), c(2, 4, 7))
substring(b, c(1, 3), c(2, 4, 7))
```

运行程序，结果如图6.10所示。

从运行结果得知：当向量a的长度为1时，substr()函数不管后面的两个参数的长度如何，它只会用到这两个参数的第一个数值，即分别为1和4，表示提取的起始和终止位置分别为1和4，返回的结果是字符串“1234”；substring()函数则会依据参数最长的last参数，需要注意的是当first和last两个参数的长度不等时，将会应用R的“短向量循环”原则，参数first会自动延长为c(1, 3, 1)，函数会依次提取从1到4，从3到5，从1到7这三个字符串。

```
> a <- "123456789"
> substr(a, c(1, 3), c(4, 5, 7))
[1] "1234"
> substring(a, c(1, 3), c(4, 5, 7))
[1] "1234"     "345"      "1234567"
> b <- c("12345678", "mingrisoft")
> substr(b, c(1, 3), c(4, 5, 7))
[1] "1234" "ngr"
> substring(b, c(1, 3), c(4, 5, 7))
[1] "1234"     "ngr"      "1234567"
```

图6.10　提取指定的字符串

【例6.6】 手机号身份证号打码神器（实例位置：资源包\Code\06\06）

为了个人信息安全，日常生活中经常会看到快递、外卖手机号中间4位被做了掩码，替换成了“*”符号。下面使用substring()函数实现这一功能，思路是将手机号按位数分解，然后将中间四位赋值为“*”符号，最后使用paste()函数进行组合。运行RStudio，编写如下代码。

```
# 创建手机号向量
text <- c("22290008354","33390078352","11191238355")
# 中间4位替换为"*"
myval <- paste(substring(text,1,3),substring(text, 4, 7) <-"****",substring(text,8,11))
print(myval)
```

运行程序，结果为：[1] "222 **** 8354" "333 **** 8352" "111 **** 8355"

6.1.9 字符串的定制输出

字符串的定制输出是指通过给定的显示宽度和前缀修剪字符串，主要使用strtrim()函数和strwrap()函数，下面分别进行介绍。

（1）strtrim()函数

strtrim()函数返回的字符串向量的长度等于参数x的长度，语法格式如下：

```
strtrim(x, width)
```

例如下面的代码：

```
strtrim(c("mrsoft", "mrsoft123", "mrsoft12345"), c(1, 5, 10))
strtrim(c(12, 1234, 123456), 5)
```

运行程序，结果如下：

[1] "m"   "mrsof"   "mrsoft12345"

[1] "12" "1234" "12345"

从运行结果得知：strtrim()函数根据width参数提供的数字来修剪字符串，如果width提供的数字大于字符串的字符数的话，则该字符串会保持原样，不会增加空格等其他字符。

（2）strwrap()函数

strwrap()函数将字符串当成一个段落来处理（不管段落中是否含有换行符），按照段落的格式进行缩进和分行，返回结果是一行行的字符串，语法格式如下：

```
strwrap(x, width = 0.9 * getOption("width"), indent = 0,exdent = 0, prefix = "",
        simplify = TRUE, initial = prefix)
```

主要参数说明：

☑ x：字符向量，或者是通过as.character()函数转换为字符向量的对象。

☑ width：一个正整数，用于换行的字符串宽度。

☑ indent：一个非负整数，表示首行缩进。

☑ exdent：一个非负整数，表示除了首行其余行的缩进。

☑ prefix/initial：除了首行其余行的前缀的字符串，首行使用initial参数指定。

【例6.7】 使用strwrap()函数定制输出字符串（实例位置：资源包\Code\06\07）

例如定制输出R安装目录下的官方帮助文档THANKS，首先使用readLines()函数读取该文档，然后使用paste()函数插入换行符，最后使用strwrap()函数定制输出。运行RStudio，编写如下代码。

```
# 读取R安装目录下的官方帮助文档THANKS,并插入换行符
x <- paste(readLines(file.path(R.home("doc"), "THANKS")), collapse = "\n")
# 使用strwrap()定制输出
strwrap(x, width = 60)
strwrap(x, width = 60, indent = 5)    # 宽度60、首行缩进5
strwrap(x, width = 60, exdent = 5)    # 除了首行其余行缩进5
strwrap(x, prefix = "*****")           # 指定前缀字符为5个"*"
```

运行程序，结果如图6.11～图6.14所示。

```
 [1] "R would not be what it is today without the invaluable help"
 [2] "of these people outside of the (former and current) R Core"
 [3] "team, who contributed by donating code, bug fixes and"
 [4] "documentation:"
 [5] ""
 [6] "Valerio Aimale, Suharto Anggono, Thomas Baier, Gabe Becker,"
 [7] "Henrik Bengtsson, Roger Bivand, Ben Bolker, David Brahm,"
 [8] "G\"oran Brostr\"om, Patrick Burns, Vince Carey, Saikat"
 [9] "DebRoy, Matt Dowle, Brian D'Urso, Lyndon Drake, Dirk"
[10] "Eddelbuettel, Claus Ekstrom, Sebastian Fischmeister, John"
```

图6.11　宽度60

```
 [1] "     R would not be what it is today without the invaluable"
 [2] "help of these people outside of the (former and current) R"
 [3] "Core team, who contributed by donating code, bug fixes and"
 [4] "documentation:"
 [5] ""
 [6] "     Valerio Aimale, Suharto Anggono, Thomas Baier, Gabe"
 [7] "Becker, Henrik Bengtsson, Roger Bivand, Ben Bolker, David"
 [8] "Brahm, G\"oran Brostr\"om, Patrick Burns, Vince Carey, Saikat"
 [9] "DebRoy, Matt Dowle, Brian D'Urso, Lyndon Drake, Dirk"
[10] "Eddelbuettel, Claus Ekstrom, Sebastian Fischmeister, John"
```

图6.12　宽度60首行缩进5

```
 [1] "R would not be what it is today without the invaluable help"
 [2] "     of these people outside of the (former and current) R"
 [3] "     Core team, who contributed by donating code, bug fixes"
 [4] "     and documentation:"
 [5] ""
 [6] "Valerio Aimale, Suharto Anggono, Thomas Baier, Gabe Becker,"
 [7] "     Henrik Bengtsson, Roger Bivand, Ben Bolker, David"
 [8] "     Brahm, G\"oran Brostr\"om, Patrick Burns, Vince Carey,"
 [9] "     Saikat DebRoy, Matt Dowle, Brian D'Urso, Lyndon Drake,"
[10] "     Dirk Eddelbuettel, Claus Ekstrom, Sebastian"
```

图6.13　除了首行其余行缩进5

```
 [1] "*****R would not be what it is today without the invaluable help of these people"
 [2] "*****outside of the (former and current) R Core team, who contributed by"
 [3] "*****donating code, bug fixes and documentation:"
 [4] "*****"
 [5] "*****Valerio Aimale, Suharto Anggono, Thomas Baier, Gabe Becker, Henrik"
 [6] "*****Bengtsson, Roger Bivand, Ben Bolker, David Brahm, G\"oran Brostr\"om, Patrick"
 [7] "*****Burns, Vince Carey, Saikat DebRoy, Matt Dowle, Brian D'Urso, Lyndon Drake,"
 [8] "*****Dirk Eddelbuettel, Claus Ekstrom, Sebastian Fischmeister, John Fox, Paul"
 [9] "*****Gilbert, Yu Gong, Gabor Grothendieck, Frank E Harrell Jr, Peter M. Haverty,"
[10] "*****Torsten Hothorn, Robert King, Kjetil Kjernsmo, Roger Koenker, Philippe"
```

图6.14　指定前缀字符为5个“*”

6.2　字符串处理包stringr

字符串处理也是数据清洗的一部分，尤其通过爬虫采集的数据，往往会存在很多问题，例如数据格式不正确、存在特殊字符等。R语言第三方包stringr提供了30多个函数，方便我们对字符串进行处理。

6.2.1　stringr包思维导图

R语言基础包中已经包含了一些用于处理字符串的函数，前面已经进行了介绍，但是stringr包处理字符串的功能则更全面、更强大。因此处理字符串时，建议使用stringr包。下面用一张思维导图汇总stringr包的字符串处理函数，如图6.15所示。

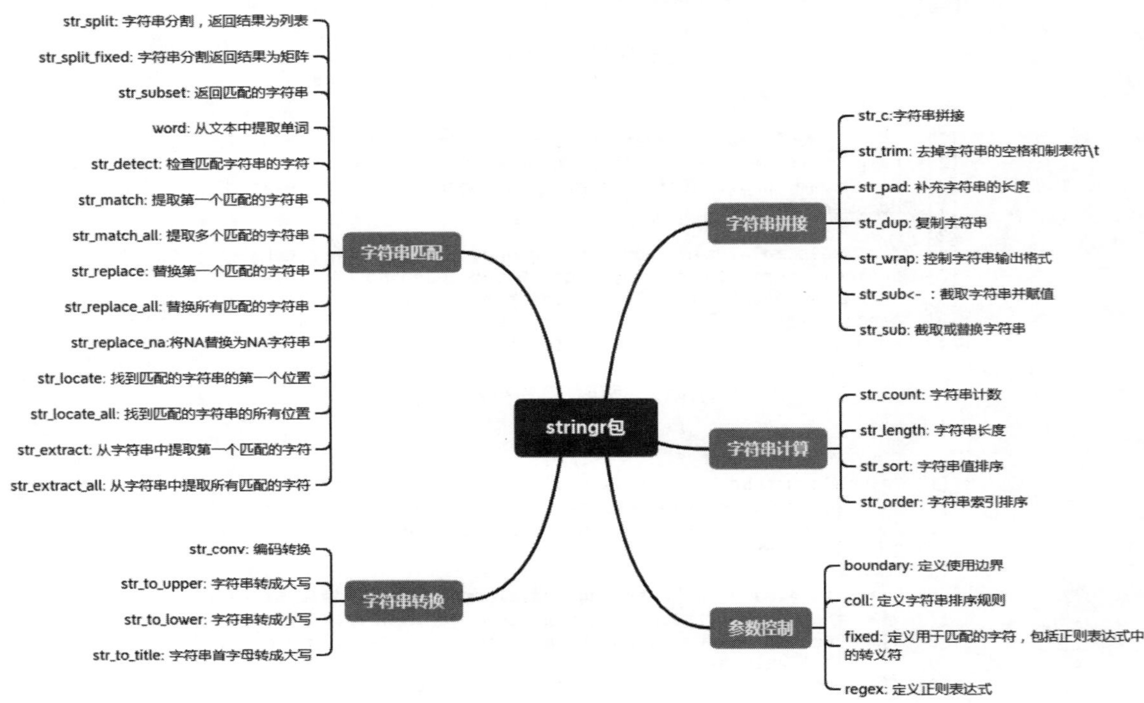

图6.15　stringr包的字符串处理函数

从图6.15可以看出，stringr包的函数有一个很显著的特点，就是均以str_开头命名，后面的单词说明了函数的用途，更容易理解和应用。

> **说明**　stringr包属于第三方R包，使用时应首先进行安装，安装方法如下所述。
>
> ```
> install.packages("stringr")
> ```

6.2.2　字符串替换str_sub()

数据清洗过程中，字符串替换是常用的操作。例如价格带人民币符号或单位“¥”“元”“万”等类似的情况出现，使用字符串替换函数str_sub()直接就可以去掉。

【例6.8】　str_sub()函数去掉数据中指定的字符（实例位置：资源包\Code\06\08）

对爬取后的二手房价信息进行清理，使用str_sub()函数去掉房价信息中的单位“万”和“平米”，运行RStudio，编写如下代码。

```
# 加载程序包
library(stringr)
library(openxlsx)
# 读取Excel文件
df <- read.xlsx("datas/house.xlsx")
# 以表格方式显示前6条数据
View(head(df))
# 去除单位
df$总价=str_sub(df$总价,1,str_length(df$总价)-1)
df$建筑面积=str_sub(df$建筑面积,1,str_length(df$建筑面积)-2)
# 以表格方式显示前6条数据
View(head(df))
```

运行程序，结果如图6.16（原始数据）和图6.17（清洗后的数据）所示。

	小区名字	总价	户型	建筑面积	单价	朝向	楼层	装修	区域
1	中天北湾新城	89万	2室2厅1卫	89平米	10000元/平米	南北	低层	毛坯	高新
4	中环12区	51.5万	2室1厅1卫	57平米	9035元/平米	南北	高层	精装修	南关
3	嘉柏湾	32万	1室1厅1卫	43.3平米	7390元/平米	南	高层	精装修	经开
6	金色橄榄城	118万	3室1厅1卫	200平米	5900元/平米	南北	高层	简装修	二道
5	吴源高格蓝湾	210万	3室2厅2卫	160.8平米	13060元/平米	南北	高层	精装修	二道
2	梓林苑	99.8万	3室2厅1卫	143平米	6979元/平米	南北	中层	毛坯	净月

图6.16　原始数据

	小区名字	总价	户型	建筑面积	单价	朝向	楼层	装修	区域
1	中天北湾新城	89	2室2厅1卫	89	10000元/平米	南北	低层	毛坯	高新
2	梓林苑	99.8	3室2厅1卫	143	6979元/平米	南北	中层	毛坯	净月
3	嘉柏湾	32	1室1厅1卫	43.3	7390元/平米	南	高层	精装修	经开
4	中环12区	51.5	2室1厅1卫	57	9035元/平米	南北	高层	精装修	南关
5	吴源高格蓝湾	210	3室2厅2卫	160.8	13060元/平米	南北	高层	精装修	二道
6	金色橄榄城	118	3室1厅1卫	200	5900元/平米	南北	高层	简装修	二道

图6.17　清洗后的数据

6.2.3 字符串分割str_split()

前面介绍的数据拆分实际上实现的是将数据按行进行拆分，类似数据分组。那么，对于数据框中的一列字符串如何进行分割呢？例如规格中的长宽高、地址中的省市区。

在R语言中，基础的字符串处理函数strsplit()用于拆分字符串，返回结果为列表，但是在实际数据处理工作中这个结果意义不大，而返回结果是数据框更符合我们的需求，这就需要使用stringr包中的str_split()函数。

【例6.9】 使用str_split()函数分割地址（实例位置：资源包\Code\06\09）

下面使用str_split()函数将“收货地址”切分为省、市、区和地址，运行RStudio，编写如下代码。

```
# 加载程序包
library(stringr)
library(openxlsx)
# 读取Excel文件
```

```
05 df <- read.xlsx("datas/books.xlsx")
06 # 将收货地址数据拆分为省、市、区和地址
07 s <- as.data.frame(str_split(df$收货地址, " ",n=4,simplify = TRUE))
08 df['省']=s[1]
09 df['市']=s[2]
10 df['区']=s[3]
11 df['地址']=s[4]
12 # 以表格方式显示数据
13 View(df)
```

运行程序，结果如图6.18所示。

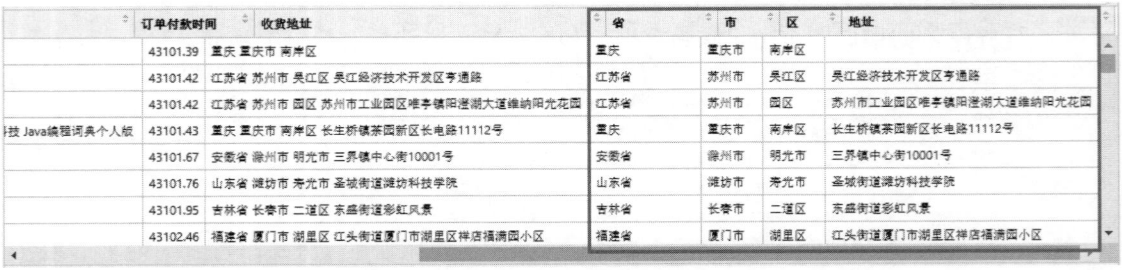

	订单付款时间	收货地址	省	市	区	地址
	43101.39	重庆 重庆市 南岸区	重庆	重庆市	南岸区	
	43101.42	江苏省 苏州市 吴江区 吴江经济技术开发区亨通路	江苏省	苏州市	吴江区	吴江经济技术开发区亨通路
	43101.42	江苏省 苏州市 园区 苏州市工业园区唯亭镇阳澄湖大道维纳阳光花园	江苏省	苏州市	园区	苏州市工业园区唯亭镇阳澄湖大道维纳阳光花园
技 Java编程词典个人版	43101.43	重庆 重庆市 南岸区 长生桥镇茶园新区长电路11112号	重庆	重庆市	南岸区	长生桥镇茶园新区长电路11112号
	43101.67	安徽省 滁州市 明光市 三界镇中心街10001号	安徽省	滁州市	明光市	三界镇中心街10001号
	43101.76	山东省 潍坊市 寿光市 圣城街道潍坊科技学院	山东省	潍坊市	寿光市	圣城街道潍坊科技学院
	43101.95	吉林省 长春市 二道区 东盛街道彩虹风景	吉林省	长春市	二道区	东盛街道彩虹风景
	43102.46	福建省 厦门市 湖里区 江头街道厦门市湖里区祥店福满园小区	福建省	厦门市	湖里区	江头街道厦门市湖里区祥店福满园小区

图6.18 使用str_split()函数拆分“收货地址”

代码解析

第07行代码：as.data.frame()函数用于将矩阵转换为数据框，str_split()函数用于拆分数据框，其中n=4表示4列，simplify参数表示是否数组化。

6.2.4 正则表达式的应用

正则表达式是根据字符串总结的一定规律，简洁表达一组字符串的表达式。正则表达式通常就是从貌似无规律的字符串中发现规律性，从而方便对字符串进行查找、替换等操作。

正则表达式常用于文本挖掘、字符型数据处理，具体如下：

- ☑ 查找替换文本指定的特征词、敏感词。
- ☑ 从文本中提取有价值的信息。
- ☑ 修改文本。

正则表达式只能匹配自身的普通字符（如英文字母、数字、标点等）和被转义了的特殊字符（称为“元字符”）。在正则表达式中一些常用的元字符如表6.2所示。

表6.2 常用元字符

符号	说明
.	匹配除换行符“\n”以外的任意字符
\\	转义字符，匹配元字符时使用
|	表示或者，即|前后的表达式任选一个
^	匹配字符串的开始
$	匹配字符串的结束
( )	提取匹配的字符串，即括号内的看成一个整体，即指定子表达式
[ ]	可匹配方括号内任意一个字符

续表

符号	说明
{ }	字符或表达式的重复次数
{n}	重复n次
{n,}	重复n次或多次
{n,m}	重复n次到m次
*	重复0次或多次
+	重复1次或多次
?	重复0次或1次

还有一些特殊字符和反义字符如表6.3所示。

表6.3　特殊字符与反义字符

符号	说明
\\d与\\D	匹配1位数字字符，如[0-9]，匹配非数字字符
\\s与\\S	匹配空白符，匹配非空白符
\\S+	匹配不包含空白符的字符串
\\w与\\W	匹配字母或数字或下划线或汉字，匹配非\w字符
\\b与\\B	匹配单词的开始或结束的位置，匹配非\b的位置
\\h与\\H	匹配水平间隔，匹配非水平间隔
\\v与\\V	匹配垂直间隔，匹配非垂直间隔
[^…]	匹配…以外的任意字符
[a-zA-Z0-9]	匹配字母和数字
[\u4e00-\u9fa5]	匹配汉字
[^aeiou]	匹配除了aeiou之外的任意字符，即匹配辅音字母

在stringr包中大部分函数支持正则表达式的应用，如表6.4所示。

表6.4　stringr包中支持正则表达式的函数

函数	说明
str_extract()	提取首个匹配模式的字符，匹配返回该字符，不匹配返回NA
str_extract_all()	提取所有匹配模式的字符
str_locate()	返回首个匹配模式的字符的位置
str_locate_all()	返回所有匹配模式的字符的位置
str_replace()	替换首个匹配模式
str_replace_all()	替换所有匹配模式
str_split()	按照模式分割字符串
str_split_fixed()	按照模式将字符串分割成指定个数
str_detect()	检测字符是否存在某些指定模式
str_count()	返回指定模式出现的次数

【例6.10】 查找物流单号中的数字（实例位置：资源包\Code\06\10）

例如销售订单中物流单号中包含有字母、符号和数字，下面使用正则表达式查找数字单号，运行RStudio，编写如下代码。

```
01 # 加载程序包
02 library(stringr)
03 # 创建字符串向量
04 x = c("No:1307653963","No:1307653706","No:1307653942","No:1307653882",
05       "No:1307653769","No:1307653794","No:1293793193","No:1307653918")
06 # 使用正则表达式中的\\d提取数字
07 str_view(x,"\\d+")
```

运行程序，结果如图6.19所示。

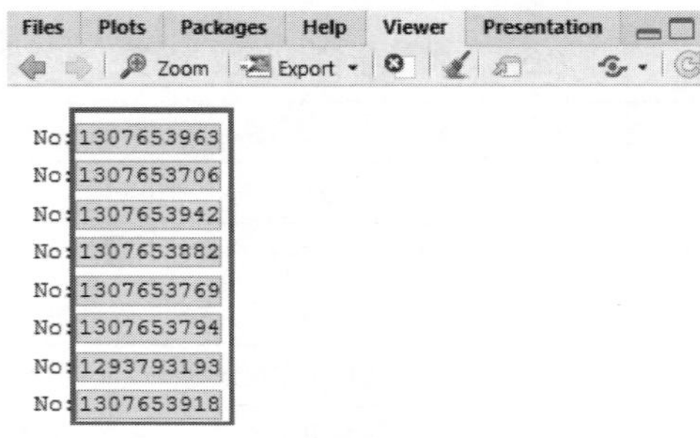

图6.19　查找物流单号中的数字

代码解析

第07行代码：str_view()函数用于以HTML的形式给出匹配的字符串。其中\\d表示匹配一位数字，+表示前面数字重复1次或多次。

【例6.11】 使用stringr包提取指定的字符串（实例位置：资源包\Code\06\11）

下面在stringr包的str_extract()函数和str_extract_all()函数中应用正则表达式提取指定的字符串，运行RStudio，代码及结果如图6.20所示。

```
> s <- "yqlf@sohu.com、98582@qq.com、7651156、5445067@qq.com、625336@163.com"
> library(stringr)
> # 提取.com特征字符
> str_extract(s, ".com")
[1] ".com"
> # 提取包含.com特征的全部字符串
> unlist(str_extract_all(s, ".com"))
[1] ".com" ".com" ".com" ".com"
> # 提取以y开始的字符串
> str_extract(s, "^y")
[1] "y"
> # 提取以m结尾的字符
> unlist(str_extract_all(s, "m$"))
[1] "m"
> # 提取包含qq.或者163.特征的字符串
> unlist(str_extract_all(s, "qq.|163."))
[1] "qq."  "qq."  "163."
> # 使用点符号实现模糊匹配
> str_extract(s, "76...56")
[1] "7651156"
> # 中括号内表示可选字符串
> str_extract(s, "7651[123]56")
[1] "7651156"
> str_extract(s, "7651[0-9]56")
[1] "7651156"
```

图6.20　使用stringr包提取指定的字符串

本章思维导图

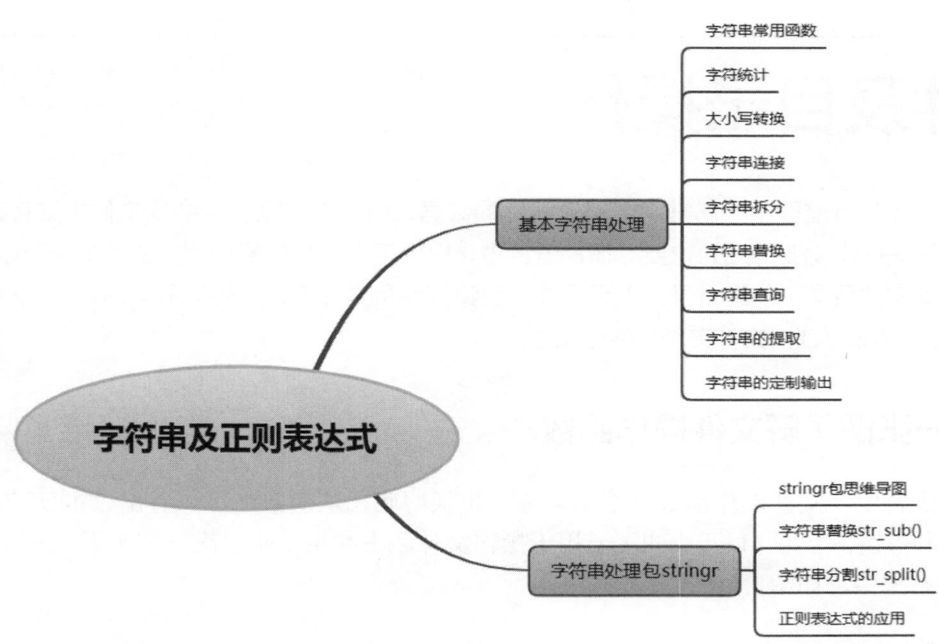
字符串及正则表达式
基本字符串处理
字符串常用函数
字符统计
大小写转换
字符串连接
字符串拆分
字符串替换
字符串查询
字符串的提取
字符串的定制输出
字符串处理包stringr
stringr包思维导图
字符串替换str_sub()
字符串分割str_split()
正则表达式的应用

第7章

文件及目录操作

数据统计分析过程中，常常需要处理大量的数据，而这些数据通常会从文件中进行读取，因此文件相关操作就变得尤为重要。在R语言中，提供了许多文件操作相关的函数，可以用于获取和设置文件目录、创建目录、查看目录、创建文件及文件夹、文件读取与写入、文件及文件夹重命名、删除文件/文件夹和文件追加等。

7.1 一张图了解文件操作函数

在R语言中，文件操作函数有很多，分工也很明确，从函数名可以看出以dir开头的主要用于操作文件夹，以file开头的主要用于操作文件。下面用一张思维导图来看一看文件操作函数都有哪些，如图7.1所示。

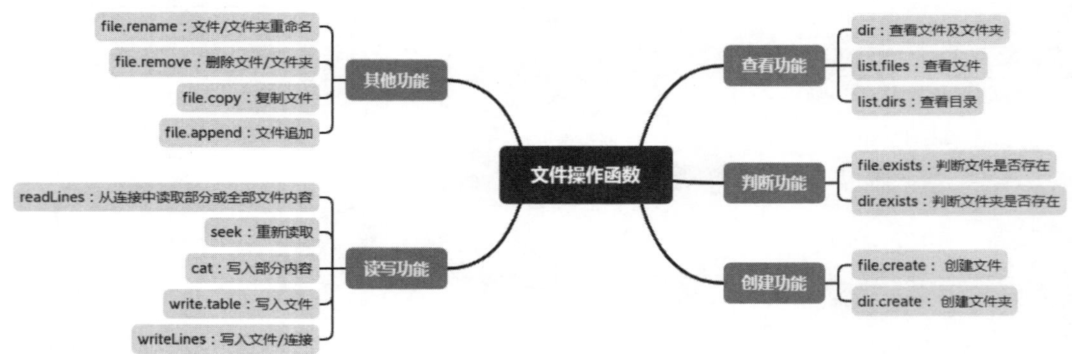

图7.1 文件操作函数

7.2 文件基本操作

7.2.1 相对路径和绝对路径

文件操作固然离不开文件路径，下面先来了解一下文件路径。文件路径是一个目录列表名，通过文件路径就可以找到指定的文件。文件路径分为相对路径和绝对路径。

① 相对路径。相对路径是指以当前文件为基准进行，一级级目录指向被引用的资源文件。以下是常用的表示当前目录和当前目录的父级目录的标识符。

☑ ../：表示当前程序文件所在目录的上一级目录。多层目录可以使用多个“../”符号，如上两级目录可以使用“../../”符号。

☑ ./：表示当前程序文件所在的目录（可以省略）。

☑ /：表示当前程序文件的根目录（域名映射或硬盘目录）。

② 绝对路径。文件真正存在的路径，是指硬盘中文件的完整路径，如“D:\R日常练习\程序\01\1.1\1月.xlsx”。

7.2.2 获取和设置工作目录

文件操作过程中，一定会涉及文件路径问题。在R语言中，文件工作目录操作函数主要包括getwd()函数和setwd()函数。getwd()函数用于返回当前工作目录，setwd()函数用于更改目录。

例如获取当前工作目录，代码如下：

```
getwd()
```

运行程序，结果为：[1]“C:/Users/Administrator/Documents”。

下面使用setwd()函数修改当前工作目录为“D:\R程序\RProjects1”，代码如下：

```
setwd("D:/R程序/RProjects1")
getwd()
```

再次获取当前工作目录，结果为：[1]“D:/R程序/RProjects1”。

以上设置的目录为临时的工程目录，关闭RStudio后，工程目录会变到原来的工程目录。

那么，设置工作目录的目的主要就是方便文件操作，如创建文件、读取文件、删除文件等，不用每一次都设置文件路径。

7.2.3 创建目录

使用dir.create()函数可以创建目录，例如下面的代码。

```
dir.create("E:/R程序")
```

注意

dir.create() 不能创建级联目录，也就是一次只能创建一个包含“/”符号的路径。如果需要创建两层目录，则需要使用两次 dir.create()，例如下面的代码：

```
dir.create("E:/R程序")
dir.create("E:/R程序/test")
```

7.2.4 查看目录

查看当前目录及指定目录的主要使用list.dirs()函数，例如下面的代码：

```
list.dirs()          # 当前目录
list.dirs(R.home("doc"))    # 指定目录
list.dirs(R.home("doc"), full.names = FALSE)# 指定目录仅查看文件名
```

运行程序，结果如图7.2所示。

```
> list.dirs()         # 当前目录
 [1] "."
 [2] "./.Rproj.user"
 [3] "./.Rproj.user/1B85FCC8"
 [4] "./.Rproj.user/1B85FCC8/bibliography-index"
 [5] "./.Rproj.user/1B85FCC8/ctx"
 [6] "./.Rproj.user/1B85FCC8/explorer-cache"
 [7] "./.Rproj.user/1B85FCC8/pcs"
 [8] "./.Rproj.user/1B85FCC8/presentation"
 [9] "./.Rproj.user/1B85FCC8/profiles-cache"
[10] "./.Rproj.user/1B85FCC8/sources"
[11] "./.Rproj.user/1B85FCC8/sources/per"
[12] "./.Rproj.user/1B85FCC8/sources/per/t"
[13] "./.Rproj.user/1B85FCC8/sources/per/u"
[14] "./.Rproj.user/1B85FCC8/tutorial"
[15] "./.Rproj.user/1B85FCC8/viewer-cache"
[16] "./.Rproj.user/shared"
[17] "./.Rproj.user/shared/notebooks"
[18] "./datas"
> list.dirs(R.home("doc"))   # 指定目录
[1] "D:/Program Files/R/R-4.3.1/doc"
[2] "D:/Program Files/R/R-4.3.1/doc/html"
[3] "D:/Program Files/R/R-4.3.1/doc/html/katex"
[4] "D:/Program Files/R/R-4.3.1/doc/html/katex/fonts"
[5] "D:/Program Files/R/R-4.3.1/doc/manual"
[6] "D:/Program Files/R/R-4.3.1/doc/manual/images"
> list.dirs(R.home("doc"), full.names = FALSE)# 指定目录仅查看文件名
[1] ""                "html"              "html/katex"        "html/katex/fonts"
[5] "manual"          "manual/images"
```

图7.2　查看当前目录及指定目录的内容

代码解析

上述代码中R.home()函数用于返回R主目录，或者R安装组件的完整路径。

7.2.5　查看文件及文件夹

list.files()函数或dir()函数（是list.dirs()函数的别名）用于查看当前目录及指定目录的文件或指定类型的文件，并保存到列表中。语法格式如下：

```
list.files(path = ".", pattern = NULL, all.files = FALSE, full.names = FALSE,
           recursive = FALSE,ignore.case = FALSE, include.dirs = FALSE, no.. = FALSE)
```

主要参数说明：

☑ path：文件路径，如果不指定则为当前目录。

☑ pattern：匹配文件名，可选参数，默认值是全部文件名，包括子文件夹，但是不包括子文件夹中的文件。

☑ all.files：逻辑值，是否返回所有文件，包括隐藏文件，但不包括子文件夹中的文件，默认值为FALSE，表示不返回所有文件。

☑ full.names：逻辑值，是否返回路径+文件名，默认值为FALSE，表示仅返回文件名。

☑ recursive：逻辑值，是否将子文件夹的文件也列出来，默认值为FALSE，表示不列出子文件夹的文件。

☑ ignore.case：逻辑值，匹配的文件名是否忽略大小写，默认值为FALSE，表示不忽略大小写。

例如查看当前目录、指定目录指定类型的文件，代码如下：

```
dir()           # 获取当前目录中的文件
list.files()    # 获取当前目录中的文件
list.files(R.home())  # 获取指定目录中的文件
list.files(R.home(),pattern="*.exe")  # 获取指定目录中的EXE文件
```

运行程序，结果如图7.3所示。

```
> dir()           # 获取当前目录中的文件
[1] "datas"          "RProject.Rproj"
> list.files()    # 获取当前目录中的文件
[1] "datas"          "RProject.Rproj"
> list.files(R.home())  # 获取指定目录中的文件
 [1] "bin"              "CHANGES"          "COPYING"          "doc"
 [5] "etc"              "include"          "library"          "MD5"
 [9] "modules"          "README"           "README.R-4.3.1" "share"
[13] "src"              "Tcl"              "tests"            "unins000.dat"
[17] "unins000.exe"
> list.files(R.home(),pattern="*.exe")  # 获取指定目录中的EXE文件
[1] "unins000.exe"
```

图7.3　查看指定目录中的文件

7.2.6　查看文件信息

查看当前目录的子目录及文件的详细信息、当前目录及文件最近一次修改信息以及当前目录及文件的大小和获取目录结构，可以使用file.info()函数、file.mtime()函数、file.size()函数和system(‘tree’)函数。例如下面的代码：

```
# 查看子目录及文件的详细信息
file.info("C:/Windows/regedit.exe")
# 查看文件最后一次修改信息
file.mtime("C:/Windows/regedit.exe")
# 查看文件大小
file.size("C:/Windows/regedit.exe")
# 获取目录结构
system('tree')
```

运行程序，结果如图7.4所示。

```
> # 查看子目录及文件的详细信息
> file.info("C:/Windows/regedit.exe")
                         size isdir mode               mtime
C:/Windows/regedit.exe 320512 FALSE  777 2016-07-16 19:42:17
                                     ctime
C:/Windows/regedit.exe 2016-07-16 19:42:17
                                     atime   exe
C:/Windows/regedit.exe 2017-04-03 11:32:11 win64
> # 查看文件最后一次修改信息
> file.mtime("C:/Windows/regedit.exe")
[1] "2016-07-16 19:42:17 +08"
> # 查看文件大小
> file.size("C:/Windows/regedit.exe")
[1] 320512
> # 获取目录结构
> system('tree')
文件夹 PATH 列表
卷序列号为 000000F0 DEB8:FCBA
D:.
├─07
│  └─判断并创建文件夹及文件
└─myfile
[1] 0
```

图7.4　查看文件信息

说明　以上几个函数非常实用，可以用来提取文件的详细信息。

另外，还可以获取文件模式，确定文件可访问性，主要使用file.mode()函数和file.access()函数，例如下面的代码。

```
# 文件模式
file.mode("C:/Windows/regedit.exe")
# 确定文件可访问性
# 0-测试是否存在
# 1-测试执行权限
# 2-测试写权限
# 4-测试读权限
file.access("C:/Windows/regedit.exe",2)
```

运行程序，结果如图7.5所示。

```
> # 文件模式
> file.mode("C:/Windows/regedit.exe")
[1] "777"
> # 确定文件可访问性
> # 0-测试是否存在
> # 1-测试执行权限
> # 2-测试写权限
> # 4-测试读权限
> file.access("C:/Windows/regedit.exe",2)
C:/Windows/regedit.exe
                    -1
```

图7.5　文件模式和文件可访问性

7.3　创建文件及文件夹

7.3.1　创建文件

在R语言中，创建文件主要使用file.create()函数，语法格式如下：

```
file.create(..., showWarnings = TRUE)
```

参数“...”为字符向量，表示文件名或路径，如果不指定路径，默认在工作目录下创建文件。

例如创建一个文本文件，代码如下：

```
file.create("mr01.txt")
```

运行程序，结果为：[1] TRUE。

同时，程序在工程所在目录会创建一个mr01.txt文本文件，如图7.6所示。

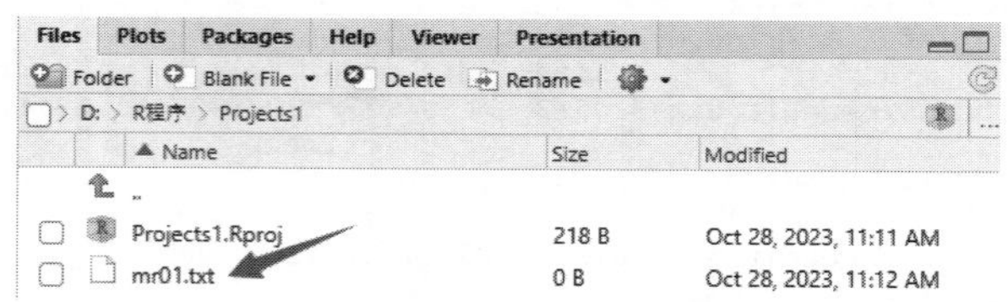

图7.6　创建文件

【例7.1】　批量创建文本文件（实例位置：资源包\Code\07\01）

日常工作中，有时需要批量创建文本文件，下面通过file.create()函数并结合for循环语句，批量创建10个文本文件。运行RStudio，编写如下代码。

```
# 创建数字向量
a <- c(1:10)
# for循环批量创建文本文件
for ( i in a) {
  file.create(paste("mr",i,".txt",sep=""))
}
```

运行程序，结果如图7.7所示。

↓ 补充知识

为了方便文件管理和排序，有时需要将文件名中的数字序号统一成相同位数的序号，位数不够用“0”填充，例如将1格式化为“01”。在R语言中可以使用formatC()函数，主要代码如下：

```
file.create(paste("mr",formatC(i,flag = '0',width = 2),".txt",sep=""))
```

运行程序，结果如图7.8所示。

mr1.txt	2023-10-30 11:24	文本文档
mr2.txt	2023-10-30 11:24	文本文档
mr3.txt	2023-10-30 11:24	文本文档
mr4.txt	2023-10-30 11:24	文本文档
mr5.txt	2023-10-30 11:24	文本文档
mr6.txt	2023-10-30 11:24	文本文档
mr7.txt	2023-10-30 11:24	文本文档
mr8.txt	2023-10-30 11:24	文本文档
mr9.txt	2023-10-30 11:24	文本文档
mr10.txt	2023-10-30 11:24	文本文档

图7.7　批量创建文本文件

mr01.txt	2023-10-30 13:24	文本文档
mr02.txt	2023-10-30 13:24	文本文档
mr03.txt	2023-10-30 13:24	文本文档
mr04.txt	2023-10-30 13:24	文本文档
mr05.txt	2023-10-30 13:24	文本文档
mr06.txt	2023-10-30 13:24	文本文档
mr07.txt	2023-10-30 13:24	文本文档
mr08.txt	2023-10-30 13:24	文本文档
mr09.txt	2023-10-30 13:24	文本文档
mr10.txt	2023-10-30 13:24	文本文档

图7.8　格式化后的文件名

7.3.2　创建文件夹

创建文件夹主要使用dir.create()函数，语法格式如下：

```
dir.create(path, showWarnings = TRUE, recursive = FALSE, mode = "0777")
```

参数path为字符向量，表示单个路径名。

例如在C盘创建一个名为myfile的文件夹，代码如下：

```
dir.create("c:/myfile")
```

运行程序，将在C盘中创建一个名为myfile的文件夹。

7.3.3　判断文件/文件夹是否存在

通过前面的介绍，相信您已经学会了如何创建文件及文件夹，那么，你的程序是否也出现了类似如图7.9所示的警告提示呢？

```
Warning message:
In dir.create("c:/myfile") : 'c:\myfile' already exists
```

图7.9　警告提示

这个警告提示的意思是说：在所创建文件或文件夹的目录下已经包含了该文件或文件夹，下面我们来解决它，通过file.exists()函数和dir.exists()函数判断文件或文件夹是否存在。

【例7.2】　判断并创建文件夹及文件（实例位置：资源包\Code\07\02）

首先判断C盘是否存在myfile文件夹，如果不存在则创建该文件夹，然后在该文件夹中创建mr01.txt文件，运行RStudio，编写如下代码。

```
# 判断文件夹是否存在
if(! dir.exists("c:/myfile")){
  # 不存在创建文件夹和文件
  dir.create("c:/myfile")
  file.create("c:/myfile/mr01.txt")
}else{
```

```
  # 存在提示
  print("文件夹已经存在！")
}
```

7.4 文件读取与写入

7.4.1 读取部分或全部文件

readLines()函数用于从连接中读取部分或一次性全部读取文件内容，非常适合文本文件，因为它可以逐行读取文本并为每一行创建字符对象，语法格式如下：

```
readLines(con = stdin(), n = -1L, ok = TRUE, warn = TRUE,encoding = "unknown", skipNul
= FALSE)
```

参数说明：

☑ con：连接对象（包括文件路径、url连接、压缩文件的路径等）或字符串。

☑ n：整数，要读取的（最大）行数。负值表示应该读取到连接对象输入的末尾。

☑ ok：逻辑值，表示当出现错误时是否终止读取，默认值为TRUE。

【例7.3】 读取文本文件中的部分和全部内容（实例位置：资源包\Code\07\03）

下面使用readLines()函数读取文本文件中的部分内容和全部内容，运行RStudio，编写如下代码。

```
# 文件路径
myfile <- "datas/address1.txt"
# 打开文件
con <- file(myfile, "r")
# 读取3行内容
readLines(con,n = 3)
# 读取全部内容
readLines(con)
# 关闭文件
close(con)
```

运行程序，结果如图7.10所示。

```
> # 读取3行内容
> readLines(con,n = 3)
[1] "重庆 重庆市 南岸区 长生桥镇茶园新区"
[2] "江苏省 苏州市 吴江区 吴江经济技术开发区亨通路"
[3] "江苏省 苏州市 园区 苏州市工业园区唯亭镇阳澄湖大道维纳阳光花园"
> # 读取全部内容
> readLines(con)
[1] "重庆 重庆市 南岸区 长生桥镇茶园新区长电路11111号"
[2] "安徽省 滁州市 明光市 三界镇中心街10000号"
[3] "山东省 潍坊市 寿光市 圣城街道潍坊科技学院"
[4] "吉林省 长春市 二道区 东盛街道彩虹风景"
[5] "福建省 厦门市 湖里区 江头街道厦门市湖里区祥店福满园小区"
[6] "山西省 吕梁市 离石区 滨河街道山西省吕梁市离石区后瓦师巷"
[7] "河南省 濮阳市 华龙区 中原路街道中原路与106国道交叉口东"
[8] "广东省 深圳市 宝安区 松岗街道松岗镇潭头第二工业区"
[9] "河北省 石家庄市 辛集市 辛集镇辛集市新皮革城"
```

图7.10　读取文本文件中的部分和全部内容

7.4.2 重新读取

在R语言中，使用seek()函数可以实现类似于“倒带”功能，即重新回到文件开始处，从而实现重新读取文件的功能。

【例7.4】 使用seek()函数实现重新读取文本文件（实例位置：资源包\Code\07\04）

首先使用readLines()函数读取文本文件中的3行内容，然后使用seek()函数回到文件开始处重新读取文件，再使用readLines()函数读取文本文件中的2行内容。运行RStudio，编写如下代码。

```
# 打开文件
con <- file("datas/address1.txt","r")
# 读取3行内容
```

```
readLines(con,n = 3)
# 重新读取文件
seek(con=con,where=0)
# 读取2行内容
readLines(con,n = 2)
```

运行程序，结果如图7.11所示。

```
> # 读取3行内容
> readLines(con,n = 3)
[1] "重庆 重庆市 南岸区 长生桥镇茶园新区"
[2] "江苏省 苏州市 吴江区 吴江经济技术开发区亨通路"
[3] "江苏省 苏州市 园区 苏州市工业园区唯亭镇阳澄湖大道维纳阳光花园"
> # 回到文件开始处
> seek(con=con,where=0)
[1] 587
> # 读取2行内容
> readLines(con,n = 2)
[1] "重庆 重庆市 南岸区 长生桥镇茶园新区"
[2] "江苏省 苏州市 吴江区 吴江经济技术开发区亨通路"
```

图7.11　使用seek()函数实现重新读取文本文件

从运行结果得知：使用seek()函数后回到了文件开始处，实现了重新读取文本文件的功能。

7.4.3　写入部分内容cat()

如果想快速创建一个文本文件并直接写入部分内容，可以使用cat()函数，该函数用于打印输出到屏幕或文件，前面章节已经详细介绍了cat()函数，这里不再赘述。下面以实例的形式介绍cat()函数如何将内容输出到文件。

【例7.5】　创建一个文本文件并按要求写入内容（实例位置：资源包\Code\07\05）

例如创建一个名为“手机.txt”的文本文件并写入手机品牌信息代码及结果如图7.12所示。

```
> # 创建向量
> x <- c("华为","Apple","荣耀","小米","OPPO","vivo","三星")
> # 设置分隔符
> cat(x, sep ="|", fill = TRUE)
华为|Apple|荣耀|小米|OPPO|vivo|三星
> # 设置换行宽度和标签
> cat(x, fill =2, labels = paste("(", c(1:7), ")"))
( 1 ) 华为
( 2 ) Apple
( 3 ) 荣耀
( 4 ) 小米
( 5 ) OPPO
( 6 ) vivo
( 7 ) 三星
> # 设置换行宽度为20
> cat(x, fill =20, labels = paste("(", c(1:7), ")"))
( 1 ) 华为 Apple
( 2 ) 荣耀 小米
( 3 ) OPPO vivo
( 4 ) 三星
> # 输出到文件
> cat(x, file="手机.txt",fill = 2, labels = paste("(", c(1:7), ")"))
```

图7.12　创建一个文本文件并按要求写入内容

7.4.4 write.table()函数写入文件

cat()函数只能简单地将部分内容写入到文件，可能满足不了实际需求。下面介绍一个更为实用的写文件函数write.table()，语法格式如下：

```
write.table(x, file = "", append = FALSE, quote = TRUE, sep = " ",eol = "\n",na = "NA",
            dec = ".", row.names = TRUE,col.names = TRUE, qmethod = c("escape",
            "double"),fileEncoding = "")
```

主要参数说明：

☑ x：要写入的对象、矩阵或数据框，如果不是矩阵或数据框，将自动转换为数据框。

☑ file：字符串，文件名或打开用于写入的连接，默认值为" "表示输出到控制台。

☑ append：逻辑值，只有当file参数是一个字符串时才有用。默认值为FALSE，如果写入文件的文件名已存在将被替换，如果参数值为TRUE，则输出追加到文件。

☑ quote：逻辑值或数字向量，默认值为TRUE，表示任何字符或列将用双引号括起来。如果参数值是一个数值向量，则为引用的列的索引，如果参数值为FALSE，则表示没有被引用。

☑ sep：分隔符字符串。每一行参数x中的值都被该分隔符字符串分隔开。

☑ row.names：逻辑值，表示参数x的行名是否与参数x一起写入文件。

☑ col.names：逻辑值，表示参数x的列名是否与参数x一起写入文件。

☑ qmethod：字符串向量，表示在引用字符串时如何处理嵌入的双引号字符。默认值为escape，表示双引号字符将通过反斜杠转义。参数值为double，表示双引号字符直接输出。

☑ fileEncoding：字符串，用于设置文件编码格式。

【例7.6】 将学生成绩数据写入到CSV文件（实例位置：资源包\Code\07\06）

首先创建一个学生成绩数据框，然后使用write.table()函数写入到CSV文件中。运行RStudio，编写如下代码。

```
# 创建数据框
df = data.frame(
  姓名 = c("甲", "乙","丙","丁"),
  数学 = c(145,101,78,65),
  语文 = c(100, 120,132,110),
  英语 = c(100,80,76,91)
)
# 输出数据
print(df)
# 写入到CSV文件
write.table(df, file = "学生成绩表.csv", sep = ",", row.names=FALSE)
```

运行程序，工作目录下会自动创建一个学生成绩表.csv，打开该文件，便可看到学生成绩数据，如图7.13所示。

7.4.5 writeLines()函数写入文件

writeLines()函数不仅可以将文本写入文件，还可以写入连接对象，语法格式如下：

```
writeLines(text, con = stdout(), sep = "\n", useBytes = FALSE)
```

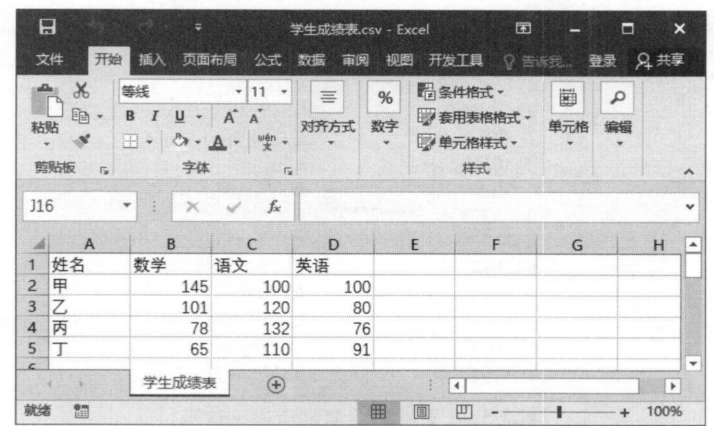

图7.13　学生成绩表.csv

参数说明：

☑ text：字符串向量。

☑ con：输出路径。

☑ sep：分隔符，在每一行文本之后写入的连接符字符串。

☑ useBytes：逻辑值，默认值为FALSE，表示带有标记编码的字符串在写入文件时会被转换为当前编码，如果值为TRUE，则不会被重新编码。

例如将读取的文本写入文件，代码如下。

```
# 读取文本文件
data <- readLines("手机.txt")
# 写入文本文件
writeLines(data, "手机1.txt")
```

7.5　文件高级操作

7.5.1　文件/文件夹重命名

文件重命名是比较常用的功能，主要使用file.rename()函数，语法格式如下：

```
file.rename(from, to)
```

参数from,to为字符向量，为原始文件名或路径和新文件名或路径。

【例7.7】　批量重命名指定的文件（实例位置：资源包\Code\07\07）

例如将D盘报表文件夹的文件名中的“报表”去掉，然后为文件重新命名，运行RStuido，编写如下代码。

```
# 获取文件
f <- list.files("D:/报表")
# 替换掉文件名中的"报表"
newf <- gsub("报表", "", f)
# 为文件重新命名
file.rename(paste("D:/报表/",f,sep = ""), paste("D:/报表/",newf,sep=""))
```

运行程序，文件重命名前后对比结果如图7.14所示。

图7.14　文件重命名前后对比结果

文件夹重命名也使用file.rename()函数，不同的是只需要指定文件夹名称，例如将前面我们创建的myfile文件夹重命名为“我的文件夹”，代码如下。

```
file.rename("myfile", "我的文件夹")
```

7.5.2　删除文件/文件夹

删除文件使用file.remove()函数，例如删除“mr01.txt”文件，代码如下。

```
file.remove("mr01.txt")
```

删除文件夹及其内容可以使用unlink()函数，语法格式如下：

```
unlink(path, recursive = FALSE, force = FALSE)
```

参数说明：

☑ path：文件夹的路径，可以是相对路径或绝对路径。

☑ recursive：逻辑值，用于指定是否递归删除，即删除文件夹及其子文件夹。默认值为FALSE，表示不递归删除。

☑ force：逻辑值，用于指定是否强制删除，即忽略不存在的文件或文件夹。默认值为FALSE，表示不强制删除。

例如删除前面实例中的“我的文件夹”，代码如下。

```
unlink("我的文件夹",recursive = TRUE)
```

这里需要设置recursive参数值为TRUE，否则无法删除。

7.5.3　复制文件

复制文件主要使用file.copy()函数，该函数不能复制文件夹，如果复制成功返回值为TRUE，否则返回值为FALSE，语法格式如下：

```
file.copy(from, to, overwrite = recursive, recursive = FALSE,copy.mode = TRUE,
        copy.date = FALSE)
```

主要参数说明：

☑ from,to：字符向量，为原始文件名或路径和新文件名或路径。

☑ overwrite：逻辑值，是否覆盖目标文件。

☑ recursive：逻辑值，如果参数 to 是一个目录，是否复制 from 中的目录及其内容。

☑ copy.mode：逻辑值，是否复制文件权限信息。

☑ copy.date：逻辑值，是否保留文件修改日期。

例如复制 C 盘 myfile 文件夹中的 mr01.txt 到工作目录下的 aa 文件夹，代码如下。

```
file.copy("c:/myfile/mr01.txt","aa")
```

说明　如果文件已经存在，需要覆盖目标文件，可以设置 overwrite 参数值为 TRUE，例如下面的代码。

```
file.copy("c:/myfile/mr01.txt","aa",overwrite = TRUE)
```

7.5.4　文件追加

文件追加就将第二个文件中的内容追加到第一个文件中，主要使用 file.append() 函数，例如将文件 b.txt 追加到文件 a.txt，代码如下。

```
cat("这是文件a\n", file = "a.txt")
cat("这是文件b\n", file = "b.txt")
file.append("a.txt", "b.txt")
```

本章思维导图

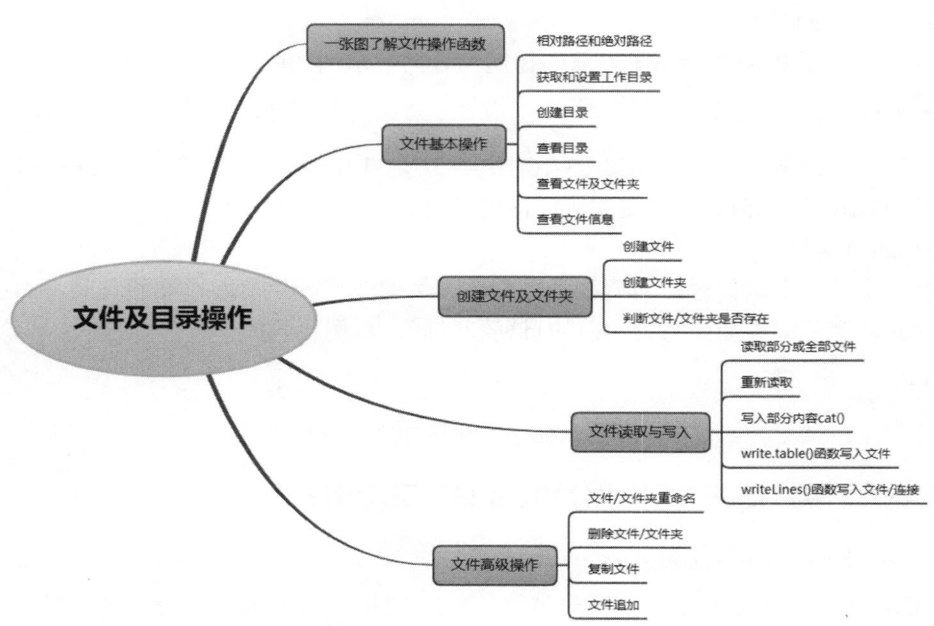

第8章

日期和时间序列

数据分析过程中，经常会遇到包含日期和时间的数据，例如淘宝店铺每月销售额、股票每秒每分每时的价格、网页每个时间节点的点击量以及短视频什么时间观看的人多等，这类数据大多数为时间序列数据。那么，在分析这类数据前，往往需要对日期和时间进行处理，例如日期和时间格式的转换，提取日期和时间中的年、月、日、时、分和秒，按时间统计，更改时间周期，等等。

8.1 日期和时间函数

R语言提供一些处理日期和时间的函数，下面分别进行介绍。

8.1.1 系统日期时间

（1）Sys.Date()函数

Sys.Date()函数用于返回系统当前的日期，示例代码如下：

```
Sys.Date()
```

运行程序，结果为：[1] "2023-03-16"，表示计算机系统当前的日期为2023-03-16。

（2）Sys.time()函数

Sys.time()函数用于返回系统当前的日期和时间，示例代码如下：

```
Sys.time()
```

运行程序，结果为：[1] "2023-03-16 10:15:51 CST"，表示计算机系统当前的日期和时间为2023-03-16 10:15:51，CST是中国时区的简写。

（3）date()函数

以上介绍的两个函数返回的值都是日期时间类型的系统当前的日期和时间，而date()函数则返回的是字符串类型的系统当前的日期和时间。示例代码如下：

```
date()
```

运行程序，结果为：[1] "Thu Mar 16 10:20:17 2023"

8.1.2 时间函数as.POSIXlt()和as.POSIXct()

8.1.2.1 as.POSIXlt()函数

as.POSIXlt()函数用于提取日期和时间，将日期和时间分成年、月、日、时、分、秒，但是需要结合unclass()函数，unclass()函数用于消除对象的类，这里用于提取日期时间，示例代码如下：

```
unclass(as.POSIXlt('2023-9-18 18:38:58'))
```

运行程序，结果如图8.1所示。

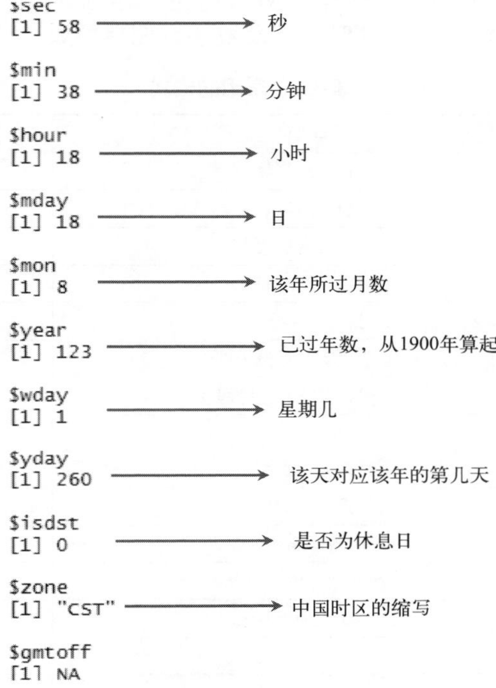

图8.1　as.POSIXlt()函数示例

从运行结果得知：as.POSIXlt()函数和unclass()函数相结合能够返回秒、分钟、小时、日、该年已过月数、已过年数（从1900年算起）、星期几、该天对应该年的第几天以及时区等。

8.1.2.2　as.POSIXct()函数

与as.POSIXlt()函数不同，as.POSIXct()函数是从1970年1月1日8点算起，返回以秒为单位的数值，如果是负数，则是之前的日期时间，如果是正数则是之后的日期时间。示例代码如下：

```
unclass(as.POSIXct('2023-9-18 18:38:58'))
```

运行程序，结果为：[1] 1695033538，表示2023-9-18 18:38:58距离1970-1-1为1695033538秒。

8.2　日期格式转换

8.2.1　as.Date()函数

R语言中自带了处理日期的函数as.Date()，该函数用于将字符串日期、数字日期转换为日期格式，默认格式为“年-月-日”。语法格式如下：

```
as.Date(x, format, origin)
```

参数说明：

☑ x：字符串变量。

☑ format：字符串的格式，例如%m/%d/%y，常用的格式如表8.1所示。

☑ origin：起始日期。R语言中起始日期是1970-01-01，Excel是1900-01-01，转换成数字两者相差25568。在读取Excel文件时，涉及数字日期转换成日期时需要注意这个问题。

表8.1 常用的格式

格式	说明	举例
%Y	年份，四位数字	2023
%y	年份后两位数字	23
%C	年份前两位数字	20
%c	完整的时间	周四 3月 16 15:18:23 2023
%m	月份，数字形式	03
%B	月份，英文月份全称	三月
%b	月份，英文月份缩写	3月
%d	月份中的天数	16
%a	星期名称的简写	周四
%A	星期名称的全称	星期四
%H	小时数，24小时制	15
%I	小时数，12小时制	03
%j	一年中的第几天	075
%S	秒	23
%M	分钟	18

下面通过具体的示例介绍as.Date()函数的用法，代码如下。

```
mydate <- c("2023-9-18")
result <- as.Date(mydate,format = '%Y-%m-%d')
print(result)
```

运行程序，结果为：[1] "2023-09-18"。

在使用 as.Date() 函数时，需要注意 format 参数的字符串格式要与原日期一致，例如原日期年份为 4 位，那么 format 参数的字符串格式中的年份也应该是 4 位，用 %Y 表示，而不是 %y，否则会出现 NA 错误。

另外，当字符串日期包含英文月份时（如14-Feb-22），应首先将区域设置改为英文，主要使用Sys.getlocale()函数和Sys.setlocale()函数，然后再使用as.Date()函数进行转换，否则将出现NA错误。

【例8.1】 转换英文字符串日期为日期格式（实例位置：资源包\Code\08\01）

数据处理过程中，经常会遇到包含英文的字符串日期。转换这种日期为日期格式时，如果当前系统区域设置不是英文，那么应首先进行区域设置，然后再进行转换。代码及结果如图8.2所示。

```
> # 获取系统区域
> lct <- Sys.getlocale("LC_TIME")
> print(lct)
[1] "Chinese_China.936"
> mydate <- c("1jan2023", "2jan2023", "31mar2023", "30jul2023")
> # 将区域设置改为英文
> Sys.setlocale("LC_TIME", "C")
[1] "C"
> # 将字符串日期转换为日期格式
> as.Date(mydate, "%d%b%Y")
[1] "2023-01-01" "2023-01-02" "2023-03-31" "2023-07-30"
> # 恢复区域设置
> Sys.setlocale("LC_TIME", lct)
[1] "Chinese_China.936"
```

图8.2　转换英文字符串日期为日期格式

> 注意　日期转换完成后一定要恢复区域设置，否则可能会影响其他程序。

【例8.2】 将数字日期转换为日期格式（实例位置：资源包\Code\08\02）

当通过R语言读取Excel文件时，有时日期会出现异常变成一串数字，此时可以使用as.Date()函数来解决这个问题。例如，创建一组数字日期，然后使用as.Date()函数转换为日期格式，运行RStudio，编写如下代码。

```
01 # 创建数字日期
02 mydate <- c(27546,34830,32805,29509,36407,35153)
03 # 转换为日期格式
04 as.Date(mydate,origin='1900-1-1')-ddays(2)
```

运行程序，结果如下：

[1] "1975-06-01" "1995-05-11" '1989-10-24" "1980-10-15" "1999-09-04" "1996-03-29"

代码解析

第01行代码：ddays(2)表示创建2天的对象。ddays(x)是快速创建持续时间的对象以便于进行日期时间操作。相关对象包括dyears(x)、dweeks(x)、ddays(x)、dhours(x)、dminutes(x)和dseconds(x)，其中x表示长度。例如创建表示2小时的对象为dhours(2)，表示1年的对象为dyears(x)。

as.Date()函数还有另外一种用法，即通过指定起始日期，然后输入延后天数，就可以得出对应的日期，示例代码如下：

```
as.Date(31,origin ='2023-01-01')
```

运行程序，结果为：[1] "2023-02-01"。

8.2.2　format()函数

转换日期格式还可以使用格式化函数format()，该函数在其他编程语言中也经常用到。使用format()函数可以将日期时间格式转换成指定的日期时间格式。

【例8.3】 格式化当前系统日期（实例位置：资源包\Code\08\03）

下面使用format()函数转换当前系统日期代码及结果如图8.3所示。

8.2.3 其他函数

使用quarters()函数、months()函数和weekdays()函数可以将日期格式化为季度、月份和星期，例如格式化系统当前日期代码及结果如图8.4所示。

```
> format(Sys.Date(), "%Y")  # 四位数字的年份
[1] "2023"
> format(Sys.Date(), "%y")  # 两位数字的年份
[1] "23"
> format(Sys.Date(), "%y/%m/%d")  # 年月日
[1] "23/03/16"
> format(Sys.Date(),"%B-%d-%Y") # 月日年
[1] "三月-16-2023"
> format(Sys.Date(), "%a")  # 星期几名称的简写
[1] "周四"
> format(Sys.Date(), "%A")  # 星期几名称的全称
[1] "星期四"
> format(Sys.Date(), "%a %b %d") # 星期月份日
[1] "周四 3月 16"
> format(Sys.Date(), "%b")  # 月份
[1] "3月"
> format(Sys.time(),"%M-%S") # 分钟秒
[1] "27-09"
```

图8.3　format()函数示例

```
> # 季度
> quarters(Sys.Date())
[1] "Q1"
> # 月份
> months(Sys.Date())
[1] "三月"
> # 星期
> weekdays(Sys.Date())
[1] "星期四"
```

图8.4　将日期格式化为季度、月份和星期

8.3 生成日期时间

数据分析过程中，有时候需要自己创建一些日期时间段，例如从1号到15号的时间段。在R语言中提供了一些生成日期时间段的函数，能够帮助我们快速创建所需的日期时间，下面就来认识一下这几个函数。

8.3.1 生成日期序列

在R语言中，生成日期序列可以使用seq()函数也可以使用seq.Date()函数，下面分别进行介绍。

（1）seq()函数

在R语言中，seq()函数是一个非常强大的函数，主要用于创建序列，并且可以指定序列的开始值、结束值和步长，可以创建一系列数字、字符串，也可以创建日期时间序列。例如创建从2023年1月1日到2023年1月15日的日期序列，示例代码如下：

```
seq(as.Date("2023-01-01"),as.Date("2023-01-15"),by="day")
```

运行程序，结果如图8.5所示。

```
 [1] "2023-01-01" "2023-01-02" "2023-01-03" "2023-01-04" "2023-01-05"
 [6] "2023-01-06" "2023-01-07" "2023-01-08" "2023-01-09" "2023-01-10"
[11] "2023-01-11" "2023-01-12" "2023-01-13" "2023-01-14" "2023-01-15"
```

图8.5　seq()函数生成日期序列

上述代码中，by参数值可以是day、week、month、quarter和year，表示日、周、月、

季度和年。

（2）seq.Date() 函数

主要使用 seq.Date() 函数，该函数用于生成日期序列。

【例8.4】 生成指定的日期序列（实例位置：资源包\Code\08\04）

下面使用 seq.Date() 函数生成以“天”为间隔、以“月”为间隔和以“季度”为间隔的日期序列。代码及结果如图 8.6 所示。代码中 by 参数可以是 day、week、month、quarter 和 year。

```
> # 以天为间隔
> seq.Date(from = as.Date("2023/01/01",format = "%Y/%m/%d"), by = "day", length.out = 181)
  [1] "2023-01-01" "2023-01-02" "2023-01-03" "2023-01-04" "2023-01-05" "2023-01-06" "2023-01-07"
  [8] "2023-01-08" "2023-01-09" "2023-01-10" "2023-01-11" "2023-01-12" "2023-01-13" "2023-01-14"
 [15] "2023-01-15" "2023-01-16" "2023-01-17" "2023-01-18" "2023-01-19" "2023-01-20" "2023-01-21"
 [22] "2023-01-22" "2023-01-23" "2023-01-24" "2023-01-25" "2023-01-26" "2023-01-27" "2023-01-28"
 [29] "2023-01-29" "2023-01-30" "2023-01-31" "2023-02-01" "2023-02-02" "2023-02-03" "2023-02-04"
 [36] "2023-02-05" "2023-02-06" "2023-02-07" "2023-02-08" "2023-02-09" "2023-02-10" "2023-02-11"
 [43] "2023-02-12" "2023-02-13" "2023-02-14" "2023-02-15" "2023-02-16" "2023-02-17" "2023-02-18"
 [50] "2023-02-19" "2023-02-20" "2023-02-21" "2023-02-22" "2023-02-23" "2023-02-24" "2023-02-25"
 [57] "2023-02-26" "2023-02-27" "2023-02-28" "2023-03-01" "2023-03-02" "2023-03-03" "2023-03-04"
 [64] "2023-03-05" "2023-03-06" "2023-03-07" "2023-03-08" "2023-03-09" "2023-03-10" "2023-03-11"
 [71] "2023-03-12" "2023-03-13" "2023-03-14" "2023-03-15" "2023-03-16" "2023-03-17" "2023-03-18"
 [78] "2023-03-19" "2023-03-20" "2023-03-21" "2023-03-22" "2023-03-23" "2023-03-24" "2023-03-25"
 [85] "2023-03-26" "2023-03-27" "2023-03-28" "2023-03-29" "2023-03-30" "2023-03-31" "2023-04-01"
 [92] "2023-04-02" "2023-04-03" "2023-04-04" "2023-04-05" "2023-04-06" "2023-04-07" "2023-04-08"
 [99] "2023-04-09" "2023-04-10" "2023-04-11" "2023-04-12" "2023-04-13" "2023-04-14" "2023-04-15"
[106] "2023-04-16" "2023-04-17" "2023-04-18" "2023-04-19" "2023-04-20" "2023-04-21" "2023-04-22"
[113] "2023-04-23" "2023-04-24" "2023-04-25" "2023-04-26" "2023-04-27" "2023-04-28" "2023-04-29"
[120] "2023-04-30" "2023-05-01" "2023-05-02" "2023-05-03" "2023-05-04" "2023-05-05" "2023-05-06"
[127] "2023-05-07" "2023-05-08" "2023-05-09" "2023-05-10" "2023-05-11" "2023-05-12" "2023-05-13"
[134] "2023-05-14" "2023-05-15" "2023-05-16" "2023-05-17" "2023-05-18" "2023-05-19" "2023-05-20"
[141] "2023-05-21" "2023-05-22" "2023-05-23" "2023-05-24" "2023-05-25" "2023-05-26" "2023-05-27"
[148] "2023-05-28" "2023-05-29" "2023-05-30" "2023-05-31" "2023-06-01" "2023-06-02" "2023-06-03"
[155] "2023-06-04" "2023-06-05" "2023-06-06" "2023-06-07" "2023-06-08" "2023-06-09" "2023-06-10"
[162] "2023-06-11" "2023-06-12" "2023-06-13" "2023-06-14" "2023-06-15" "2023-06-16" "2023-06-17"
[169] "2023-06-18" "2023-06-19" "2023-06-20" "2023-06-21" "2023-06-22" "2023-06-23" "2023-06-24"
[176] "2023-06-25" "2023-06-26" "2023-06-27" "2023-06-28" "2023-06-29" "2023-06-30"
> # 以月为间隔
> seq.Date(from = as.Date("2023/01/01",format = "%Y/%m/%d"), by = "month", length.out = 6)
[1] "2023-01-01" "2023-02-01" "2023-03-01" "2023-04-01" "2023-05-01" "2023-06-01"
> # 以季度为间隔
> seq.Date(from = as.Date("2023/01/01",format = "%Y/%m/%d"), by = "quarter", length.out = 3)
[1] "2023-01-01" "2023-04-01" "2023-07-01"
```

图 8.6　生成指定的日期序列

从运行结果得知：以天为间隔，生成的是 181 天的日期序列；以月为间隔，生成的是 6 个月的日期序列；以季度为间隔，生成的是 3 个季度的日期序列。

8.3.2　生成时间序列

生成时间序列可以使用 seq.POSIXt() 函数。

【例8.5】 生成指定的时间序列（实例位置：资源包\Code\08\05）

下面使用 seq.POSIXt() 函数生成以“小时”为间隔和以“分钟”为间时间序列，运行 RStudio，编写如下代码。

```
# 以小时为间隔
seq.POSIXt(from = as.POSIXct("2023-03-18 08:00:00"),
           to = as.POSIXct("2023-03-19 20:00:00 CST"), by = 'hour')
# 以分钟为间隔
seq.POSIXt(from = as.POSIXct("2023-03-18 08:00:00"),
           to = as.POSIXct("2023-03-19 20:00:00 CST"), by = 'min')
```

上述代码中，by的参数值可以是sec、min、hour、day、DSTday、week、month、quarter和year。

8.3.3　ts()函数

ts()函数通过向量或矩阵创建一个一元或多元的时间序列对象，时间序列对象可以理解为R语言中的一种特殊的数据结构，其中包含观测值、开始时间、结束时间以及周期（如月、季度或年）等。我们对时间序列进行分析、绘图和建模都要求时间序列对象。

ts()函数是一个非常实用的函数，可以帮助我们快速地创建时间序列对象。语法格式如下：

```
ts(data=NA,start=1,end = numeric(0), frequency = 1, deltat = 1,
  ts.eps = getOption("ts.eps"), class, names)
```

参数说明：

☑ data：向量或矩阵。

☑ start：开始时间。例如start=c(2023,1)表示序列开始时间是2023年1月，如果是年度数据设置start=2023即可。

☑ end：结束时间。

☑ frequency：单位时间内观测值的频数（频率），对年度数据默认值为1，对季度数据是4，对月度数据是12。

☑ deltat：两个观测值间的时间间隔，默认值为1。frequency参数和deltat参数只能指定一个参数。

☑ ts.eps：序列之间的误差，如果序列之间的频率差异小于ts.eps，则这些序列的频率相等。

☑ class：对象的类型。一元序列的默认值是ts，多元序列的默认值是c（“mts”和“ts”）。

☑ names：一个字符型向量，给出多元序列中每个一元序列的名称，默认值是data中每列数据的名称。

例如生成月度销量数据，示例代码如下：

```
ts(sample(1:800, 12, replace = FALSE), frequency = 12,start=2023)
```

运行程序，结果如下：

```
     Jan Feb Mar Apr May Jun Jul Aug Sep Oct Nov Dec
2023  66 134 289 484 764 162 104 778 573 557 390 248
```

代码解析

sample()函数用于随机抽取样本数据，上述代码表示在1～800之间，不重复随机抽取12个样本数据。

ts()函数结合矩阵还可以生成多条时间序列数据，例如生成12行3列包含36条数据的时间序列数据，示例代码如下：

```
ts(matrix(rnorm(36),12, 3), start = c(2023
, 1), frequency = 12,names = c('店铺1','店铺
2','店铺3'))
```

运行程序，结果如图8.7所示。

```
                店铺1       店铺2      店铺3
Jan 2023 -0.72286245 -1.41398103  1.0069530
Feb 2023  0.20628072  0.21820837 -0.4377299
Mar 2023 -0.42501175 -0.32440118 -1.4055443
Apr 2023 -1.17519584 -0.42683206  0.2895783
May 2023 -0.63613275  0.53063450 -0.8576683
Jun 2023  1.69864438  0.05367013 -0.4558488
Jul 2023  1.99886692 -1.56735724  0.5061809
Aug 2023  0.82383814  1.29544043  1.8954349
Sep 2023  0.29817565  1.83856393  1.3188814
Oct 2023  0.90712534  1.45592675 -0.3283097
Nov 2023 -0.75760102 -0.89257399 -1.2796234
Dec 2023 -0.05185121 -1.00347292  2.0550721
```

图8.7　ts()函数生成多条时间序列数据

↙ 代码解析

rnorm()函数用于随机生成指定数量的符合正态分布的数据。

8.4　日期时间运算

8.4.1　直接相减

日期直接相减后，一般得出的结果为天数。需要注意的是，相同格式的日期才能相减，并且只能相减不能相加。代码及结果如图8.8所示。

```
> # 国庆节距离现在的天数
> as.Date("2023-10-01") - as.Date(Sys.Date())
Time difference of 194 days
> # 元旦距离现在的天数
> as.Date("2024-01-01") - as.Date(Sys.Date())
Time difference of 286 days
```

图8.8　距离国庆和元旦的天数

8.4.2　difftime()函数计算时间差

difftime()函数的好处是不同格式的日期时间都可以进行运算，并且能够实现计算两个时间间隔的秒、分钟、小时、天、星期，但是不能计算年、月、季度的时间差。语法格式如下：

```
difftime(date1, date2, units)
```

参数说明：

☑ date1：表示结束日期。

☑ date2：表示开始日期。

☑ units：表示时间间隔的单位，参数值为auto（默认值为天）、secs（秒）、mins（分钟）、hours（小时）、days（天）和weeks（星期）。

【例8.6】　使用difftime()函数计算时间差（实例位置：资源包\Code\08\06）

下面使用difftime()函数计算时间差代码及结果如图8.9所示。

```
> # 相差天数
> difftime("2023-5-1", "2023-3-21", units = "days")
Time difference of 41 days
> # 相差星期数
> difftime("2023-5-1", "2023-3-21", units = "weeks")
Time difference of 5.857143 weeks
> # 相差小时数
> difftime("2023-5-1", "2023-3-21", units = "hours")
Time difference of 984 hours
> # 相差分钟数
> difftime("2023-5-1", "2023-3-21", units = "mins")
Time difference of 59040 mins
```

图8.9　使用difftime()函数计算时间差

8.5　日期时间处理包——lubridate

lubridate包主要用于处理包含时间数据的数据集，与R语言内置的时间处理函数相比，更加丰富、灵活、快捷。lubridate包属于第三方包，使用前应首先进行安装。

8.5.1　提取日期和时间

lubridate包提供了year()、month()、day()、hour()、minute()和second()等日期和时间函数，可以提取日期时间中的年、月、日、时、分和秒等。代码及结果如图8.10所示。

```
> x <- as.POSIXct("2023-10-24 12:30:12")
> year(x)         # 提取年份
[1] 2023
> month(x)        # 提取月份
[1] 10
> day(x)          # 提取天数
[1] 24
> hour(x)         # 提取小时
[1] 12
> minute(x)       # 提取分钟
[1] 30
> second(x)       # 提取秒
[1] 12
> wday(x,label = T) # 星期几
[1] 周二
Levels: 周日 < 周一 < 周二 < 周三 < 周四 < 周五 < 周六
> yday(x)             # 一年中的第几天
[1] 297
> week(x)             # 一年中的第几个星期
[1] 43
> days_in_month(x)    # 所属月份的最大天数
Oct
 31
```

图8.10　提取日期时间

8.5.2　解析日期和时间

8.5.2.1　解析日期

lubridate包提供了一些函数（如表8.2所示），可以将类似日期的字符或数字向量解析为日期，并将其转换为date或者POSIXct对象，这些函数可以识别任意的非数字分隔符（或者无分隔符）的日期，只要格式的顺序是正确的，这些函数就可以正确地解析日期，即使输入向量包含不同格式的日期。

表8.2　解析日期的函数

函数	用途
ymd()	解析年月日的日期格式
ydm()	解析年日月的日期格式
mdy()	解析月日年的日期格式
myd()	解析月年日的日期格式
dmy()	解析日月年的日期格式
yq()	解析季度格式

语法格式如下：

```
ymd(..., quiet = FALSE, tz = NULL, locale = Sys.getlocale("LC_TIME"), truncated = 0)
```

参数说明：

☑ ...：类似日期格式的字符或数字向量。

☑ quiet：逻辑值，TRUE转换后不显示消息。

☑ tz：指定时区，为NULL（默认值）直接返回Date对象。

☑ locale：设置语言环境。

☑ truncated：设置可以被截断格式的数量。

说明　其他函数语法格式和参数说明与ymd()函数一样，只是函数名称不同。

【例8.7】　解析不同格式的日期（实例位置：资源包\Code\08\07）

下面使用lubridate包提供的函数将不同格式的类似日期的数据解析为日期。代码及结果如图8.11所示。

```
> # 加载程序包
> library(lubridate)
> # 创建向量
> a <- c(20230101, "2023-10-01", "2023/01/05","202302-10","2023/01-
+ 02", "2023 02 14", "2023-2-14","2023-2, 14", "today is 2023 2 14",
+         "202302 ** 14")
> # 解析日期
> ymd(a)
 [1] "2023-01-01" "2023-10-01" "2023-01-05" "2023-02-10" "2023-01-02"
 [6] "2023-02-14" "2023-02-14" "2023-02-14" "2023-02-14" "2023-02-14"
> b <- "2023"
> ymd(b,truncated = 2)
[1] "2023-01-01"
> c <- "bccd 04minsoft02abcdef1990hiaa"
> mdy(c)
[1] "1990-04-02"
> # 解析季度
> d <- c("2023/01","202302","2023mrsoft4")
> yq(d)
[1] "2023-01-01" "2023-04-01" "2023-10-01"
```

图8.11　解析日期

说明 lubridate 包属于第三方包，使用前应首先进行安装，安装方法为在 RStudio 编辑窗口的“资源管理窗口”，选择 Packages 进入 Packages 窗口，单击“Install”打开 Install Packages 窗口，输入包名 lubridate，然后单击“Install”按钮下载并安装 lubridate 包。

8.5.2.2　解析时间

lubridate包同时还提供了解析月日年时分秒的函数，并且自动地分配世界标准时间UTC时区给解析后的时间。函数如表8.3所示。

表8.3　解析时间的函数

函数	用途
ymd_hms()	解析年月日时分秒的时间格式
ymd_hm()	解析年月日时分的时间格式
ymd_h()	解析年月日时的时间格式
dmy_hms()	解析日月年时分秒的时间格式
dmy_hm()	解析日月年时分的时间格式
dmy_h()	解析日月年时的时间格式
mdy_hms()	解析月日年时分秒的时间格式
mdy_hm()	解析月日年时分的时间格式
mdy_h()	解析月日年时的时间格式
ydm_hms()	解析年日月时分秒的时间格式
ydm_hm()	解析年日月时分的时间格式
ydm_h()	解析年日月时的时间格式
ms()	解析分秒
hm()	解析时分
hms()	解析时分秒

【例8.8】 解析不同格式的时间（实例位置：资源包\Code\08\08）

下面使用lubridate包提供的用于解析时间的函数对各种时间格式进行解析代码及结果如图8.12所示。

```
> # 加载程序包
> library(lubridate)
> ymd_hms("2023-2-14 12:12:12",tz = "GMT")
[1] "2023-02-14 12:12:12 GMT"
> ymd_hm("2023-2-14 12:12")
[1] "2023-02-14 12:12:00 UTC"
> ydm_hms("2023/14/2 12:12:12")
[1] "2023-02-14 12:12:12 UTC"
> ymd_h("2023-2-14 12")
[1] "2023-02-14 12:00:00 UTC"
> hm("2:14")
[1] "2H 14M 0S"
```

图8.12　解析不同格式的时间

8.5.3　时间日期计算

lubridate包支持日期相加、相减、除法和舍入计算，下面分别进行介绍。

8.5.3.1　日期加减

lubridate包不支持日期和日期直接相加/减，但是可以使用日期加/减上天数、星期数、月数或年数从而得出新的日期，示例代码如下：

```
Sys.Date()+days(1)
Sys.Date()+weeks(0:3)
Sys.Date()+weeks(0:6)
```

上述相加是天和星期，而对于月和年来说由于月天数、年天数不一致，例如1月31天，闰年2月29天，这样就会导致直接加减天数时，因为新的日期不存在而出现NA值，例如下面的代码：

```
d1 <-ymd("2023-01-31")
d2 <-ymd("2020-02-29")
d1+months(0:10)
d1-months(0:10)
d2+years(0:10)
```

解决方法是加上%m+%或%m-%，示例代码如下：

```
d1 %m+% months(0:10)
d1 %m-% months(0:10)
d2 %m+% years(0:10)
```

8.5.3.2　舍入计算

在R语言中日期也可以进行舍入计算，例如四舍五入取整、向上取整和向下取整，主要使用lubridate包的round_date()函数、ceiling_date()函数和floor_date()函数。代码及结果如图8.13所示。

```
> x <- as.POSIXct("2023-10-24 12:30:12")
> # 四舍五入取整
> round_date(x,unit = "year")
[1] "2024-01-01 CST"
> round_date(x,unit = "month")
[1] "2023-11-01 CST"
> round_date(x,unit = "hour")
[1] "2023-10-24 13:00:00 CST"
> # 向上取整
> round_date(x,unit = "year")
[1] "2024-01-01 CST"
> ceiling_date(x,unit = "month")
[1] "2023-11-01 CST"
> ceiling_date(x,unit = "hour")
[1] "2023-10-24 13:00:00 CST"
> # 向下取整
> floor_date(x,unit = "year")
[1] "2023-01-01 CST"
> floor_date(x,unit = "month")
[1] "2023-10-01 CST"
> floor_date(x,unit = "hour")
[1] "2023-10-24 12:00:00 CST"
```

图8.13　日期取整

8.5.4　时间间隔

lubridate包提供计算时间间隔的方法是首先使用interval()函数创建时间间隔对象，然后使用time_length()函数计算时间间隔，默认以“秒”为单位，也可以自己设置间隔的单位。

【例8.9】 高考倒计时（实例位置：资源包\Code\08\09）

下面使用interval()函数和time_length()函数计算当前系统时间距离2024年高考的时间。

代码及结果如图8.14所示。

从运行结果得知：距离2024年高考还有37890080秒，438.5426天。

有时候在创建完时间间隔对象后想往后推迟一段时间，此时可以使用int_shift()函数。int_shift()函数用于平移一个时间区间。例如往后推迟7天，示例代码如下：

```
int_shift(mydate,by=duration(day =7 ))
```

```
> # 获取系统时间
> date_start <- ymd_hms(Sys.time())
> # 2024年高考时间
> date_end <- ymd_hms("2024-06-07 09:00:00")
> # 创建时间间隔对象
> mydate = interval(date_start,date_end)
> # 计算时间间隔
> time_length(mydate)          # 以秒为单位
[1] 37890080
> time_length(mydate,'day')    # 以天为单位
[1] 438.5426
```

图8.14　高考倒计时

int_shift()函数返回的也是一个时间间隔对象。

8.5.5　时区的操作

经过前面的学习，大家可能会发现日期时间数据之后有一串英文字符，如“CST”[操作系统提供的时区，不同国家对应不同的时区，在中国代表中国标准时间（北京时间）]、“GMT”（格林威尼标准时间）和“UTC”（默认时区，全球通用时区），常见的时区如下：

☑ Asia/Shanghai
☑ Asia/Singapore
☑ Asia/Kuala_Lumpur
☑ America/New_York
☑ America/Chicago
☑ America/Los_Angeles
☑ Europe/London
☑ Europe/Berlin
☑ Pacific/Honolulu
☑ Pacific/Auckland

lubridate包还提供了处理时区的函数，主要包括：

① tz()函数：提取时区数据的时区，例如tz(Sys.Date())获取系统日期的时区。

② with_tz()函数：将时区数据转换为另一个时区的同一时间。

③ force_tz()函数：将时区数据的时区强制转换为另一个时区。

【例8.10】　更改时区（实例位置：资源包\Code\08\10）

首先创建一个北京时间，然后分别使用with_tz()函数和force_tz()函数将其转换成欧洲-伦敦时区代码及结果如图8.15所示。

```
> library(lubridate)
> # 创建一个北京时间
> olddate <- ymd_hms('2023-09-28 10:00:00',tz = "Asia/Shanghai")
> print(olddate)
[1] "2023-09-28 10:00:00 CST"
> # 转换成欧洲-伦敦时区
> newdate <- with_tz(olddate,'Europe/London')
> print(newdate)
[1] "2023-09-28 03:00:00 BST"
> newdate <- force_tz(olddate,'Europe/London')
> print(newdate)
[1] "2023-09-28 10:00:00 BST"
```

图8.15　更改时区

8.6 时间序列包——zoo

zoo包是R语言中处理时间序列数据的基础包，也是股票数据分析的基础。在zoo包中包含了一些处理时间序列数据的函数，下面进行详细的介绍。

8.6.1 创建时间序列

8.6.1.1 zoo()函数

zoo()函数用于创建以时间为索引的时间序列数据，语法格式如下：

```
zoo(x = NULL,order.by=index(x),frequency=NULL)
```

参数说明：

☑ x：数据，可以是向量、矩阵和因子。

☑ order.by：索引，唯一字段，用于排序。

☑ frequency：每个时间单元显示的数量。

【例8.11】 创建以日期为索引的时间序列数据（实例位置：资源包\Code\08\11）

下面以星期为单位、以日期为索引创建时间序列数据，运行RStudio，编写如下代码。

```
01 # 使用seq()函数生成以星期为单位的时间序列
02 myDate <- seq(as.Date("2023-03-05"),as.Date("2023-03-29"),by="week")
03 myDate
04 # 使用zoo()函数创建时间序列数据
05 x <- zoo(rnorm(4),myDate)
06 x
```

运行程序，结果如下：

2023-03-05 2023-03-12 2023-03-19 2023-03-26

-0.6273821 1.8413920 -1.2394619 -0.5780346

代码解析

第02行代码：创建从2023-03-05开始至2023-03-29结束，以星期为单位的日期序列。

第05行代码：rnorm()函数用于随机生成服从标准正态分布的数。

【例8.12】 创建以数字为索引的时间序列数据（实例位置：资源包\Code\08\12）

zoo()函数还可以创建以数字为索引的时间序列数据，下面生成一个4行5列包含20个元素的矩阵，数字0～3为索引。运行RStudio，编写如下代码。

```
x <- zoo(matrix(1:20, 4, 5),0:3)
print(x)
```

运行程序，结果如下：

0 1 5 9 13 17

1 2 6 10 14 18

2 3 7 11 15 19

3 4 8 12 16 20

8.6.1.2　zooreg()函数

zooreg()函数用于创建规则的时间序列数据，它继承了zoo()函数，与zoo()函数不同之处在于zooreg()函数要求数据是连续的。语法格式如下：

```
zooreg(data, start = 1, end = numeric(), frequency = 1,deltat = 1, ts.eps =
getOption("ts.eps"), order.by = NULL)
```

参数说明：

☑ data：数据，可以是向量、矩阵和因子。

☑ start：时间，开始时间。

☑ end：时间，结束时间。

☑ frequency：每个时间单元显示的数量。

☑ deltat：连续观测的采样周期的几分之一，不能与frequency参数同时出现。例如取每月的数据，为1/12。

☑ ts.eps：时间序列间隔，当数据时间间隔小于ts.eps时，使用ts.eps作为时间间隔，默认值为1e-05（科学记数法，即1×10^{-5}，也就是0.00001）。

☑ order.by：索引，唯一字段，用于排序。

【例8.13】　使用zooreg()函数创建时间序列数据（实例位置：资源包\Code\08\13）

下面使用zooreg()函数创建数据为1～8、周期为4、开始时间为2023年的时间序列数据，运行RStudio，编写如下代码。

```
zooreg(1:8,frequency = 4,start = 2023)
```

运行程序，结果如下：

```
2023 Q1 2023 Q2 2023 Q3 2023 Q4 2024 Q1 2024 Q2 2024 Q3 2024 Q4
      1       2       3       4       5       6       7       8
```

8.6.2　类型转换

zoo()函数创建的时间序列数据返回的是一种特殊的数据类型为zoo类型，例如下面的代码：

```
# 创建向量
data <- c(1,3,8,4,9,6)
# 创建日期序列
myDate <- seq(as.Date("2023-03-05"),as.Date("2023-03-10"),by="day")
# 创建日期序列数据
x1 = zoo(data,myDate)
```

下面我们使用class()函数来查看一下x1的数据类型：

```
class(x1)
```

运行程序，结果为：[1] "zoo"，即zoo类型。

虽然zoo数据类型比较特殊，但是它可以与其他数据类型相互转换，转换函数如下：

☑ as.zoo()函数：将一个对象转换为zoo类型。

☑ plot.zoo()函数：为plot()函数提供zoo类型的接口。

☑ xyplot.zoo()函数：为lattice包的xyplot()函数提供zoo类型的接口。

☑ ggplot2.zoo()函数：为ggplot2包提供zoo类型的接口。

下面介绍如何将其他类型转换为zoo类型，将zoo类型转换为其他类型。

（1）将其他类型转换为zoo类型

例如将一个向量转换为zoo类型，示例代码如下：

```
# 创建向量
data <- c(1,3,8,4,9,6)
# 转换为zoo类型
as.zoo(data)
```

运行程序，结果如下：

1 2 3 4 5 6

1 3 8 4 9 6

将一个ts类型转型到zoo类型，示例代码如下：

```
x <- as.zoo(ts(rnorm(4), start = 2023, freq = 4))
print(x)
```

运行程序，结果如下：

2023 Q1	2023 Q2	2023 Q3	2023 Q4
1.8413920	−1.2394619	−0.5780346	−0.6085507

（2）将zoo类型转换为其他类型

示例代码及结果如图8.16所示。

```
> # 转换为矩阵
> as.matrix(x)
                x
2023 Q1 1.2682383
2023 Q2 0.1711808
2023 Q3 0.1373192
2023 Q4 1.3646981
> # 转换为数字向量
> as.vector(x)
[1] 1.2682383 0.1711808 0.1373192 1.3646981
> # 转换为数据框
> as.data.frame(x)
                x
2023 Q1 1.2682383
2023 Q2 0.1711808
2023 Q3 0.1373192
2023 Q4 1.3646981
> # 转换为列表
> as.list(x)
[[1]]
  2023 Q1   2023 Q2   2023 Q3   2023 Q4
1.2682383 0.1711808 0.1373192 1.3646981
```

图8.16 zoo类型转换为其他类型

8.6.3 数据操作

zoo对象的时间序列数据还可以通过一些函数进行查看、编辑、合并以及数据的滚动处理等操作，具体介绍如下：

☑ coredata()函数：查看或编辑zoo对象的数据部分。

☑ index()函数：查看或编辑zoo对象的索引部分。

☑ window()函数：按时间过滤数据。

☑ merge()函数：合并多个zoo对象。

☑ aggregate()函数：统计计算zoo对象数据。

☑ rollapply()函数：对zoo对象数据进行滚动处理。

☑ rollmean()函数：对zoo对象数据进行滚动计算均值。

（1）查看修改数据

下面使用zoo包的coredata()函数查看数据，然后进行修改，示例代码如下：

```
library(zoo)
# 创建向量
data <- c(1,3,8,4,9,6)
# 创建日期序列
myDate <- seq(as.Date("2023-03-05"),as.Date("2023-03-10"),by="day")
# 创建日期序列数据
x1 = zoo(data,myDate)
print(x1)
# 查看数据
coredata(x1)
# 修改数据
coredata(x1) <- c(10,23,58,44,90,60)
print(x1)
```

运行程序，结果如图8.17所示。

```
> # 查看数据
> coredata(x1)
[1] 1 3 8 4 9 6
> # 修改数据
> coredata(x1) <- c(10,23,58,44,90,60)
> print(x1)
2023-03-05 2023-03-06 2023-03-07 2023-03-08 2023-03-09 2023-03-10
        10         23         58         44         90         60
```

图8.17　查看修改数据

（2）查看修改索引

下面使用zoo包的index()函数查看索引，然后进行修改，主要代码如下：

```
# 查看索引
index(x1)
# 修改索引
index(x1) <- seq(as.Date("2023-03-08"),as.Date("2023-03-13"),by="day")
```

（3）按时间过滤数据

下面使用zoo包的window()函数查找2023-03-06至2023-03-08的数据，主要代码如下：

```
window(x1,start = as.Date("2023-03-06"),end = as.Date("2023-03-08"))
```

（4）合并数据

zoo包的merge()函数用于将zoo类型数据进行合并，语法格式如下：

```
merge(...,all=TRUE,fill=NA,suffixes=NULL,check.names=FALSE,
     retclass=c("zoo","list","data.frame"),drop = TRUE, sep = ".")
```

主要参数说明：

☑ ...：两个或多个zoo对象。

☑ all：逻辑向量，长度与要合并的zoo对象相同。

☑ fill：填充NA值。

☑ suffixes：与zoo对象数量相同长度的字符向量，指定合并后的列名。

【例8.14】 zoo类型数据合并（实例位置：资源包\Code\08\14）

下面使用merge()函数对两组时间序列数据进行合并，运行RStudio，编写如下代码。

```
library(zoo)
# 创建向量
data1 <- c(1,3,8,4,9,6)
data2 <- c(10,30,80,40,90,60)
# 创建日期序列
myDate1 <- seq(as.Date("2023-03-05"),as.Date("2023-03-10"),by="day")
myDate2 <- seq(as.Date("2023-03-12"),as.Date("2023-03-17"),by="day")
# 创建日期序列数据
x1 = zoo(data1,myDate1)
print(x1)
x2 = zoo(data2,myDate2)
print(x2)
# 数据合并
merge(x1,x2,all = T)
merge(x1,x2,all = T,suffixes = c("产品1","产品2"))
```

运行程序，结果如图8.18所示。

```
> # 数据合并
> merge(x1,x2,all = T)
           x1 x2
2023-03-05  1 NA
2023-03-06  3 NA
2023-03-07  8 NA
2023-03-08  4 NA
2023-03-09  9 NA
2023-03-10  6 NA
2023-03-12 NA 10
2023-03-13 NA 30
2023-03-14 NA 80
2023-03-15 NA 40
2023-03-16 NA 90
2023-03-17 NA 60
> merge(x1,x2,all = T,suffixes = c("产品1","产品2"))
           产品1 产品2
2023-03-05     1    NA
2023-03-06     3    NA
2023-03-07     8    NA
2023-03-08     4    NA
2023-03-09     9    NA
2023-03-10     6    NA
2023-03-12    NA    10
2023-03-13    NA    30
2023-03-14    NA    80
2023-03-15    NA    40
2023-03-16    NA    90
2023-03-17    NA    60
```

图8.18 数据合并

（5）数据统计计算

使用zoo包的aggregate()函数可以实现对zoo类型数据进行统计计算，如求和（sum）、求均值（mean）、最大值（max）和最小值（min）等。

【例8.15】　按指定日期统计zoo类型数据（实例位置：资源包\Code\08\15）

下面使用aggregate()函数统计以2023年6月17日和2023年6月18日为分割的数据，对数据进行求和、求平均值，运行RStudio，编写如下代码。

```
# 加载程序包
library(zoo)
# 创建日期序列
mydate1 <- as.Date(c("2023-06-17","2023-06-17",
                     "2023-06-17","2023-06-17",
                     "2023-06-17","2023-06-18"))
mydate2 <- as.Date(c("2023-06-13","2023-06-14",
                     "2023-06-15","2023-06-16",
                     "2023-06-17","2023-06-18"))
# 创建向量
data <- c(234,67,88,998,121,345)
# 创建日期序列数据
x <- zoo(data,mydate2)
# 计算日期序列数据x以mydate2为日期分割进行求和求均值
aggregate(x,mydate1,sum)
aggregate(x,mydate1,mean)
```

```
> aggregate(x,mydate1,sum)
2023-06-17 2023-06-18
      1508        345
> aggregate(x,mydate1,mean)
2023-06-17 2023-06-18
     301.6      345.0
```

图8.19　按指定日期统计zoo对象数据

运行程序，结果如图8.19所示。

（6）数据滚动处理

使用zoo包的rollapply()函数可以实现对zoo类型数据的滚动处理。

【例8.16】　使用rollapply()函数计算5天的均值（实例位置：资源包\Code\08\16）

首先创建一组淘宝每日销量数据，然后使用rollapply()函数计算2023-02-01到2023-02-15中每5天的均值，运行RStudio，编写如下代码。

```
# 加载程序包
library(zoo)
# 创建日期序列
mydate <- seq(as.Date("2023-02-01"),as.Date("2023-02-15"),by="day")
# 创建向量
data <- c(3,6,7,4,2,1,3,8,9,10,12,15,13,22,14)
# 创建日期序列数据
x <- zoo(data,mydate)
# 计算每5天的均值
rollapply(x,5,mean)
```

运行程序，结果如图8.20所示。

```
2023-02-03 2023-02-04 2023-02-05 2023-02-06 2023-02-07 2023-02-08 2023-02-09 2023-02-10 2023-02-11 2023-02-12
       4.4        4.0        3.4        3.6        4.6        6.2        8.4       10.8       11.8       14.4
2023-02-13
      15.2
```

图8.20　使用rollapply()函数计算5天的均值

8.7　时间序列包——xts

在R语言中，xts包是对时间序列库zoo的一种扩展。xts类型继承了zoo类型，丰富了时间序列数据处理的函数。

8.7.1 创建时间序列

xts包是第三方包使用时应首先进行安装。通过xts包的xts()函数可以创建时间序列数据，返回xts和zoo类型。语法格式如下：

```
xts (x= , order.by= , … )
```

参数说明：

☑ x：数据，必须是一个向量或者矩阵。

☑ order.by：索引，是一个与x行数相同的升序排列的时间对象。

【例8.17】 使用xts()函数创建时间序列数据（实例位置：资源包\Code\08\17）

下面使用xts()函数创建时间序列数据，示例代码如下：

```
01 # 加载程序包
02 library(xts)
03 # 创建时间序列
04 dates <- seq(as.Date("2023-06-18"),length = 7,by = "days")
05 # 创建数据
06 data <- rnorm(7)
07 # 创建时间序列数据
08 x <- xts(x = data,order.by = dates)
09 print(x)
```

运行程序，结果如图8.21所示。

从运行结果得知：xts()函数创建的时间序列数据基本由两部分组成，即索引部分和数据部分。索引部分为时间类型向量，数据部分是向量。另外还有一部分是属性，包括时区、索引时间类型的格式等。

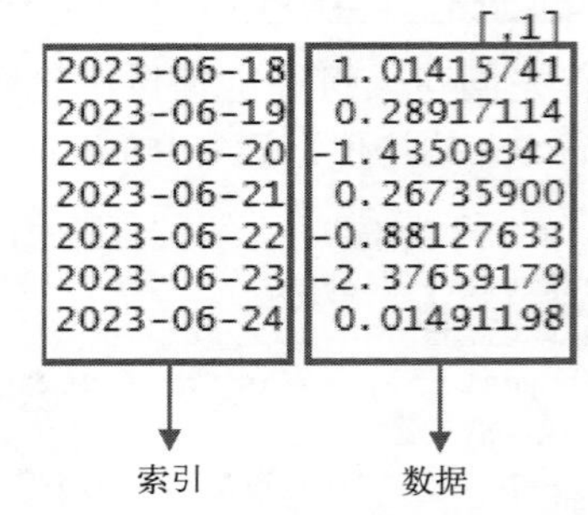

图8.21 使用xts()函数创建时间序列数据

↙ 代码解析

第04行代码：创建从2023-06-18开始，以天为单位，步长为7（也就是7个，包括本身）的日期序列。

第06行代码：随机生成7个服从标准正态分布的数。

8.7.2 xts包的基本操作

8.7.2.1 获取数据和索引

xts包的coredata()函数用于获取xts对象中的数据部分，index()函数用于获取xts对象的索引部分。

例如获取【例8.14】的数据和索引，示例代码如下：

```
coredata(x)
index(x)
```

运行程序，结果如图8.22所示。

```
> coredata(x)
           [,1]
[1,]  3.4705518
[2,] -0.7030608
[3,]  0.4185979
[4,] -0.4314057
[5,] -0.6273821
[6,]  1.8413920
[7,] -1.2394619
> index(x)
[1] "2023-06-18" "2023-06-19" "2023-06-20" "2023-06-21" "2023-06-22"
[6] "2023-06-23" "2023-06-24"
```

图8.22　获取数据和索引

8.7.2.2　索引的属性

索引的属性包括索引的类别、时区和时间格式等，下面分别进行介绍。

（1）查看索引的类别

tclass()函数用于查看索引的类别，代码如下：

```
tclass(x)
```

（2）查看和设置索引的时区

tzone()函数可以查看索引的时区，同时还可以设置时区，代码如下：

```
tzone(x)                          # 获取时区
tzone(x) <- "Asia/Shanghai"       # 设置时区
```

（3）查看和设置索引的时间格式

tformat()函数用于查看和设置索引的时间格式，代码如下：

```
tformat(x)                              # 获取时间格式
tformat(x) <- "%Y-%m-%d-%H:%M:%S"       # 设置时间格式
```

8.7.2.3　转换为xts对象

若要使用xts包提供的函数实现日期时间的相关操作，那么数据类型应为xts类型，可以使用class()函数进行查看，如果数据类型不是xts类型，应首先使用as.xts()函数将其转换为xts类型。xts包的as.xts()函数可以实现将任意类型的数据（如ts类型、zoo类型、矩阵、数组等）强制转换为xts类型数据，并且不丢失原始数据的属性。

【例8.18】　将ts类型转换为xts类型（实例位置：资源包\Code\08\18）

下面通过R自带的时间序列数据集presidents介绍as.xts()函数的用法。代码及结果如图8.23所示。

```
> # 加载程序包
> library(datasets)
> # 导入presidents数据集
> data(presidents)
> # 查看数据类型
> class(presidents)
[1] "ts"
> # 转换为xts类型
> presidents_xts <- as.xts(presidents)
> # 查看数据类型
> class(presidents_xts)
[1] "xts" "zoo"
```

图8.23　将ts类型转换为xts类型

8.7.2.4　时间计算

xts包提供了一些时间计算函数，可以计算给定的时间序列数据（如xts对象）中指定时间段的数量，如开始时间、结束时间、总天数、总周数和总月数等，具体如下。

① start()：开始时间。
② end()：结束时间。
③ ndays()：求总天数。
④ nweeks()：求总周数。
⑤ nmonths()：求总月数。
⑥ nyears()：求总年数。

【例8.19】 计算时间序列数据中时间段的数量（实例位置：资源包\Code\08\19）

下面使用xts包自带的股票数据介绍start()函数、end()函数以及ndays()等函数的用法。运行RStudio，编写如下代码。

```
# 加载程序包
library(datasets)
library(xts)
# 导入sample_matrix数据集
data(sample_matrix)
# 转换为xts类型
sample_xts <- as.xts(sample_matrix)
start(sample_xts)     # 开始时间
end(sample_xts)       # 结束时间
ndays(sample_xts)     # 总天数
nmonths(sample_xts)   # 总月数
```

运行程序，结果如图8.24所示。

```
> start(sample_xts)
[1] "2007-01-02 +08"
> end(sample_xts)
[1] "2007-06-30 +08"
> ndays(sample_xts)
[1] 180
> nmonths(sample_xts)
[1] 6
```

图8.24 计算时间序列数据中时间段的数量

8.7.3 按时间统计数据

xts包提供了一些按时间统计数据的函数，具体介绍如下。
① apply.daily(x,FUN,…)：按天统计数据。
② apply.weekly(x,FUN,…)：按周统计数据。
③ apply.monthly(x,FUN,…)：按月统计数据。
④ apply.quarterly(x,FUN,…)：按季度统计数据。
⑤ apply.yearly(x,FUN,…)：按年统计数据。
参数说明：
☑ x：xts类型数据。
☑ FUN：统计计算函数，如sum、mean、max等。
☑ …：FUN参数的附加信息。
例如按月求和apply.monthly(x,sum)，按星期计算平均值apply.weekly(x,mean)，按季度

统计标准差apply.quarterly(x,sd)，下面通过具体的实例进行介绍。

【例8.20】 按星期统计股票平均价格（实例位置：资源包\Code\08\20）

下面使用xts包自带的股票数据集实现按星期统计股票的开盘价、最高价、最低价和收盘价的平均值。运行RStudio，编写如下代码。

```
# 加载程序包
library(xts)
# 自带的数据集
data(sample_matrix)
# 查看sample_matrix数据集前6条数据
head(sample_matrix)
# 查看数据集类型
class(sample_matrix)
# 转换为xts类型
sample_xts <- as.xts(sample_matrix)
# 查看数据集类型
class(sample_xts)
# 按星期统计股票平均价格
apply.weekly(sample_xts,mean)
```

运行程序，部分结果如图8.25所示。

```
               Open     High      Low    Close
2007-01-08 50.21096 50.27109 50.10555 50.19192
2007-01-15 50.20139 50.35916 50.14784 50.27336
2007-01-22 50.44732 50.55528 50.31774 50.40107
2007-01-29 50.05702 50.13030 49.96866 50.07504
2007-02-05 50.28181 50.41690 50.22217 50.37982
2007-02-12 50.69801 50.82414 50.62509 50.73846
2007-02-19 51.07169 51.15337 50.98006 51.06979
2007-02-26 50.86951 50.94176 50.76188 50.81962
2007-03-05 50.60769 50.65408 50.45909 50.52595
2007-03-12 49.96092 50.01804 49.82909 49.88836
2007-03-19 49.50909 49.63018 49.37987 49.50789
2007-03-26 49.07196 49.09639 48.89039 48.92987
2007-04-02 48.67521 48.83045 48.65114 48.76974
2007-04-09 49.35378 49.45050 49.28844 49.40114
2007-04-16 49.71402 49.80639 49.66968 49.75475
2007-04-23 50.02735 50.12059 49.90758 50.02704
2007-04-30 49.61303 49.66880 49.45461 49.52564
2007-05-07 49.41735 49.52030 49.28146 49.36513
2007-05-14 48.43827 48.47799 48.19225 48.22945
2007-05-21 47.70786 47.84756 47.62526 47.74632
2007-05-28 47.95483 48.04825 47.85771 47.92104
2007-06-04 47.69252 47.77198 47.58893 47.67122
2007-06-11 47.44228 47.53390 47.29224 47.39245
2007-06-18 47.35262 47.45951 47.29735 47.36940
2007-06-25 47.44626 47.54746 47.35719 47.45692
2007-06-30 47.61065 47.75087 47.58151 47.65657
```

图8.25　按星期统计股票平均价格

8.7.4　更改时间周期

xts包还可以实现更改数据的时间周期，例如将以5min为周期的股票交易数据转换为以天为周期，按天的销售数据转换为按周的销售数据。主要函数如下：

① to.minutes(x,k,name,...)：以分钟为周期。

② to.minutes3(x,name,...)：以3分钟为周期。

③ to.minutes5(x,name,...)：以5分钟为周期。

④ to.minutes10(x,name,...)：以10分钟为周期。

⑤ to.minutes15(x,name,...)：以15分钟为周期。

⑥ to.minutes30(x,name,...)：以30分钟为周期。

⑦ to.hourly(x,name,...)：以小时为周期。

⑧ to.daily(x,drop.time=TRUE,name,...)：以天为周期。

⑨ to.weekly(x,drop.time=TRUE,name,...)：以星期为周期。

⑩ to.monthly(x,indexAt='yearmon',drop.time=TRUE,name,...)：以月为周期。

⑪ to.quarterly(x,indexAt='yearqtr',drop.time=TRUE,name,...)：以季度为周期。

⑫ to.yearly(x,drop.time=TRUE,name,...)：以年为周期。

⑬ to.period(x,period = 'months', k = 1,indexAt, name=NULL, OHLC = TRUE,...)：以指定的时间为周期。

参数说明：

☑ x：单变量或OHLC类型的时间序列数据。

☑ period：要转换的周期。

☑ indexAt：将最终索引转换为新的类或日期。

☑ drop.time：删除POSIX日期戳的时间组件。

☑ k：要聚合的子周期数（仅针对分钟和秒）。

☑ name：重新命名列名。

☑ OHLC：是否返回OHLC对象，目前只支持OHLC=TRUE，即返回OHLC对象。

☑ ...：附加参数。

【例8.21】 将每天股票价格转换为以月为周期（实例位置：资源包\Code\08\21）

下面使用xts包自带的股票数据集实现将原来以天为周期的股票的开盘价、最高价、最低价和收盘价转换为以月为周期的开盘价、最高价、最低价和收盘价。运行RStudio，编写如下代码。

```
# 加载程序包
library(xts)
# 自带的数据集
data(sample_matrix)
# 查看sample_matrix数据集前6条数据
head(sample_matrix)
# 转换为xts类型
sample_xts <- as.xts(sample_matrix)
# 转换为以月为周期
to.monthly(sample_xts)
```

运行程序，结果如图8.26所示。

	sample_xts.Open	sample_xts.High	sample_xts.Low	sample_xts.Close
1月 2007	50.03978	50.77336	49.76308	50.22578
2月 2007	50.22448	51.32342	50.19101	50.77091
3月 2007	50.81620	50.81620	48.23648	48.97490
4月 2007	48.94407	50.33781	48.80962	49.33974
5月 2007	49.34572	49.69097	47.51796	47.73780
6月 2007	47.74432	47.94127	47.09144	47.76719

图8.26 将每天股票价格转换为以月为周期

本章思维导图

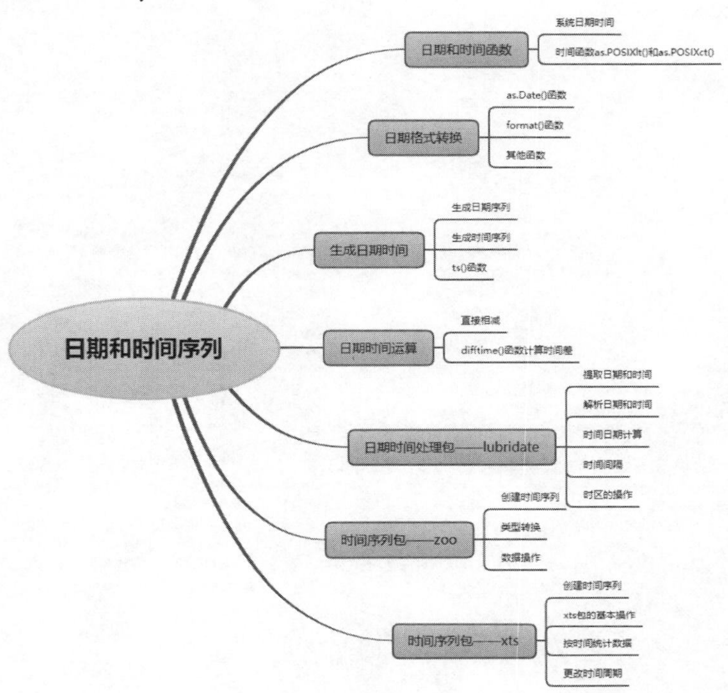
日期和时间序列
日期和时间函数
系统日期时间
时间函数as.POSIXlt()和as.POSIXct()
日期格式转换
as.Date()函数
format()函数
其他函数
生成日期时间
生成日期序列
生成时间序列
ts()函数
日期时间运算
直接相减
difftime()函数计算时间差
日期时间处理包——lubridate
提取日期和时间
解析日期和时间
时间日期计算
时间间隔
时区的操作
时间序列包——zoo
创建时间序列
类型转换
数据操作
时间序列包——xts
创建时间序列
xts包的基本操作
按时间统计数据
更改时间周期

第 2 篇

提高篇

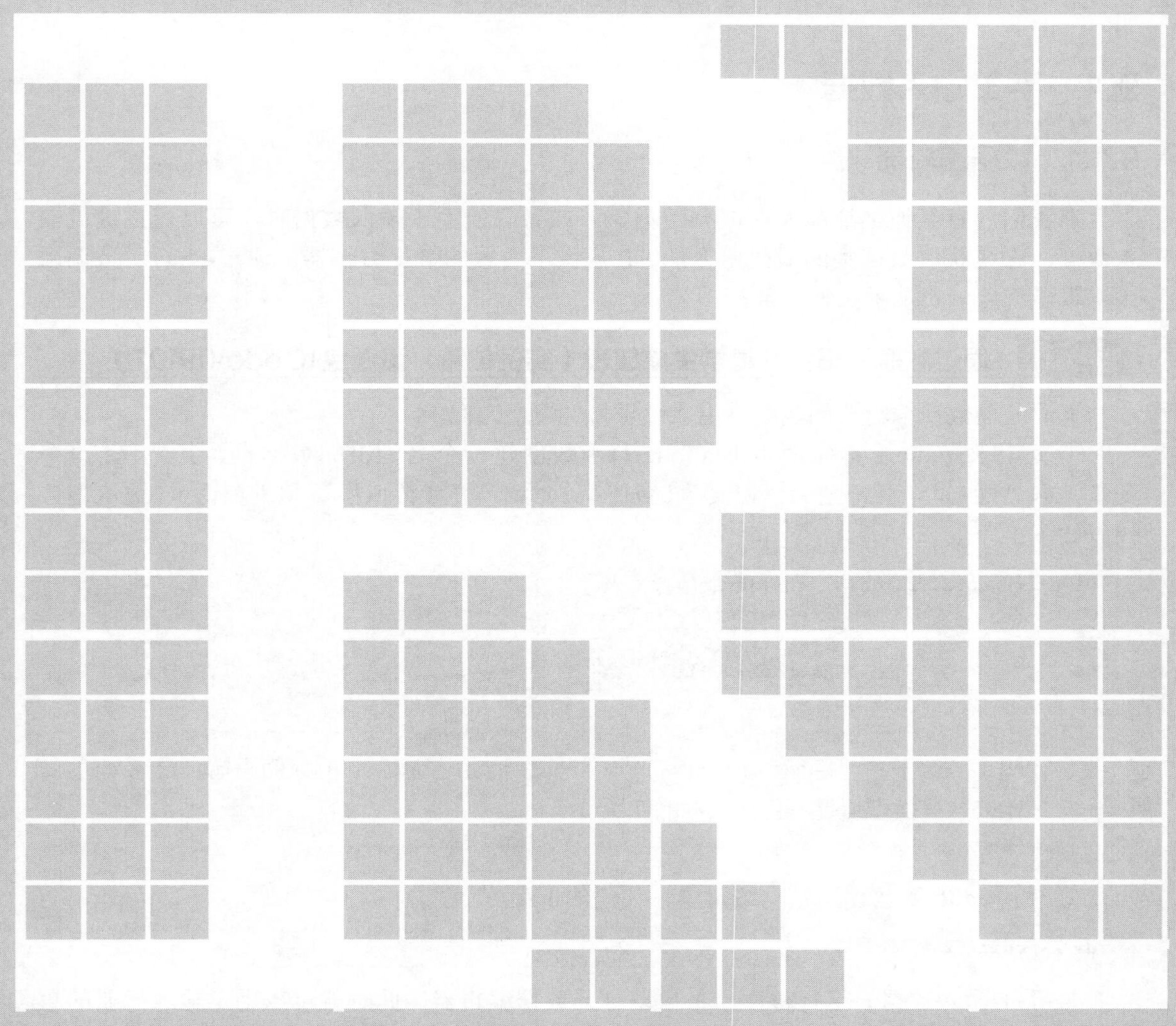

第9章

获取外部数据

数据分析首先要有数据。众所周知，数据的来源有多种，例如通过前面学习的向量、数据框等构造数据，也可以手工输入数据、从外部文件获取数据。在R语言中不仅为我们提供了手工输入数据的编辑器，还提供了读取各种文件的函数，能够帮助我们快速获取数据。本章主要介绍手工输入数据和从文本文件、csv文件、Excel文件、SPSS文件、SAS文件、Stata文件及数据库中获取数据等。另外，R语言本身也自带了数据集，可以用于日常练习。

9.1 手工输入数据

9.1.1 数据编辑器

当我们没有其他渠道能够获取到数据集，或者只能手工输入数据时，可以通过键盘输入数据，它是获取数据集的最简单方法。R提供了内置的数据编辑器，通过edit()函数调用该编辑器就可以实现手工输入数据。

【例9.1】 通过数据编辑器创建学生成绩表（实例位置：资源包\Code\09\01）

下面通过数据编辑器创建“学生成绩表”，实现步骤如下：

① 运行RStudio，首先使用data.frame()函数创建一个名为df的数据框，其中包括4个变量，即“姓名”（字符型）、“语文”（数值型）、“数学”（数值型）和“英语”（数值型），代码如下：

```
df <- data.frame(姓名=character(0),
                 语文=numeric(0),
                 数学=numeric(0),
                 英语=numeric(0))
```

> 说明　上述代码中类似于“姓名 =character(0)”“语文 =numeric(0)”的赋值语句，是指创建一个指定的数据类型但是不包含数据的变量。

② 使用edit()函数调用数据编辑器，代码如下：

```
df <- edit(df)
```

③ 手工输入数据。运行程序，将自动打开数据编辑器，此时就可以手工输入想要的数据了。例如图9.1所示。

数据编辑器

文件　编辑　帮助

	姓名	语文	数学	英语	var5	var6
1	甲	110	105	99		
2	乙	105	88	115		
3	丙	109	120	130		
4						
5						
6						
7						
8						
9						
10						
11						
12						

图9.1　数据编辑器

上述表格可以通过拖拽的方式调整表格大小，表格行数和列数将随表格的大小自动增加或减少。如果想修改变量名（即列名），可以通过鼠标单击变量名（如var5），打开“变量编辑器”窗口，在“变量名”文本框中输入新的变量名，然后选择适合的数据类型，如图9.2所示。

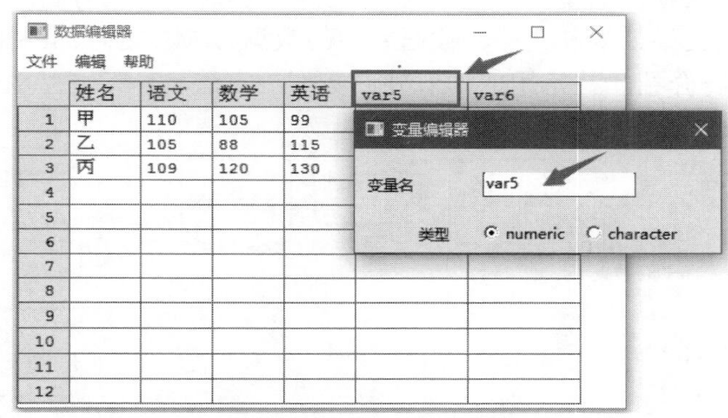

图9.2　变量编辑器

> **注意**　数据编辑器中输入的数据需要返回给对象本身（即数据框 df），然后对数据框 df 进行后续的处理。如果不赋值到一个目标或者不保存，那么关闭程序后所有的数据将全部丢失。如果需要保存为文本文件以方便再次使用，可以使用下面的代码。

```
write.table(df,"aa.txt")
```

aa.txt将保存在工程所在的目录下。

综上所述，数据编辑器虽然操作起来非常方便，但缺点是数据保存不方便，因此数据编辑器只适合比较小的数据集作为日常练习。

9.1.2　在代码中直接输入数据

手工输入数据也可以在代码中直接输入数据，这些数据以字符串形式赋值给一个变量，然后通过read.table()函数返回数据框。

【例9.2】 使用read.table()函数创建学生成绩表（实例位置：资源包\Code\09\02）

下面在代码中直接输入学生成绩表数据，然后使用read.table()函数创建数据框，代码如下：

```
data <- "
  姓名 语文 数学 英语
   甲   110  105  99
   乙   105  88   115
   丙   109  120  130
"
df <- read.table(header = TRUE,text=data)
print(df)
```

```
  姓名 语文 数学 英语
1   甲  110  105   99
2   乙  105   88  115
3   丙  109  120  130
```

图9.3 学生成绩表

运行成绩，结果如图9.3所示。

以上介绍的两种方法都适合用于创建比较小型的数据集，并作为日常练习使用。

9.2 读取外部数据

R语言提供了读取各种类型文件的函数，支持大多数的数据分析软件提供的文件和数据库文件，例如文本文件、Excel文件、数据库中的数据、XML文件、SPSS文件、SAS文件等，如图9.4所示。本节将介绍一些常用的读取外部数据的方法。

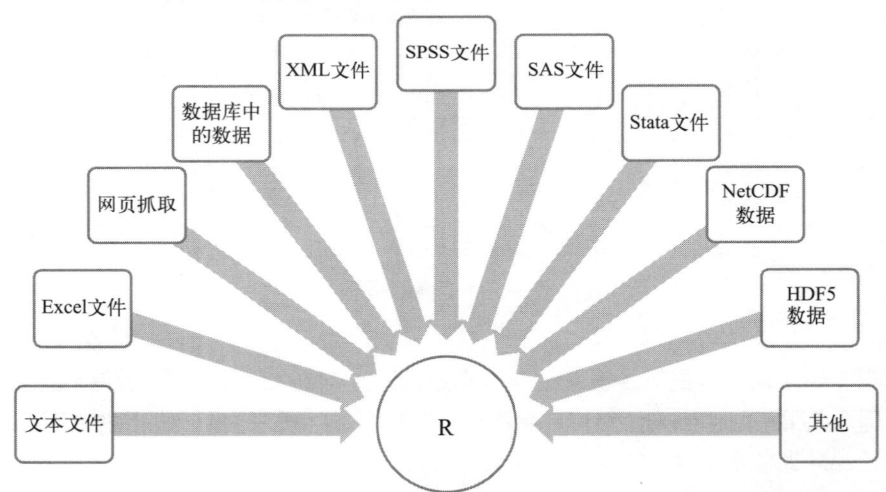

图9.4 R语言支持读取的外部文件

9.2.1 读取文本文件/csv文件

读取文本文件或者.csv文件主要使用read.table()函数，返回一个数据框，语法格式如下：

```
read.table(file,header=logical_value,sep="delimiter",row.names="name")
```

参数说明：

☑ file：带分隔符的文本文件、.csv文件，例如“datas/1.txt”。

☑ header：读取的数据的第一行是否是列名，逻辑值（TRUE或FALSE）。

☑ sep：分隔符，默认值为sep=""，表示分隔符可以是一个或多个空格、制表符、换行符或回车符，也可以是其他符号分隔数据的文件，例如使用sep="\t"读取以制表符分隔的文件。

☑ row.names：可选参数，用于指定一个或多个表示行标识符的变量。

【例9.3】 使用read.table()读取文本文件（实例位置：资源包\Code\09\03）

下面使用read.table()函数读取“1月.txt”文本文件。运行RStudio，编写如下代码。

```
01 # 读取文本文件
02 df <- read.table("datas/1月.txt")
03 # 设置显示最大行数，解决数据显示不全
04 options(max.print=1000000)
05 # 输出数据
06 print(df)
```

运行程序，结果如图9.5所示。

```
        买家会员名 买家实际支付金额                              收货人姓名    宝贝标题 订单付款时间
mrhy1       41.86              周某某                  零基础学Python  2018/5/16         9:41
mrhy2       41.86              杨某某                  零基础学Python   2018/5/9        15:31
mrhy3       48.86              刘某某                  零基础学Python  2018/5/25        15:21
mrhy4       48.86              张某某                  零基础学Python  2018/5/25        15:21
mrhy7      104.72              张某某               C语言精彩编程200例  2018/5/21         1:25
mrhy8       55.86              周某某               C语言精彩编程200例   2018/5/6         2:38
mrhy9       79.80              李某某               C语言精彩编程200例  2018/5/28        14:06
mrhy10      29.90              程某某           C语言项目开发实战入门  2018/5/20        10:40
mrhy11      41.86              曹某某           C语言项目开发实战入门   2018/5/9        12:09
mrhy12      41.86              陈某某           C语言项目开发实战入门   2018/5/6         0:19
mrhy13      41.86              郝某某           C语言项目开发实战入门   2018/5/5        23:30
mrhy14      41.86              胡某某           C语言项目开发实战入门   2018/5/5        22:37
mrhy15      41.86              孙某某           C语言项目开发实战入门   2018/5/5        20:35
mrhy16      41.86              余某某           C语言项目开发实战入门  2018/5/12        21:14
mrhy17      48.86              郭某某         JavaWeb项目开发实战入门   2018/5/5        19:54
mrhy18      48.86              阿某某         JavaWeb项目开发实战入门   2018/5/4         7:46
mrhy19      48.86              高某某         JavaWeb项目开发实战入门  2018/5/23         0:12
mrhy20    1268.00              许某某              Java编程词典珍藏版  2018/5/27         0:08
mrhy21     195.44              陈某某   Java程序开发全能学习黄金套装  2018/5/14        19:40
mrhy22     195.44              张某某   Java程序开发全能学习黄金套装  2018/5/29        13:21
```

图9.5　读取文本文件

代码解析

第01行代码：setwd()函数用于更改工程目录，但是它不会自动创建一个不存在的目录。

第06行代码：当读取文本文件数据量较多时，在R控制台输出数据会出现显示不全的问题，此时使用options()函数设置最大行数，数据就可以全部显示。

【例9.4】 读取csv文件（实例位置：资源包\Code\09\04）

下面使用read.table()函数读取“1月.csv”文件，运行RStudio，编写如下代码。

```
01 # 读取文本文件
02 df <- read.table("datas/1月.csv",sep = ",",header = TRUE)
03 # 输出前6行数据
04 print(head(df))
```

代码解析

第04行代码：head()函数用于显示头部数据，默认显示前6行数据，如果显示指定行数的数据，可以指定参数n=行数，例如head(df,n=15)。还可以显示尾部数据，使用tail()函数，用法与head()一样。

前面的实例都使用了read.table()函数，那么，与read.table()类似的函数还有read.csv()和read.delim()，只是参数设置了一些默认值，使用起来也比较简单，例如read.csv()函数的默认分隔符是“,”。

9.2.2　读取Excel文件

读取Excel文件主要使用openxlsx包。第一次使用该包必须先下载并安装好。运行RGui，在控制台输入如下代码：

```
install.packages("openxlsx")
```

按下<Enter>键，在CRAN镜像站点的列表中选择镜像站点，然后单击“确定”按钮，开始安装，安装完成后在程序中就可以使用openxlsx包了。

openxlsx包中的read.xlsx()函数可以读取Excel文件中的工作表，返回一个数据框，语法格式如下：

```
read.xlsx(xlsxFile, sheet, startRow=1,colNames=TRUE,rowNames=FALSE,detectDates=FALSE,
          skipEmptyRows = TRUE, skipEmptyCols = TRUE, rows = NULL, cols = NULL,
          check.names = FALSE,sep.names = ".", namedRegion = NULL, na.strings = "NA",
          fillMergedCells = FALSE)
```

主要参数说明：

☑ xlsxFile：xlsx文件、工作簿对象或xlsx文件的URL。

☑ sheet：Excel工作表（Sheet）的索引或名称。

☑ startRow：默认从第1行开始读取数据。即使startRow参数值设置为其他数字，也会跳过文件顶部的空行。

☑ colNames/rowNames：逻辑值，值为T或F，是否读取列名或行名。

☑ detectDates：当读取的Excel文件中包含日期时，设置参数值为TRUE，尝试识别日期并执行转换。

☑ skipEmptyRows：逻辑值，如果值为TRUE，则跳过空行，否则包含数据的第一行之后的空行并返回一行NAs。

☑ skipEmptyCols：逻辑值，如果值为TRUE，则跳过空列。

☑ cols/rows：数字向量，指定要读取Excel文件中的哪些列/行。如果为NULL，则读取所有列/行。

☑ fillMergedCells：当读取的Excel中存在合并单元格时，可以设置该参数值为TRUE，将取消合并单元格并用值自动填充其他全部单元格。

【例9.5】　读写Excel文件（实例位置：资源包\Code\09\05）

下面使用openxlsx包读取“1月.xlsx”文件，运行RStudio，编写如下代码。

```
# 加载程序包
library(openxlsx)
# 读取Excel文件
df <- read.xlsx("datas/1月.xlsx",sheet=1)
# 显示前6条数据
head(df)
```

运行程序，结果如图9.6所示。

	买家会员名	买家实际支付金额	收货人姓名	宝贝标题
1	mrhy1	41.86	周某某	零基础学Python
2	mrhy2	41.86	杨某某	零基础学Python
3	mrhy3	48.86	刘某某	零基础学Python
4	mrhy4	48.86	张某某	零基础学Python
5	mrhy5	48.86	赵某某	C#项目开发实战入门
6	mrhy6	48.86	李某某	C#项目开发实战入门

图9.6　读取Excel文件

例如仅读取第2列和第4列，主要代码如下：

```
df2 <- read.xlsx("datas/1月.xlsx",sheet=1,cols = c(2,4))
```

保存上述结果，写入到新的Excel文件中，主要代码如下：

```
write.xlsx(df2,"datas/1月new.xlsx")
```

注意　openxlsx 包只能读取 .xlsx 类型的 Excel 文件。而 RODBC 包可以读取 .xls 类型的 Excel 文件，但是缺点是只适用于 Windows 32 位操作系统。

【例9.6】 正确读取Excel文件中的日期（实例位置：资源包\Code\09\06）

当读取的Excel文件中包含日期数据时，日期数据可能会出现数字或字符串等异常情况，这种情况下有几种解决方法：第1种方法是设置read.xlsx()函数的detecDates参数值为TRUE；第2种方法是使用日期转换函数convertToDate()，如果是日期时间可以使用convertToDateTime()函数；第3种方法是使用日期函数as.Date()。下面通过实例进行介绍，运行RStudio，编写如下代码。

```
# 加载程序包
library(lubridate)
library(openxlsx)
# 第1种方法
df1 <- read.xlsx("datas/mingribooks.xlsx",sheet=1,detectDates = TRUE)
head(df1)
# 第2种方法
df2 <- read.xlsx("datas/mingribooks.xlsx",sheet=1)
df2$订单付款时间 <- convertToDate(df2$订单付款时间)
head(df2)
# 第3种方法
df3 <- read.xlsx("datas/mingribooks.xlsx",sheet=1)
df3$订单付款时间 <- as.Date(df3$订单付款时间,origin='1900-1-1')-ddays(2)
head(df3)
```

说明　更多的有关日期和时间的介绍与应用请参见第 8 章。

9.2.3　读取SPSS文件

SPSS是一款统计分析软件，读取SPSS文件可以使用foreign包中的read.spss()函数，也可以使用Hmisc包中的spss.get()函数。spss.get()函数是对read.spss()函数的一个封装，它可以自动设置read.spss()函数的许多参数，使编写程序更加简单方便。

在R语言中已经默认安装了foreign包，下面安装Hmisc包，运行RGui，输入如下代码：

```
install.packages("Hmisc")
```

按下<Enter>键，在CRAN镜像站点的列表中选择镜像站点，然后单击“确定”按钮，开始安装，安装完成后在程序中就可以使用Hmisc包了。

下面分别使用foreign包的read.spss()函数和Hmisc包中的spss.get()函数读取SPSS文件。

【例9.7】 使用read.spss()函数读取SPSS文件（实例位置：资源包\Code\09\07）

下面使用read.spss()函数读取“1月.sav”SPSS文件，运行RStudio，编写如下代码。

```
01 # 加载程序包
02 library(foreign)
03 # 读取SPSS文件
04 df=read.spss("datas/1月.sav",use.value.labels = FALSE)
05 print(df)
```

运行程序，结果如图9.7所示。

```
$买家会员名
 [1] "mrhy1 " "mrhy2 " "mrhy3 " "mrhy4 " "mrhy5 " "mrhy6 " "mrhy7 " "mrhy8 "
 [9] "mrhy9 " "mrhy10" "mrhy11" "mrhy12" "mrhy13" "mrhy14" "mrhy15" "mrhy16"
[17] "mrhy17" "mrhy18" "mrhy19" "mrhy20" "mrhy21" "mrhy22" "mrhy23" "mrhy24"
[25] "mrhy25" "mrhy26" "mrhy27" "mrhy28" "mrhy29" "mrhy30" "mrhy31" "mrhy32"
[33] "mrhy33" "mrhy34" "mrhy35" "mrhy36" "mrhy37" "mrhy38" "mrhy39" "mrhy40"
[41] "mrhy41" "mrhy42" "mrhy43" "mrhy44" "mrhy45" "mrhy46" "mrhy47" "mrhy48"
[49] "mrhy49" "mrhy50"

$买家实际支付金额
 [1]   41.86   41.86   48.86   48.86   48.86   48.86  104.72   55.86   79.80
[10]   29.90   41.86   41.86   41.86   41.86   41.86   41.86   48.86   48.86
[19]   48.86 1268.00  195.44  195.44   97.72   41.86   41.86   41.86   48.86
[28]   48.86   34.86   34.86   34.86   90.72   55.86   55.86   55.86   55.86
[37]   55.86   62.86   62.86   55.86   55.86   55.86   48.86   48.86   48.86
[46]   48.86   48.86   48.86   48.86   48.86

$收货人姓名
 [1] "周某某     " "杨某某     " "刘某某     " "张某某     " "赵某某     " "李某某     "
 [7] "张某某     " "周某某     " "李某某     " "程某某     " "曹某某     " "陈某某     "
```

图9.7 读取SPSS文件1

代码解析

第04行代码：1月.sav是程序读取的SPSS文件，use.value.labels=TRUE表示将变量导入为R语言中水平对应相同的因子，df为返回值是一个列表，如果要返回数据框则应设置to.data.frame参数值为TRUE。

【例9.8】 使用spss.get()函数读取SPSS文件（实例位置：资源包\Code\09\08）

下面使用spss.get()函数读取“1月.sav”SPSS文件，运行RStudio，编写如下代码。

```
# 加载程序包
library(Hmisc)
# 读取SPSS文件
df=spss.get("datas/1月.sav")
head(df)
```

运行程序，结果如图9.8所示。

```
  买家会员名 买家实际支付金额 收货人姓名                              宝贝标题
1     mrhy1            41.86  周某某     零基础学Python
2     mrhy2            41.86  杨某某     零基础学Python
3     mrhy3            48.86  刘某某     零基础学Python
4     mrhy4            48.86  张某某     零基础学Python
5     mrhy5            48.86  赵某某     C#项目开发实战入门
6     mrhy6            48.86  李某某     C#项目开发实战入门
```

图9.8　读取SPSS文件2

9.2.4　读取Stata文件

Stata是一款统计分析软件，Stata数据集可以使用foreign包中的read.dta()函数导入到R中。在R中已经默认安装了foreign包。下面通过具体的实例进行演示。

【例9.9】　读取Stata文件（实例位置：资源包\Code\09\09）

下面使用read.dta()函数读取“data.dta”Stata文件，运行RStudio，编写如下代码。

```
01 # 加载程序包
02 library(foreign)
03 # 读取Stata文件
04 df=read.dta("datas/data.dta")
05 print(df)
```

```
   V1  V2  V3  V4
1 甲   89 120 130
2 乙  123  99 145
3 丙  130 120  87
4 丁  102  67 117
```

图9.9　读取Stata文件

运行程序，结果如图9.9所示。

代码解析

第04行代码：data.dta是程序读取的Stata文件，df是返回值为数据框。

9.2.5　读取SAS文件

SAS（全称STATISTICAL ANALYSIS SYSTEM）是全球最大的私营软件公司之一，是由美国北卡罗来纳州立大学1966年开发的统计分析软件。R中包含很多可以导入SAS数据集的函数，包括foreign包中的read.ssd()函数、Hmisc包中的sas.get()函数、sas7bdat包的read.sas7bdat()函数和haven包的read_sas()函数。下面使用haven包的read_sas()函数来读取SAS文件，首先安装haven包，运行RGui，在控制台输入如下代码：

```
install.packages(“haven”)
```

按下<Enter>键，在CRAN镜像站点的列表中选择镜像站点，然后单击“确定”按钮，开始安装，安装完成后在程序中就可以使用haven包了。

【例9.10】　读取SAS文件（实例位置：资源包\Code\09\10）

下面使用haven包的read_sas()函数读取“aa.sas7bdat”SAS文件，运行RStudio，编写如下代码。

```
# 加载程序包
library(haven)
# 读取SAS文件
df <- read_sas("datas/aa.sas7bdat")
print(df)
```

运行程序，结果如图9.10所示。

```
      V1           V2          V3          V4
   <chr>        <dbl>       <dbl>       <dbl>
1 "     " 5.33e-315 5.34e-315 6.28e-154
2 "     " 5.34e-315 5.33e-315 6.27e-154
3 "     " 5.34e-315 5.34e-315 6.33e-154
4 "     " 5.33e-315 5.33e-315 6.20e-154
```

图9.10 读取SAS文件

注意：如果使用的SAS版本较新（SAS 9.1或更高版本），R可能会出现无法读取或程序不能正常运行的情况，原因是R相关函数对于新版本的SAS未做更新。要解决这个问题，应首先在SAS中将SAS数据集保存文本文件或csv文件，然后再使用R读取该文件。

9.2.6 导入数据库中的数据

当所需的数据存储在数据库中时，数据分析首要任务就是将数据库中的数据导入到R语言中。

在R语言中提供了多种关系型数据库的接口，包括Access、SQL Server、MySQL、Oracle、SQLite等，其中一些可以通过数据库驱动访问，另外一些则可以通过ODBC或JDBC访问。R语言中的RODBC包可以通过ODBC连接数据库，连接前应配置ODBC，下面通过具体的实例进行介绍。

【例9.11】 导入MySQL数据库中的数据（实例位置：资源包\Code\09\11）

在R语言中导入MySQL数据库中的数据主要通过配置ODBC，然后使用R语言中的RODBC包访问ODBC，从而将MySQL数据库中的数据导入到R语言中，具体实现步骤如下。

（1）安装RODBC包

运行RGui，在控制台输入如下代码：

```
install.packages("RODBC")
```

按下<Enter>键，在CRAN镜像站点的列表中选择镜像站点，然后单击“确定”按钮，开始安装，安装完成后在程序中就可以使用RODBC包了。

（2）在Windows系统中安装MySQL的ODBC驱动

首先通过官方网站http://dev.mysql.com/downloads/connector/odbc下载MySQL的ODBC驱动，注意选择适合计算机操作系统位数的安装包进行下载并安装。

（3）导入MySQL数据库

导入MySQL数据库前，应首先确认安装了MySQL数据库应用软件，然后按照下面的步骤进行操作。

① 安装MySQL数据库应用软件，设置密码（本项目密码为root，也可以是其他密码），该密码一定要记住，连接MySQL数据库时会用到，其他设置采用默认设置即可。

② 创建数据库。运行MySQL，在系统“开始”菜单中找到MySQL 8.0 Command Line Client，单击启动MySQL 8.0 Command Line Client，如图9.11所示，首先输入密码（例如

root），进入mysql命令提示符，如图9.12所示，然后使用CREATE DATABASE命令创建数据库。例如创建数据库test，命令如下：

```
CREATE DATABASE test;
```

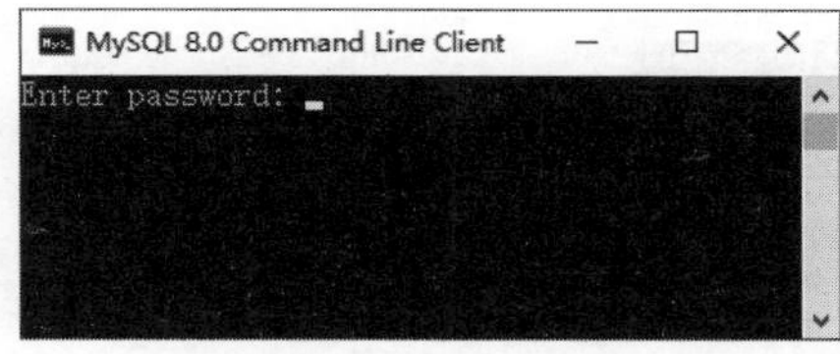

图9.11 密码窗口

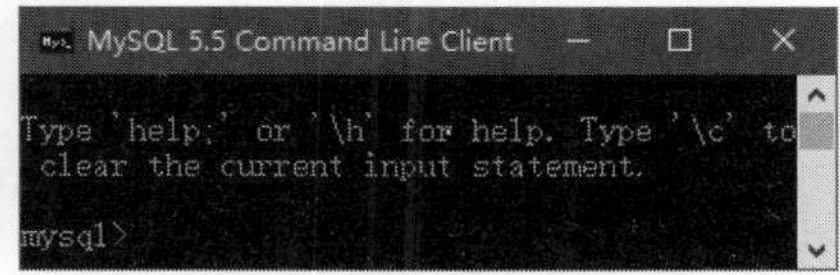

图9.12 mysql命令提示符

（4）导入SQL文件（user.sql）

在mysql命令提示符下通过use命名进入对应的数据库，例如进入数据库test，命令如下：

```
use test;
```

出现Database changed，说明已经进入数据库。接下来使用source命令指定SQL文件，然后导入该文件。例如导入user.sql，命令如下：

```
source D:/user.sql
```

下面预览导入的数据表，使用SQL查询语句（Select语句）查询表中前5条数据，命令如下：

```
select * from user limit 5;
```

运行结果如图9.13所示。

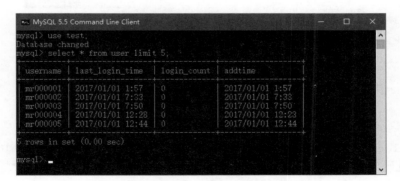

```
MySQL 5.5 Command Line Client
mysql> use test;
Database changed
mysql> select * from user limit 5;
+----------+-----------------+-------------+-----------------+
| username | last_login_time | login_count | addtime         |
+----------+-----------------+-------------+-----------------+
| mr000001 | 2017/01/01 1:57 | 0           | 2017/01/01 1:57 |
| mr000002 | 2017/01/01 7:33 | 0           | 2017/01/01 7:33 |
| mr000003 | 2017/01/01 7:50 | 0           | 2017/01/01 7:50 |
| mr000004 | 2017/01/01 12:28| 0           | 2017/01/01 12:23|
| mr000005 | 2017/01/01 12:44| 0           | 2017/01/01 12:44|
+----------+-----------------+-------------+-----------------+
5 rows in set (0.00 sec)

mysql>
```

图9.13 导入成功后的MySQL数据

至此，导入MySQL数据库的任务就完成了。

（5）配置ODBC

① 在Windows操作系统中，选择“控制面板”→“管理工具”→“ODBC数据源（64位）”，在“用户DSN”选项卡中，单击“添加”按钮，在“创建新数据源”窗口，选择MySQL ODBC 8.0 Unicode Driver，如图9.14所示。

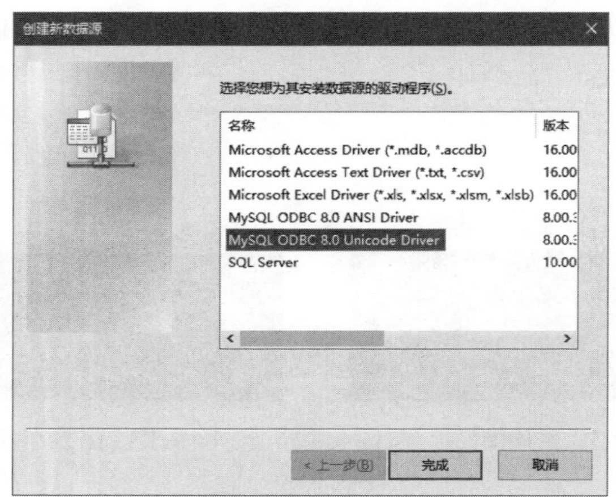

图9.14　创建新数据源

② 单击“完成”按钮，打开MySQL Connector/ODBC Data Source Configuration窗口，配置MySQL的ODBC，分别输入数据源名称如test、输入描述信息test、输入TCP/IP Server为127.0.0.1（MySQL数据库的IP地址）、输入用户名root（MySQL用户名）、密码root（MySQL密码）、数据库名称test，如图9.15所示，然后单击测试按钮“Test”，弹出测试成功的消息，说明ODBC配置成功了。

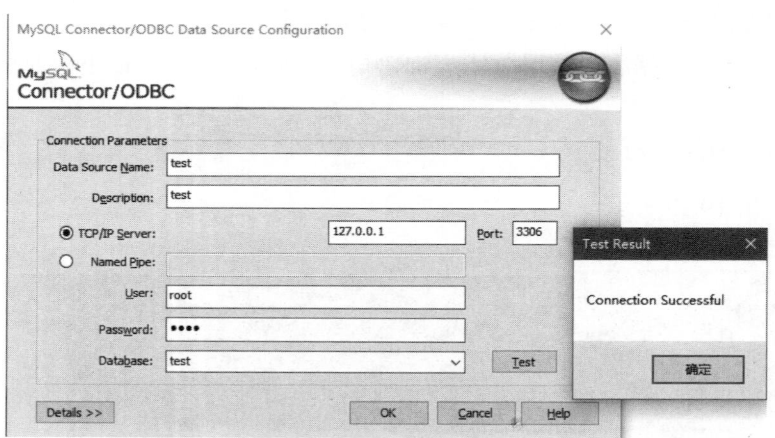

图9.15　配置MySQL的ODBC

③ 依旧是上述窗口，单击“Details”按钮，设置编码类型为gbk，如图9.16所示，否则会出现中文乱码。单击“OK”按钮，完成ODBC配置工作。

（6）在R语言中连接MySQL数据库

在R语言中连接MySQL数据库，运行RStudio，编写如下代码：

```
# 加载包
library(RODBC)
# 连接MySQL数据库
dbconn <- odbcConnect("test",uid="root",pwd="root")
# 显示数据表
sqlTables(dbconn)
```

```
07 # 显示user表中的数据
08 df <- sqlFetch(dbconn,"user")
09 # View以表格显示数据
10 View(df)
```

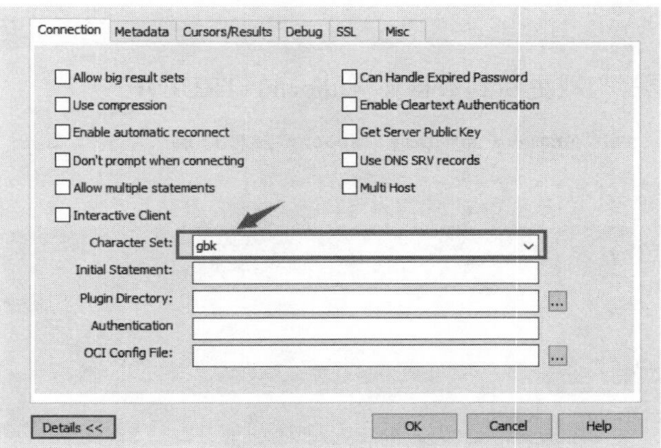

图9.16　设置编码类型

运行程序，结果如图9.17所示。

	username	last_login_time	login_count	addtime
1	mr000001	2017/01/01 1:57	0	2017/01/01 1:57
2	mr000002	2017/01/01 7:33	0	2017/01/01 7:33
3	mr000003	2017/01/01 7:50	0	2017/01/01 7:50
4	mr000004	2017/01/01 12:28	0	2017/01/01 12:28
5	mr000005	2017/01/01 12:44	0	2017/01/01 12:44
6	mr000006	2017/01/01 12:48	0	2017/01/01 12:48
7	mr000007	2017/01/01 13:34	0	2017/01/01 13:34
8	mr000008	2017/01/01 14:59	0	2017/01/01 14:59
9	mr000009	2017/01/01 15:15	0	2017/01/01 15:15
10	mr000010	2017/01/01 15:17	0	2017/01/01 15:17
11	mr000011	2017/01/01 15:47	0	2017/01/01 15:47
12	mr000012	2017/01/01 15:56	0	2017/01/01 15:56
13	mr000013	2017/01/01 16:39	0	2017/01/01 16:39

Showing 1 to 13 of 61 entries, 4 total columns

图9.17　user表中的数据

代码解析

第10行代码：View()函数与edit()函数差不多，edit()函数用于调用数据编辑器，而View()函数是以表格方式显示数据。

> **说明**　如果需要导入SQL Server数据库，同样需要先配置ODBC，然后使用RODBC连接SQL Server数据库，方法大同小异。

补充知识——RODBC操作数据库的函数

① 建立并打开数据库连接：

```
cnn <- odbcConnect(dsn, uid="", pwd="")
```

② 从数据库读取数据表，并返回一个数据框：

```
sqlFetch(cnn, sqltable)
```

③ 数据查询：

```
sqlQuery(cnn, query)
```

④ 将一个数据框写入或更新到数据库（append=TRUE）：

```
sqlSave(cnn, mydf, tablename = sqtable, append = FALSE)
```

⑤ 从数据库删除一个表：

```
sqlDrop(cnn, sqtable)
```

⑥ 删除表中的内容：

```
sqlClear(cnn, sqtable)
```

⑦ 查看数据库中的表：

```
sqlTables(cnn)
```

⑧ 查看数据库中表的字段（列）信息：

```
sqlColumns(cnn, sqtable)
```

⑨ 关闭连接：

```
close(cnn)
```

9.2.7 读取其他类型文件

（1）XML文件

XML是一种文件格式，类似于HTML，但是与HTML中的标记描述页面的结构不同，在XML中，标记描述了包含在文件中的数据的意义。

在R语言中可以使用XML包xmlParse()函数读取XML文件。首先安装XML包，在RGui控制台中输入如下代码：

```
install.packages("XML")
```

按下<Enter>键，在CRAN镜像站点的列表中选择镜像站点，然后单击“确定”按钮，开始安装，安装完成后在程序中就可以使用XML包了。

例如读取XML文件，示例代码如下：

```
library("XML")
xmlParse(file = "datas/Employee.xml")
```

（2）导入NetCDF数据

NetCDF（network common data form）是一种网络通用数据格式，是由美国大学大气研究协会的Unidata项目科学家针对科学数据的特点开发的，是一种面向数组型并适于网络共享的数据的描述和编码标准。NetCDF广泛应用于大气科学、水文、海洋学、环境模拟、地球物理等诸多领域。用户可以借助多种方式方便地管理和操作NetCDF数据集。

在R语言中，ncdf包和ncdf4包为NetCDF文件提供了接口，ncdf包支持NetCDF（版本3或更早版本），在Windows、MacOS X和Linux操作系统上都可以使用。而ncdf4包支持NetCDF（版本4或更早的版本），但是在Windows上不可以使用。

例如使用ncdf包导入NetCDF数据，示例代码如下：

```
library(ncdf)
nc <- nc_open("mynetCDF")
df <- get.var.ncdf(nc,myvar)
```

上述代码中，对于包含在netCDF文件mynetCDF中的变量myvar，其中所有的数据都被读取并保存到了一个名为df的R语言数组中。

（3）导入HDF5数据

HDF5（Hierarchical Data Format，分层数据格式）是一套用于管理超大型和结构极端复杂数据集的软件技术方案。在R语言中，hdf5包可以读取HDF5格式的数据，将R对象写入到一个文件中。

> 说明　对以上内容感兴趣的读者可以自己进行尝试。

9.3　R语言自带的数据集

R语言基础包datasets中自带了一些数据集，这些数据集的类型包括向量、因子、矩阵、数组、类矩阵、数据框、类数据框、列表、时间序列等9个方面，是日常练习很好的资源，读者可通过以下方式自行探索。

在R语言中通过data()命令可以获取全部的数据集，一些基本的数据集在datasets包中。例如在RGui中使用下面的代码即可查看datasets中自带的数据集。

```
data(package='datasets')
```

技巧：如果要查看R语言中所有包自带的数据集可以使用下面的代码。

```
data(package = .packages(all.available = TRUE))
```

本章思维导图

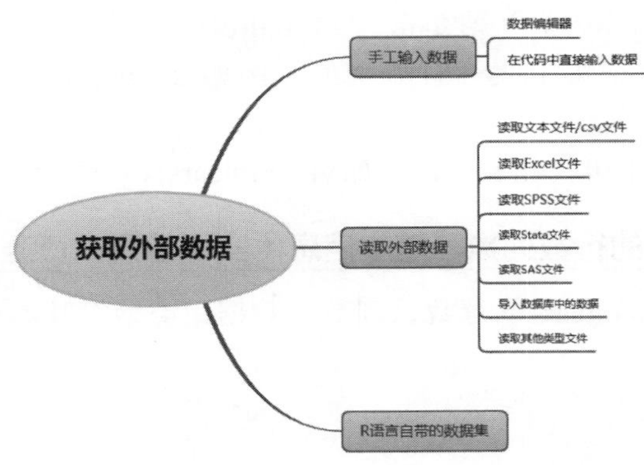

第10章

数据处理与清洗

并不是所有的数据都符合数据分析、数据挖掘的要求，我们经常需要对数据进行一些处理，因为数据的质量将直接影响数据分析或者算法模型的结果。本章主要介绍一些最基本的数据处理，包括查看数据概况、数据清洗、数据合并与拆分以及数据转换与重塑。

10.1 查看数据概况

对于一个全新的数据集，在不了解数据情况时，不建议直接进行数据处理和数据分析。那么，应该从哪里入手？答案肯定是先预览数据，了解数据概况，即数据的格式、数据的维度、变量名等。R语言的内置函数可以轻松地解决这些问题，本节以汽车数据集mtcars为例进行介绍。

10.1.1 查看数据的基本信息

数据导入到R语言中，首先需要预览数据，了解数据概况，即数据有多少行多少列，包括哪些字段、数据集类型等。查看数据的基本信息的相关函数如下：

☑ class()：查看数据集类型。

☑ sapply(数据集, class)：查看数据集中每个变量的数据类型。

☑ dim()：查看数据维数，即行数和列数。返回值第一个数字是行数（观测值），第二个数字是列数（变量）。或者使用nrow()函数和ncol()函数分别查看行数和列数。

☑ object.size()：查看数据集在内存中的大小。

☑ names()：查看数据框中所有字段的名称。

☑ colnames()：查看数据集中所有变量的名称。

☑ head()：查看前n行数据，默认值是6，例如head(mtcars)。

☑ tail()：查看尾部数据，默认值是6，例如tail(df)。

☑ unique()：查看数据集中某列有哪些值，例如unique(mpg$class)查看mpg数据集中class列有哪些值。

☑ view：在Rstudio中可视化表格，例如view(mtcars)。

【例10.1】 查看数据的行数列数等基本信息（实例位置：资源包\Code\10\01）

下面查看汽车数据集mtcars的行数、列数、数据集类型等基本信息，运行RStudio，编写如下代码。

```
# 加载包
```

```
library(datasets)
# 导入mtcars数据集
data(mtcars)
# 查看数据集类型
class(mtcars)
# 查看数据集中每个变量的数据类型
sapply(mtcars, class)
# 查看数据行数列数
dim(mtcars)
# 查看内存占用情况
object.size(mtcars)
# 查看所有列名
names(mtcars)
# 查看前6行数据
head(mtcars)
# 查看最后6行数据
tail(mtcars)
```

运行程序，结果如图10.1所示。

```
> # 查看数据集类型
> class(mtcars)
[1] "data.frame"
> # 查看数据行数列数
> dim(mtcars)
[1] 32 11
> # 查看内存占用情况
> object.size(mtcars)
7208 bytes
> # 查看所有列名
> names(mtcars)
 [1] "mpg"  "cyl"  "disp" "hp"   "drat" "wt"   "qsec" "vs"   "am"   "gear" "carb"
```

图10.1　查看mtcars数据集的基本信息

从运行结果得知：数据集类型为数据框（data.frame）、包含32行11列、所占内存为7208bytes、列名分别为“mpg”“cyl”“disp”“hp”“drat”“wt”“qsec”“vs”“am”“gear”“carb”。

前6行数据和最后6行数据如图10.2所示。

```
> # 查看前6行数据
> head(mtcars)
                   mpg cyl disp  hp drat    wt  qsec vs am gear carb
Mazda RX4         21.0   6  160 110 3.90 2.620 16.46  0  1    4    4
Mazda RX4 Wag     21.0   6  160 110 3.90 2.875 17.02  0  1    4    4
Datsun 710        22.8   4  108  93 3.85 2.320 18.61  1  1    4    1
Hornet 4 Drive    21.4   6  258 110 3.08 3.215 19.44  1  0    3    1
Hornet Sportabout 18.7   8  360 175 3.15 3.440 17.02  0  0    3    2
Valiant           18.1   6  225 105 2.76 3.460 20.22  1  0    3    1
> # 查看最后6行数据
> tail(mtcars)
                mpg cyl  disp  hp drat    wt qsec vs am gear carb
Porsche 914-2  26.0   4 120.3  91 4.43 2.140 16.7  0  1    5    2
Lotus Europa   30.4   4  95.1 113 3.77 1.513 16.9  1  1    5    2
Ford Pantera L 15.8   8 351.0 264 4.22 3.170 14.5  0  1    5    4
Ferrari Dino   19.7   6 145.0 175 3.62 2.770 15.5  0  1    5    6
Maserati Bora  15.0   8 301.0 335 3.54 3.570 14.6  0  1    5    8
Volvo 142E     21.4   4 121.0 109 4.11 2.780 18.6  1  1    4    2
```

图10.2　查看mtcars数据集的部分数据

10.1.2　查看摘要信息

预览数据的顶部和底部之后，我们可能会看到很多NA，NA表示数据存在缺失值。在R语言中使用summary()函数可以更好地了解每个变量的分布方式以及缺少的数据集数量等。

【例10.2】 使用summary()函数查看每列数据（实例位置：资源包\Code\10\02）

下面使用summary()函数查看淘宝电商数据中每列的摘要信息，运行RStudio，编写如下代码。

```
# 加载程序包
library(openxlsx)
# 读取Excel文件
df <- read.xlsx("datas/TB2018.xlsx",sheet=1)
# 输出数据
head(df)
summary(df)
```

运行程序，结果如图10.3所示。

```
> summary(df)
  买家会员名           买家实际支付金额    宝贝总数量        宝贝标题              类别
 Length:10          Min.   : 34.86   Min.    :1.000   Length:10          Length:10
 Class :character   1st Qu.: 41.86   1st Qu.:1.000   Class :character   Class :character
 Mode  :character   Median : 52.36   Median :1.000   Mode  :character   Mode  :character
                    Mean   : 86.82   Mean    :1.125
                    3rd Qu.: 81.01   3rd Qu.:1.000
                    Max.   :299.00   Max.    :2.000
                                     NA's    :2
  订单付款时间
 Min.    :43120
 1st Qu.:43184
 Median :43186
 Mean    :43228
 3rd Qu.:43258
 Max.    :43383
```

图10.3 每列数据的摘要信息

从运行结果得知，summary()函数根据不同的数据类型，为每个变量提供不同的输出。例如“买家实际支付金额”等数值型数据，summary()函数显示最小值、第一个四分位数、中位数、平均值、第三个四分位数和最大值。这些信息有助于我们了解数据的分布情况。

10.1.3 查看数据整体概况

前面介绍的函数都可以帮助我们更好地了解数据概况。但是，需要使用很多个函数，而在R中str()函数可以代替上述很多函数，它是查看数据概况的最简单的方法。

【例10.3】 使用str()函数查看数据整体概况（实例位置：资源包\Code\10\03）

下面使用str()函数查看淘宝电商数据的整体概况，运行RStudio，编写如下代码。

```
# 加载程序包
library(openxlsx)
# 读取Excel文件
df <- read.xlsx("datas/TB2018.xlsx",sheet=1)
# 查看前6行数据
head(df)
# 查看最后6行数据
tail(df)
# 查看数据整体概况
str(df)
```

运行程序，结果如图10.4所示。

从运行结果得知：第一行数据表明了“TB2018.xlsx”数据集的数据结构是data.frame，

```
'data.frame':   12 obs. of  6 variables:
 $ 买家会员名       : chr  "mr001" "mr002" "mr003" "mr004" ...
 $ 买家实际支付金额: num  143.5 78.8 48.9 81.8 299 ...
 $ 宝贝总数量       : num  2 1 1 NA 1 1 1 NA 1 1 ...
 $ 宝贝标题         : chr  "Python黄金组合" "Python编程锦囊" "零基础学C语言" "SQL Server应用与开发范例宝典" ...
 $ 类别             : chr  "图书" NA "图书" "图书" ...
 $ 订单付款时间     : num  43383 43383 43120 43281 43183 ...
```

图10.4　查看数据整体概况

包含12个观测值和6个变量；还提供了每个变量的名称、数据类型和数据内容的预览，其中“宝贝总数量”和“类别”存在缺失值NA。

str()函数的优点在于，它综合了前面所学习的多个函数的功能，简单易读，是一个非常实用的函数。它适用于R语言中的大多数对象，例如数据集、函数等都可以使用str()函数。

10.2　数据清洗

10.2.1　缺失值查看与处理

缺失值指的是由于某种原因导致数据为空。以下3种情况可能会造成数据为空：

☑ 人为因素导致数据丢失。

☑ 数据采集过程中，比如调查问卷，被调查者不愿意分享数据，医疗数据涉及患者隐私，患者不愿意提供。

☑ 系统或者设备出现故障。

实际上缺失值就是空值，它的存在可能会造成数据分析过程陷入混乱，从而导致不可靠的分析结果。在R中缺失值一般用“NA”表示，判断数据是否存在缺失值有以下几种方法：

① is.na()函数是判断缺失值最基本的函数，返回布尔值，TRUE表示数据不存在缺失，FALSE表示数据存在缺失。

② complete.cases()函数用于判断数据集的每一行是否存在缺失值，返回布尔值，TRUE表示数据不存在缺失，FALSE表示数据存在缺失。

③ summary()函数判断数据集中分类变量是否存在缺失值。

【例10.4】　判断数据是否存在缺失值（实例位置：资源包\Code\10\04）

下面使用is.na()函数来查看数据是否存在缺失值，运行RStudio，编写如下代码。

```
# 加载程序包
library(openxlsx)
# 读取Excel文件
df <- read.xlsx("datas/TB2018.xlsx",sheet=1)
is.na(df)
```

运行程序，结果如图10.5所示。

从运行结果得知：“宝贝总数量”和“类别”存在缺失值。

通过前面的判断得知数据缺失情况，那么对于缺失值有以下几种处理方法。

① 删除法：可分为删除观测样本与删除变量。删除观测样本通过na.omit()函数删除所有含有缺失数据的行，属于以减少样本量来换取信息完整性的方法，适用于缺失值所含比例较小的情况。

	买家会员名	买家实际支付金额	宝贝总数量	宝贝标题	类别	订单付款时间
1	FALSE	FALSE	FALSE	FALSE	FALSE	FALSE
2	FALSE	FALSE	FALSE	FALSE	TRUE	FALSE
3	FALSE	FALSE	FALSE	FALSE	FALSE	FALSE
4	FALSE	FALSE	TRUE	FALSE	FALSE	FALSE
5	FALSE	FALSE	FALSE	FALSE	TRUE	FALSE
6	FALSE	FALSE	FALSE	FALSE	FALSE	FALSE
7	FALSE	FALSE	FALSE	FALSE	FALSE	FALSE
8	FALSE	FALSE	TRUE	FALSE	FALSE	FALSE
9	FALSE	FALSE	FALSE	FALSE	FALSE	FALSE
10	FALSE	FALSE	FALSE	FALSE	FALSE	FALSE
11	FALSE	FALSE	FALSE	FALSE	FALSE	FALSE
12	FALSE	FALSE	FALSE	FALSE	FALSE	FALSE

图10.5　判断数据是否存在缺失值

删除变量通过data[,-p]函数删除含有缺失数据的列，适用于变量有较大缺失并且不影响数据分析结果的情况，缺点是删除列后数据结构发生了变化。

② 替换法：变量按属性可分为数值型和非数值型。如果缺失数据为数值型可采用均值来替换缺失值，如果缺失数据为非数值型可采用中位数或者众数来替换缺失值。

③ 插补法：常用的插补方法有回归插补和多重插补。

☑ 回归插补：利用回归模型，将需要插补的变量作为因变量，其他相关变量作为自变量，通过回归函数lm()预测出因变量的值然后对缺失数据进行补缺。

☑ 多重插补：是从一个包含缺失值的数据集中生成一组完整的数据，如此多次，从而产生包含缺失值的随机样本，R语言中的mice()函数可以用来进行多重插补。

对于缺失数据，如果比例高于30%可以选择放弃这个指标，做删除处理；低于30%尽量不要删除，可选择将这部分数据替换，一般以0、均值、中位数和众数（大多数）替换缺失值。

【例10.5】　以0替换缺失值（实例位置：资源包\Code\10\05）

通过前面的例子，我们发现“宝贝总数量”和“类别”存在缺失值，下面使用0替换缺失的“宝贝总数量”代码如下，结果如图10.6所示。

```
# 加载程序包
library(openxlsx)
# 读取Excel文件
df <- read.xlsx("datas/TB2018.xlsx",sheet=1)
# 选择"宝贝总数量"一列
df1=subset(df,select=c("宝贝总数量"))
df1[is.na(df1)] <- 0     #将缺失值替换为0
print(df1)
```

	宝贝总数量
1	2
2	1
3	1
4	0
5	1
6	1
7	1
8	0
9	1
10	1
11	1
12	1

图10.6　以0替换缺失值

如果数据中包含少量的NA值，可以选择删除包含NA的行（样本），主要使用R语言中的na.omit()函数，该函数用于从数据框、矩阵或向量中删除所有包含NA的行。

【例10.6】　删除所有包含NA的行（实例位置：资源包\Code\10\06）

下面使用na.omit()函数删除包含NA的行，运行RStudio，编写如下代码。

```
# 加载程序包
library(openxlsx)
# 读取Excel文件
df <- read.xlsx("datas/TB2018.xlsx",sheet=1)
```

```
# 删除包含NA的行
df <- na.omit(df)
df
```

运行程序，结果如图10.7所示。

```
   买家会员名 买家实际支付金额 宝贝总数量              宝贝标题      类别  订单付款时间
1       mr001           143.50          2         Python黄金组合      图书      43382.95
3       mr003            48.86          1          零基础学C语言      图书      43119.54
6       mr006            41.86          1        零基础学Python      图书      43183.81
7       mr007            55.86          1     C语言精彩编程200例      图书      43184.46
9       mr009            41.86          1  Java项目开发实战入门      图书      43186.31
10      mr010            34.86          1             SQL即查即用      图书      43187.76
11      mr011           299.00          1      VC编程词典个人版  编程词典      43187.76
12      mr012           299.00          1      VB编程词典个人版  编程词典      43187.76
```

图10.7　删除所有包含NA的行

10.2.2　重复值处理

如果数据中有重复数据，在R语言中该如何处理呢？下面介绍R语言对重复数据的处理。在R语言查找数据是否包含重复值主要使用duplicated()函数，例如下面的代码：

```
df <- data.frame(id=c("a","a","a","b","c","d"),value=c(20,33,20,24,15,2))
duplicated(df)
```

运行程序，结果如下：

FALSE FALSE TRUE FALSE FALSE FALSE

数据包含重复值返回TRUE，不包含重复值返回FALSE。需要注意的是：只有所有的行或列相同的数据，duplicated()函数才认为是重复的数据。

重复值已经被找出来了，那么接下来就要对重复值进行处理，方法有以下两种：

① 通过逻辑运算符号“!”去除重复值：

```
df[!duplicated(df),]
```

② 直接通过unique()函数去除重复值：

```
unique(df)
```

【例10.7】　处理学生数学成绩数据中的重复数据（实例位置：资源包\Code\10\07）

下面查找学生数学成绩数据中的重复数据并进行删除处理，运行RStudio，编写如下代码。

```
# 创建学生成绩数据
df <- data.frame("姓名"=c("甲","乙","丙","丙","丁","戊"),
                 "数学成绩"=c(120,133,90,90,85,102))
df
# 查看重复值
duplicated(df)
```

运行程序，结果如图10.8所示。

从运行结果得知：第4行数据重复。接下来使用逻辑运算符号"!"去除重复值，关键代码如下：

```
# 去除重复值
df[!duplicated(df),]
df
```

运行程序，结果如图10.9所示。

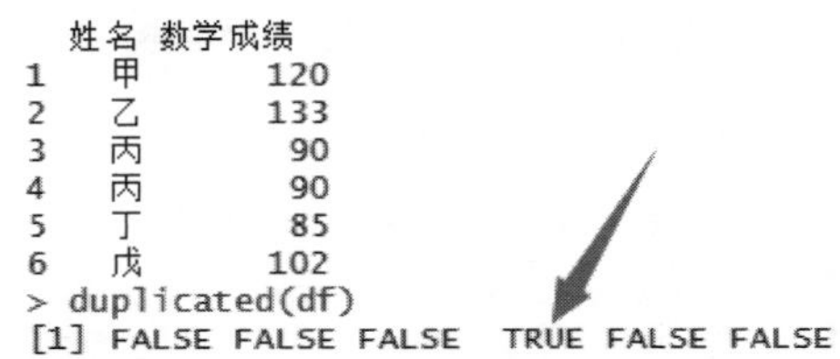

姓名 数学成绩
1 甲 120
2 乙 133
3 丙 90
4 丙 90
5 丁 85
6 戊 102
> duplicated(df)
[1] FALSE FALSE FALSE TRUE FALSE FALSE

图10.8 查看重复值

```
  姓名 数学成绩
1  甲      120
2  乙      133
3  丙       90
5  丁       85
6  戊      102
```

图10.9 去除重复值

从运行结果得知：第4行数据被去除了。

【例10.8】 根据条件判断和去除重复数据（实例位置：资源包\Code\10\08）

duplicated()函数和unique()函数去除的是所有数据相同的重复值，但是在实际工作中，部分数据是允许存在重复值的，例如“姓名”。此时，去掉重复值就需要根据给定的条件，例如只有“学生编号”重复的我们才认为数据是重复的。

首先将数据转换为data.table格式，然后使用duplicated()函数中的by参数指定条件，运行RStudio，编写如下代码。

```
# 加载程序包
library(data.table)
# 创建学生成绩数据
df <- data.frame("考籍号"=c("100501","100502","100501","100503","100504","100505"),
                 "姓名"=c("甲","乙","丙","丙","丁","戊"),
                 "数学成绩"=c(120,133,90,90,85,102))
df
# 将数据转为data.table格式
setDT(df)
# 通过"考籍号"判断重复数据
duplicated(df,by="考籍号")
df
```

运行程序，结果如图10.10所示。

从运行结果得知：第3行数据重复。若使用unique()函数去除“考籍号”重复的数据，则代码如下：

```
unique(df,by="考籍号")
```

```
  考籍号 姓名 数学成绩
1 100501  甲      120
2 100502  乙      133
3 100501  丙       90
4 100503  丙       90
5 100504  丁       85
6 100505  戊      102
> # 将数据转为data.table格式
> setDT(df)
> # 通过“考籍号”判断重复数据
> duplicated(df,by="考籍号")
[1] FALSE FALSE  TRUE FALSE FALSE FALSE
```

图10.10 根据条件判断重复数据

10.2.3 异常值的检测与处理

首先了解一下什么是异常值。在数据分析中异常值是指超出或低于正常范围的值，如年龄大于200、身高大于3米、宝贝总数量为负数等类似数据。那么这些数据如何检测呢？主要有以下几种方法。

☑ 根据给定的数据范围进行判断，不在范围内的数据视为异常值。

☑ 均方差。在统计学中，如果一个数据分布近似正态分布（数据分布的一种形式，呈钟形，两头低，中间高，左右对称），那么大约68%的数据值会在均值的一个标准差范围内，大约95%会在两个标准差范围内，大约99.7%会在三个标准差范围内。

☑ 箱形图。箱形图是显示一组数据分散情况资料的统计图。它可以将数据通过四分位数的形式进行图形化描述。箱形图通过上限和下限作为数据分布的边界。任何高于上限或低于下限的数据都可以被认为是异常值，如图10.11所示。

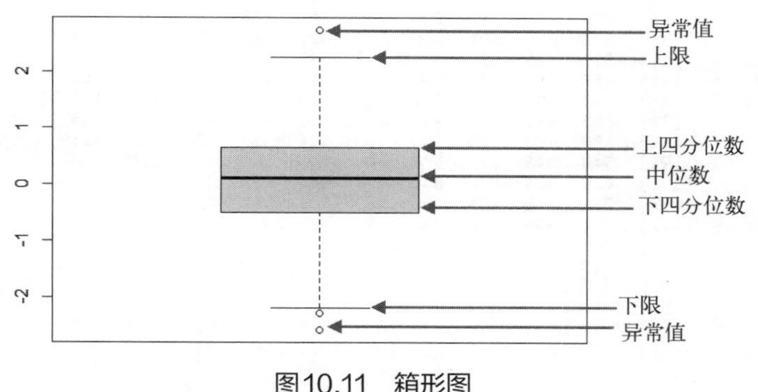

图10.11 箱形图

说明 有关箱形图的介绍以及如何通过箱形图识别异常值可参见第 13 章。

了解了异常值的检测，接下来介绍如何处理异常值，主要包括以下几种处理方式：

① 最常用的方式是删除。

② 将异常值当作缺失值处理，以某个值填充。

③ 将异常值当作特殊情况进行分析，研究异常值出现的原因。

④ 不处理。

10.2.4 数据排序

在对数据进行分析时，数据排序是我们经常需要进行的应用操作，在R语言中，数据排序有两种方法。第一种方法是使用sort()函数，第二种方法是使用doBy包的order()函数，下面分别进行介绍。

10.2.4.1 使用sort()函数实现数据排序

在R语言中，sort()函数用于对向量进行升序或降序排序，还可以对缺失值（NA）进行排序处理。

【例10.9】 使用sort()函数对向量实现排序（实例位置：资源包\Code\10\09）

下面使用sort()函数对rivers数据集中的北美141条河流的长度进行升序和降序排序，运行RStudio，编写如下代码。

```
# 加载包
library(datasets)
# 导入rivers数据集
data(rivers)
# 升序排序
sort(rivers)
# 降序排序
sort(rivers,decreasing = T)
```

运行程序，结果如图10.12所示。

```
> # 升序排序
> sort(rivers)
  [1]  135  202  210  210  215  217  230  230  233  237
 [11]  246  250  250  250  255  259  260  260  265  268
 [21]  270  276  280  280  280  281  286  290  291  300
 [31]  300  300  301  306  310  310  314  315  320  325
 [41]  327  329  330  332  336  338  340  350  350  350
 [51]  350  352  360  360  360  360  375  377  380  380
 [61]  383  390  390  392  407  410  411  420  420  424
 [71]  425  430  431  435  444  445  450  460  460  465
 [81]  470  490  500  500  505  524  525  525  529  538
 [91]  540  545  560  570  600  600  600  605  610  618
[101]  620  625  630  652  671  680  696  710  720  720
[111]  730  735  735  760  780  800  840  850  870  890
[121]  900  900  906  981 1000 1038 1054 1100 1171 1205
[131] 1243 1270 1306 1450 1459 1770 1885 2315 2348 2533
[141] 3710
> # 降序排序
> sort(rivers,decreasing = T)
  [1] 3710 2533 2348 2315 1885 1770 1459 1450 1306 1270
 [11] 1243 1205 1171 1100 1054 1038 1000  981  906  900
 [21]  900  890  870  850  840  800  780  760  735  735
 [31]  730  720  720  710  696  680  671  652  630  625
 [41]  620  618  610  605  600  600  600  570  560  545
 [51]  540  538  529  525  525  524  505  500  500  490
 [61]  470  465  460  460  450  445  444  435  431  430
 [71]  425  424  420  420  411  410  407  392  390  390
 [81]  383  380  380  377  375  360  360  360  360  352
 [91]  350  350  350  350  340  338  336  332  330  329
[101]  327  325  320  315  314  310  310  306  301  300
[111]  300  300  291  290  286  281  280  280  280  276
[121]  270  268  265  260  260  259  255  250  250  250
[131]  246  237  233  230  230  217  215  210  210  202
[141]  135
```

图10.12　使用sort()函数对向量实现排序

【例10.10】 使用sort()函数对缺失值进行排序（实例位置：资源包\Code\10\10）

sort()函数还可以对包含缺失值（NA）的数据进行排序，例如排序缺失值或者不排序缺失值，默认情况下，sort()函数不排序缺失值，但是我们可以使用na.last参数对缺失值进行排序，运行RStudio，编写如下代码。

```
# 创建数据
df <- c(120,133,NA,90,90,85,102)
# 缺失值排在最后
sort(df,na.last = T)
# 缺失值排在最前
sort(df,na.last = F)
```

```
> # 缺失值排在最后
> sort(df,na.last = T)
[1]  85  90  90 102 120 133  NA
> # 缺失值排在最前
> sort(df,na.last = F)
[1]  NA  85  90  90 102 120 133
```

图10.13　使用sort()函数对缺失值进行排序

运行程序，结果如图10.13所示。

10.2.4.2　使用order()函数实现数据排序

doBy包中的order()函数用于对向量和数据框进行升序或降序排序，可以对一列数据排序也可以对多列数据排序。

【例10.11】 按“销量”降序排序（实例位置：资源包\Code\10\11）

下面使用order()函数对数据框进行排序，首先读取Excel文件，然后按“销量”降序排序，运行RStudio，编写如下代码。

```
# 加载包
library(openxlsx)
```

```
03 # 读取Excel文件
04 df <- read.xlsx("datas/mrbook.xlsx",sheet=1)
05 # 按销量降序排序
06 View(df[order(-df[,"销量"]),])
```

代码解析

第06行代码：View()函数用于以表格方式显示数据，-df[,"销量"]中的符号“-”表示降序，[,"销量"]表示“销量”列。

运行程序，排序后的结果如图10.14所示。

	序号	书号	图书名称	定价	销量	类别	大类
2	B02	9787567787421	Android项目开发实战入门	59.8	2355	Android	程序设计
1	B01	9787569204537	Android精彩编程200例	89.8	1300	Android	程序设计
10	B19	9787569208535	零基础学C语言	69.8	888	C语言C++	程序设计
15	B15	9787569222258	零基础学Python	79.8	888	Python	程序设计
14	B21	9787569205688	零基础学Java	69.8	663	Java	程序设计
9	B08	9787567787414	C语言项目开发实战入门	59.8	625	C语言C++	程序设计
16	B26	9787569226607	Python从入门到项目实践	99.8	559	Python	程序设计
5	B05	9787567790988	C#项目开发实战入门	69.8	541	C#	程序设计
20	B20	9787569212709	零基础学HTML5+CSS3	79.8	456	HTML5+CSS3	网页
26	B13	9787567790971	PHP项目开发实战入门	69.8	354	PHP	网站
11	B25	9787569226614	零基础学C++	79.8	333	C语言C++	程序设计
21	B22	9787569210460	零基础学Javascript	79.8	322	Javascript	网页
17	B27	9787569244403	Python项目开发案例集锦	128.0	281	Python	程序设计
8	B07	9787569208696	C语言精彩编程200例	79.8	271	C语言C++	程序设计
27	B24	9787569208689	零基础学PHP	79.8	248	PHP	网站
12	B10	9787569206081	Java精彩编程200例	79.8	241	Java	程序设计
18	B23	9787569212693	零基础学Oracle	79.8	148	Oracle	数据库
24	B09	9787567787438	JavaWeb项目开发实战入门	69.8	129	JavaWeb	网站
4	B04	9787569210453	C#精彩编程200例	89.8	120	C#	程序设计
6	B18	9787569210477	零基础学C#	79.8	120	C#	程序设计
7	B06	9787567787445	C++项目开发实战入门	69.8	120	C语言C++	程序设计
13	B11	9787567787407	Java项目开发实战入门	59.8	120	Java	程序设计
19	B14	9787569221237	SQL即查即用	49.8	120	SQL	数据库
22	B03	9787567799424	ASP.NET项目开发实战入门	69.8	120	ASP.NET	网站
23	B17	9787569221220	零基础学ASP.NET	79.8	120	ASP.NET	网站
25	B12	9787567790315	JSP项目开发实战入门	69.8	120	JSP	网站
3	B16	9787569208542	零基础学Android	89.8	110	Android	程序设计

图10.14　按“销量”降序排序

【例10.12】　按照“图书名称”和“销量”排序（实例位置：资源包\Code\10\12）

按照“图书名称”和“销量”排序，首先按“图书名称”升序排序，然后再按“销量”降序排序，运行RStudio，编写如下代码。

```
# 加载包
library(openxlsx)
# 读取Excel文件
```

```
df <- read.xlsx("datas/mrbook.xlsx",sheet=1)
# 按图书名称升序排序，按销量降序排序
View(df[order(df[,"图书名称"],-df[,"销量"]),])
```

运行程序，排序后的结果如图10.15所示。

	序号	书号	图书名称	定价	销量	类别	大类
1	B01	9787569204537	Android精彩编程200例	89.8	1300	Android	程序设计
2	B02	9787567787421	Android项目开发实战入门	59.8	2355	Android	程序设计
22	B03	9787567799424	ASP.NET项目开发实战入门	69.8	120	ASP.NET	网站
4	B04	9787569210453	C#精彩编程200例	89.8	120	C#	程序设计
5	B05	9787567790988	C#项目开发实战入门	69.8	541	C#	程序设计
7	B06	9787567787445	C++项目开发实战入门	69.8	120	C语言C++	程序设计
8	B07	9787569208696	C语言精彩编程200例	79.8	271	C语言C++	程序设计
9	B08	9787567787414	C语言项目开发实战入门	59.8	625	C语言C++	程序设计
24	B09	9787567787438	JavaWeb项目开发实战入门	69.8	129	JavaWeb	网站
12	B10	9787569206081	Java精彩编程200例	79.8	241	Java	程序设计
13	B11	9787567787407	Java项目开发实战入门	59.8	120	Java	程序设计
25	B12	9787567790315	JSP项目开发实战入门	69.8	120	JSP	网站
26	B13	9787567790971	PHP项目开发实战入门	69.8	354	PHP	网站
16	B26	9787569226607	Python从入门到项目实践	99.8	559	Python	程序设计
17	B27	9787569244403	Python项目开发案例集锦	128.0	281	Python	程序设计
19	B14	9787569221237	SQL即查即用	49.8	120	SQL	数据库
3	B16	9787569208542	零基础学Android	89.8	110	Android	程序设计
23	B17	9787569221220	零基础学ASP.NET	79.8	120	ASP.NET	网站
6	B18	9787569210477	零基础学C#	79.8	120	C#	程序设计
11	B25	9787569226614	零基础学C++	79.8	333	C语言C++	程序设计
10	B19	9787569208535	零基础学C语言	69.8	888	C语言C++	程序设计
20	B20	9787569212709	零基础学HTML5+CSS3	79.8	456	HTML5+CSS3	网页
14	B21	9787569205688	零基础学Java	69.8	663	Java	程序设计
21	B22	9787569210460	零基础学Javascript	79.8	322	Javascript	网页
18	B23	9787569212693	零基础学Oracle	79.8	148	Oracle	数据库
27	B24	9787569208689	零基础学PHP	79.8	248	PHP	网站
15	B15	9787569222258	零基础学Python	79.8	888	Python	程序设计

图10.15　按照“图书名称”和“销量”排序

10.2.5　数据抽样

数据抽样是从全部数据中选择部分数据进行分析，在R语言中dplyr包中的sample()函数可以实现对数据框进行随机抽样，该函数只作用于数据框和dplyr包自带的tbl等格式的数据。sample_n()函数为按行数随机抽样、sample_frac()函数为按比例抽样，语法格式如下：

```
sample_n(tbl, size, replace = FALSE, weight = NULL, .env = NULL, ...)
sample_frac(tbl, size = 1, replace = FALSE, weight = NULL, .env = NULL, ...)
```

参数tb1为数据框，size为要选择的行数，weight用于设置抽样的权重，replace为是否替换。

【例10.13】　随机抽取样本数据（实例位置：资源包\Code\10\13）

下面以mtcars数据集为例，随机抽取样本数据，运行RStudio，编写如下代码。

```
# 加载程序包
library(dplyr)
# 导入数据集
data(mtcars)
# 随机抽样
sample_n(mtcars,5,replace=TRUE)
sample_n(mtcars,5,weight=mpg/mean(mpg))
sample_frac(mtcars,0.1)
sample_frac(mtcars,0.1,weight=1/mpg)
```

运行程序，结果如图10.16所示。

```
> sample_n(mtcars,5,replace=TRUE)
                   mpg cyl disp  hp drat    wt  qsec vs am gear carb
Fiat X1-9         27.3   4   79  66 4.08 1.935 18.90  1  1    4    1
Chrysler Imperial 14.7   8  440 230 3.23 5.345 17.42  0  0    3    4
Volvo 142E        21.4   4  121 109 4.11 2.780 18.60  1  1    4    2
Pontiac Firebird  19.2   8  400 175 3.08 3.845 17.05  0  0    3    2
Valiant           18.1   6  225 105 2.76 3.460 20.22  1  0    3    1
> sample_n(mtcars,5,weight=mpg/mean(mpg))
                  mpg cyl  disp  hp drat    wt  qsec vs am gear carb
Porsche 914-2    26.0   4 120.3  91 4.43 2.140 16.70  0  1    5    2
Ford Pantera L   15.8   8 351.0 264 4.22 3.170 14.50  0  1    5    4
Mazda RX4 Wag    21.0   6 160.0 110 3.90 2.875 17.02  0  1    4    4
Valiant          18.1   6 225.0 105 2.76 3.460 20.22  1  0    3    1
Dodge Challenger 15.5   8 318.0 150 2.76 3.520 16.87  0  0    3    2
> sample_frac(mtcars,0.1)
               mpg cyl disp  hp drat    wt  qsec vs am gear carb
Mazda RX4     21.0   6  160 110 3.90 2.620 16.46  0  1    4    4
Mazda RX4 Wag 21.0   6  160 110 3.90 2.875 17.02  0  1    4    4
Valiant       18.1   6  225 105 2.76 3.460 20.22  1  0    3    1
> sample_frac(mtcars,0.1,weight=1/mpg)
                    mpg cyl disp  hp drat    wt  qsec vs am gear carb
Pontiac Firebird   19.2   8  400 175 3.08 3.845 17.05  0  0    3    2
Maserati Bora      15.0   8  301 335 3.54 3.570 14.60  0  1    5    8
Cadillac Fleetwood 10.4   8  472 205 2.93 5.250 17.98  0  0    3    4
```

图10.16　随机抽样

10.2.6　数据标准化处理

数据标准化，也称数据归一化，它可以将数据处理成都在一个水平线上，是数据挖掘的一项基础工作。原始数据经过数据标准化处理后，各指标数据将处于同一数量级，适合进行综合对比评价。

数据标准化常用方法有3种，如0-1标准化、Z-score标准化和对数标准化，下面介绍在R语言中这些方法是怎么实现的。

（1）0-1标准化

0-1标准化也称离差标准化，是对原始数据的线性变换，使结果值映射到0～1之间，该方法非常简单，通过遍历特征数据里的每一个数值，将Max（最大值）和Min（最小值）记录下来，然后通过Max-Min作为基数（即Min=0，Max=1）进行数据的归一化处理，公式如下：

```
X = (x - Min) / (Max - Min)
```

Max为样本数据的最大值，Min为样本数据的最小值。

该方法的优点是所有的值都是正值，可以直观地反映数据的意义，缺点是当有新数据加入时，可能导致最大值和最小值的变化，需要重新定义。

【例10.14】 对股票数据进行标准化处理（实例位置：资源包\Code\10\14）

在进行股票数据分析时，我们发现volume（成交量）数据相对于open（开盘价）、high（最高价）、close（收盘价）、low（最低价）数值非常大，如图10.17所示。这种情况下如果单独分析成交量，数据是没有问题的。但是，如果对多个指标数据进行分析与可视化时，就会出现数值较小的数据会被数值较大的数据淹没掉，导致在数据分析图表中看不出来。

```
        date open high close  low   volume price_change p_change   ma5  ma10  ma20     v_ma5
1 2023-11-29 6.88 6.88  6.82 6.80 284165.7        -0.05    -0.73 6.894 6.907 6.909 211361.8
2 2023-11-28 6.92 6.92  6.87 6.86 182492.8        -0.03    -0.43 6.918 6.921 6.911 189610.2
3 2023-11-27 6.96 6.97  6.90 6.86 231077.0        -0.05    -0.72 6.936 6.922 6.909 212480.2
4 2023-11-24 6.93 6.98  6.95 6.92 201652.8         0.02     0.29 6.938 6.920 6.904 202918.0
5 2023-11-23 6.93 6.96  6.93 6.89 157420.6        -0.01    -0.14 6.920 6.913 6.906 204138.2
6 2023-11-22 6.97 6.99  6.94 6.94 175408.0        -0.02    -0.29 6.920 6.913 6.907 201479.9
     v_ma10   v_ma20 turnover
1 206420.8 200498.2     0.10
2 202344.3 200426.0     0.06
3 197872.5 204388.0     0.08
4 188932.9 219028.6     0.07
5 189226.6 218678.8     0.05
6 195394.9 223177.5     0.06
```

图10.17　股票数据（前6条数据）

下面使用0-1标准化处理方法对股票数据进行标准化处理，运行RStudio，编写如下代码。

```
# 加载程序包
library(openxlsx)
# 读取Excel文件
df <- read.xlsx("datas/600000.xlsx",sheet=1)
# 显示前6条数据
head(df)
# 抽取数据
feature_data <- data.frame(df$open,df$high,df$low,df$close,df$volume)
# 数据归一化（采用0-1标准化方法）
normalize_data <- (feature_data-min(feature_data))/
                  (max(feature_data)-min(feature_data))
head(normalize_data)
```

运行程序，结果如图10.18所示。

```
      df.open      df.high       df.low     df.close df.volume
1 1.746820e-07 1.746820e-07 1.187838e-07 1.327583e-07 0.1985499
2 2.026311e-07 2.026311e-07 1.607074e-07 1.676947e-07 0.1275082
3 2.305803e-07 2.375675e-07 1.607074e-07 1.886566e-07 0.1614553
4 2.096184e-07 2.445548e-07 2.026311e-07 2.235930e-07 0.1408958
5 2.096184e-07 2.305803e-07 1.816693e-07 2.096184e-07 0.1099895
6 2.375675e-07 2.515421e-07 2.166057e-07 2.166057e-07 0.1225579
```

图10.18　标准化处理后的股票数据（前6条数据）

从运行结果得知：数据发生了变化，所有数据都在一个水平线上。那么，有的读者可能会问：数据归一化后，会不会影响数据的走势？答案是不影响，因为它没有改变原始数据。

（2）Z-score标准化

Z-score标准化方法是对样本数据的均值和标准差进行数据的标准化处理，公式如下：

```
X=(x-u)/σ
```

u为样本数据的均值，σ为样本数据的标准差。

该方法的优点是可以实现对数据的正态化处理。

【例10.15】 Z-score标准化股票数据（实例位置：资源包\Code\10\15）

下面使用Z-score标准化方法处理股票数据，运行RStudio，主要代码如下。

```
# 计算均值和标准差
mean_val <- lapply(feature_data, mean, na.rm = TRUE)
sd_val <- lapply(feature_data, sd, na.rm = TRUE)
# 进行Z-score标准化
z_score <- (feature_data - mean_val) / sd_val
# 标准化结果
head(z_score)
```

（3）对数标准化

对数标准化也是常用的数据标准化处理方法，对数标准化能够让数据更加服从正态分布，在一定程度上能够消除模型异方差、降低共线性等。常用的对数变换如以自然对数为底、以10为底（在变量存在较多0值的情况下对变量加1再进行对数变换），公式如下：

```
X=log(x) #自然对数变换
```

该方法的优点是可以实现对数据的正态化处理，缺点是无法处理小于1的负数值。

【例10.16】 对数标准化股票数据（实例位置：资源包\Code\10\16）

下面使用对数标准化方法处理股票数据，运行RStudio，主要代码如下。

```
# 对数标准化
myval1 <- log(feature_data)
head(myval1)
# 以10为底
myval2 <- log10(feature_data)
head(myval2)
# 加1进行变换
myval3 <- log(feature_data+1)
head(myval3)
```

以上三种方法都可以实现数据的标准化处理，读者可以根据实际需求进行选择。

10.3 数据合并与拆分

10.3.1 数据合并

在数据处理过程，有时候需要对多个数据框进行合并。数据框合并包括横向合并和纵向合并，下面分别进行介绍。

10.3.1.1 数据框横向合并

数据框横向合并，即两个数据框的变量不同。数据框横向合并主要使用merge()函数。

【例10.17】 合并学生成绩表（实例位置：资源包\Code\10\17）

假设一个数据框中包含了学生的“语文”“数学”和“英语”成绩，而另一个数据框则包含了学生的“体育”成绩，现在将它们合并，示意图如图10.19所示。

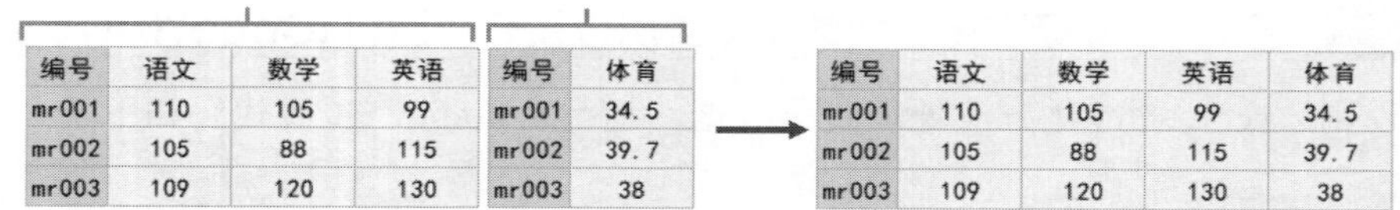

编号	语文	数学	英语
mr001	110	105	99
mr002	105	88	115
mr003	109	120	130

编号	体育
mr001	34.5
mr002	39.7
mr003	38

编号	语文	数学	英语	体育
mr001	110	105	99	34.5
mr002	105	88	115	39.7
mr003	109	120	130	38

图10.19　数据框横向合并效果对比示意图

运行RStudio，编写如下代码。

```
01 # 创建学生成绩数据
02 df1 <- data.frame("编号"=c('mr001','mr002','mr003'),
03                   "语文"=c(110,105,109),
04                   "数学"=c(105,88,120),
05                   "英语"=c(99,115,130))
06
07 df2 <- data.frame("编号"=c('mr001','mr002','mr003'),
08                   "体育"=c(34.5,39.7,38))
09 # 根据编号合并数据框
10 df_merge<-merge(df1,df2,by="编号",all=T)
11 df_merge
```

代码解析

第10行代码：当两个数据框的“编号”不完全一致时，可以通过参数all设置全部保留还是保留某一个数据框的编号。

☑ 两个数据框的“编号”都保留：all=T

☑ 保留df1的编号：all.x=T

☑ 保留df2的编号：all.y=T

运行程序，结果如图10.20所示。

```
   编号 语文 数学 英语 体育
1 mr001  110  105   99 34.5
2 mr002  105   88  115 39.7
3 mr003  109  120  130 38.0
```

图10.20　合并学生成绩表

10.3.1.2　数据框纵向合并

数据框纵向合并，即两个数据框变量名称一致。数据框合并后列数不变，行数增加。数据框纵向合并主要使用rbind()函数。

【例10.18】　纵向合并学生成绩表（实例位置：资源包\Code\10\18）

假设一个数据框中包含了学生的“语文”“数学”和“英语”成绩，另一个数据框也包含了学生的“语文”“数学”和“英语”成绩，现在将它们合并，示意图如图10.21所示。

编号	语文	数学	英语
mr001	110	105	99
mr002	105	88	115
mr003	109	120	130

编号	语文	数学	英语
mr004	110	105	99
mr005	105	88	115
mr006	109	120	130
mr007	134	119	107
mr008	78	66	56

编号	语文	数学	英语
mr001	110	105	99
mr002	105	88	115
mr003	109	120	130
mr004	110	105	99
mr005	105	88	115
mr006	109	120	130
mr007	134	119	107
mr008	78	66	56

图10.21　数据集纵向合并效果对比示意图

运行RStudio，编写如下代码。

```
# 创建学生成绩数据
df1 <- data.frame("编号"=c('mr001','mr002','mr003'),
                  "语文"=c(110,105,109),
                  "数学"=c(105,88,120),
                  "英语"=c(99,115,130))
df2 <- data.frame("编号"=c('mr004','mr005','mr006',
                         'mr007','mr008'),
                  "语文"=c(110,105,109,134,78),
                  "数学"=c(105,88,120,119,66),
                  "英语"=c(99,115,130,107,56))
# 合并数据集
df_merge<-rbind(df1,df2)
df_merge
```

```
   编号 语文 数学 英语
1 mr001  110  105   99
2 mr002  105   88  115
3 mr003  109  120  130
4 mr004  110  105   99
5 mr005  105   88  115
6 mr006  109  120  130
7 mr007  134  119  107
8 mr008   78   66   56
```

图10.22　纵向合并学生成绩表

运行程序，结果如图10.22所示。

10.3.1.3　使用dplyr包的函数合并数据框

dplyr包是一个经常用于数据清洗的R包，主要包括数据筛选、数据选择、数据排列和数据合并等。它是第三方包，第一次使用该包必须先下载并安装好。运行RGui，在控制台输入如下代码：

```
install.packages("dplyr")
```

按下<Enter>键，在CRAN镜像站点的列表中选择镜像站点，然后单击“确定”按钮，开始安装，安装完成后在程序中就可以使用dplyr包了。

dplyr包提供以下四种数据集合并的函数，具体介绍如下：

☑ left_join()函数：左合并，使用左数据集的键作为连接键合并两个数据集，缺失的数据以NA填充。left_join()函数是最常用的数据集合并函数。

☑ right_join()函数：右合并，使用右数据集的键作为连接键合并两个数据集，缺失的数据以NA填充。

☑ inner_join()函数：内部合并，使用来自两个数据集的键的交集。

☑ full_join()函数：全部合并，保留所有数据，缺失的数据以NA填充。

以上四种合并效果示意图，如图10.23所示。

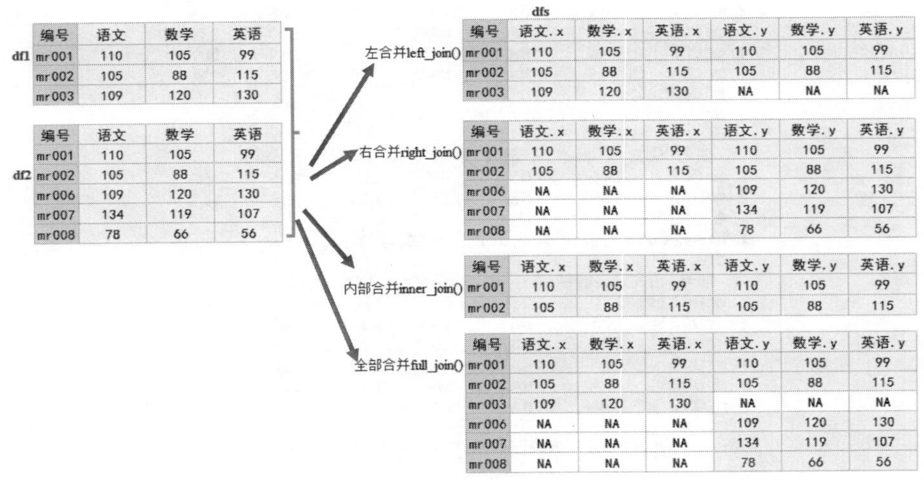

df1

编号	语文	数学	英语
mr001	110	105	99
mr002	105	88	115
mr003	109	120	130

df2

编号	语文	数学	英语
mr001	110	105	99
mr002	105	88	115
mr006	109	120	130
mr007	134	119	107
mr008	78	66	56

dfs

左合并left_join()

编号	语文.x	数学.x	英语.x	语文.y	数学.y	英语.y
mr001	110	105	99	110	105	99
mr002	105	88	115	105	88	115
mr003	109	120	130	NA	NA	NA

右合并right_join()

编号	语文.x	数学.x	英语.x	语文.y	数学.y	英语.y
mr001	110	105	99	110	105	99
mr002	105	88	115	105	88	115
mr006	NA	NA	NA	109	120	130
mr007	NA	NA	NA	134	119	107
mr008	NA	NA	NA	78	66	56

内部合并inner_join()

编号	语文.x	数学.x	英语.x	语文.y	数学.y	英语.y
mr001	110	105	99	110	105	99
mr002	105	88	115	105	88	115

全部合并full_join()

编号	语文.x	数学.x	英语.x	语文.y	数学.y	英语.y
mr001	110	105	99	110	105	99
mr002	105	88	115	105	88	115
mr003	109	120	130	NA	NA	NA
mr006	NA	NA	NA	109	120	130
mr007	NA	NA	NA	134	119	107
mr008	NA	NA	NA	78	66	56

图10.23　四种合并方式示意图

【例10.19】 使用不同方式合并学生成绩表（实例位置：资源包\Code\10\19）

下面使用dplyr包提供的left_join()函数、right_join()函数、inner_join()函数和full_join()函数合并学生成绩表，运行RStudio，编写如下代码。

```
library(dplyr)
# 创建学生成绩数据
df1 <- data.frame("编号"=c('mr001','mr002','mr003'),
                  "语文"=c(110,105,109),
                  "数学"=c(105,88,120),
                  "英语"=c(99,115,130))
df2 <- data.frame("编号"=c('mr001','mr002','mr006','mr007','mr008'),
                  "语文"=c(110,105,109,134,78),
                  "数学"=c(105,88,120,119,66),
                  "英语"=c(99,115,130,107,56))
# 左合并
dfs<-left_join(df1,df2,by="编号")
dfs
# 右合并
dfs<-right_join(df1,df2,by="编号")
dfs
# 内部合并
dfs<-inner_join(df1,df2,by="编号")
dfs
# 全部合并，保留所有数据
dfs<-full_join(df1,df2,by="编号")
dfs
```

运行程序，结果如图10.24所示。

```
> # 左合并
> dfs<-left_join(df1,df2,by="编号")
> dfs
   编号 语文.x 数学.x 英语.x 语文.y 数学.y 英语.y
1 mr001    110    105     99    110    105     99
2 mr002    105     88    115    105     88    115
3 mr003    109    120    130     NA     NA     NA
> # 右合并
> dfs<-right_join(df1,df2,by="编号")
> dfs
   编号 语文.x 数学.x 英语.x 语文.y 数学.y 英语.y
1 mr001    110    105     99    110    105     99
2 mr002    105     88    115    105     88    115
3 mr006     NA     NA     NA    109    120    130
4 mr007     NA     NA     NA    134    119    107
5 mr008     NA     NA     NA     78     66     56
> # 内部合并
> dfs<-inner_join(df1,df2,by="编号")
> dfs
   编号 语文.x 数学.x 英语.x 语文.y 数学.y 英语.y
1 mr001    110    105     99    110    105     99
2 mr002    105     88    115    105     88    115
> # 全部合并，保留所有数据
> dfs<-full_join(df1,df2,by="编号")
> dfs
   编号 语文.x 数学.x 英语.x 语文.y 数学.y 英语.y
1 mr001    110    105     99    110    105     99
2 mr002    105     88    115    105     88    115
3 mr003    109    120    130     NA     NA     NA
4 mr006     NA     NA     NA    109    120    130
5 mr007     NA     NA     NA    134    119    107
6 mr008     NA     NA     NA     78     66     56
```

图10.24 使用不同方式合并学生成绩表

10.3.2 数据拆分

在R语言中，数据拆分主要使用split()函数和subset()函数。split()函数用于根据给定的条件拆分数据，类似于分组，subset()函数返回符合条件的数据，下面分别进行介绍。

10.3.2.1 split()函数

split()函数用于将向量或数据框按照因子或者列表进行分组，返回分组后的列表，语法格式如下：

```
split(x, f, drop = FALSE)
```

参数说明：

☑ x：表示数据向量或DataFrame。

☑ f：表示拆分（分组）数据的因子。

☑ drop：逻辑值，表示是否删除不发生的级别。

【例10.20】 按类别拆分销售数据（实例位置：资源包\Code\10\20）

数据分析过程中，数据多种多样，例如性别包含男女、类别中包含图书和编程词典等。下面使用split()函数将销售数据按“类别”进行拆分，运行RStudio，编写如下代码。

```
# 加载程序包
library(openxlsx)
# 读取Excel文件
df <- read.xlsx("datas/TB2018.xlsx")
# 按类别拆分数据
split(df,df$类别)
```

运行程序，结果如图10.25所示。

```
$编程词典
   买家会员名 买家实际支付金额 宝贝总数量            宝贝标题       类别  订单付款时间
11      mr011              299          1 VC编程词典个人版 编程词典    43187.76
12      mr012              299          1 VB编程词典个人版 编程词典    43187.76

$图书
   买家会员名 买家实际支付金额 宝贝总数量                       宝贝标题 类别 订单付款时间
1       mr001           143.50          2                 Python黄金组合 图书     43382.95
3       mr003            48.86          1                  零基础学C语言 图书     43119.54
4       mr004            81.75         NA SQL Server应用与开发范例宝典 图书     43281.49
6       mr006            41.86          1                 零基础学Python 图书     43183.81
7       mr007            55.86          1              C语言精彩编程200例 图书     43184.46
8       mr008            41.86         NA            C语言项目开发实战入门 图书     43185.97
9       mr009            41.86          1           Java项目开发实战入门 图书     43186.31
10      mr010            34.86          1                    SQL即查即用 图书     43187.76
```

图10.25　按“类别”拆分数据

从运行结果得知：数据按“类别”拆分为两组，类别为“编程词典”的是一组数据，类别为“图书”的是一组数据。

10.3.2.2 subset()函数

subset()函数返回符合条件的数据，例如将销售数据中“类别”为“图书”的数据拆分出来。

【例10.21】 使用subset()函数拆分指定类别的数据（实例位置：资源包\Code\10\21）

下面使用subset()函数将销售数据中“类别”为“图书”的数据拆分出来，运行RStudio，编写如下代码。

```
# 加载程序包
library(openxlsx)
# 读取Excel文件
df <- read.xlsx("datas/TB2018.xlsx")
# 拆分类别为图书的数据
subset(df,类别 == "图书")
```

运行程序，结果如图10.26所示。

	买家会员名	买家实际支付金额	宝贝总数量	宝贝标题	类别	订单付款时间
1	mr001	143.50	2	Python黄金组合	图书	43382.95
3	mr003	48.86	1	零基础学C语言	图书	43119.54
4	mr004	81.75	NA	SQL Server应用与开发范例宝典	图书	43281.49
6	mr006	41.86	1	零基础学Python	图书	43183.81
7	mr007	55.86	1	C语言精彩编程200例	图书	43184.46
8	mr008	41.86	NA	C语言项目开发实战入门	图书	43185.97
9	mr009	41.86	1	Java项目开发实战入门	图书	43186.31
10	mr010	34.86	1	SQL即查即用	图书	43187.76

图10.26 拆分“类别”为“图书”的数据

10.3.3 数据分段cut()

数据分析过程中，对于连续变量（如成绩、年龄、身高等）经常采用分段比较。例如根据联合国世卫组织对人类年龄划分新标准，0至17岁为“未成年人”，18岁至65岁为“青年人”，66岁至79岁为“中年人”，80岁至99岁为“老年人”，100岁以上为“长寿老人”。类似的还有学生成绩划分为优良差等。

在R语言中，实现这种分析方法主要使用cut()函数，首先将数据按照一定的规则进行分段（也叫分箱）然后打上标签。语法格式如下：

```
cut(x, breaks, labels = NULL,include.lowest = FALSE, right = TRUE, dig.lab = 3,ordered_
result = FALSE, ...)
```

主要参数说明：

☑ x：数值向量。

☑ breaks：表示分界点，两个或多个唯一分割点的数值向量或单个数字（大于或等于2），也就是给出参数x被分割的间隔数。

☑ labels：数据分割后每一段的类别名称。

☑ include.lowest：逻辑值，表示是否包括最小值或最大值。

☑ right：逻辑值，默认值为TRUE，表示左开右闭区间，值为FALSE表示左闭右开区间，即数据分割时不包括右边的数据，例如[1,2,3,4,5)不包括5。

【例10.22】 分割成绩数据并标记为“优秀”“良好”等（实例位置：资源包\Code\10\22）

下面使用cut()函数将学生的数学得分数据进行分割并标记为“优秀”“良好”“中等”“一般”“及格”和“不及格”。0～60分（不包括60分）为不及格，60～70分为及格，70～90分为一般，90～100为中等，100～110为良好，110以上为优秀。运行RStudio，编写如下代码。

```
# 创建数值向量
math <- c(56,66,89,101,78,99,120,108,119,130,114)
# 分割数据并标记
bj <- cut(math,breaks=c(-Inf, 60, 70, 90, 100,110,Inf),
     labels = c("不及格","及格","一般","中等","良好","优秀"), right=FALSE)
```

运行程序，结果如图 10.27 所示。

```
 [1] 不及格 及格   一般   良好   一般   中等   优秀   良好   优秀   优秀
[11] 优秀
Levels: 不及格 及格 一般 中等 良好 优秀
```

图10.27　标记结果

10.4　数据转换与重塑

10.4.1　数据转换为数字模式

数据处理过程中，有时需要将数据转换为数字模式，R 语言中的 data.matrix() 函数用于通过将数据框中的所有值转换为数字模式然后返回矩阵，因子和有序因子由其内部代码代替。

【例 10.23】　将数据框中的数据转换数字矩阵（实例位置：资源包\Code\10\23）

下面使用 data.matrix() 函数将数据框中的数据转换为数字矩阵。运行 RStudio，编写如下代码。

```
# 创建向量
name <- c("甲","乙","丙","丁","戊","己","庚","辛","壬","癸")
sex<-c("女","女","男","男","女","男","女","男","女","男")
height<-c(172,176,180,185,168,189,174,188,169,190)
size <- c("S","M","XXXL","XXL","L","XL","M","M","XL","XL")
# 创建数据框
df <- data.frame(name,height,sex,size)
# 数字化
data.matrix(df[2:4])
data.matrix(df)
```

运行程序，结果如图 10.28、图 10.29 和图 10.30 所示。

```
   name height sex size
1    甲    172  女    S
2    乙    176  女    M
3    丙    180  男 XXXL
4    丁    185  男  XXL
5    戊    168  女    L
6    己    189  男   XL
7    庚    174  女    M
8    辛    188  男    M
9    壬    169  女   XL
10   癸    190  男   XL
```

图10.28　原始数据

```
      height sex size
 [1,]    172   2    3
 [2,]    176   2    2
 [3,]    180   1    6
 [4,]    185   1    5
 [5,]    168   2    1
 [6,]    189   1    4
 [7,]    174   2    2
 [8,]    188   1    2
 [9,]    169   2    4
[10,]    190   1    4
```

图10.29　第 2 ~ 4 列数字化

```
      name height sex size
 [1,]    6    172   2    3
 [2,]   10    176   2    2
 [3,]    1    180   1    6
 [4,]    2    185   1    5
 [5,]    8    168   2    1
 [6,]    5    189   1    4
 [7,]    3    174   2    2
 [8,]    9    188   1    2
 [9,]    7    169   2    4
[10,]    4    190   1    4
```

图10.30　全部数字化

10.4.2　数据转置

数据转置就是将行变成列。在R语言中使用t()函数可以将矩阵或数据框进行行列转置，例如转换客户销售数据，对比效果如图10.31所示。

客户	销售额
A	100
B	200
C	300
D	400
E	500

A	B	C	D	E
100	200	300	400	500

图10.31　数据转置

【例10.24】 mtcars数据集的行列转置（实例位置：资源包\Code\10\24）

下面使用R语言自带的数据集mtcars实现行列转置。首先抽取部分数据，然后使用t()函数实现行列转置，运行RStudio，编写如下代码。

```
# 抽取数据
mydata <- mtcars[1:5,1:3]
mydata
# 行列转置
t(mydata)
```

运行程序，结果如图10.32和图10.33所示。

```
                   mpg cyl disp
Mazda RX4         21.0   6  160
Mazda RX4 Wag     21.0   6  160
Datsun 710        22.8   4  108
Hornet 4 Drive    21.4   6  258
Hornet Sportabout 18.7   8  360
```

图10.32　转置前

```
     Mazda RX4 Mazda RX4 Wag Datsun 710 Hornet 4 Drive Hornet Sportabout
mpg         21            21       22.8           21.4              18.7
cyl          6             6        4.0            6.0               8.0
disp       160           160      108.0          258.0             360.0
```

图10.33　转置后

10.4.3　数据整合

在数据处理的过程中往往会出现将短数据变成长数据的需求，也就是数据整合，将列数据整合为行数据，也可以说是合并为行数据。例如整合客户销售数据，对比效果如图10.34所示。

A	B	C	D	E
100	200	300	400	500

客户	销售额
A	100
B	200
C	300
D	400
E	500

图10.34　数据整合

在R语言中reshape2包中的melt()函数可以解决上述问题。reshape2包在数据重塑和数据整合这两个方面非常强大和灵活。

【例10.25】 各平台列数据整合为行数据（实例位置：资源包\Code\10\25）

例如有一组电商销售数据，包括每年各个平台（如京东、天猫和自营）的销售额，下面使用melt()函数将各个平台的销售数据整合在一起。运行RStudio，编写如下代码。

```
# 加载程序包
library(reshape2)
library(openxlsx)
# 读取Excel文件
df <- read.xlsx("datas/books1.xlsx",sheet=2)
# 抽取3～6列数据
df <- df[,3:6]
# 查看数据
head(df)
# 数据整合
df1 <- melt(df,id="年份",variable.name="平台",value.name = "销售额")
df1
```

运行程序，结果如图10.35和图10.36所示。

	年份	京东	天猫	自营
1	2016	16800	32550	80695
2	2017	89044	187800	28834
3	2018	156010	234708	94382
4	2019	157856	290017	57215
5	2020	558909	321400	104202
6	2021	1298890	432578	154088

图10.35　整合前

	年份	平台	销售额
1	2016	京东	16800
2	2017	京东	89044
3	2018	京东	156010
4	2019	京东	157856
5	2020	京东	558909
6	2021	京东	1298890
7	2022	京东	1525004
8	2016	天猫	32550
9	2017	天猫	187800
10	2018	天猫	234708
11	2019	天猫	290017
12	2020	天猫	321400
13	2021	天猫	432578
14	2022	天猫	584500
15	2016	自营	80695
16	2017	自营	28834
17	2018	自营	94382
18	2019	自营	57215
19	2020	自营	104202
20	2021	自营	154088
21	2022	自营	179271

图10.36　整合后

本章思维导图

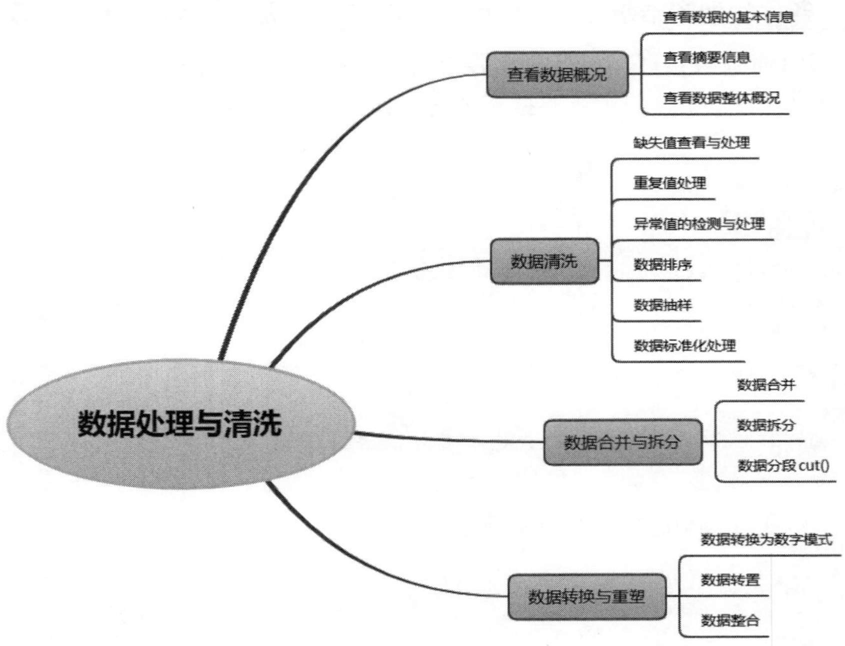
数据处理与清洗
查看数据概况
查看数据的基本信息
查看摘要信息
查看数据整体概况
数据清洗
缺失值查看与处理
重复值处理
异常值的检测与处理
数据排序
数据抽样
数据标准化处理
数据合并与拆分
数据合并
数据拆分
数据分段 cut()
数据转换与重塑
数据转换为数字模式
数据转置
数据整合

第11章

数据统计计算

数据分析过程中少不了数据统计计算。本章主要介绍数据求和、求均值、中位数、众数、方差、标准差、变异系数以及偏度和峰度等。

11.1 基本数据计算

R语言提供了大量的数据计算函数，可以实现求和、求均值、求最大值、求最小值、求中位数、求众数、求方差和标准差等，从而使得数据统计变得简单高效。

11.1.1 求和

在R语言中对数据求和的方法有多种，主要包括直接相加、使用sum()函数求和（或求记录数）、使用rowSums()函数对行数据求和、使用colSums()函数对列数据求和，下面分别进行介绍。

11.1.1.1 直接相加

通过直接相加的方法求和，例如1+2=3。

【例11.1】 计算语文、数学和英语三科的总成绩（实例位置：资源包\Code\11\01）

首先，创建一组数据，包括语文、数学和英语三科的成绩，如图11.1所示，然后通过直接相加的方法计算语文、数学和英语三科的总成绩。

运行RStudio，编写如下代码。

```
# 创建数据框
df <- data.frame(
  数学 = c(105,88,120),
  语文 = c(110,105,109),
  英语 = c(99,115,130))
df$总成绩 <- df$数学+df$语文+df$英语
df
```

运行程序，结果如图11.2所示。

	语文	数学	英语
1	110	105	99
2	105	88	115
3	109	120	130

图11.1 数据框

```
  数学 语文 英语 总成绩
1  105  110   99    314
2   88  105  115    308
3  120  109  130    359
```

图11.2 计算三科的总成绩

11.1.1.2　sum()函数

R语言中的sum()函数用于计算向量数据的加和、dataframe数据列的加和、列表list的加和（数据中包含NA的情况）。例如计算向量数据的加和，代码如下：

```
x <- c(99,100,123)
sum(x)
```

【例11.2】　使用sum()函数对向量数据求和（实例位置：资源包\Code\11\02）

下面使用sum()函数对向量求和。代码及结果如图11.3所示。

【例11.3】　使用sum()函数统计数据框的数据（实例位置：资源包\Code\11\03）

使用sum()函数还可以统计数据框中符合指定条件的数据的记录数。例如统计数学成绩大于90分的人数、语文成绩大于115分的人数等，运行RStudio，编写如下代码。

```
# 创建数据框
df <- data.frame(
  数学 = c(105,88,120,90,101,134,68,58),
  语文 = c(110,105,109,120,117,85,134,99),
  英语 = c(99,115,130,134,120,67,89,55))
# 统计数学大于90的人数
sum(df$数学>90)
# 统计数学等于90的人数
sum(df$数学==90)
# 统计数学不等于90的人数
sum(df$数学!=90)
# 统计数学大于90小于130的人数
sum(df$数学>90 & df$数学<130)
# 统计数学大于90并且语文大于105的人数
sum(df$数学>90 | df$语文> 105)
```

运行程序，结果如图11.4所示。

```
> x <- c(99,100,123)
> sum(x)
[1] 322
> y <- c(1.5,2.3,3.1415)
> sum(y)
[1] 6.9415
> z <- c(-109,-80,-56)
> sum(z)
[1] -245
> sum(x,y,z)
[1] 83.9415
> # 指定范围的数值求和
> sum(1:99)
[1] 4950
> sum(-1:-99)
[1] -4950
```

图11.3　对向量数据求和

```
> # 统计数学大于90的人数
> sum(df$数学>90)
[1] 4
> # 统计数学等于90的人数
> sum(df$数学==90)
[1] 1
> # 统计数学不等于90的人数
> sum(df$数学!=90)
[1] 7
> # 统计数学大于90小于130的人数
> sum(df$数学>90 & df$数学<130)
[1] 3
> # 统计数学大于90并且语文大于105的人数
> sum(df$数学>90 | df$语文> 105)
[1] 6
```

图11.4　使用sum()函数统计dataframe的数据

11.1.1.3　行数据求和（rowSum()函数）

对行数据求和可以使用rowSum()函数。下面通过具体的实例进行介绍。

【例11.4】　使用rowSum()函数计算应发工资（实例位置：资源包\Code\11\04）

例如计算工资表中各项金额的总计，即应发工资。运行RStudio，编写如下代码。

```
# 创建数据框
df <- data.frame(
  基本工资 = c(1800,900,1200,1900),
  岗位工资 = c(2000,1250,1550,960),
  绩效工资 = c(3040,1610,1920,1150),
  工龄工资 = c(100,30,50,90))
df
# 计算应发工资
rowSums(df)
```

运行程序，结果如图11.5所示。

上述运行结果中，数据看上去不是很直观，下面新增一列作为工资各项的求和结果（即应发工资）添加到dataframe数据的最后一列，关键代码如下：

```
df <- cbind(df,rowSums(df))
```

运行程序，结果如图11.6所示。

```
  基本工资 岗位工资 绩效工资 工龄工资
1     1800     2000     3040      100
2      900     1250     1610       30
3     1200     1550     1920       50
4     1900      960     1150       90
> rowSums(df)
[1] 6940 3790 4720 4100
```

图11.5　使用rowSum()函数计算工资项合计

```
  基本工资 岗位工资 绩效工资 工龄工资 rowSums(df)
1     1800     2000     3040      100        6940
2      900     1250     1610       30        3790
3     1200     1550     1920       50        4720
4     1900      960     1150       90        4100
```

图11.6　使用rowSum()函数计算应发工资

11.1.1.4　列数据求和（colSum()函数）

对列数据求和可以使用colSum()函数。下面通过具体的实例进行介绍。

【例11.5】　使用colSum()函数计算工资各项合计（实例位置：资源包\Code\11\05）

例如计算工资表中每一项的合计金额，如合计基本工资、岗位工资、绩效工资和工龄工资。运行RStudio，编写如下代码。

```
# 创建数据框
df <- data.frame(
  基本工资 = c(1800,900,1200,1900),
  岗位工资 = c(2000,1250,1550,960),
  绩效工资 = c(3040,1610,1920,1150),
  工龄工资 = c(100,30,50,90))
colSums(df)
# 将列求和结果添加到最后一行
df <- rbind(df,colSums(df))
df
```

```
  基本工资 岗位工资 绩效工资 工龄工资
1     1800     2000     3040      100
2      900     1250     1610       30
3     1200     1550     1920       50
4     1900      960     1150       90
5     5800     5760     7720      270
```

图11.7　使用colSum()函数计算工资各项合计

运行程序，结果如图11.7所示。

11.1.1.5　行/列数据求和（apply()函数）

对于行/列数据的计算还可以使用apply()函数。

【例11.6】　使用apply()函数实现求和计算（实例位置：资源包\Code\11\06）

下面使用apply()函数对工资数据进行求和计算。运行RStudio，编写如下代码。

```
# 创建数据框
df <- data.frame(
  基本工资 = c(1800,900,1200,1900),
  岗位工资 = c(2000,1250,1550,960),
  绩效工资 = c(3040,1610,1920,1150),
  工龄工资 = c(100,30,50,90))
# 对行数据求和
apply(df,1,sum)
# 对列数据求和
apply(df,2,sum)
```

```
  基本工资 岗位工资 绩效工资 工龄工资
1     1800     2000     3040      100
2      900     1250     1610       30
3     1200     1550     1920       50
4     1900      960     1150       90
> # 对行数据求和
> apply(df,1,sum)
[1] 6940 3790 4720 4100
> # 对列数据求和
> apply(df,2,sum)
基本工资 岗位工资 绩效工资 工龄工资
    5800     5760     7720      270
```

图11.8　使用apply()函数实现求和计算

运行程序，结果如图11.8所示。

11.1.2　求均值

在R语言中可以通过多种方法求均值，例如直接计算、使用mean()函数、apply()函数、rowMeans()函数或colMeans()函数。日常开发中可以根据实际需求选择适合的方法，建议对数据框中的数据求均值使用apply()函数、rowMeans()函数或colMeans()函数，向量求均值使用mean()函数。下面通过具体的实例进行介绍。

【例11.7】　计算语文、数学和英语各科的平均分（实例位置：资源包\Code\11\07）

下面使用不同的方法计算语文、数学和英语各科成绩的平均值，运行RStudio，编写如下代码。

```
# 创建数据框
df <- data.frame(
  数学 = c(105,88,120,90,101,134,68,58),
  语文 = c(110,105,109,120,117,85,134,99),
  英语 = c(99,115,130,134,120,67,89,55))
df
# 数学、语文和英语各科的平均分
colMeans(df)
apply(df,2,mean)
# 数学的平均分
mean(df[,"数学"])
# 将平均分结果并入最后一行
df <- rbind(df,colMeans(df))
df
```

```
> # 数学、语文和英语各科的平均分
> colMeans(df)
   数学    语文    英语
 95.500 109.875 101.125
> apply(df,2,mean)
   数学    语文    英语
 95.500 109.875 101.125
> # 数学的平均分
> mean(df[,"数学"])
[1] 95.5
> # 将平均分结果并入最后一行
> df <- rbind(df,colMeans(df))
> df
   数学    语文    英语
1 105.0 110.000  99.000
2  88.0 105.000 115.000
3 120.0 109.000 130.000
4  90.0 120.000 134.000
5 101.0 117.000 120.000
6 134.0  85.000  67.000
7  68.0 134.000  89.000
8  58.0  99.000  55.000
9  95.5 109.875 101.125
```

图11.9　计算语文、数学和英语各科的平均分

运行程序，结果如图11.9所示。

下面重点介绍mean()函数，mean()函数用于在R语言中计算平均值，语法格式如下：

```
mean(x, trim = 0, na.rm = FALSE, ...)
```

参数说明：

☑ x：表示向量。

☑ trim：用于从排序的向量中的去掉两端数据的百分比，取值在0～0.5之间，例如trim=0.1时，即表示删除最大和最小各10%的元素。

☑ na.rm：逻辑值，是否从向量中删除缺失值（NA），默认值为FALSE，不删除。

【例11.8】　使用mean()函数计算向量的平均值（实例位置：资源包\Code\11\08）

下面使用mean()函数计算向量的平均值，要求去掉指定的值和空值，然后计算平均值代码及结果如图11.10所示。

```
> # 创建向量
> x <- c(122,78,33,67,18,21,154,-99,8,-5)
> # 计算平均值
> result <-  mean(x)
> result
[1] 39.7
> # 排序后去掉两端的两个值，然后计算平均值
> result <-  mean(x,trim = 0.2)
> result
[1] 37.5
> y <- c(122,78,33,67,18,21,154,-99,8,-5,NA)
> # 去掉空值后计算平均值
> result <-  mean(y,na.rm = TRUE)
> result
[1] 39.7
```

图11.10　使用mean()函数计算向量的平均值

11.1.3　加权平均值weighted.mean()函数

weighted.mean()函数用于计算加权平均值，语法格式如下：

```
weighted.mean(x, w, ..., na.rm = FALSE)
```

主要参数说明：

☑ x：包含要计算其加权平均值的对象。

☑ w：一个与x长度相同的权重的数值向量，即x元素的权重（注：权重 = 因素值 / 所有因素值之和）。

例如某药品5个批次进货单价分别为5.12、6.5、5.8、5.45、5.23，下面计算加权平均值，示例代码如下：

```
x <- c(5.12,6.5,5.8,5.45,5.23)
# 权重 = 因素值 / 所有因素值之和
wt <- c(5.12,6.5,5.8,5.45,5.23)/28.1
# 计算加权平均值
myval <- weighted.mean(x, wt)
myval
```

运行程序，结果为：[1] 5.66405。

11.1.4　子集平均值ave()函数

对参数x的子集进行平均，每个子集由因子水平相同的观测值组成，语法格式如下：

```
ave(x, ..., FUN = mean)
```

例如下面的代码：

```
ave(1:5)
ave(2:8)
```

运行程序，结果如下：

[1] 3 3 3 3 3

[1] 5 5 5 5 5 5 5

【例11.9】　损坏次数与纱线类型和张力的平均值（实例位置：资源包\Code\11\09）

下面以内置数据集warpbreaks为例，该数据集为织布机异常数据，包括54条记录3个变量，其中变量breaks为数值型，表示损坏次数，wool为因子类型，表示纱线类型，tension为因子类型，表示纱线张力。计算纱线损坏次数与纱线类型、纱线损坏次数与纱线张力的平均值，主要使用ave()函数。代码及结果如图11.11所示。

```
> # 导入数据集
> data(warpbreaks)
> ave(warpbreaks$breaks, warpbreaks$wool)
 [1] 31.03704 31.03704 31.03704 31.03704 31.03704 31.03704 31.03704 31.03704 31.03704
[10] 31.03704 31.03704 31.03704 31.03704 31.03704 31.03704 31.03704 31.03704 31.03704
[19] 31.03704 31.03704 31.03704 31.03704 31.03704 31.03704 31.03704 31.03704 31.03704
[28] 25.25926 25.25926 25.25926 25.25926 25.25926 25.25926 25.25926 25.25926 25.25926
[37] 25.25926 25.25926 25.25926 25.25926 25.25926 25.25926 25.25926 25.25926 25.25926
[46] 25.25926 25.25926 25.25926 25.25926 25.25926 25.25926 25.25926 25.25926 25.25926
> ave(warpbreaks$breaks, warpbreaks$tension)
 [1] 36.38889 36.38889 36.38889 36.38889 36.38889 36.38889 36.38889 36.38889 36.38889
[10] 26.38889 26.38889 26.38889 26.38889 26.38889 26.38889 26.38889 26.38889 26.38889
[19] 21.66667 21.66667 21.66667 21.66667 21.66667 21.66667 21.66667 21.66667 21.66667
[28] 36.38889 36.38889 36.38889 36.38889 36.38889 36.38889 36.38889 36.38889 36.38889
[37] 26.38889 26.38889 26.38889 26.38889 26.38889 26.38889 26.38889 26.38889 26.38889
[46] 21.66667 21.66667 21.66667 21.66667 21.66667 21.66667 21.66667 21.66667 21.66667
> ave(warpbreaks$breaks, warpbreaks$tension, FUN = function(x) mean(x, trim = 0.1))
 [1] 35.6875 35.6875 35.6875 35.6875 35.6875 35.6875 35.6875 35.6875 35.6875 26.3125
[11] 26.3125 26.3125 26.3125 26.3125 26.3125 26.3125 26.3125 26.3125 21.0625 21.0625
[21] 21.0625 21.0625 21.0625 21.0625 21.0625 21.0625 21.0625 35.6875 35.6875 35.6875
[31] 35.6875 35.6875 35.6875 35.6875 35.6875 35.6875 26.3125 26.3125 26.3125 26.3125
[41] 26.3125 26.3125 26.3125 26.3125 26.3125 21.0625 21.0625 21.0625 21.0625 21.0625
[51] 21.0625 21.0625 21.0625 21.0625
```

图11.11　纱线损坏次数与纱线类型、纱线张力的平均值

11.1.5　求最大值

在R语言中求最大值可以使用apply()函数，设置FUN参数为max即可。

【例11.10】　计算语文、数学和英语各科的最高分（实例位置：资源包\Code\11\10）

下面使用apply()函数计算语文、数学和英语各科成绩的最高分，运行RStudio，编写如下代码。

```
# 创建数据框
df <- data.frame(
  数学 = c(105,88,120,90,101,134,68,58),
  语文 = c(110,105,109,120,117,85,134,99),
  英语 = c(99,115,130,134,120,67,89,55))
df
# 数学、语文和英语各科成绩的最高分
apply(df,2,max)
# 将最高分结果并入最后一行
df <- rbind(df,apply(df,2,max))
df
```

运行程序，结果如图11.12所示。

```
> # 数学、语文和英语各科成绩的最高分
> apply(df,2,max)
数学 语文 英语
 134  134  134
> # 将最高分结果并入最后一行
> df <- rbind(df,apply(df,2,max))
> df
  数学 语文 英语
1  105  110   99
2   88  105  115
3  120  109  130
4   90  120  134
5  101  117  120
6  134   85   67
7   68  134   89
8   58   99   55
9  134  134  134
```

图11.12　计算语文、数学和英语各科的最高分

从运行结果得知：数学最高分134分，语文最高分134分，英语最高分134分。

11.1.6 求最小值

在R语言中求最大值可以使用apply()函数，设置FUN参数为min即可。

【例11.11】 计算语文、数学和英语各科的最低分（实例位置：资源包\Code\11\11）

下面使用apply()函数计算语文、数学和英语各科成绩的最低分，运行RStudio，编写如下代码。

```
# 创建数据框
df <- data.frame(
  数学 = c(105,88,120,90,101,134,68,58),
  语文 = c(110,105,109,120,117,85,134,99),
  英语 = c(99,115,130,134,120,67,89,55))
df
# 数学、语文和英语各科成绩的最低分
apply(df,2,min)
# 将最低分结果并入最后一行
df <- rbind(df,apply(df,2,min))
df
```

```
> # 数学、语文和英语各科成绩的最低分
> apply(df,2,min)
数学 语文 英语
  58   85   55
> # 将最高分结果并入最后一行
> df <- rbind(df,apply(df,2,min))
> df
  数学 语文 英语
1  105  110   99
2   88  105  115
3  120  109  130
4   90  120  134
5  101  117  120
6  134   85   67
7   68  134   89
8   58   99   55
9   58   85   55
```

图11.13 计算语文、数学和英语各科的最低分

运行程序，结果如图11.13所示。

从运行结果得知：数学最低分58分，语文最低分85分，英语最低分55分。

11.1.7 最小值、最大值range()函数

range()函数返回一个向量，其中包含所有给定参数的最小值和最大值，例如下面的代码：

```
x <- c(21,190,78,66,3.1415,-90,888,101)
range(x)
```

运行程序，结果为：[1] -90 888

从运行结果得知：最小值为-90，最大值为888。

11.1.8 求中位数

中位数又称中值，是统计学专有名词，是指按顺序排列的一组数据中位于中间位置的数，其不受异常值的影响，例如年龄23、45、35、25、22、34、28这7个数，中位数就是排序后位于中间的数字，即28，而年龄23、45、35、25、22、34、28、27这8个数，中位数则是排序后中间两个数的平均值，即28.5。

在R语言中使用median()函数来计算中位数，语法格式如下：

```
median(x, na.rm = FALSE, ...)
```

参数说明：

☑ x：计算对象，可以是向量、矩阵、数组或数据框。

☑ na.rm：逻辑值，是否从计算对象中删除缺失值（NA），默认值为FALSE，不删除。

【例11.12】 计算数学成绩的中位数（实例位置：资源包\Code\11\12）

有10名同学参加数学竞赛，他们的成绩为134、128、119、139、121、110、109、99、

136.5和142。下面使用median()函数计算中位数，运行RStudio，编写如下代码。

```
x <- c(134,128,119,139,121,110,109,99,136.5,142)
median(x)
```

运行程序，结果为124.5。

11.1.9 返回多个计算结果fivenum()函数

如果想一次性计算最小值、下四分位数、中位数、上四分位数和最大值可以使用fivenum()函数，从函数名称就可以看出该函数用于一次性返回5个计算结果。例如计算数学、语文和英语成绩的最小值、下四分位数、中位数、上四分位数和最大值，示例如下：

```
# 创建数据框
df <- data.frame(
                  数学 = c(105,88,120,90,101,134,68,58),
                  语文 = c(110,105,109,120,117,85,134,99),
                  英语 = c(99,115,130,134,120,67,89,55))
fivenum(df$数学)
fivenum(df$语文)
fivenum(df$英语)
```

运行程序，结果如图11.14所示。

```
> fivenum(df$数学)
[1]  58.0  78.0  95.5 112.5 134.0
> fivenum(df$语文)
[1]  85.0 102.0 109.5 118.5 134.0
> fivenum(df$英语)
[1]  55  78 107 125 134
```

图11.14 最小值、下四分位数、中位数、上四分位数和最大值

11.1.10 求众数

什么是众数？众数的众字有多的意思，顾名思义，众数就是一组数据中出现次数最多的数，它代表了数据的一般水平。与平均值和中位数不同，众数可以是数字1也可以是字符串。

在R语言中没有专门用于计算众数的函数，需要通过table()函数结合which.max()函数找出众数或者自己编写一个计算众数的函数，下面分别进行介绍。

【例11.13】 众数的应用（实例位置：资源包\Code\11\13）

下面给出身高数据和性别数据，然后计算这两组数据的众数。运行RStudio，编写如下代码。

```
# 创建向量
x <- c(167,160,159,165,160,165,160,175,162,169,165)
y <- c("女","男","女","女","男","男","女","女")
# 计算每个值出现的次数
n1 <- table(x)
n2 <- table(y)
# 找出出现次数最多的值的索引
index1 <- which.max(n1)
index2 <- which.max(n2)
# 输出众数及出现的次数
n1[index1]
n2[index2]
```

运行程序，结果如下：

160 3

女 5

从运行结果得知：160出现的次数最多为3次，160为众数；女出现的次数最多为5次，女为众数。

↙ 代码解析

第04行代码：table()函数用于统计因子各水平的出现次数（即频数或频率），也可以对向量统计每个不同元素的出现次数。

第08行代码：which.max()函数用于返回向量中第一个最大值的索引。

【例11.14】 自定义计算众数的函数（实例位置：资源包\Code\11\14）

下面自定义计算众数的函数，运行RStudio，编写如下代码。

```
01 # 自定义计算众数的函数mode()
02 mode <- function(a) {
03   b <- unique(a)
04   b[which.max(tabulate(match(a,b)))]
05 }
06 # 创建向量
07 x <- c(167,160,159,165,160,165,160,175,162,169)
08 # 计算众数
09 mode(x)
```

运行程序，结果为160。即160出现的次数最多，160为众数。

↙ 代码解析

第03行代码：unique()函数用于返回一个将重复元素或行删除的向量、数据框或数组。

第04行代码：tabulate()函数用于计算向量中整数值的出现次数；match()函数，如match(a,b)用于将a中的元素逐个匹配b中的所有元素，如果匹配则返回匹配的元素在b向量的位置。

11.2 高级数据计算

11.2.1 求分位数quantile()函数

分位数也称分位点，它以概率依据将数据分割为几个等份，常用的有中位数（即二分位数）、四分位数、百分位数等。分位数是数据分析中常用的一个统计量，经过抽样得到一个样本值，例如经常会听老师说："这次考试竟然有20%的同学不及格！"那么这句话就体现了分位数的应用。

在R语言中使用quantile()函数求分位数。quantile()函数默认返回五个数值，即最小值、第一分位数值、第二分位（中位数）数值、第三分位数值和最大值。

【例11.15】 通过分位数确定被淘汰的25%的学生（实例位置：资源包\Code\11\15）

以学生成绩为例，数学成绩分别为120、89、98、78、65、102、112、56、79、45的10名同学，现根据分数淘汰25%的学生该如何处理？首先使用quantile()函数计算分位数，其中第二分位就是25%的分数，然后将学生成绩与该分数进行比较，筛选出小于等于该分数的学生，运行RStudio，编写如下代码。

```
# 创建向量
x <- c(120,89,98,78,65,102,112,56,79,45)
# 计算向量x的分位数
y <- quantile(x)
# 输出分位数
print(y)
# 输出被淘汰的25%的分数
x[c(x <= y[2])]
```

```
> # 输出分位数
> print(y)
    0%    25%    50%    75%   100%
 45.00  68.25  84.00 101.00 120.00
> # 输出被淘汰的25%的分数
> x[c(x <= y[2])]
[1] 65 56 45
```

图11.15 通过分位数确定被淘汰的25%的学生

运行程序，结果如图11.15所示。

从运行结果得知：被淘汰的学生有3名，他们的分数为65、56和45。

11.2.2 四分位间距IQR()函数

四分位间距也称内矩或四分位差，它是上四分位数与下四分位数的差，即Q3-Q1，其中Q3表示上四分位数为数据的75%分位点所对应的值，Q1表示下四分位数为数据的25%分位点所对应的值。

四分位间距是常用的描述统计量，用于查看数据的分布情况，以帮助我们更好地理解和分析数据。

四分位间距是对数据离散程度的衡量，通过分析数据的中间50%的范围来计算。它可以帮助我们了解数据在中位数方位的扩散情况。四分位间距越大，意味着数据的差异性越大，反之差异性越小。

在R语言中，可以使用IQR()函数计算数据集的四分位间距，例如计算向量的四分位间距，代码如下：

```
x <- c(335,188, 99, 200,45,76,210,101)
IQR(x)
```

运行程序，结果为109.25。

例如计算河流数据集的四分位间距，代码如下：

```
IQR(rivers)
```

运行程序，结果为370。

11.2.3 求方差

方差用于衡量一组数据的离散程度，即各组数据与它们的平均数的差的平方，那么我们用这个结果来衡量这组数据的波动大小，并把它叫作这组数据的方差，方差越小，数据的波动越小，数据越稳定，反之，方差越大，数据的波动越大，数据越不稳定。下面简单介绍下方差的意义，相信通过一个简单的举例您就会了解。

例如某校两名同学的物理成绩都很优秀，而参加物理竞赛的名额只有一个，那么选谁去获得名次的概率更大？于是根据历史数据计算出了两名同学的平均成绩，但结果是实力相当，平均成绩都是107.6，怎么办？这时让方差帮你决定，看看谁的成绩更稳定。首先汇总物理成绩，如图11.16所示。

通过方差对比两名同学物理成绩的波动，如图11.17所示。

	物理1	物理2	物理3	物理4	物理5
小黑	110	113	102	105	108
小白	118	98	119	85	118

图11.16　物理成绩

	物理1	物理2	物理3	物理4	物理5
小黑	5.76	29.16	31.36	6.76	0.16
小白	108.16	92.16	129.96	510.76	108.16

图11.17　方差

接着来看下总体波动（方差和）：小黑的数据是73.2，小白的数据是949.2，很明显“小黑”的物理成绩波动较小，发挥更稳定，所以应该选“小黑”参加物理竞赛。

以上举例就是方差的意义。大数据时代，它能够帮助我们解决很多身边的问题、协助我们作出合理的决策。

在R语言中通过var()函数可以实现方差运算，语法格式如下：

```
var(x, y = NULL, na.rm = FALSE, use)
```

参数说明：

☑ x：一个数值型向量、矩阵或数据框。

☑ y：与x维度相容的一个向量、矩阵或数据框，默认值为NULL。

☑ na.rm：逻辑值，表示是否删除缺失值（NA），默认值为FALSE。

☑ use：可选参数，字符型，表示当数据中有缺失值时，计算协方差的方法。参数值为“everything”“all.obs”“complete.obs”“na.or.complete”或“pairwise.complete.obs”。

【例11.16】　通过方差判断谁的物理成绩更稳定（实例位置：资源包\Code\11\16）

下面使用var()函数计算“小黑”和“小白”物理成绩的方差，运行RStudio，编写如下代码。

```
# 创建数据框
df <- data.frame(
                    小黑 = c(110,113,102,105,108),
                    小白 = c(118,98,119,85,118))
# 计算方差
var(df[,"小黑"])
var(df[,"小白"])
```

运行程序，结果如下：

小黑 18.3

小白 237.3

从运行结果得知：“小黑”的物理成绩波动较小，发挥更稳定。这里需要注意的是上述计算的方差为无偏样本方差，即：方差和/（样本数-1）。

11.2.4　标准差

标准差又称均方差，是方差的平方根，用来表示数据的离散程度。在R语言中使用sd()函数来计算标准差。语法格式如下：

```
sd(x, na.rm = FALSE)
```

sd()函数中各参数的含义与var()函数对应的参数相同，区别是参数x是一个数值型向量。

【例11.17】 计算各科成绩的标准差（实例位置：资源包\Code\11\17）

下面使用sd()函数计算标准差，运行RStudio，编写如下代码。

```
# 创建数据框
df <- data.frame(
                    数学 = c(105,88,120,90,101,134,68,58),
                    语文 = c(110,105,109,120,117,85,134,99),
                    英语 = c(99,115,130,134,120,67,89,55))
# 计算各科成绩的标准差
sd(df[,'数学'])
sd(df[,'语文'])
sd(df[,'英语'])
```

```
> sd(df[,'数学'])
[1] 25.21904
> sd(df[,'语文'])
[1] 14.62324
> sd(df[,'英语'])
[1] 29.04891
```

图11.18 各科成绩的标准差

运行程序，结果如图11.18所示。

从运行结果得知：数学的标准差为25.21904，语文的标准差为14.62324，英语的标准差为29.04891。

11.2.5 变异系数

变异系数是描述数据离散程度的指标，计算方法为标准差除以均值，并乘以100%，公式如下：

```
100*sd(x)/mean(x)
```

变异系数越大，说明数据越分散。对于不同均值的数据集进行比较时，变异系数可以提供相对稳定的结果。例如比较两个班的考试成绩，若其中一个班的变异系数较大，则说明该班的成绩分布比较分散。

【例11.18】 计算某两个班数学成绩的变异系数（实例位置：资源包\Code\11\18）

下面计算某两个班数学成绩的变异系数，看一看哪个班的数学成绩分布比较分散。代码及结果如图11.19所示。

从运行结果得知：一班的数学成绩分布比较分散。

```
> # 加载程序包
> library(openxlsx)
> # 读取Excel文件
> df <- read.xlsx("datas/grade.xlsx",sheet=1)
> # 显示前6条数据
> head(df)
  一班 二班
1  107  135
2   77  120
3   94  111
4   87  110
5   90  128
6   95  118
> myval1 <- 100 * sd(df$一班)/mean(df$一班)
> myval1
[1] 23.82407
> myval2 <- 100 * sd(df$二班)/mean(df$二班)
> myval2
[1] 20.85213
```

图11.19 计算某两个班数学成绩的变异系数

11.2.6 偏度和峰度

偏度用于衡量数据分布的不对称性。当数据分布向左偏斜时，偏度为负值，表示数据的左侧尾部较长。当数据分布向右偏斜时，偏度为正值，表示数据的右侧尾部较长。如果数据分布接近对称，则偏度接近0。在数据分析过程中，偏度可以帮助我们了解数据集是否存在异常值或者是不平衡的情况。

峰度用于描述数据分布的尖锐程度。高峰度表明数据分布的尾部相对较短，中间部分较集中。低峰度则表示分布的尾部相对较长，数据呈现扁平的特点。通过观察峰度值，可以判断数据集是否存在异常值或者是过于平缓的情况。

在R语言中可以自定义计算偏度和峰度的函数，也可以使用第三方包e1071提供的计算偏度的函数skewness()和计算峰度的函数kurtosis()。

【例11.19】　计算数据样本的偏度和峰度（实例位置：资源包\Code\11\19）

例如随机生成一组样本数据，然后使用skewness()函数和kurtosis()函数计算偏度和峰度。运行RStudio，编写如下代码。

```
# 导入程序包
library(e1071)
# 生成一组随机数据样本
data <- rnorm(2000)
# 计算数据样本的偏度
skew <- skewness(data)
# 计算数据样本的峰度
kurt <- kurtosis(data)
print(paste("偏度为: ",skew,"峰度为: ",kurt))
```

运行程序，结果为[1] "偏度为：0.0496307865443254 峰度为：0.00995392491882141"。

本章思维导图

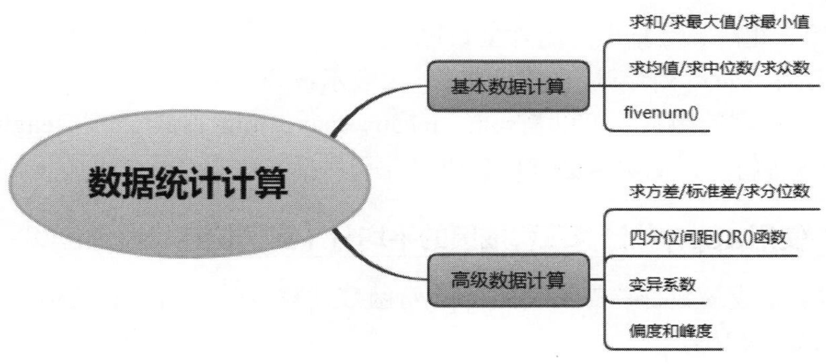

第12章

数据分组统计与透视表

12.1 分组统计函数

数据分组统计就是对数据进行分组然后统计，例如分别对男生和女生的平均身高进行统计，这就需要根据性别对学生的身高分组，然后分别求平均值。

12.1.1 apply()函数的应用

apply()函数用于对矩阵、数据框、数组（二维和多维）等矩阵型数据，按行或列应用函数进行循环计算，并返回计算结果，语法格式如下：

```
apply(x, MARGIN, FUN, ..., simplify = TRUE)
```

主要参数说明：

☑ x：数组、矩阵、数据框等矩阵型数据。

☑ MARGIN：按行/列计算，1表示按行，2表示按列。

☑ FUN：要应用的函数，可以是sum、mean、max、min、sd、var和length（计数）等。如果是+、%*%等符号，函数名必须用反引号或引号括起来。

【例12.1】 使用apply()计算三科成绩的平均分（实例位置：资源包\Code\12\01）

首先创建学生成绩数据，然后使用apply()函数计算数学、语文和英语的平均分，运行RStudio，编写如下代码。

```
# 创建数据框
数学 <- c(105,88,120,90,101,134,68,58)
语文 <- c(110,105,109,120,117,85,134,99)
英语 <- c(99,115,130,134,120,67,89,55)
性别 <- c("女","男","女","女","男","男","女","女")
df <- data.frame(数学,语文,英语,性别)
df
# 计算数学、语文、英语的平均值
result <- apply(df[,1:3], 2, mean)
result
```

运行程序，结果如下：

```
  数学    语文    英语
95.500 109.875 101.125
```

12.1.2　tapply()函数的应用

tapply()函数将数据按照分类变量进行分组统计，生成类似列联表形式的数据结果。另外，还可以对“不规则”数组应用函数，语法格式如下：

```
tapply(x, INDEX, FUN = NULL, ..., default = NA, simplify = TRUE)
```

主要参数说明：

☑ x：数组、矩阵、数据框等分割型数据向量。

☑ INDEX：一个或多个因子的列表，每个因子的长度都与 x 相同。

☑ FUN：要应用的函数。

例如按性别统计数学平均成绩，主要代码如下：

```
tapply(df$数学,df$性别,mean)
```

12.1.3　sapply()函数的应用

sapply()函数用于对列表、数据框、数据集进行循环计算，输入为列表，返回值为向量，语法格式如下：

```
sapply(x, FUN, ..., simplify = TRUE, USE.NAMES = TRUE)
```

【例12.2】　计算列表中元素的和（实例位置：资源包\Code\12\02）

首先创建列表，然后使用 sapply()函数计算列表中元素的和，运行 RStudio，编写如下代码。

```
# 创建列表
mylist <- list(languages=c(135,109,87,110),
               math=c(120,110,89,99),
               english=c(99,120,140,101))
mylist
# 求列表中各元素的和
sapply(mylist,sum)
```

运行程序，结果如下：

```
languages     math   english
      441      418       460
```

12.1.4　lapply()函数的应用

lapply()函数与 sapply()函数类似，区别是返回值为列表。

例如通过 lapply()函数安装多个包，代码如下：

```
mypack <- c("forecast", "psych", "car")
lapply(mypack, function(x){library(x, character.only = T)})
```

12.1.5　分组统计函数 aggregate()

日常数据处理过程中，经常需要将数据按照某一属性分组，然后求和、求平均值等。

在R语言中，aggregate()函数可以轻松实现这一功能。aggregate()函数是数据处理中常用到的函数，类似SQL语句中的Group By，可以按照指定变量将数据分组聚合，然后对聚合以后的数据进行求和、求平均值等各种操作，语法格式如下：

```
aggregate(x, by, FUN)
```

参数说明：

☑ x：表示要聚合的数据集。

☑ by：表示按照哪些变量进行聚合。

☑ FUN：表示聚合函数，可以是mean、sum、min和max等。

12.1.5.1　按照一列分组统计

【例12.3】　根据“一级分类”统计订单数据（实例位置：资源包\Code\12\03）

按照图书“一级分类”对订单数据进行分组统计求和，运行RStudio，编写如下代码。

```
# 加载程序包
library(openxlsx)
# 读取Excel文件
df <- read.xlsx("datas/JD.xlsx",sheet=1)
# 抽取7天点击量和订单预定两列数据
df1 <- data.frame(df$`7天点击量`,df$订单预定)
# 按一级分类统计7天点击量和订单预定
aggregate(df1, by=list(一级分类=df$一级分类),sum)
```

运行程序，结果如图12.1所示。

```
          一级分类 df..7天点击量. df.订单预定
1 编程语言与程序设计           4280         192
2               数据库            186          15
3     网页制作/web技术            345          15
4             移动开发            261           7
```

图12.1　根据“一级分类”统计订单数据

12.1.5.2　按照多列分组统计

多列分组统计，以列表形式指定列。

【例12.4】　根据两级分类统计订单数据（实例位置：资源包\Code\12\04）

按照图书“一级分类”和“二级分类”对订单数据进行分组统计求和，运行RStudio，编写如下代码。

```
# 加载程序包
library(openxlsx)
# 读取Excel文件
df <- read.xlsx("datas/JD.xlsx",sheet=1)
# 抽取7天点击量和订单预定两列数据
df1 <- data.frame(df$`7天点击量`,df$订单预定)
# 按一级分类和二级分类统计7天点击量和订单预定
aggregate(df1, by=list(一级分类=df$一级分类,二级分类=df$二级分类),sum)
```

运行程序，结果如图12.2所示。

```
        一级分类      二级分类 df..7天点击量. df.订单预定
1         移动开发       Android          261          7
2  编程语言与程序设计      ASP.NET           87          2
3  编程语言与程序设计           C#          314         12
4  编程语言与程序设计      C++/C语言          724         28
5   网页制作/web技术         HTML          188          8
6  编程语言与程序设计         Java          408         16
7   网页制作/web技术   JavaScript          100          7
8  编程语言与程序设计  JSP/JavaWeb          157          1
9           数据库       Oracle           58          2
10 编程语言与程序设计          PHP          113          1
11 编程语言与程序设计       Python         2449        132
12          数据库          SQL          128         13
13 编程语言与程序设计 Visual Basic           28          0
14  网页制作/web技术        WEB前端           57          0
```

图12.2 根据两级分类统计订单数据

上述代码中，对两列或多列数据分组统计时，还可以使用cbind()函数，cbind()函数用于将列合并，即叠加所有列。关键代码如下：

```
aggregate(cbind("7天点击量"=df$`7天点击量`,"订单预定"=df$订单预定), by=list(一级分类=df$一级分类,二级分类=df$二级分类),sum)
```

12.1.6 分组函数group_by()

group_by()为分组函数，它将数据按照我们的需求进行了分组整合。group_by()函数通常和summarize()函数一起使用。group_by()函数在dplyr包中，使用该函数前应加载程序包dplyr。

【例12.5】 按年份分组统计销量（实例位置：资源包\Code\12\05）

下面使用group_by()函数实现按年统计销量，运行RStudio，编写如下代码。

```
01 # 加载程序包
02 library(dplyr)
03 # 创建dataframe数据框
04 df <- data.frame("年份"=rep(2021:2022,6),
                    "月份"=seq(1:12),"销量"=rep
                    (c(100,300,500,700),3))
05 # 原始数据
06 df
07 # 按年分组
08 df1 <- group_by(df,年份)
09 # 统计最高销量、销量平均值和总销量
10 df2 <- summarise(df1,
11                  销量最高=max(销量),
12                  平均销量=mean(销量),
13                  总销量=sum(销量))
14 df2
```

```
   年份 月份 销量
1  2021    1  100
2  2022    2  300
3  2021    3  500
4  2022    4  700
5  2021    5  100
6  2022    6  300
7  2021    7  500
8  2022    8  700
9  2021    9  100
10 2022   10  300
11 2021   11  500
12 2022   12  700
```

图12.3 原始数据

```
   年份 销量最高 平均销量 总销量
  <int>    <dbl>    <dbl>  <dbl>
1  2021      500      300   1800
2  2022      700      500   3000
```

图12.4 按年份分组统计后的数据

运行程序，结果如图12.3和图12.4所示。

代码解析

第04行代码：rep()函数用于重复输出，例如rep(1,4)表示1重复4次。seq()函数用于生成一段步长相等的序列。

12.2 数据透视表

Excel中的数据透视表相信大家都非常了解，那么，R语言中也提供了类似的功能，对比Excel数据透视表，R语言数据透视表具有以下优势：

☑ 更快（代码模块写好后和数据量较大时）。

☑ 自我记录（通过查看代码，了解每一步的作用）。

☑ 易于使用，可以生成报告或电子邮件。

☑ 更加灵活，可以定义自定义聚合功能。

12.2.1 数据透视表dcast()

在R语言实现数据透视表，可以使用reshape2包中的dcast()函数和acast()函数实现，这两个函数的功能类似，区别在于acast()函数的输出结果没有行标签，dcast()函数的输出结果有行标签。下面主要介绍dcast()函数，语法格式如下：

```
dcast(data,formula,fun.aggregate = NULL,..., margins = NULL, subset = NULL, fill = NULL,
      drop = TRUE, value.var = guess_value(data))
```

主要参数说明：

☑ data：数据框。

☑ formula：如x ～ y，x为行标签，y为列标签。

☑ fun.aggregate：聚合函数用于对value.var参数值进行处理。聚合函数可以是sum、mean、max、min、sd、var和length（计数）等。

☑ subset：对结果进行条件筛选。

☑ drop：是否保留缺失值。

☑ value.var：要处理的变量（字段）。

【例12.6】 数据透视表统计各部门男女生人数（实例位置：资源包\Code\12\06）

统计每一个部门男生和女生各有多少人，运行RStudio，编写如下代码。

```
# 加载程序包
library(openxlsx)
library(reshape2)
# 读取Excel文件
df <- read.xlsx("datas/员工表.xlsx")
# 转换日期格式
df$入职时间 <- convertToDate(df$入职时间)
# 以表格显示前6条数据
View(df)
# 数据透视表，统计各部门男生和女生的人数
df1 <- dcast(df,性别 ~ 所属部门,value.var = "性别")
# 以表格显示数据
View(df1)
```

运行程序，结果如图 12.5 和图 12.6 所示。

	所属部门	姓名	性别	年龄	婚姻状况	入职时间	民族
1	总经办	mr001	男	47	已	2001-01-01	汉
2	人资行政部	mr002	女	33	已	2020-05-11	汉
3	人资行政部	mr003	女	27	已	2019-10-24	汉
4	财务部	mr004	女	34	已	2018-10-15	汉
5	财务部	mr005	女	30	已	2018-09-04	蒙
6	开发一部	mr006	男	35	已	2006-03-29	汉

图 12.5　原始数据

	性别	编辑部	财务部	开发二部	开发一部	客服部	课程部	人资行政部	设计部	网站开发部	运营部	总经办
1	男	0	0	3	4	1	2	0	1	2	1	1
2	女	4	2	2	3	3	3	2	3	2	4	0

图 12.6　按部门统计男女生人数

12.2.2　数据透视表 gather()

tidyr 包的 gather() 函数也可以实现数据透视表，主要是将宽表转换为长表。语法格式如下：

```
gather(data, key = "key", value = "value", ..., na.rm = FALSE, convert = FALSE,
       factor_key = FALSE)
```

主要参数说明：

☑ data：数据框。

☑ key：新数据中用于存放关键词的字段名。

☑ value：新数据中用于存放 value 的字段名。

【例 12.7】　数据透视表宽表转换为长表（实例位置：资源包\Code\12\07）

使用数据透视表将北京、上海、广州和深圳 2015—2019 每年的 GDP 长表转换为宽表。运行 RStudio，编写如下代码。

```
# 加载程序包
library(openxlsx)
library(tidyr)
# 读取Excel文件
df <- read.xlsx("datas/gdp.xlsx",sheet=2)
df
# 数据透视表
gather(df,key = "年份",value = "GDP","2015年","2016年","2017年","2018年","2019年")
```

运行程序，结果如图 12.7 和图 12.8 所示。

12.2.3　数据透视表 spread()

spread() 函数与 gather() 函数相反，用于将长表转换为宽表。

【例 12.8】　数据透视表长表转换为宽表（实例位置：资源包\Code\12\08）

使用数据透视表将北京、上海、广州和深圳 2015—2019 每年的 GDP 宽表转换为长表。

	地区	2019年	2018年	2017年	2016年	2015年
1	北京	35371.28	33105.97	28014.94	25669.13	23014.59
2	上海	38155.32	36011.82	30632.99	28178.65	25123.45
3	广州	23629.00	22859.35	21503.15	19547.44	18100.41
4	深圳	26927.00	24221.98	22490.06	19492.60	17502.86

图12.7　原始数据

	地区	年份	GDP
1	北京	2015年	23014.59
2	上海	2015年	25123.45
3	广州	2015年	18100.41
4	深圳	2015年	17502.86
5	北京	2016年	25669.13
6	上海	2016年	28178.65
7	广州	2016年	19547.44
8	深圳	2016年	19492.60
9	北京	2017年	28014.94
10	上海	2017年	30632.99
11	广州	2017年	21503.15
12	深圳	2017年	22490.06
13	北京	2018年	33105.97
14	上海	2018年	36011.82
15	广州	2018年	22859.35
16	深圳	2018年	24221.98
17	北京	2019年	35371.28
18	上海	2019年	38155.32
19	广州	2019年	23629.00
20	深圳	2019年	26927.00

图12.8　转换后的数据

运行RStudio，编写如下代码。

```
# 加载程序包
library(openxlsx)
library(tidyr)
# 读取Excel文件
df <- read.xlsx("datas/gdp.xlsx")
df
# 数据透视表
spread(df,key = "年份",value = "GDP")
```

运行程序，结果如图12.9和图12.10所示。

	地区	年份	GDP
1	北京	2019年	35371.28
2	上海	2019年	38155.32
3	广州	2019年	23629.00
4	深圳	2019年	26927.00
5	北京	2018年	33105.97
6	上海	2018年	36011.82
7	广州	2018年	22859.35
8	深圳	2018年	24221.98
9	北京	2017年	28014.94
10	上海	2017年	30632.99
11	广州	2017年	21503.15
12	深圳	2017年	22490.06

图12.9　原始数据

	地区	2017年	2018年	2019年
1	北京	28014.94	33105.97	35371.28
2	广州	21503.15	22859.35	23629.00
3	上海	30632.99	36011.82	38155.32
4	深圳	22490.06	24221.98	26927.00

图12.10　转换后的数据

本章思维导图

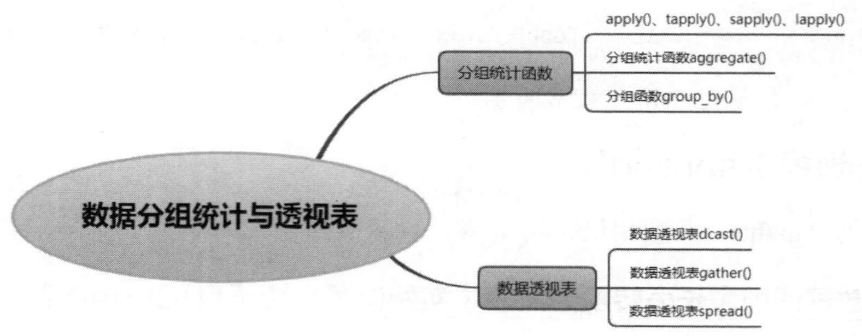

第13章 基本绘图

在数据分析与机器学习中，我们经常用到大量的可视化操作。一张精美的图表不仅能够展示大量的信息，更能够直观体现数据之间隐藏的关系。本章介绍R语言基本绘图知识，包括图表的常用设置、基础图表的绘制、统计分布图表的绘制以及如何绘制多子图表。

13.1 图表的常用设置

本节主要介绍图表的常用设置，主要包括颜色设置、线条样式、标记样式、设置画布、坐标轴、添加文本标签、设置标题和图例、设置参考线以及如何保存图表。

13.1.1 基本绘图plot()

plot()函数是R语言中绘图使用最多的函数，参数也非常之多，语法格式如下：

```
plot(x, y, ...)
```

参数说明如下。

☑ x：x轴数据，向量。

☑ y：y轴数据，向量。

☑ ...：附加参数。

➢ type：点线的类型，参数值及说明如表13.1所示。

表13.1　type参数值及说明

参数值	说明
type="p"	点
type="l"	线
type="b"	点线
type="c"	点线图去掉点
type="o"	覆盖点和线
type="h"	类似于直方图的线
type="s"	先横线后竖线，类似于楼梯的形状
type="S"	先竖线后直线，类似于楼梯的形状
type="n"	空白图

type参数点线类型的示意图如图13.1所示。

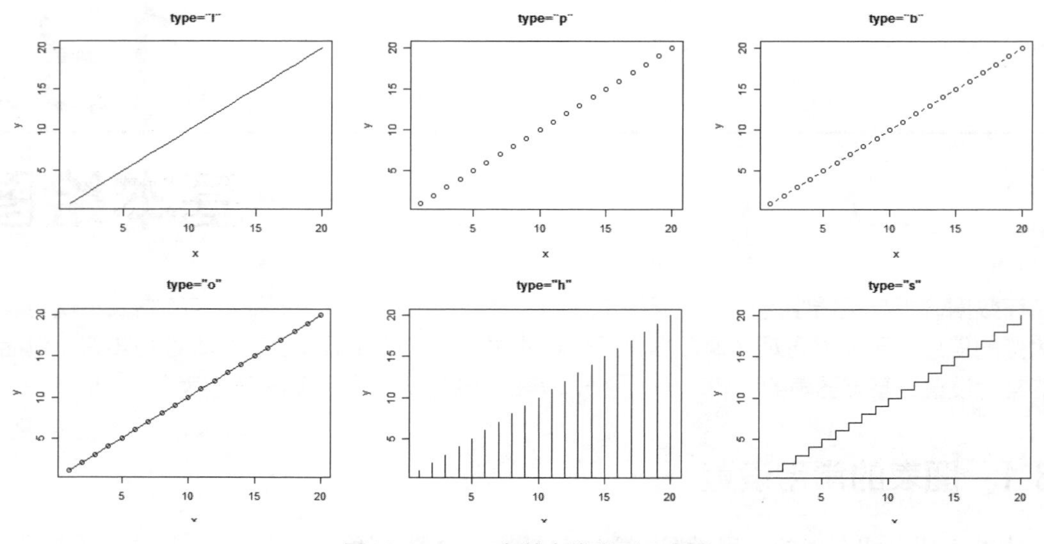

图13.1 type参数点线类型示意图

➢ main：图像的标题。

➢ sub：图像的子标题。

➢ xlab：x轴标签。

➢ ylab：y轴标签。

➢ xlim：x轴的坐标轴范围，参数值为向量（x1,x2），x1和x2分别为x的上下限。

➢ ylim：y轴的坐标轴范围，参数值为向量（y1,y2），y1和y2分别为y的上下限。

➢ ann：逻辑值，是否显示文本标签，值为FALSE则表示不显示文本标签，例如坐标轴的标题等。

➢ axes：逻辑值，是否显示坐标轴。

➢ frame.plot：逻辑值，是否显示边框。

➢ bty：字符串类型，用于设置边框的类型。如果bty的值为“o”（默认值）、l、7、“c”“u”或者“]”中的任意一个，那么对应的边框类型与该值的形状类似，如果bty的值为“n”，则表示无边框。

例如绘制一个简单的图表，代码如下：

```
x <- 1:20
y <- x
plot(x,y)
```

运行程序，结果如图13.2所示。

【例13.1】 绘制简单折线图（实例位置：资源包\Code\13\01）

使用plot()函数绘制简单的折线图，设置type参数值为“l”，运行RStudio，编写如下代码。

```
x <- 1:20
y <- x
plot(x,y,type="l")
```

运行程序，结果如图13.3所示。

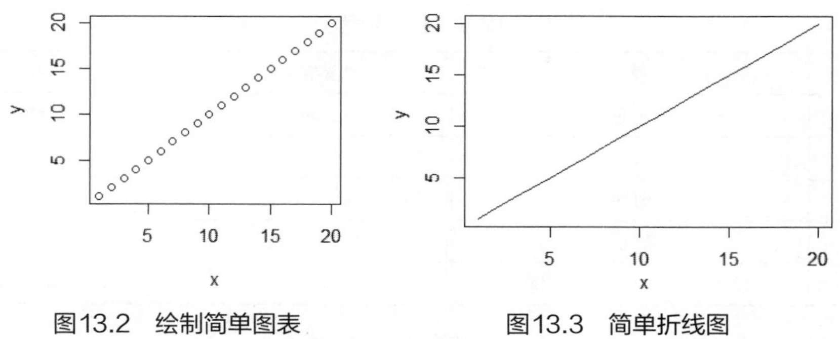

图13.2　绘制简单图表　　　　图13.3　简单折线图

【例13.2】　绘制体温折线图（实例位置：资源包\Code\13\02）

上述举例中数据是随便创建的，下面读取Excel文件绘制体温折线图，分析14天基础体温情况，运行RStudio，编写如下代码。

```
# 加载程序包
library(openxlsx)
# 读取Excel文件
df <- read.xlsx("datas/体温.xlsx",sheet=1)
x <- df[["日期"]]
y <- df[["体温"]]
# 绘制体温折线图
plot(x,y,type="l",col="red")
```

运行程序，结果如图13.4所示。

至此，您可能还是觉得上面的图表不够完美，那么在接下来的学习中，我们将一步一步完善这个图表。下面介绍图表中线条颜色、线条样式和标记样式的设置。

图13.4　体温折线图

13.1.1.1　颜色设置

plot()函数的col参数可以设置图形各个部分的颜色，如表13.2所示。

表13.2　用于指定颜色的参数

设置值	说明
col	默认的绘图颜色
col.axis	坐标轴刻度值的颜色，默认为黑色
col.lab	坐标轴标签的颜色，默认为黑色
col.main	标题颜色，默认为黑色
col.sub	子标题（副标题）颜色，默认为黑色
fg	图形的前景色，如坐标轴、刻度线和边框等，一般默认为黑色
bg	图形的背景色

绘图过程中，可以直接通过颜色的名称、简称或十六进制标识指定绘图所需的颜色，如需要指定颜色的元素有多个时，将颜色输入为一个向量，之后依次匹配颜色。

下面来了解一下通用的颜色值，如表 13.3 所示

表13.3　通用颜色值

设置值	说明	设置值	说明
blue	蓝色	magenta	洋红色
green	绿色	yellow	黄色
red	红色	black	黑色
cyan	蓝绿色	white	白色
#FFFF00	黄色，十六进制颜色值	gray(0.5)	灰度值使用 gray() 函数，值为 0 ～ 1

颜色可以通过十六进制字符串指定，或者指定颜色名称，如：

☑ 颜色名称，如 red、blue 等。

☑ 十六进制的 RGB 或 RGBA 字符串，例如 #0F0F0F 或 #0F0F0F0F。

☑ 0 ～ 1 之间的小数作为灰度值，需要使用 gray() 函数，例如 gray(0.5)。

☑ 自定义颜色，需要通过颜色函数来指定，如 rgb()、hcl() 等。

☑ 颜色系统。R 语言预设了 5 个基本的配色系统，分别为 rainbow、heat.colors、terrain.colors、topo.colors 和 cm.colors。

13.1.1.2　线条样式

lty 可选参数用于设置线条的样式，设置值分别为 1、2、3、4、5、6，示意图如图 13.5 所示。

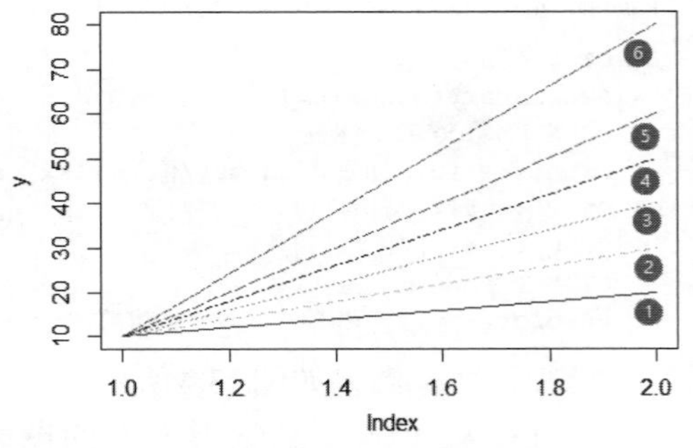

图13.5　线条样式示意图

13.1.1.3　线的宽度

在 plot() 函数中，lwd 参数用于设置线的宽度，默认值为 1，例如 lwd=2。

13.1.1.4　标记样式

pch 可选参数用于设置标记的符号，一共有 25 个参数值，设置值及对应的符号如表 13.4 所示。

表13.4　标记的设置值及符号

设置值	符号	设置值	符号	设置值	符号
0	□	7	⊠	14	⧄
1	○	8	✳	15	■
2	△	9	⊕	16	●
3	+	10	⊕	17	▲
4	×	11	✡	18	◆
5	◇	12	⊞	19	●
6	▽	13	⊗	20	•

续表

设置值	符号	设置值	符号	设置值	符号
21	●	*	*	+	+
22	■	.	.	-	-
23	◆	o	o	|	|
24	▲	O	O	%	%
25	▼	0	0	#	#

例如设置标记点的符号为实心的倒三角，代码如下：

```
plot(x,y,pch=25,bg=2)
```

下面为“14天基础体温折线图”设置颜色和样式，并在实际体温位置进行标记，关键代码如下：

```
# 设置线的样式
plot(x,y,type="l",col="red",lty=2)
# 添加标记
points(x,y,pch=25,bg=2)
```

上述代码中参数col为颜色，lty为线的样式，pch为标记的样式，bg为背景颜色。运行程序，结果如图13.6所示。

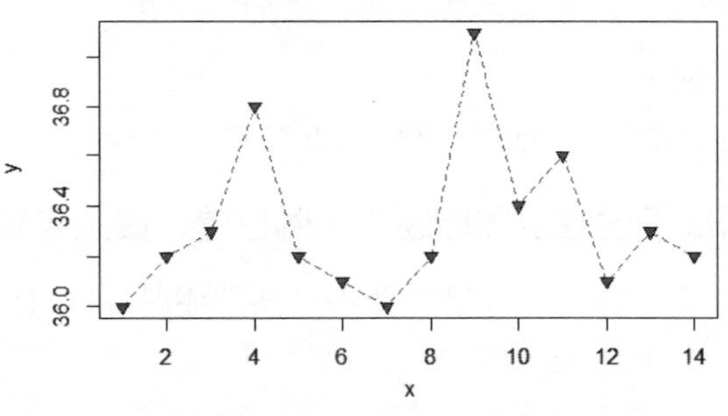

图13.6　带标记的折线图

13.1.2　设置画布

画布就像我们画画的画板一样，在R语言中需要使用par()函数来设置画布的大小。par()函数是R语言中有关绘图的重要函数之一，不仅可以设置画布大小，还可以对绘图区域进行分隔和布局、设置绘图区域的背景颜色、文本对齐方式、图像中文字的大小、图像的边框类型等。下面先简单了解一下par()函数如何设置画布，后面还会继续介绍par()函数的应用。

【例13.3】　自定义画布（实例位置：资源包\Code\13\03）

自定义一个5×3的蓝色画布，文本放大1.5倍，主要代码如下：

```
par(pin=c(5,3),bg="blue",cex=1.5)
```

运行程序，结果如图13.7所示。

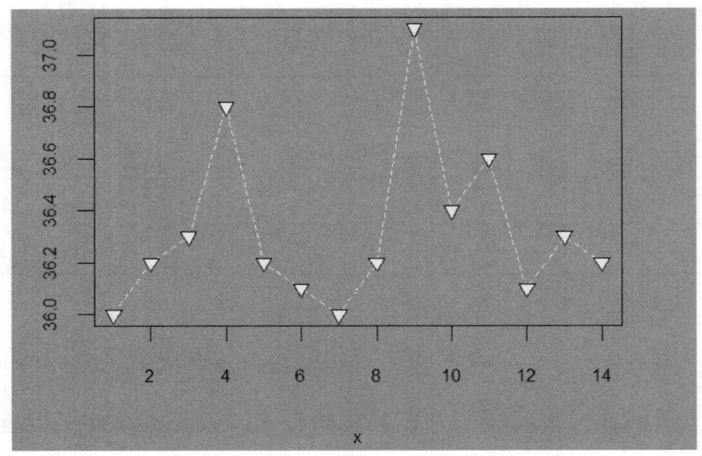

图13.7 自定义画布

注意 pin=c(5,3)，实际画布大小是500×300，所以这里不要输入太大的数字。

13.1.3 设置坐标轴

一张精确的图表，其中不免要用到坐标轴，下面介绍plot()函数坐标轴的使用。

13.1.3.1 x轴、y轴标题

设置x轴和y轴标题主要使用xlab参数和ylab参数。

【例13.4】 为体温折线图的轴设置标题（实例位置：资源包\Code\13\04）

设置x轴标题为“2022年12月”，y轴标题为“基础体温”，运行RStudio，编写如下代码。

```
# 加载程序包
library(openxlsx)
# 读取Excel文件
df <- read.xlsx("datas/体温.xlsx",sheet=1)
x <- df[["日期"]]
y <- df[["体温"]]
# 绘制体温折线图
# 设置线的样式
plot(x,y,type="l",col="red",lty=2,xlab="2022年12月",ylab="基础体温")
# 添加标记
points(x,y,pch=25,bg=2)
```

运行程序，结果如图13.8所示。

13.1.3.2 坐标轴范围

使用plot()函数绘图的过程中，还可以自己定义坐标轴的范围，主要使用xlim参数和ylim参数分别对x轴和y轴的值进行设置。例如设置x轴范围为15～20，y轴范围为100～120，代码如下：

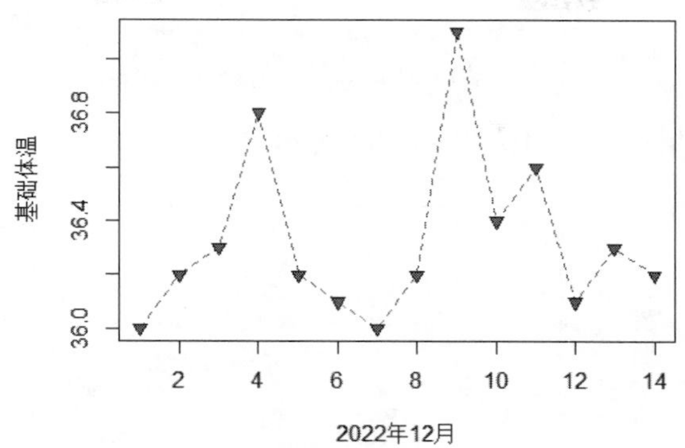

图13.8　带坐标轴标题的折线图

```
x <- 15:20
y <- c(100,102,115,109,111,121)
plot(x,y,type="b",col="green",xlim=c(15,20),ylim=c(100,120))
```

运行程序，结果如图13.9所示。

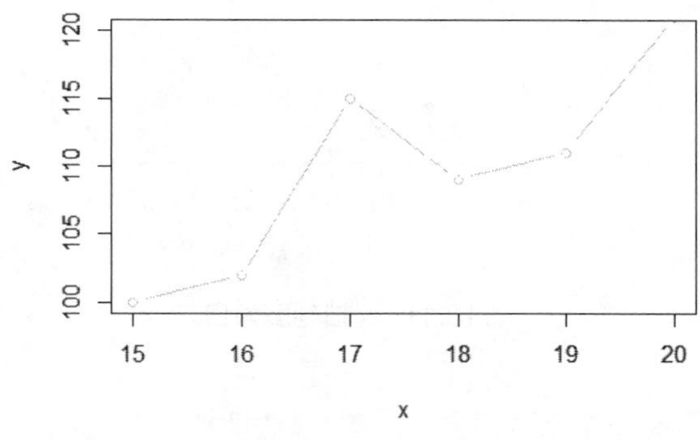

图13.9　坐标轴范围

13.1.3.3　自定义坐标轴刻度

使用plot()函数画二维图像时，默认情况下的横坐标（x轴）和纵坐标（y轴）显示的值有时可能达不到我们的需求，此时可以使用axis()函数自定义坐标轴刻度。

【例13.5】　为折线图设置刻度1（实例位置：资源包\Code\13\05）

在前述的“14天基础体温折线图”中，x轴只显示了从2到14之间的偶数，但实际日期是从1到14的连续数字，下面使用axis()函数来解决这个问题，将x轴的刻度设置为1到14的连续数字，主要代码如下：

```
axis(1,c(1:14))
```

【例13.6】　为折线图设置刻度2（实例位置：资源包\Code\13\06）

上述举例，日期看起来不是很直观。下面将x轴刻度标签直接改为日，主要代码如下：

```
axis(side=1,at=1:14,labels=c("1日","2日","3日","4日","5日",
```

```
02                                   "6日","7日","8日","9日","10日",
03                                   "11日","12日","13日","14日"))
```

运行程序，对比效果如图13.10和图13.11所示。

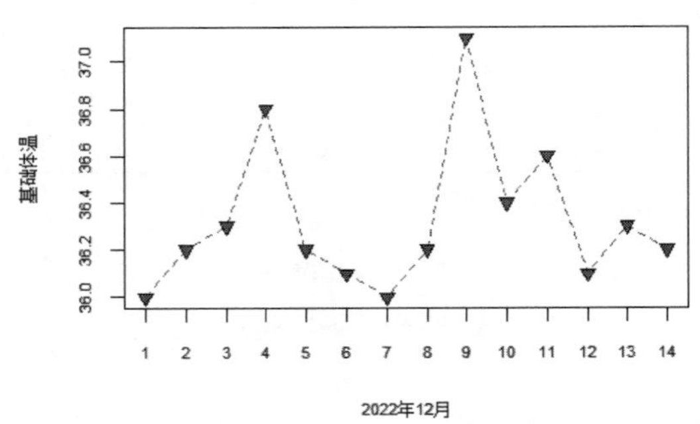

图13.10　更改x轴刻度

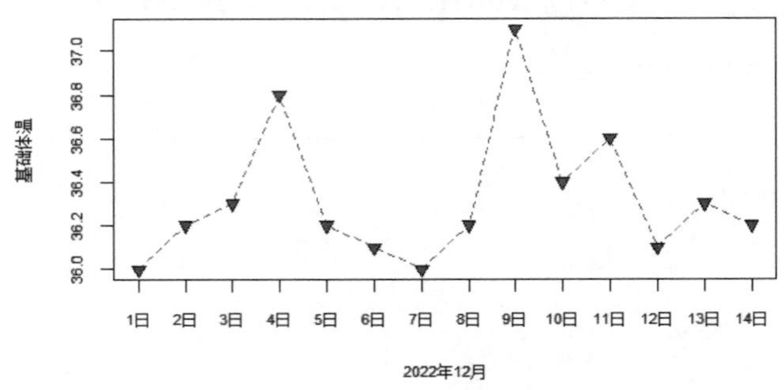

图13.11　x轴刻度为日

> **注意**　为了显示新的刻度，需要去掉原有刻度，设置xaxt="n"。

如果要设置y轴刻度，应首先更改side参数值为2，然后再设置labels参数。

13.1.3.4　关闭坐标轴

关闭坐标轴主要使用plot()函数的xaxt参数和yaxt参数，例如关闭x轴和y轴坐标刻度，主要代码如下：

```
plot(x,y,type="l",col="red",lty=2,xlab="2022年12月",ylab="基础体温",xaxt="n",yaxt="n")
```

13.1.4　添加文本标签

绘图过程中，为了能够更清晰、直观地看到数据，有时需要给图表中指定的数据点添加文本标签。下面介绍细节——文本标签，主要使用text()函数，语法格式如下：

```
text(x, y = NULL, labels = seq_along(x$x), adj = NULL,pos = NULL, offset = 0.5,
    vfont = NULL,cex = 1, col = NULL, font = NULL, ...)
```

主要参数说明：

☑ x/y：数值型向量，即要添加文本标签的坐标位置。如果x和y向量的长度不同，则短的将会被循环使用。

☑ labels：字符串向量，要添加的文本标签。

☑ adj：调整文本标签的位置，其值位于 0 ～ 1 之间。当 adj 为 1 时，用于调整文本标签的 x 轴的位置，当 adj 为 2 时，用于调整文本标签的 y 轴的位置。

☑ pos：调整文本标签的方向，如果指定了该值，则将覆盖 adj 给定的值。值 1、2、3、4 分别代表对应坐标的下、左、上和右。

☑ offset：此参数需要与 pos 参数结合使用。当指定 pos 参数时，给出字符串的偏移量。

☑ cex：设置字体大小，如果值为 NA 或 NULL，则 cex 参数值为 1。

☑ col：设置文本的颜色。

☑ font：设置文本的格式。默认值为 1，表示普通的文字，2 表示加粗，3 表示斜体，4 表示加粗 + 斜体，5 符号字体（在 Adobe 上时才有用）。

【例 13.7】　为折线图添加基础体温文本标签（实例位置：资源包\Code\13\07）

为图表中各个数据点添加文本标签，主要代码如下。

```
text(x,y,labels=df[["体温"]],pos=4,offset=0.5)
```

运行程序，结果如图 13.12 所示。

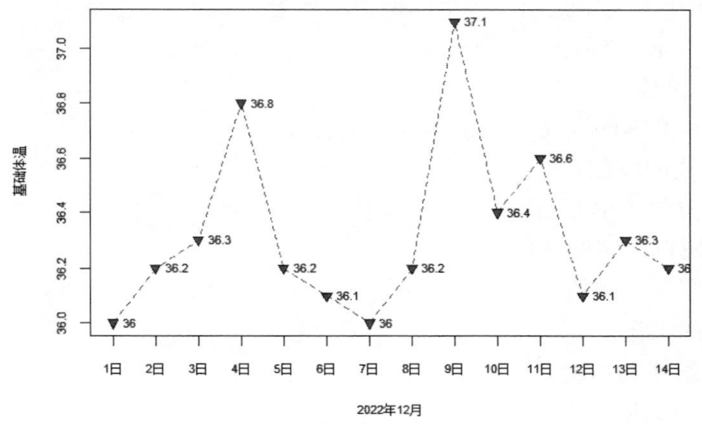

图 13.12　带文本标签的折线图

上述代码中，x、y 是 x 轴和 y 轴的值，代表了折线图在坐标中的位置，labels 为文本标签，即体温，pos=4,offset=0.5 表示向左调整 0.5。

13.1.5　设置标题和图例

数据是一个图表所要展示的东西，而有了标题和图例则可以帮助我们更好地理解这个图表的含义和想要传递的信息。下面介绍图表细节——标题和图例。

13.1.5.1　标题

为图表设置标题主要通过 plot() 函数的 main 参数和 sub 参数实现。main 参数用于指定图表的标题，位于图表上方，sub 参数用于指定图表的子标题（副标题），位于图表下方。

例如设置图表标题为“体温监测”，子标题为“14天基础体温折线图”，主要代码如下：

```
plot(x,y,type="l",col="red",lty=2,xlab="2022年12月",ylab="基础体温",xaxt="n",
     main="体温监测",sub="14天基础体温折线图")
```

13.1.5.2　图例

R语言基础绘图的图例设置主要使用legend()函数，语法格式如下：

```
legend(x, y = NULL, legend, fill = NULL, col = par("col"),border = "black", lty, lwd,
        pch,angle = 45,density = NULL, bty = "o", bg = par("bg"),box.lwd = par("lwd"),
       box.lty = par("lty"), box.col = par("fg"),pt.bg = NA, cex = 1, pt.cex = cex,
       pt.lwd = lwd,xjust = 0, yjust = 1, x.intersp = 1, y.intersp = 1,adj = c(0, 0.5),
       text.width = NULL, text.col = par("col"),text.font = NULL,
       merge = do.lines && has.pch, trace = FALSE,plot = TRUE, ncol = 1,
       horiz = FALSE, title = NULL,inset = 0, xpd, title.col = text.col,
       title.adj = 0.5,seg.len = 2)
```

主要参数说明：

☑ x/y：图例的位置，可以是具体的xy坐标，也可以是“left”“right”“top”“bottom”“topleft”“topright”“bottomleft”“bottomright”，表示图例在图形的左、右、上、下、左上、右上、左下、右下的位置。

☑ legend：图例的文字说明，多个图例使用向量。

☑ text.font：字体，即粗体、斜体等。

☑ title：图例整体的标题。

☑ text.width：文本的宽度。

☑ col：点或线的颜色。

☑ fill：图例背景的填充色。

☑ text.col：图例文字的颜色。

☑ title.col：图例标题的颜色。

☑ pt.bg：点的填充色。

☑ angle：阴影线的角度

☑ density：阴影线的密度。

☑ pt.cex：点的大小。

☑ pt.lwd：点的边框线的线宽。

☑ lwd：线宽。

☑ seg.len：线的长短。

☑ bty：边框的类型，只有两种类型。“o”表示有边框，“n”表示无边框。

☑ x.intersp/y.intersp：边框的宽度/边框的高度。

☑ xjust/yjust：图例实际位置，即相对于xy坐标点的位置。x和y是图例中心的位置，当xjust=0.5时，表示图例中心恰好在x点，如果xjust=0，则表示图例中心位于x点偏左0.5处，如果xjust=1，则表示图例中心位于x点偏右0.5处。yjust是对垂直位置的微调，用法与xjust相同。

☑ ncol：图例的列数，默认为1。

☑ horiz：控制图例横排还是竖排，不是文字横着写还是竖着写，而是当图例有多个时是排成一行还是排成一列。

下面通过举例介绍图例相关的设置。

（1）设置图例

例如为体温折线图设置图例，关键代码如下：

```
legend(x="topleft",legend ="基础体温",lty = 2,col="red",fill="yellow",bty="n")
```

运行程序，结果如图13.13所示。

（2）设置多个图例

多个图例需要使用向量，例如下面的代码：

```
legend(x="topleft",legend =c("编程词典","图书"),lty =c(6,1),col=c("red","blue"),bty="n")
```

运行程序，结果如图13.14所示。

（3）图例横向显示

图例横向显示主要使用ncol参数，通过该参数设置图例的列数，例如下面的代码：

```
legend(x="topleft",legend =c("编程词典","图书"),lty =c(6,1),col=c("red","blue"),bty="n",
       ncol=2)
```

运行程序，结果如图13.15所示。

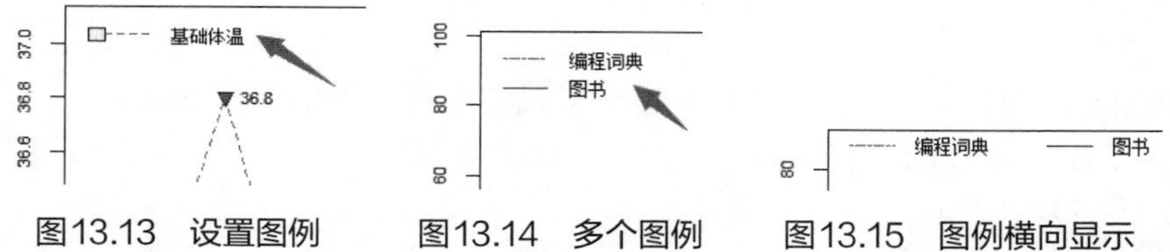

图13.13　设置图例　　图13.14　多个图例　　图13.15　图例横向显示

13.1.6　设置参考线

为了让图表更加清晰易懂，有时候需要为图表添加一些参考线，例如平均线、中位数线等。在R语言中可以使用abline()函数在绘图中添加相应的参考线。主要的参数为h和v，h表示与x轴平行直线（即水平参考线），v表示与y轴平行直线（即垂直参考线）。

【例13.8】　为图表添加参考线（实例位置：资源包\Code\13\08）

下面为体温折线图添加水平参考线，用于显示体温平均值，首先计算体温的平均值，然后使用abline()函数绘制水平参考线，主要代码如下：

```
mean=mean(df[,'体温'])
abline(h=mean,col="blue")
```

运行程序，结果如图13.16所示。

13.1.7　保存图表

实际工作中，有时需要将绘制的图表保存为图片放置到数据分析报告中。在R语言保存图表有以下几种方式。

（1）png格式

主要使用png包，将图表保存为png格式的图片，例如下面的代码。

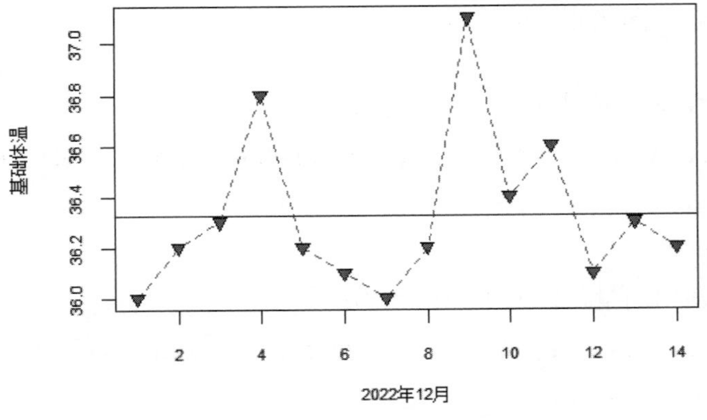

图13.16 体温平均值参考线

```
png("D:\\R程序\\1.png",bg="transparent")
plot(c(1,2,3,4,5))
dev.off()
```

上述代码中，dev.off用于关闭图形设备。

（2）jpg格式

主要使用jpeg包，将图表保存为jpg/jpeg格式的图片，例如下面的代码。

```
jpeg("D:\\R程序\\1.jpg")
plot(c(1,2,3,4,5))
dev.off()
```

（3）pdf格式

主要使用pdf包，将图表保存为pdf格式，例如下面代码。

```
pdf("D:\\R程序\\1.pdf")
plot(c(1,2,3,4,5))
dev.off()
```

13.2 基础图表的绘制

本节介绍基础图表的绘制，主要包括绘制折线图、柱形图、饼形图。对于常用的图表类型以绘制多种类型图表进行举例，以适应不同应用场景的需求。

13.2.1 绘制折线图

折线图可以显示随时间而变化的连续数据，因此非常适用于显示在相等时间间隔下数据的趋势。如基础体温曲线图，学生成绩走势图，股票月成交量走势图，月销售统计分析图、微博、公众号、网站访问量统计图等都可以用折线图体现。在折线图中，类别数据沿水平轴均匀分布，所有值数据沿垂直轴均匀分布。

R语言绘制折线图主要使用plot()函数，相信通过前面的学习，您已经了解了plot()函数的基本用法，并能够绘制一些简单的折线图。下面尝试绘制多折线图，多折线图需要结合lines()函数。

【例13.9】　绘制语数外各科成绩分析图（实例位置：资源包\Code\13\09）

下面使用plot()函数和lines()函数绘制多折线图，例如绘制学生语数外各科成绩分析图，运行RStudio，编写如下代码。

```
# 加载程序包
library(openxlsx)
# 读取Excel文件
df <- read.xlsx("datas/data.xlsx",sheet=1)
y1 <- df[["语文"]]
y2 <- df[["数学"]]
y3 <- df[["英语"]]
# 绘制多折线图
plot(y1,type="l",col="red",lty=2,ylim=c(0,150))
lines(y2,type="l",col="green")
lines(y3,type="l",col="blue")
# 添加标记
points(y1,pch=20)
points(y2,pch="*")
points(y3,pch=6)
```

运行程序，结果如图13.17所示。

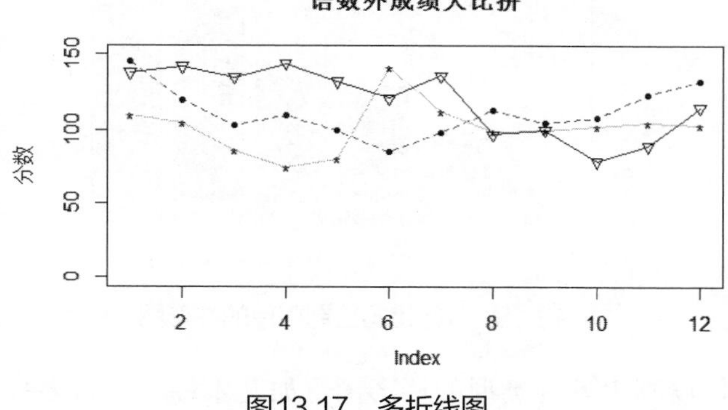

图13.17　多折线图

上述举例用到了几个参数，下面进行说明。

☑ lty：线的样式。

☑ ylim：y轴坐标轴范围。

☑ pch：标记的样式。

13.2.2　柱形图

柱形图是一种以长方形的长度为变量的图表。柱形图用来比较两个或以上的数据（不同时间或者不同条件），只有一个变量，通常用于较小的数据集分析。

R语言绘制柱形图主要使用barplot()函数，语法如下：

```
barplot(height, names.arg = NULL, beside = FALSE,horiz = FALSE, density = NULL, angle = 45,col = NULL, border = par("fg"),main = NULL, sub = NULL, xlab = NULL, ylab = NULL,xlim = NULL, ylim = NULL, ...)
```

主要参数说明：

☑ height：向量或矩阵，用来构成柱形图中各柱子的数值。

☑ names.arg：柱形图的文字标签。

☑ beside：逻辑值，当值为FALSE时绘制堆叠柱形图，当值为TRUE时绘制分组柱形图。

☑ horiz：逻辑值，当值为FALSE时绘制垂直柱形图，当值为TRUE时绘制水平柱形图。

☑ density：向量，当指定该值时，柱形图中每个柱子以斜线填充，即每英寸斜线的密度。

☑ angle：以逆时针方向给出的阴影线的角度，默认值为45度。

☑ border：柱形图中每个柱子的边框的颜色。如果值为TRUE，边框颜色将与柱子的颜色相同，如果值为FALSE，则没有边框。

【例13.10】 3行代码绘制简单的柱形图（实例位置：资源包\Code\13\10）

3行代码绘制简单的柱形图，运行RStudio，编写如下代码。

```
x <- c(1,2,3,4,5,6)
height <- c(10,20,30,40,50,60)
barplot(height,names.arg=x)
```

运行程序，结果如图13.18所示。

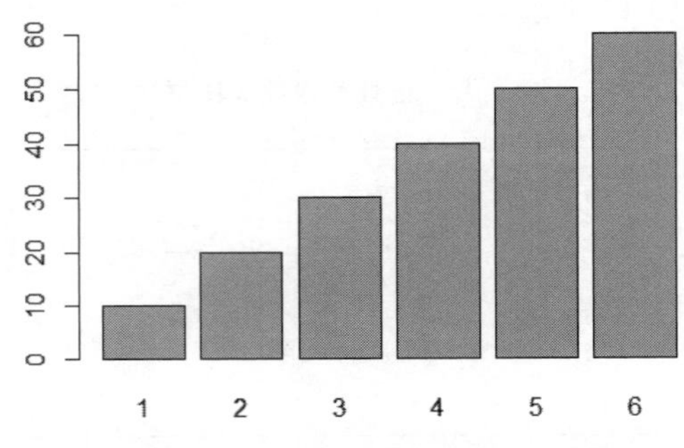

图13.18 3行代码绘制简单的柱形图

barplot()函数可以绘制出各种类型的柱形图，如基本柱形图、多柱形图、堆叠柱形图，只要将barplot()函数的主要参数理解透彻，就会达到意想不到的效果。下面介绍几种常见的柱形图。

13.2.2.1 基本柱形图

【例13.11】 绘制线上图书销售额分析图（实例位置：资源包\Code\13\11）

使用barplot()函数绘制“2016—2022年线上图书销售额分析图”，运行RStudio，编写如下代码。

```
# 加载程序包
library(openxlsx)
# 读取Excel文件
df <- read.xlsx("datas/books1.xlsx",sheet=1)
x <- df[["年份"]]
h <- df[["销售额"]]
# 自定义画布大小
par(pin=c(5,3))
# 绘制柱形图
barplot(height = h,names.arg=x,col = "blue",
```

```
        border=FALSE,  # 无边框
        # 标题
        main = "2016—2022年线上图书销售额分析图",
        xlab="年份",   # x轴标签
        ylab="销售额") # y轴标签
# 图例
legend(x="topleft",legend="销售额",fill="blue",bty="n")
```

运行程序，结果如图13.19所示。

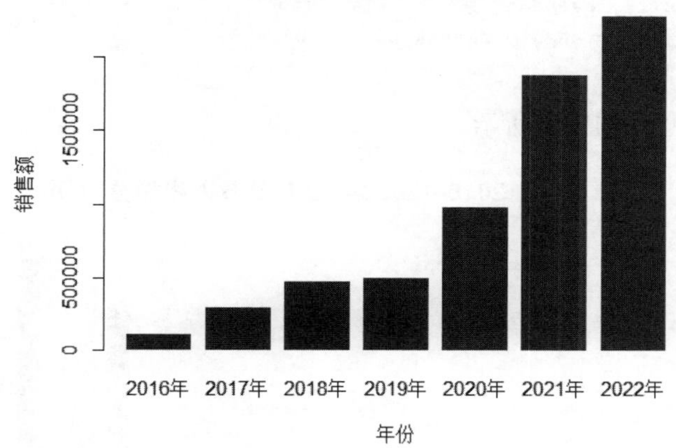

图13.19　基本柱形图

上述举例应用了前面所学习的知识，例如自定义画布大小、标题、图例、坐标轴标签等。

13.2.2.2　多柱形图

多柱形图也称分组柱形图，使用barpolt()函数实现多柱形图，主要使用beside参数，设置参数值为TRUE即可。

【例13.12】　绘制各平台图书销售额分析图（实例位置：资源包\Code\13\12）

对于线上图书销售额的统计，如果要统计各个平台的销售额，可以使用多柱形图，不同颜色的柱子代表不同的平台，如京东、天猫、自营等，运行RStudio，编写如下代码。

```
# 加载程序包
library(openxlsx)
# 读取Excel文件
df <- read.xlsx("datas/books1.xlsx",sheet=2)
x <- df[["年份"]]
y1 <- df[["京东"]]
y2 <- df[["天猫"]]
y3 <- df[["自营"]]
# 创建7×3的矩阵
datas <- matrix(c(y1,y2,y3),7,3)
# 行列转置
datas <- t(datas)
# 自定义画布大小
par(pin=c(5,3))
```

```
# 绘制柱形图
barplot(height = datas,names.arg=x,
        # 每个柱子的颜色
        col = c('darkorange','deepskyblue',"blue"),
        beside=TRUE,    # 分组柱形图,即多柱形图
        border=FALSE,   # 无边框
        # 标题
        main = "2016—2022年线上图书销售额分析图",
        xlab="年份",    # x轴标签
        ylab="销售额") # y轴标签
# 图例
legend(x="topleft",legend=c("京东","天猫","自营"),
       fill=c('darkorange','deepskyblue',"blue"),
       bty="n")
```

运行程序，结果如图 13.20 所示。

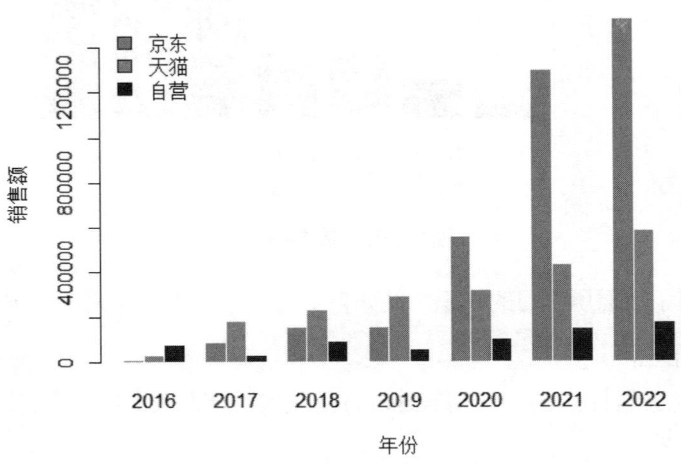

图13.20　多柱形图

13.2.2.3　堆叠柱形图

【例13.13】 绘制各平台图书销售额堆叠柱形图（实例位置：资源包\Code\13\13）

使用 barpolt() 函数实现堆叠柱形图，主要使用 beside 参数，设置参数值为 FALSE 即可，例如绘制平台图书销售额堆叠柱形图，关键代码如下：

```
# 绘制柱形图
barplot(height = datas,names.arg=x,
        # 每个柱子的颜色
        col = c('darkorange','deepskyblue',"blue"),
        beside=FALSE,    # 分组柱形图,即多柱形图
        border=FALSE,   # 无边框
        # 标题
        main = "2016—2022年线上图书销售额分析图",
        xlab="年份",    # x轴标签
        ylab="销售额") # y轴标签
```

运行程序，结果如图13.21所示。

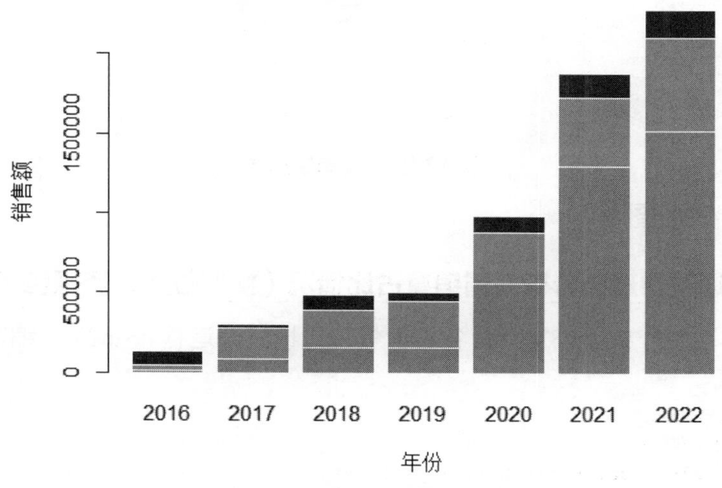

图13.21 堆叠柱形图

13.2.3 饼形图

饼形图常用来显示各个部分在整体所占的比例。例如在工作中如果遇到需要计算总费用或金额的各个部分构成比例的情况，一般通过各个部分与总额相除来计算，而且这种比例表示方法很抽象，而通过饼形图将直接显示各个组成部分所占比例，一目了然。

R语言绘制饼形图主要使用pie()函数，语法如下：

```
pie(x, labels, radius, main, col, clockwise)
```

参数说明：

☑ x：饼形图中使用的数值的向量。

☑ labels：饼形图中每一块饼图外侧显示的说明文字。

☑ radius：表示饼形图圆的半径（-1 ～ 1之间的值）。

☑ main：表示图表的标题。

☑ col：饼形图每一块的颜色。

☑ clockwise：逻辑值，饼形图是顺时针绘制还是逆时针绘制，值为TRUE表示顺时针，值为FALSE表示逆时针。

【例13.14】 绘制简单饼形图（实例位置：资源包\Code\13\14）

下面绘制一个简单的饼形图，只需要两行代码，运行RStudio，编写如下代码。

```
x = c(2,5,12,70,2,9)
pie(x)
```

运行程序，结果如图13.22所示。

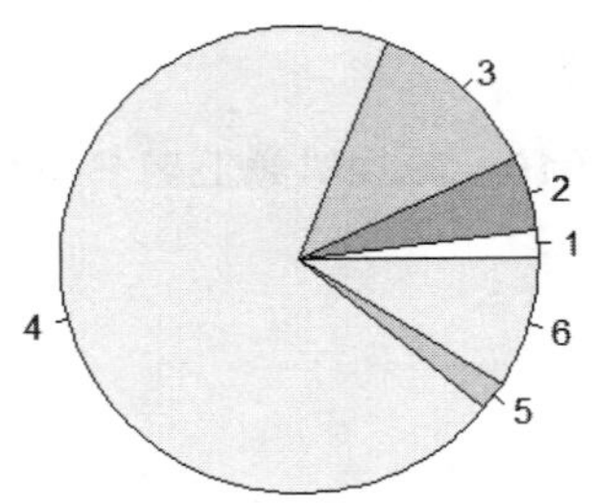

图13.22　简单饼形图

13.2.3.1　基础饼形图

【例13.15】　通过饼形图分析各省销量占比情况（实例位置：资源包\Code\13\15）

下面通过饼形图分析2023年1月各省销量占比情况，运行RStudio，编写如下代码。

```
# 加载程序包
library(openxlsx)
# 读取Excel文件
df <- read.xlsx("datas/data2.xlsx",sheet=1)
x = df[["销量"]]
labels = df[["省"]]
# 绘制饼形图
pie(x,labels = labels,
    # 颜色
    col=c('red', 'yellow', 'slateblue', 'green','magenta','cyan','darkorange','lawngreen','pink','gold'),
    # 图表标题
    main = '2023年1月各省销量占比情况分析')
```

运行程序，结果如图13.23所示。

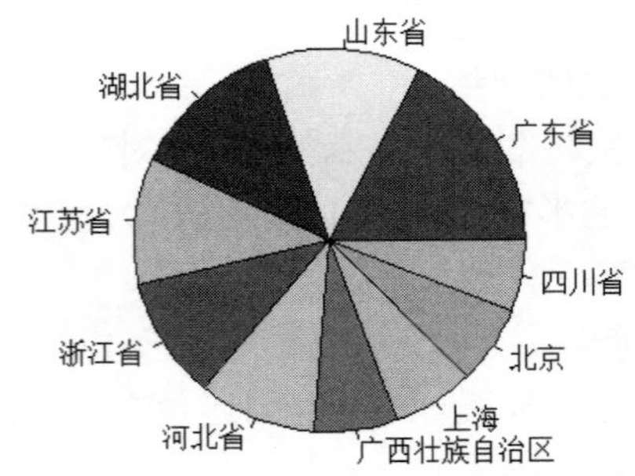

图13.23　饼形图分析各省销量占比情况

13.2.3.2　百分比饼形图

在饼形图中显示百分比，应首先通过计算得到百分比数据，然后再绘制百分比饼形图。百分比计算公式如下：

```
pct <- paste(round(100*x/sum(x), 2), "%")
```

paste()函数为字符串连接函数，用于连接不同类型的数据；round()函数用于四舍五入，保留指定位数的小数。

【例13.16】 绘制带百分比的饼形图（实例位置：资源包\Code\13\16）

下面使用pie()函数绘制带百分比的饼形图，运行RStudio，编写如下代码。

```
# 加载程序包
library(openxlsx)
# 读取Excel文件
df <- read.xlsx("datas/data2.xlsx",sheet=1)
x = df[["销量"]]
labels = df[["省"]]
colors <- c('red', 'yellow', 'slateblue', 'green','magenta','cyan','darkorange',
            'lawngreen','pink','gold')
# 计算百分比
pct <- paste(round(100*x/sum(x), 2), "%")
# 自定义画布大小
par(pin=c(7,3))
# 绘制饼形图
pie(x,labels = pct,
    col=colors,
    main = '2023年1月各省销量占比情况分析')
# 图例
legend(x="topleft",legend = df[["省"]],
       fill=colors,
       xjust=0,
       bty="n")
```

运行程序，结果如图13.24所示。

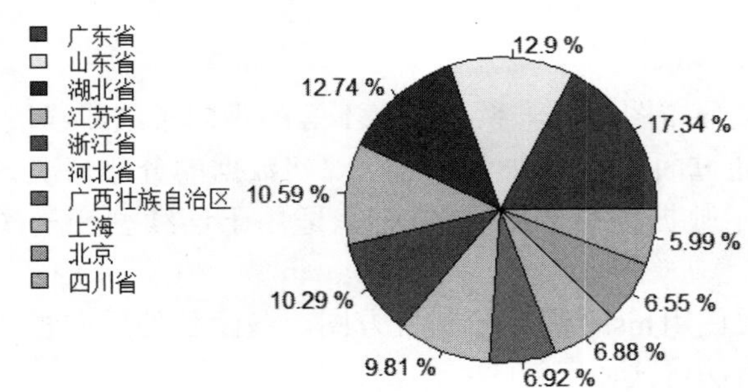

图13.24 绘制带百分比的饼形图

13.2.3.3 渐变饼形图

当图表中需要多种颜色时，自己搭配的颜色往往达不到视觉效果，而且挑选颜色费时费力。此时，可以使用R语言提供的配色方案。R语言自带了5种颜色函数，提供了一些配色方案，具体如下：

☑ rainbow()：生成像彩虹一样五彩斑斓的颜色。

☑ heat.colors()：红色→黄色→白色。

☑ terrain.colors()：绿色→黄色→棕色→白色。
☑ topo.colors()：蓝色→青色→黄色→棕色。
☑ cm.colors()：青色→白色→粉红色。

【例13.17】 绘制渐变饼形图（实例位置：资源包\Code\13\17）

下面使用pie()函数和heat.colors绘制渐变颜色的饼形图，运行RStudio，编写如下代码。

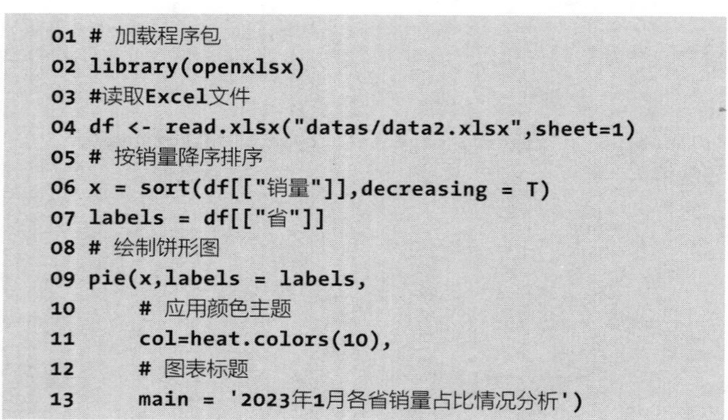

```
# 加载程序包
library(openxlsx)
#读取Excel文件
df <- read.xlsx("datas/data2.xlsx",sheet=1)
# 按销量降序排序
x = sort(df[["销量"]],decreasing = T)
labels = df[["省"]]
# 绘制饼形图
pie(x,labels = labels,
    # 应用颜色主题
    col=heat.colors(10),
    # 图表标题
    main = '2023年1月各省销量占比情况分析')
```

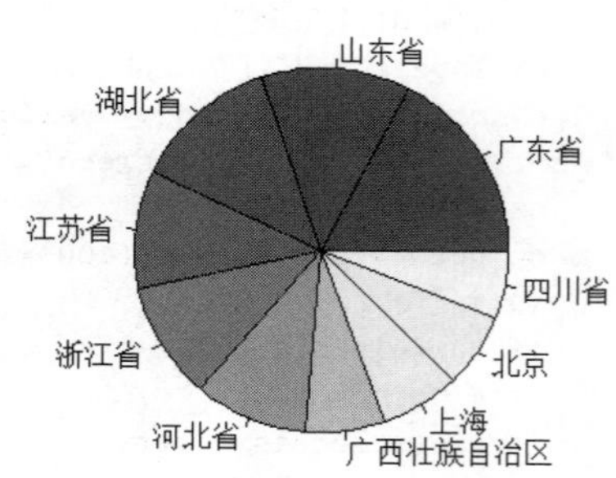

图13.25 渐变颜色的饼形图

运行程序，结果如图13.25所示。

13.3 统计分布图

本节介绍统计分布图的绘制，主要包括直方图、散点图和箱形图。对于统计分布图表类型以绘制多种类型图表进行举例，以适应不同应用场景的需求。

13.3.1 直方图

直方图，又称质量分布图，由一系列高度不等的纵向条纹或线段表示数据分布的情况。直方图最大的特点是通过面积计量大小，适合观察数据的分布情况。直方图一般用横轴表示数据类型，纵轴表示数据分布情况（频次），适用于连续型变量（定量变量），如身高、体重的概率分布。

在R语言中，主要使用hist()函数绘制直方图。该函数使用向量作为输入，并通过一些参数来绘制直方图。语法格式如下：

```
hist(v,main,xlab,xlim,ylim,breaks,col,border)
```

参数说明：

☑ v：直方图中使用的数值的向量。
☑ main：图表的标题。
☑ col：设置条的颜色。
☑ border：设置每个条的边框颜色。
☑ xlab：x轴标签。
☑ xlim：x轴的坐标轴范围。

☑ ylim：y轴的坐标轴范围。

☑ breaks：每个条的宽度。

【例13.18】 绘制简单直方图（实例位置：资源包\Code\13\18）

下面通过两行代码绘制一个简单的直方图，运行RStudio，编写如下代码。

```
v <- c(22,87,5,43,56,73,55,54,11,20,51,5,79,31,27)
hist(v)
```

运行程序，结果如图13.26所示。

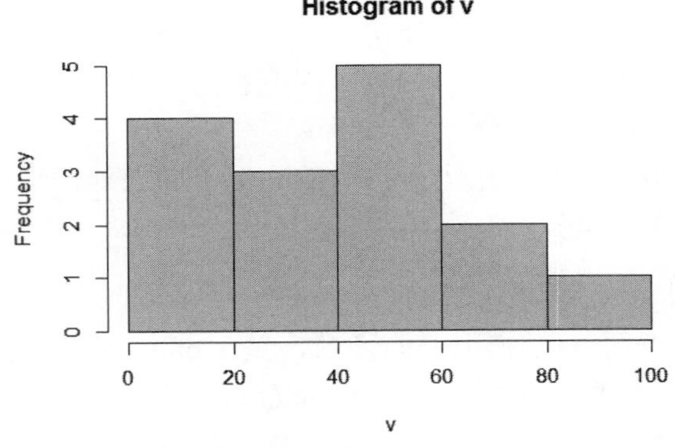

图13.26　简单的直方图

【例13.19】 直方图分析学生数学成绩分布情况（实例位置：资源包\Code\13\19）

下面通过直方图分析学生数学成绩的分布情况，运行RStudio，编写如下代码。

```
# 加载程序包
library(openxlsx)
# 读取Excel文件
df <- read.xlsx("datas/grade1.xlsx",sheet=1)
v <- df$得分
# 绘制直方图
hist(v,xlab="分数",
      main="高一数学成绩分布直方图",
      col="blue",
      border = "red",
      xlim=c(0,150))
```

运行程序，结果如图13.27所示。

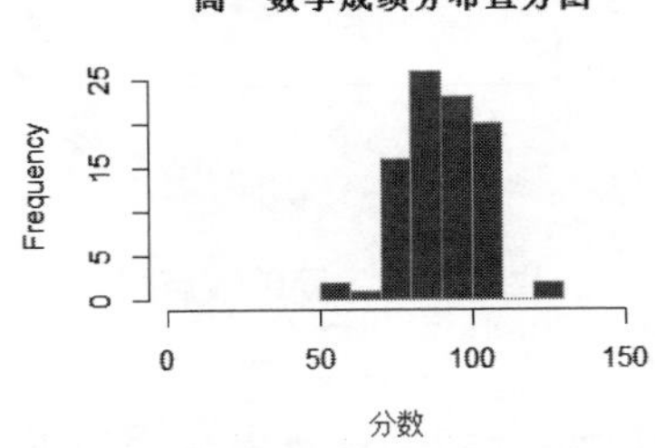

图13.27　直方图分析学生数学成绩分布情况

上述举例，通过直方图可以清晰地看到高一数学成绩分布情况。基本呈现正态分布，两边低中间高，但是右侧缺失，即高分段学生缺失，说明试卷有难度。那么，通过直方图还可以分析以下内容：

① 对学生进行比较。呈正态分布的测验便于选拔优秀，甄别落后，通过直方图一目了然。

② 确定人数和分数线。测验成绩符合正态分布可以帮助等级评定时确定人数和估计分数段内的人数，确定录取分数线、各学科的优生率等。

③ 测验试题难度。

13.3.2 散点图

散点图主要是用来查看数据的分布情况或相关性，一般用在线性回归分析中，查看数据点在坐标系平面上的分布情况。散点图表示因变量随自变量而变化的大致趋势，据此可以选择合适的函数对数据点进行拟合。

散点图与折线图类似，也是一个个点构成的。但不同之处在于，散点图的各点之间不会按照前后关系以线条连接起来。

13.3.2.1 简单散点图

绘制一个简单的散点图可以使用plot()函数，关于plot()函数前面已经介绍了，这里不再赘述，下面通过具体的实例来了解如何使用plot()函数绘制一个简单的散点图。

【例13.20】 绘制简单散点图（实例位置：资源包\Code\13\20）

下面使用plot()函数绘制一个简单的散点图，运行RStudio，编写如下代码。

```
# 加载包
library(datasets)
# 导入mtcars数据集
data(mtcars)
# 绘制散点图
plot(mtcars[,"wt"], mtcars[,"mpg"], main="简单散点图",
     xlab="重量 ", ylab="每加仑油英里数 ", pch=19)
```

运行程序，结果如图13.28所示。

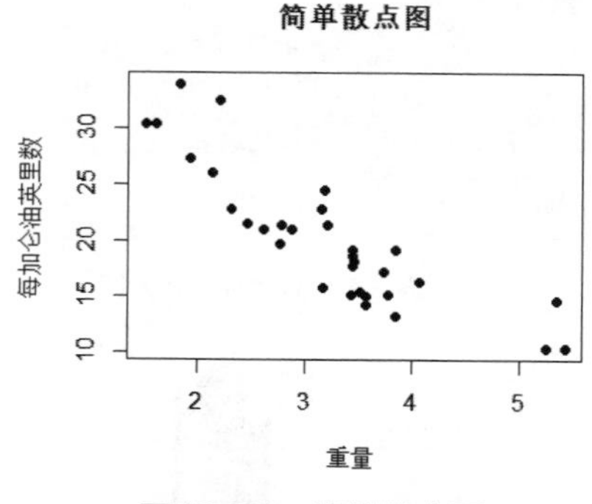

图13.28 简单散点图

> **说明** plot()函数的数据集如果是向量，则输出散点图；如果使用factor()转换为因子，则输出条形图。

13.3.2.2 散点图矩阵

散点图矩阵能够简洁而优雅地反映出大量的信息，例如变化趋势和关联程度等等。在散点图矩阵中每个行与列的交叉点所在的散点图表示其所在的行与列的两个变量的相关关系。在R语言中有很多函数可以绘制散点图矩阵，而pairs()函数是绘制散点图矩阵的基本函数。

【例13.21】 使用pairs()函数绘制散点图矩阵（实例位置：资源包\Code\13\21）

下面使用pairs()函数绘制散点图矩阵，运行RStudio，编写如下代码。

```
01 # 加载包
02 library(datasets)
03 # 导入mtcars数据集
04 data(mtcars)
05 # 基本散点图矩阵
06 pairs(~mpg+disp+drat+wt,data=mtcars,main="散点图矩阵")
```

运行程序，结果如图13.29所示。

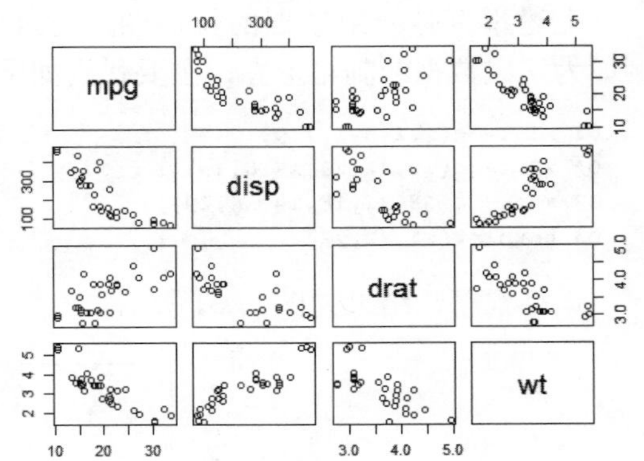

图13.29 散点图矩阵

↙ 代码解析

第06行代码：pairs()函数第一个参数是绘图公式，即~mpg+disp+drat+wt，表示mpg、disp、drat和wt变量两两配对绘制成散点图，因为横纵坐标可以互调，所以共有4×3=12种情况。从上述运行结果可以看出数据两两之间的关系，非常直观。

13.3.3 箱形图

箱形图又称箱线图、盒须图或盒式图，它是一种用作显示一组数据分散情况资料的统计图。因形状像箱子而得名。箱形图最大的优点就是不受异常值的影响（异常值也称为离群值），可以以一种相对稳定的方式描述数据的离散分布情况，因此在各种领域也经常被使用。另外，箱形图也常用于异常值的识别。在R语言中绘制箱形图主要使用boxplot()函数，语法如下：

```
boxplot(x,data,notch,varwidth,names,main)
```

参数说明：

☑ x：向量或公式。
☑ data：数据框。
☑ notch：逻辑值，如果值为TRUE，则可以画出一个凹槽。
☑ varwidth：逻辑值，如果值为TRUE，将绘制与样本大小成比例的框的宽度。
☑ names：为每个箱形图设置组标签。
☑ main：图表标题。

【例13.22】 绘制简单箱形图（实例位置：资源包\Code\13\22）

绘制简单箱形图，运行RStudio，编写如下代码。

```
x <- c(1,2,3,5,7,9)                                    # x轴数据
boxplot(x)
```

运行程序，结果如图13.30所示。

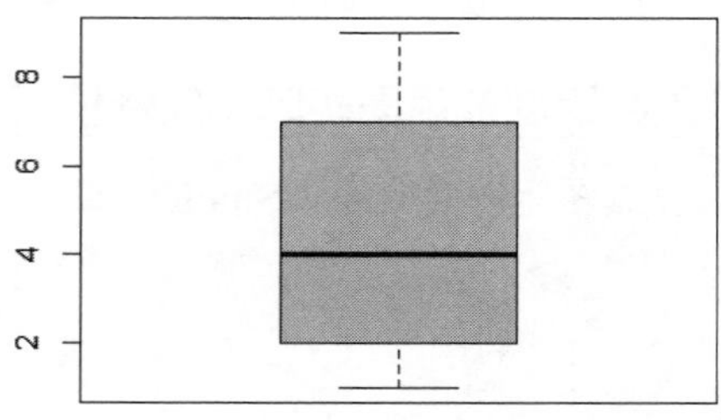

图13.30　简单箱形图

【例13.23】 绘制多组数据的箱形图（实例位置：资源包\Code\13\23）

上述举例是一组数据的箱形图，还可以绘制多组数据的箱形图，需要指定多组数据。例如为三组数据绘制箱形图，主要代码如下。

```
x1 <- c(1,2,3,5,7,9)
x2 <- c(10,22,13,15,8,19)
x3 <- c(18,31,18,19,14,29)
boxplot(x1,x2,x3)
```

运行程序，结果如图13.31所示。

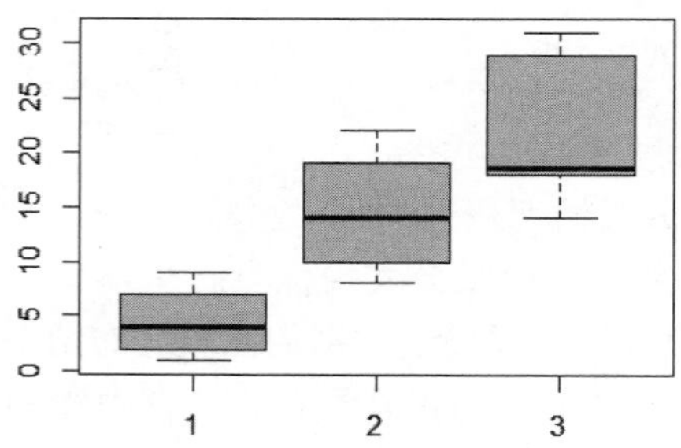

图13.31　多组数据的箱形图

箱形图将数据切割分离（实际上就是将数据分为6大部分），如图13.32所示。

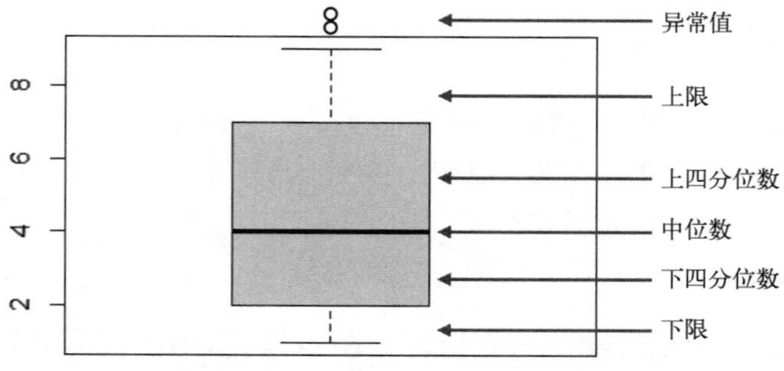

图13.32　箱形图组成

下面介绍箱形图每部分具体含义以及如何通过箱形图识别异常值。

（1）下四分位数

图13.32中的下四分位数指的是数据的25%分位点所对应的值（Q1）。计算分位数可以使用R语言的quantile()函数，例如Q1 = quantile(x)[2]。

（2）中位数

中位数即为数据的50%分位点所对应的值（Q2），例如Q2 = quantile(x)[3]。

（3）上四分位数

上四分位数则为数据的75%分位点所对应的值（Q3），例如Q3 = quantile(x)[4]。

（4）上限

上限的计算公式为Q3 + 1.5(Q3 − Q1)。

（5）下限

下限的计算公式为Q1 − 1.5(Q3 − Q1)。其中，Q3 − Q1表示四分位差。

（6）异常值

如果使用箱形图识别异常值，其判断标准是，当变量的数据值大于箱形图的上限或者小于箱形图的下限时，就可以将这样的数据判定为异常值。下面了解一下判断异常值的算法，如表13.5所示。

表13.5　异常值判断标准

判断标准	结论
x ＞ Q3+1.5(Q3−Q1)或者x ＜ Q1−1.5(Q3−Q1)	异常值
x ＞ Q3+3(Q3−Q1)或者x ＜ Q1−3(Q3−Q1)	极端异常值

【例13.24】 通过箱形图分析气缸与里程数（实例位置：资源包\Code\13\24）

下面使用R语言自带的mtcars数据集，通过箱形图分析该数据集中不同数量气缸的汽车的里程数。mtcars数据集包含了有关32辆汽车的信息，包括它们的重量、燃油效率（以每加仑油的英里数为单位）和速度等。运行RStudio，编写如下代码。

```
# 加载包
library(datasets)
# 导入mtcars数据集
data(mtcars)
# 绘制箱形图
boxplot(mpg ~ cyl, data = mtcars, xlab = "气缸数",
         ylab = "每加仑油的英里数", main = "气缸与里程数分析图")
```

运行程序，结果如图13.33所示。

【例13.25】 通过箱形图判断异常值（实例位置：资源包\Code\13\25）

通过箱形图查找客人总消费和小费数据中存在的异常值，运行RStudio，编写如下代码。

```
# 加载程序包
library(openxlsx)
# 读取Excel文件
df <- read.xlsx("datas/tips.xlsx",sheet=1)
head(df)
```

```
# 绘制箱形图
myval <- boxplot(x=df[["总消费"]],df[["小费"]],names=c("总消费","小费"))
myval
```

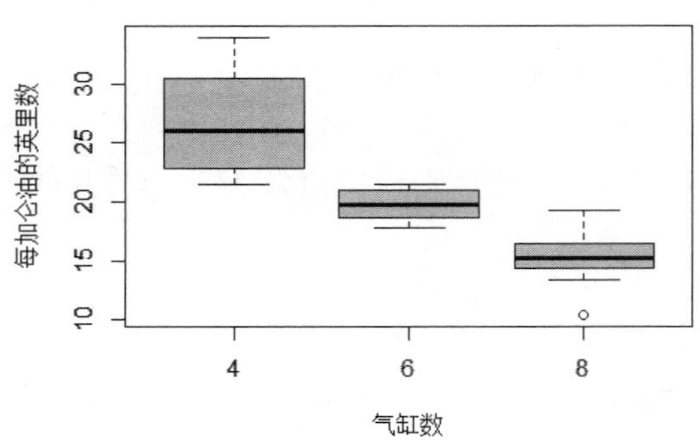

图13.33　通过箱形图分析气缸与里程数

运行程序，结果如图13.34所示。

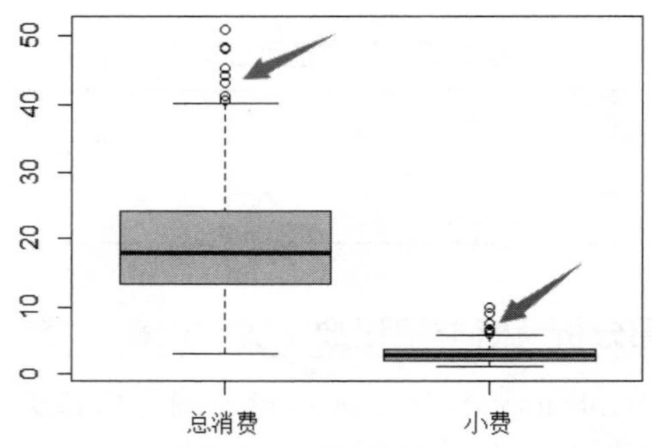

图13.34　通过箱形图判断异常值

↓ 补充知识——详解箱形图返回值

图13.35为箱形图的返回值（myval），为列表，其中包括stats、n、conf、out、group和names，下面分别进行介绍。

☑ stats：矩阵，箱形图中“总消费”和“小费”的下限、下四分位、中位数、上四分位和上限的值。

☑ n：向量，每个组中非NA观察值的数量，例如“总消费”和“小费”。

☑ conf：矩阵，每个组包含缺口的下限和上限的值，例如1为“总消费”、2为“小费”。

☑ out：向量，异常值。

☑ group：与out参数长度相同的向量，表示异常值所属的组。例如1为“总消费”，2为“小费”。

☑ names：向量，组的名称。

例如输出异常值，主要代码如下：

```
myout <- data.frame(myval$group,myval$out)
myout
```

```
$stats
       [,1]  [,2]
[1,]  3.070 1.000
[2,] 13.325 2.000
[3,] 17.795 2.900
[4,] 24.175 3.575
[5,] 40.170 5.920

$n
[1] 244 244

$conf
         [,1]    [,2]
[1,] 16.69753 2.74069
[2,] 18.89247 3.05931

$out
 [1] 44.30 43.11 48.27 48.17 50.81 45.35 40.55 48.33 41.19  6.50  7.58  6.00  6.73
[14] 10.00  6.50  9.00  6.70

$group
 [1] 1 1 1 1 1 1 1 1 1 2 2 2 2 2 2 2 2

$names
[1] "总消费" "小费"
```

图13.35　箱形图返回结果

【例13.26】 带凹槽的箱形图（实例位置：资源包\Code\13\26）

通过boxplot()函数还可以绘制带有凹槽的箱形图，以此来了解不同数据的中位数是如何相互匹配的。运行RStudio，编写如下代码。

```
# 加载包
library(datasets)
# 导入mtcars数据集
data(mtcars)
# 绘制带凹槽的箱形图
boxplot(mpg ~ cyl, data = mtcars,
        xlab = "气缸数",
        ylab = "每加仑油的英里数",
        main = "气缸与里程数分析图",
        notch = TRUE,
        varwidth = TRUE,
        col = c("blue","yellow","green"))
```

运行程序，结果如图13.36所示。

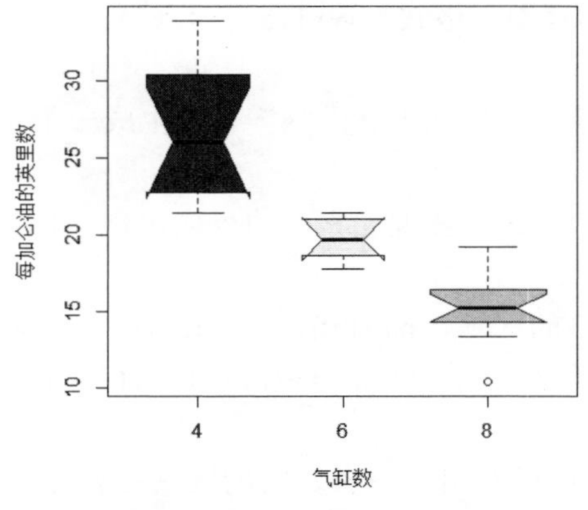

图13.36　带凹槽的箱形图

13.4 绘制多子图

R语言也可以实现在一张图上绘制多个子图，基本原理是首先使用布局函数par()进行页面布局，然后使用绘图函数在每个区域绘制图形，下面进行详细的介绍。

13.4.1 par()函数

实现在一张图上绘制多个子图，首先要对绘图区域进行分隔和布局，主要使用par()函数，其主要参数如下：

☑ ...：附加参数，“参数名 = 取值”或“赋值参数列表”形式的变量。

☑ mfrow：用于设定图像设备的布局，参数形式为c(nr, nc)，子图的绘图顺序按行填充。

☑ mfcol：子图的绘图顺序按列填充。

☑ adj：用于设定在文本的对齐方向，0表示左对齐，0.5为默认值表示居中，1表示右对齐。

☑ bty：字符型，用于设定图形的边框类型。值为“o”（默认值）、“l”“7”“c”“u”或者“]”，对应的边框类型和字母的形状相似，如果值为“n”，表示无边框。

☑ cex：表示对默认的绘图文本和符号放大多少倍。

- cex.axis：表示在当前的cex设定情况下，对坐标轴刻度值字体的放大倍数。
- cex.lab：表示在当前的cex设定情况下，对坐标轴名称字体的放大倍数。
- cex.main：表示在当前的cex设定情况下，对标题字体的放大倍数。
- cex.sub：表示在当前的cex设定情况下，对子标题字体的放大倍数。

☑ fig：新绘制的图像在画布上显示的位置，其值是一个向量，如c(xleft,xright,ybottom,ytop)，其中每个值均大于0小于1，实际上是相对位置。

☑ mai：数字向量，以英寸为单位定义绘图区边缘空白大小，格式为c(bottom, left, top, right)。

☑ mar：数字向量，以行数定义绘图区边缘空白大小，格式为c(bottom, left, top, right)，默认值为c(5, 4, 4, 2)+0.1。

☑ mfg：下一个图像的输出位置，格式为c(row, col)。

☑ oma/omi：以行数为单位，设置的外边界尺寸，格式为c(bottom, left, top, right)。

☑ pin：以英寸为单位表示的当前图像的画布的尺寸。

☑ plt：当前绘图区域的范围，格式为c(x1, x2, y1, y2)。

☑ ps：文字或点的大小。

☑ pty：字符型，当前绘图区域的形状，“s”表示生成一个正方形区域，“m”表示生成最大的绘图区域。

☑ xpd：逻辑值，值为TRUE，图像元素在边界内出现，值为FLASE，可能会导致部分图像显示不全。

例如按行绘制一个2×3的区域，par(mfrow = c(2,3))，将画布分成2行3列，示意图如图13.37所示。按列绘制一个2×3的区域，par(mfcol = c(2,3))，将画布分成2行3列，示意图如图13.38所示。

从图13.37和图13.38中可以看出，两者之间的区别主要是绘图顺序，一个是按行绘制，一个是按列绘制。

1	2	3
4	5	6

图13.37 按行绘制2×3的区域

1	3	5
2	4	6

图13.38 按列绘制2×3的区域

【例13.27】 绘制一个简单的多子图（实例位置：资源包\Code\13\27）

按行绘制一个2×3包含6个子图的图形，运行RStudio，编写如下代码。

```
par(mfrow = c(2,3))
plot(x=c(1,2,3,4))
plot(x=c(1,2,3,4))
plot(x=c(1,2,3,4))
plot(x=c(1,2,3,4))
plot(x=c(1,2,3,4))
plot(x=c(1,2,3,4))
```

运行程序，结果如图13.39所示。

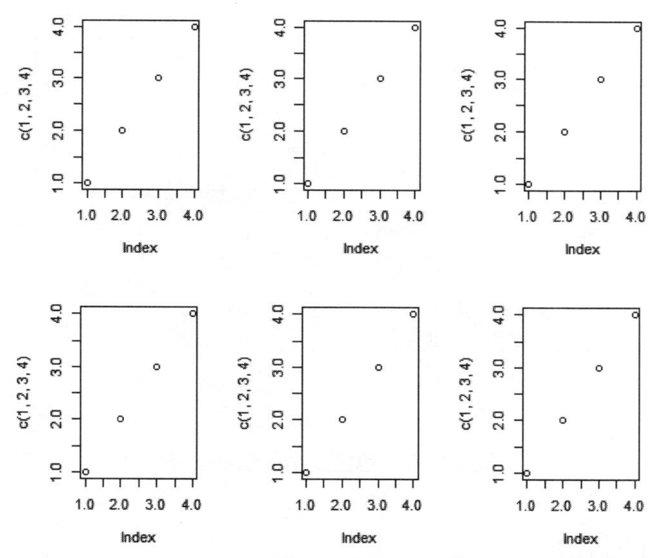

图13.39 一个简单的多子图

↓补充知识

使用par()函数分隔绘图区域并绘制完成多子图后，要关闭绘图设备，否则下次绘图时还会保留分隔后的绘图区域，主要代码如下：

```
dev.off()
```

【例13.28】 绘制包含多个子图的图表（实例位置：资源包\Code\13\28）

通过上述举例了解了par()函数的基本用法，接下来将前面所学的简单图表整合到一张图表上，运行RStudio，编写如下代码。

```
# 2行2列的绘图区域
par(mfrow = c(2,2))
# 折线图
x <- 1:20
y <- x
plot(x,y,type="l")
# 饼形图
x = c(2,5,12,70,2,9)
pie(x)
# 柱形图
x <- c(1,2,3,4,5,6)
height <- c(10,20,30,40,50,60)
barplot(height,names.arg=x)
# 直方图
v <- c(22,87,5,43,56,73,55,54,11,20,51,5,79,31,27)
hist(v)
```

运行程序，结果如图13.40所示。

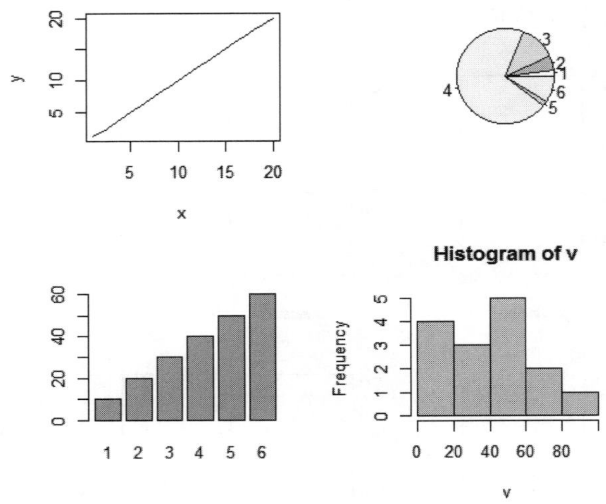

图13.40 包含多个子图的图表

13.4.2 layout()函数

par()函数的mfcol参数和mfrow参数设置的绘图区域，只能将绘图区域分成大小相等的区域，而且每一个区域都有一个子图表的位置，不能实现一个子图表占据多个区域的功能。而在实际工作中，根据展示的数据的多少，一个子图表可能会占据多个绘图区域，此时可以使用layout()函数。layout()函数可以设置大小不等的绘图区域，从而实现一个子图表占据多个区域的功能，语法格式如下：

```
layout(mat, widths = rep.int(1,ncol(mat)),heights = rep.int(1,nrow(mat)),respect =
FALSE)
layout.show(n = 1)
```

主要参数说明：

☑ mat：layout()函数通过一个矩阵设置绘图窗口的划分。0表示该位置不画图，其他数值必须为从1开始的连续整数，大于0的数代表绘图顺序，相同数字代表占位符。

☑ widths：设置不同列的宽度。

☑ heights：设置不同行的高度。

☑ n：绘图区域的位置编号。

例如绘制2行2列3个区域，代码如下：

```
layout(matrix(c(1, 2, 3, 2), 2), widths = c(1, 2), heights = c(2, 1))
layout.show(3)
```

绘制过程如图13.41所示。

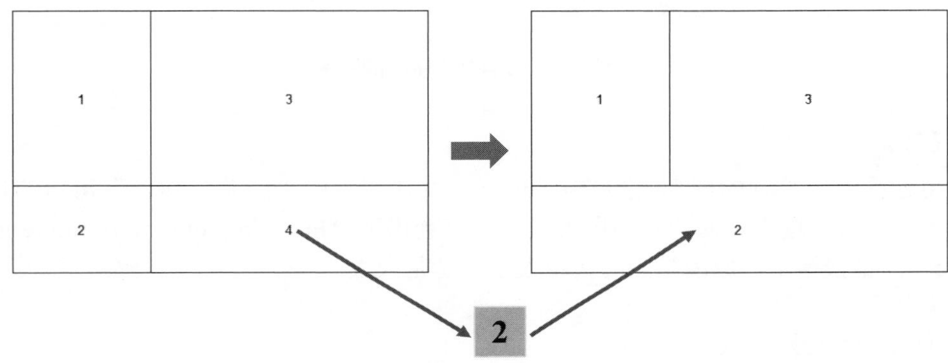

图13.41　2行2列3个区域的绘制过程

图13.41中原本绘制的是2行2列4个区域，但是由于矩阵中位置2和位置4的数字相同，因此变成了2行2列3个区域。

【例13.29】 绘制包含3个子图的图表（实例位置：资源包\Code\13\27）

下面使用layout()函数设置3个大小不等的绘图区域，然后在每个区域绘制不同的子图表，运行RStudio，编写如下代码。

```
01 layout(matrix(c(1, 2, 3, 2), 2),widths = c(1, 2), heights = c(2, 1))
02 layout.show(3)
03 # 折线图
04 x <- 1:20
05 y <- x
06 plot(x,y,type="l")
07 # 柱形图
08 x <- c(1,2,3,4,5,6)
09 height <- c(10,20,30,40,50,60)
10 barplot(height,names.arg=x)
11 # 饼形图
12 x = c(2,5,12,70,2,9)
13 pie(x)
```

运行程序，结果如图13.42所示。

↙ 代码解析

第02行代码：layout.show(n)用于查看窗口。

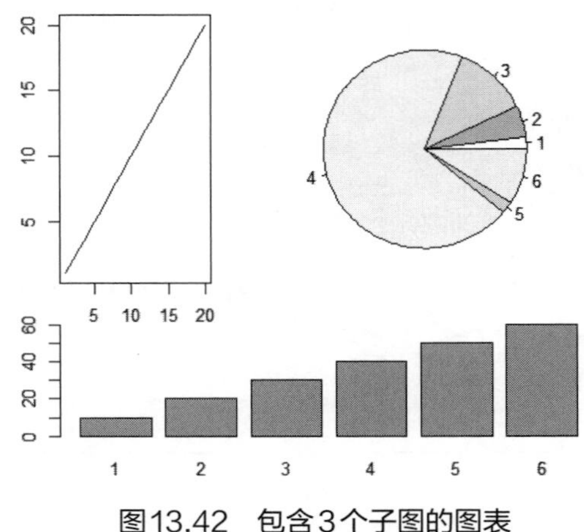

图13.42 包含3个子图的图表

↓补充知识

绘图过程中，绘制的图形一般在RStudio开发环境中的“资源管理器”窗口的Plots中显示，如果该窗口过小，而绘制的图形较大，就会出现“Error in plot.new() : figure margins too large”的错误提示，原因是图的边距太小或者是太大。

解决办法：

① 首先查看边距，代码如下：

```
par("mar")
```

② 然后修改边距，例如下面的代码：

```
par(mar=c(1,1,1,1))
```

本章思维导图

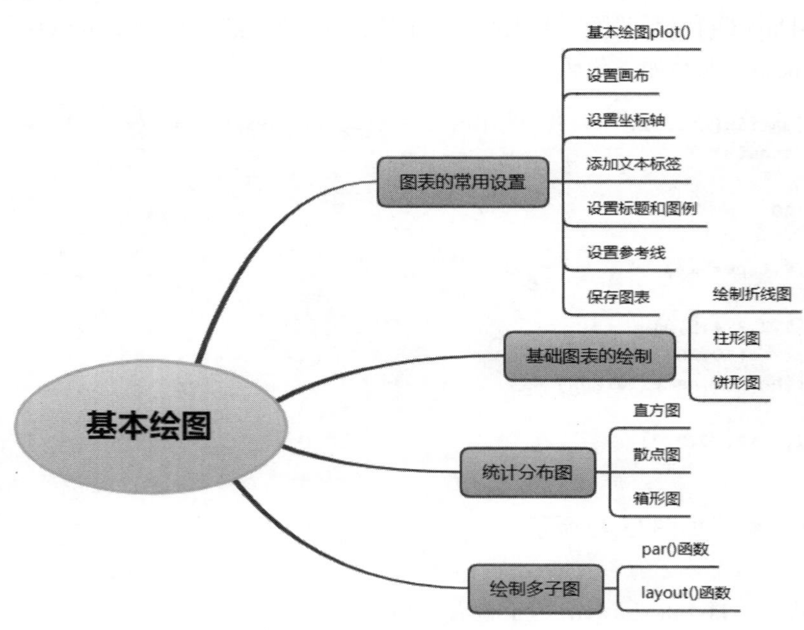

第14章 ggplot2实现高级绘图

上一章介绍了R语言基本的绘图方式，但在实际工作中其可能无法满足我们的需求，多掌握一种绘图工具在工作中才会游刃有余。本章主要介绍R语言高级绘图工具ggplot2，通过ggplot2绘制多种图表。

14.1 ggplot2入门

14.1.1 ggplot2概述

ggplot2是一款强大的数据可视化包，其绘图方式易于理解，并且绘制的图形精美，定制化程度也很高，是较为流行的可视化工具。其具有以下特点：

① ggplot2提供了美观、实用的图形样式，这使得用户可以在短时间内绘制并发布高质量的图表。

② ggplot2提供了大量的默认值，用户不必关心绘制图例等繁琐的细节。

③ 对于特殊的格式要求，ggplot2也提供了许多可修改的方式。

④ ggplot2迭代地进行工作，从显示原始数据开始，然后添加注释和统计层。

⑤ 允许用户使用与设计分析相同的结构化思维绘制图形。

14.1.2 安装ggplot2

ggplot2是第三方R包，首次使用前需进行安装，安装方法如下所述。

运行RGui，输入如下代码：

```
install.packages("ggplot2")
```

按下<Enter>键，在CRAN镜像站点的列表中选择镜像站点，然后单击“确定”按钮，开始安装，安装完成后在程序中就可以使用ggplot2包了。

14.1.3 ggplot2绘图流程

ggplot2的绘图流程如图14.1所示。

图14.1 ggplot2的绘图流程

ggplot2绘图流程的具体步骤如下：

① 获取数据。

② 对数据做映射操作，如确定x、y、color、size、shape、alpha等参数值。

③ 选择合适的绘图函数。根据实际需求选择适合绘图类型。

④ 设置坐标系和配置刻度。

⑤ 设置标题、标签、图例等细节。

⑥ 选择合适的主题。

其中，前3步是必需的步骤，后面的步骤可以采用默认设置。下面通过具体的实例进行介绍。

【例14.1】 ggplot2绘图之初体验（实例位置：资源包\Code\14\01）

ggplot2安装完成后，载入ggplot2包就可以绘制想要的图形了。下面使用ggplot2包自带的数据集mpg绘制一个简单的散点图，体验一下ggplot2的绘图效果。运行RStudio，编写如下代码。

```
01 library(ggplot2)
02 ggplot(data=mpg,mapping=aes(x=cty,y=hwy)) + geom_point()
```

运行程序，结果如图14.2所示。

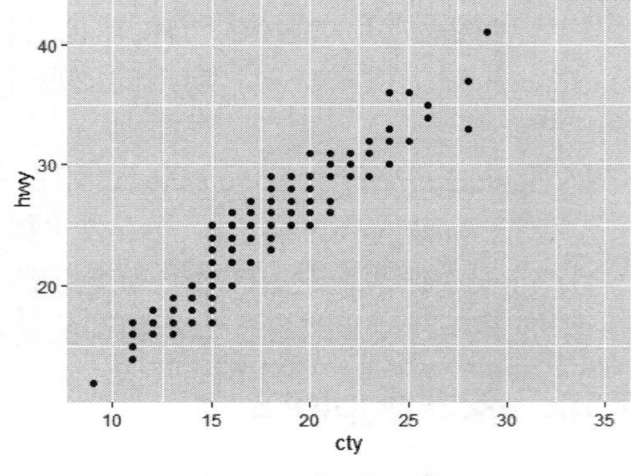

图14.2 简单的散点图

↙ 代码解析

第2行代码：mpg为ggplot2自带的数据集，包含了美国环境保护署对38种汽车的观察数据，该数据集有234行11列，记录了美国1999年和2008年部分汽车的制造厂商、型号、类别、驱动程序和耗油量等，具体介绍如下所述。

☑ manufacturer：制造商。

☑ model：汽车型号。

☑ displ：发动机排量，单位为升（L）。

☑ year：生产日期。

☑ cyl：气缸数量。

☑ trans：汽车的变速器类型，如自动、手动。

☑ drv：汽车的驱动类型，包括f、4和r分为前轮驱动、四轮驱动和后轮驱动。

☑ cty：单位油量可行驶里程，英里（城市）/加仑。

☑ hwy：单位油量可行驶里程，英里（高速公路）/加仑。

☑ fl：汽油类型，包括p、r、e、d和c。

☑ class：汽车类型，包括compact（小型汽车）、midsize（中型汽车）、suv（运动型多用途车）、2seater（两座汽车）、minivan（小型面包车）、pickup（皮卡）、subcompact（微型汽车）。

14.1.4 ggplot2基本语法

下面介绍一下ggplot2的语法。ggplot2的语法中包括10个参数，具体如下：

☑ 数据（data）。

☑ 映射（mapping）。
☑ 绘图函数（geom）。
☑ 标度（scale）。
☑ 统计变换（stats）。
☑ 坐标系（coord）。
☑ 位置调整（Position adjustments）。
☑ 分面（facet）。
☑ 主题（theme）。
☑ 输出（output）。

从【例14.1】可以看出前3个参数是必须的，其他参数ggplot2会自动配置，也可以手动配置。

> 注意　ggplot2只接受数据框（dataframe）的数据类型。

14.1.5　ggplot2常用绘图函数

ggplot2是通过指定绘图函数来绘制不同类型的图形的，如折线图、散点图、箱形图等。在ggplot2中，常用的绘图函数都是geom_xxx的形式，因此在R中就可以使用ls()函数列出所有的绘图函数，例如下面的代码：

```
library(ggplot2)
ls("package:ggplot2", pattern="^geom_.+")
```

上述代码中ls的功能是显示所有在内存中的对象，pattern是一个具名参数，可以列出名称中所有含有字符串“geom_”的对象。

运行程序，结果如图14.3所示。

```
 [1] "geom_abline"            "geom_area"             "geom_bar"
 [4] "geom_bin_2d"            "geom_bin2d"            "geom_blank"
 [7] "geom_boxplot"           "geom_col"              "geom_contour"
[10] "geom_contour_filled"    "geom_count"            "geom_crossbar"
[13] "geom_curve"             "geom_density"          "geom_density_2d"
[16] "geom_density_2d_filled" "geom_density2d"        "geom_density2d_filled"
[19] "geom_dotplot"           "geom_errorbar"         "geom_errorbarh"
[22] "geom_freqpoly"          "geom_function"         "geom_hex"
[25] "geom_histogram"         "geom_hline"            "geom_jitter"
[28] "geom_label"             "geom_line"             "geom_linerange"
[31] "geom_map"               "geom_path"             "geom_point"
[34] "geom_pointrange"        "geom_polygon"          "geom_qq"
[37] "geom_qq_line"           "geom_quantile"         "geom_raster"
[40] "geom_rect"              "geom_ribbon"           "geom_rug"
[43] "geom_segment"           "geom_sf"               "geom_sf_label"
[46] "geom_sf_text"           "geom_smooth"           "geom_spoke"
[49] "geom_step"              "geom_text"             "geom_tile"
[52] "geom_violin"            "geom_vline"
```

图14.3　ggplot2的绘图类型

其中常用的绘图函数和常用参数介绍如表14.1所示。

表14.1　常用绘图函数和常用参数

常用绘图函数	说明	常用参数
geom_bar()	柱形图	color、fill、alpha
geom_boxplot()	箱形图	color、fill、alpha、notch、width

续表

常用绘图函数	说明	常用参数
geom_density()	密度图	color、fill、alpha、linetype
geom_histogram()	直方图	color、fill、alpha、linetype、binwidth
geom_hline()	绘制水平参考线	color、alpha、linetype、size
geom_vline()	绘制垂直参考线	color、alpha、linetype、size
geom_jitter()	抖动点	color、size、alpha、shape
geom_line()	折线图	color、alpha、linetype、size
geom_point()	散点图	color、alpha、shape、size
geom_rug()	地毯图	color、side
geom_smooth()	拟合曲线	method、formula、color、fill、linetype、size
geom_text()	文本标签	label、color、position、vjust
geom_violin()	小提琴图	color、fill、alpha、linetype

主要参数说明如下：

☑ alpha：颜色透明度，0（完全透明）～1（不透明）。

☑ binwidth：直方图宽度。

☑ color：点、线、填充区域的边界颜色。

☑ fill：填充区颜色，比如条形、密度等。

☑ label：标签文本。

☑ linetype：线型，包括6种线型，值为1～6。

☑ positon：位置，例如“dog”将分组条形图并排，“stacked”分组条形图的堆叠，“fill”垂直的堆叠分组条形图并规范其高度相等，“jitter”抖动，减少点的重叠。

☑ size：点的尺寸或线的宽度。

☑ shape：点的形状。

☑ notch：是否应为缺口，值为T或F。

☑ side：地毯图的位置，值为“b”“l”“t”“R”和“bl”分别表示底部、左边、顶部、右边、左下。

☑ width：箱形图的宽度。

14.2 ggplot2绘图的基本设置

14.2.1 标题

可以通过labs()函数添加标题以及子标题、文本标签，标题使用title参数，子标题使用subtitle参数。通过theme()函数来设置字体的大小、颜色、位置和角度等。

【例14.2】 为图表设置标题（实例位置：资源包\Code\14\02）

例如设置图表标题为“汽车耗油量分析”，子标题为“城市与高速公路驾驶耗油量分析”，运行RStudio，编写如下代码。

```
library(ggplot2)
# 绘制散点图
ggplot(data=mpg,mapping=aes(x=cty,y=hwy))+
  geom_point()+
  # 设置标题和子标题
  labs(title = "汽车耗油量分析",subtitle = "城市与高速公路驾驶耗油量分析")
```

运行程序，结果如图 14.4 所示。

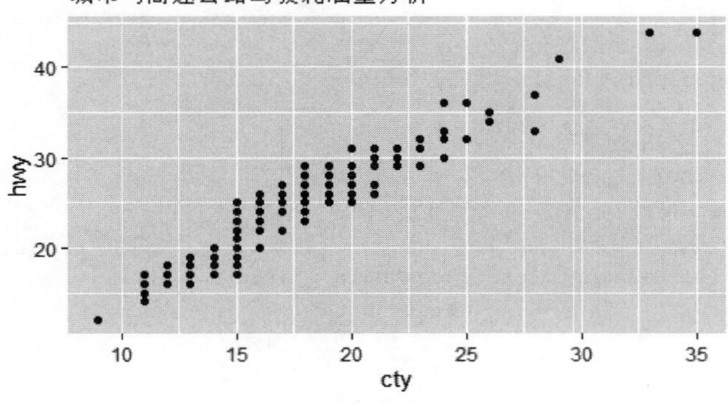

图14.4　为图表设置标题

接下来对标题进行美化，设置标题的字体和颜色，主要代码如下：

```
  theme(plot.title=element_text(face="bold.italic", #字体
                                color="blue",  #颜色
                                size=20,       #大小
                                hjust=0.5,     #位置
                                vjust=0.5))
```

运行程序，结果如图 14.5 所示。

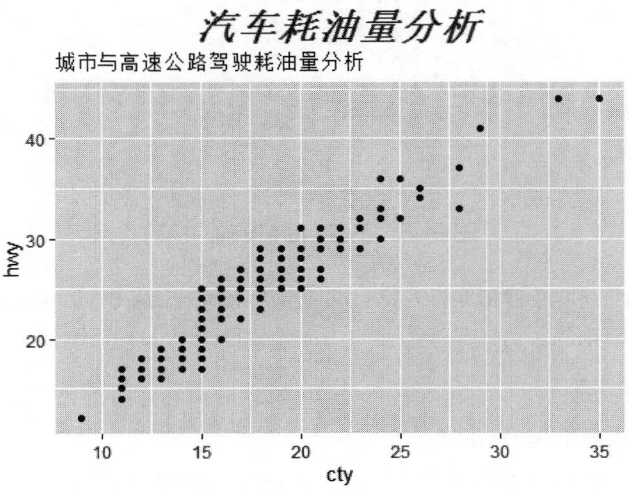

图14.5　美化标题

14.2.2 坐标轴

一张精确的图表，其中不免要用到坐标轴，下面介绍ggplot2坐标轴的使用。

14.2.2.1 x轴、y轴标题

x轴和y轴标题同样使用labs()函数，其中参数x为x轴标题，参数y为y轴标题。

【例14.3】 设置x轴和y轴的标题（实例位置：资源包\Code\14\03）

设置x轴标题为“城市”，y轴标题为“高速公路”，运行RStudio，编写如下代码。

```
library(ggplot2)
# 绘制散点图
ggplot(data=mpg,mapping=aes(x=cty,y=hwy))+
  geom_point()+
  # 设置标题、子标题和xy轴标题
  labs(title = "汽车耗油量分析",
       subtitle = "城市与高速公路驾驶耗油量分析",
       x = "城市",y = "高速公路")+
  theme(plot.title=element_text(face="bold.italic", #字体
                                color="blue", #颜色
                                size=20,      #大小
                                hjust=0.5,    #位置
                                vjust=0.5))
```

运行程序，结果如图14.6所示。

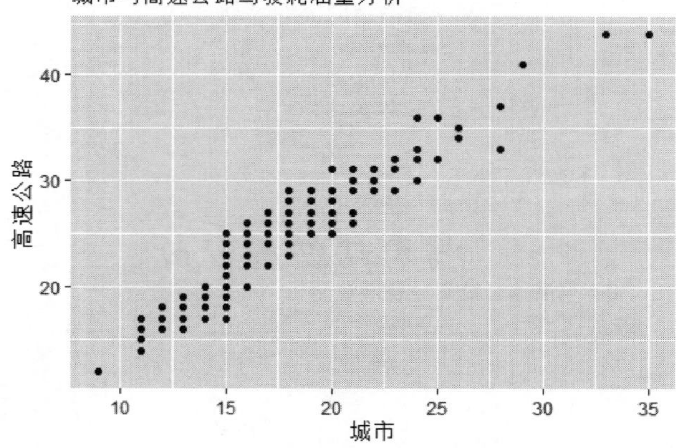

图14.6 设置x轴和y轴的标题

还有一种设置x轴和y轴标题的方法，即使用xlab()函数和ylab()函数。例如xlab("这是X轴") + ylab("这是Y轴")。

14.2.2.2 坐标轴范围

ggplot2设置坐标轴范围有两种方法：

① 使用scale_x_continuous()函数和scale_y_continuous()函数。

② 使用xlim()函数和ylim()函数。

例如设置x轴范围为1～40，y轴范围为10～50，主要代码如下：

```
+ xlim(0,40)
+ ylim(10,50)
```

运行程序，结果如图14.7所示。

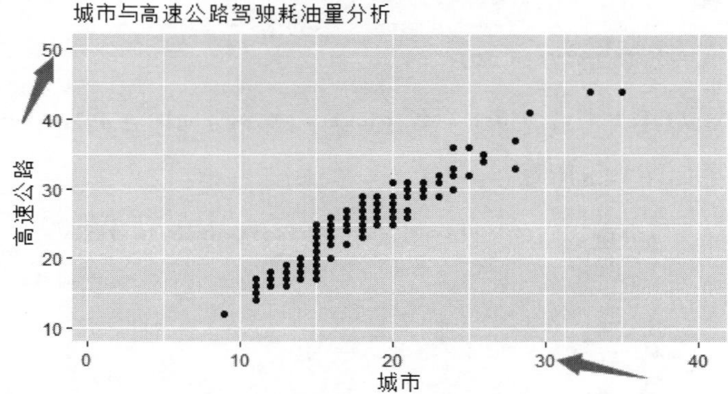

图14.7　设置坐标轴范围

如果使用scale_x_continuous()函数和scale_y_continuous()函数，主要代码如下：

```
+ scale_x_continuous(limits = c(0,40))
+ scale_y_continuous(limits = c(10,50))
```

14.2.2.3　去除刻度标签

去除x轴和y轴刻度标签可以使用如下代码：

```
+ theme(axis.text.x = element_blank())
+ theme(axis.text.y = element_blank())
```

14.2.2.4　去除刻度线

去除x轴和y轴刻度线，需要应在theme()函数中使用如下代码：

```
+ theme(axis.ticks.x = element_blank())
+ theme(axis.ticks.y = element_blank())
```

14.2.2.5　去除网格线

在实际绘图过程中，有时候需要去除网格线，只需将breaks参数值设为NULL就可以了，例如下面的代码：

```
+ scale_x_continuous(breaks=NULL)
+ scale_y_continuous(breaks=NULL)
```

14.2.3　添加文本标签

绘图过程中，为了能够更清晰、直观地看到数据，有时需要给图表中指定的数据点添加文本标签。在ggplot2中使用geom_text()函数可以实现添加文本标签。

【例14.4】 为折线图添加文本标签（实例位置：资源包\Code\14\04）

下面为图表中各个数据点添加文本标签，运行RStudio，编写如下代码。

```
library(ggplot2)
# 绘制折线图
df <- data.frame(x = 1:5, y = c(10,28,25,9,20))
ggplot(df,aes(x,y))+
  geom_line()+
  # 设置标题
  labs(title = "折线图",size = 10)+
  # 添加文本标签
  geom_text(aes(label = y, vjust = 1, hjust = -0.5, angle = 45),size=3)
```

运行程序，结果如图14.8所示。

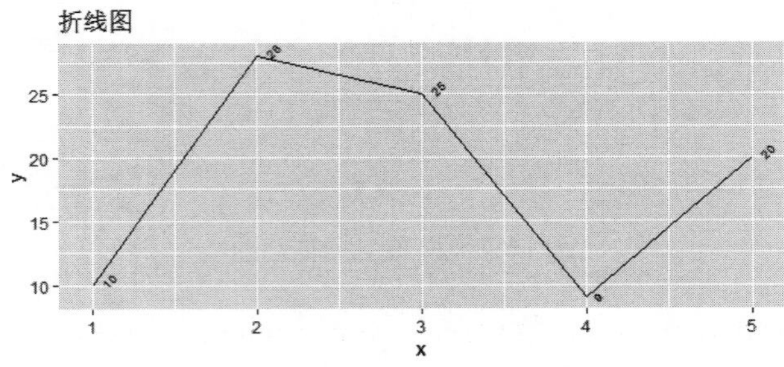

图14.8 为折线图添加文本标签

14.2.4 图例

ggplot2的图例设置主要使用guides()函数，其设置图例的方式与标题、坐标轴函数类似，需要在guides()函数内赋值给对应的映射参数。下面介绍几种设置图例的方法。

（1）删除图例

与基础绘图不同，当ggplot2绘制散点图涉及颜色映射时，图例就会自动添加（如图14.9所示），并与散点图函数中的映射关系是一一对应的。但在实际工作中，有时候不需要显示图例，此时可以将图例删除。

下面介绍3种删除图例的方法，代码如下：

```
+ guides(col = guide_none())
+ guides(col = FALSE)
+ theme(legend.position = "none")
```

【例14.5】 删除散点图中的图例（实例位置：资源包\Code\14\05）

下面依旧使用mpg数据集绘制散点图，并将颜色指定为“year”，运行RStudio，编写如下代码。

```
library(ggplot2)
# 绘制散点图
ggplot(data=mpg,mapping=aes(x=cty,y=hwy))+
  geom_point(aes(color=year))+
  # 设置标题、子标题和xy轴标题
```

```
labs(title = "汽车耗油量分析",
     subtitle = "城市与高速公路驾驶耗油量分析",
     x = "城市",y = "高速公路")+
theme(plot.title=element_text(face="bold.italic", #字体
                              color="blue", #颜色
                              size=20,      #大小
                              hjust=0.5,    #位置
                              vjust=0.5))
```

运行程序，结果如图 14.9 所示。

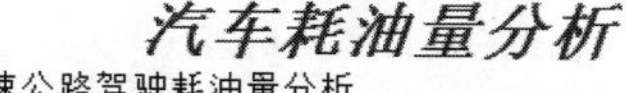

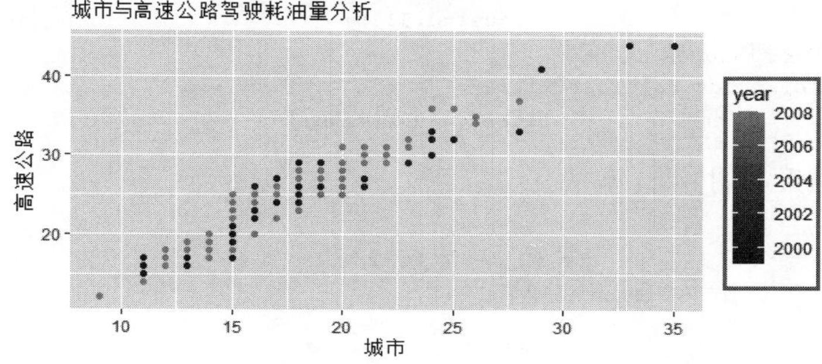

图14.9　原始散点图

从运行结果可以看出此时的散点图自动加上了图例，下面删除图例，代码如下：

```
+ guides(col = FALSE)
```

运行程序，删除图例后的效果如图 14.10 所示。

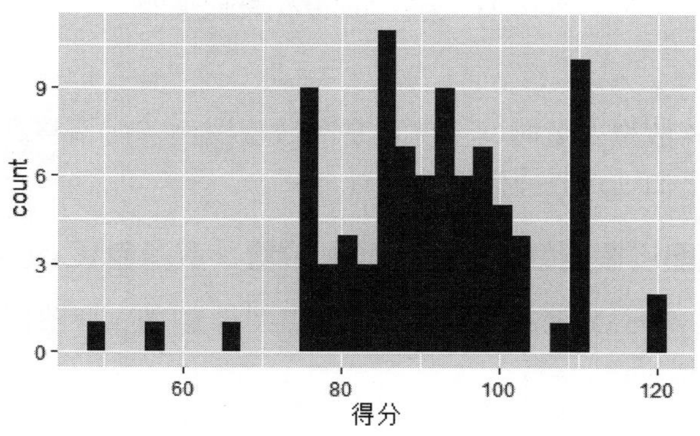

图14.10　删除图例后的散点图

（2）连续型图例

ggplot2 设置图例主要使用 guides() 函数，该函数默认是连续型图例，如果需要调整连续型映射关系的图例需要使用 guide_colourbar()，下面通过实例进行介绍。

【例14.6】　为散点图设置连续型图例（实例位置：资源包\Code\14\06）

下面使用 guides() 函数和 guide_colourbar() 函数为散点图设置连续型图例并设置图例标

题，运行 RStudio，编写如下代码。

```
library(ggplot2)
# 绘制散点图
ggplot(data=mpg,mapping=aes(x=cty,y=hwy))+
  geom_point(aes(color=year))+
  # 设置标题和子标题
  labs(title = "汽车耗油量分析",
       subtitle = "城市与高速公路驾驶耗油量分析")+
  theme(plot.title=element_text(face="bold.italic", #字体
                                color="blue", #颜色
                                size=20,      #大小
                                hjust=0.5,    #位置
                                vjust=0.5))+
  # 显示图例并设置图例标题为"年份"
  guides(color=guide_colorbar(title = "年份",
                              ticks.colour = NA))
```

运行程序，结果如图 14.11 所示。

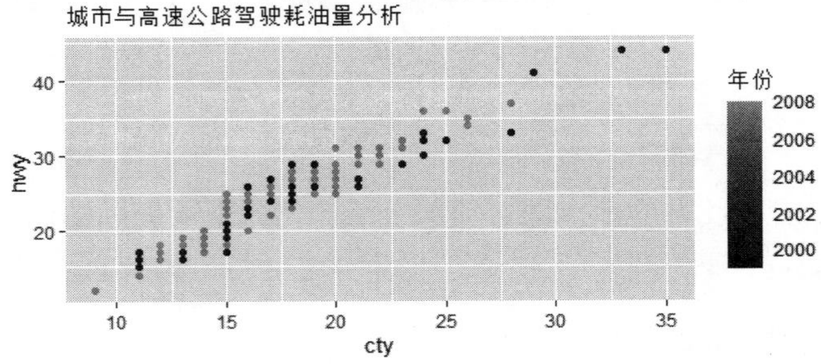

图14.11　为散点图设置连续型图例

（3）离散型图例

当映射的变量为离散型变量时，图例也是离散型图例，而调整离散型图例则需要使用 guide_legend() 函数，下面通过具体的实例进行介绍。

【例14.7】 为散点图设置离散型图例（实例位置：资源包\Code\14\07）

使用 guides() 函数和 guide_legend() 函数为散点图设置离散型图例并设置图例标题，运行 RStudio，编写如下代码。

```
library(ggplot2)
# 绘制散点图
ggplot(data=mpg,mapping=aes(x=cty,y=hwy))+
  geom_point(aes(color=factor(year)))+
  # 设置标题和子标题
  labs(title = "汽车耗油量分析",
       subtitle = "城市与高速公路驾驶耗油量分析")+
  theme(plot.title=element_text(face="bold.italic", #字体
                                color="blue", #颜色
                                size=20,      #大小
                                hjust=0.5,    #位置
```

```
12                              vjust=0.5))+
13  # 显示图例并设置图例标题为"年份"
14  guides(color=guide_legend(title = "年份"))
```

运行程序，结果如图14.12所示。

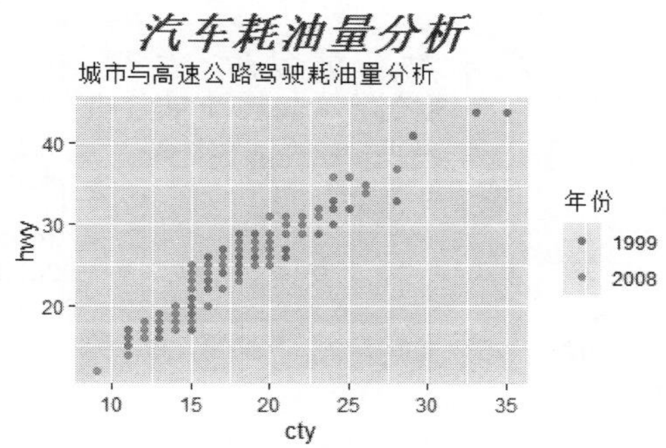

图14.12　为散点图设置离散型图例

代码解析

第4行代码：factor()函数用于创建因子变量。

（4）图例位置

当使用theme()函数设置图例位置为none（无）时，即+ theme(legend.position = "none")，表示删除图例，那么当使用theme()函数指定位置参数时，则用于设置图例位置，例如设置图例位于左边、顶部和底部，主要代码如下。

```
theme(legend.position="left")   # 左边
theme(legend.position="top")    # 顶部
theme(legend.position="bottom") # 底部
```

14.2.5　更改字体大小

ggplot2更改字体大小较为繁琐，主要使用theme()函数，通过在该函数中指定不同的参数来更改图形中不同元素的字体的大小，下面进行详细的介绍。

首先来看一个原始散点图，如图14.13所示。

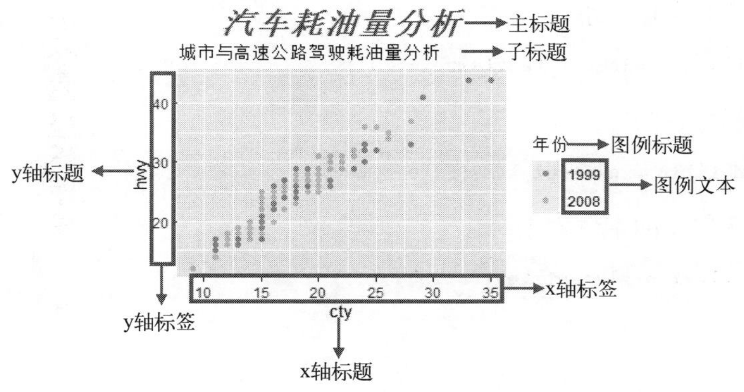

图14.13　原始散点图

接下来修改该图中每个元素的字体大小。

（1）修改图中所有元素的字体大小

```
+ theme(text = element_text(size = 20))
```

运行程序，结果如图14.14所示，与原始图相比，很明显字体大了许多。

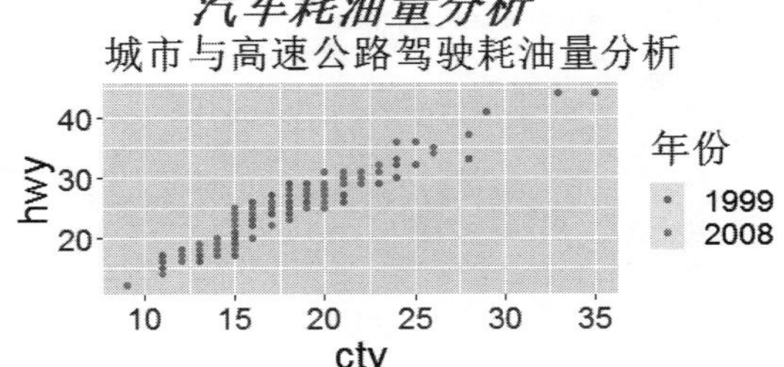

图14.14　修改所有字体

（2）修改x轴和y轴标签的字体大小

```
+ theme(axis.text = element_text(size = 20))
```

也可以只修改x轴或y轴标签的字体大小，例如下面的代码：

```
+ theme(axis.text.x = element_text(size = 20))
```

或

```
+ theme(axis.text.y = element_text(size = 20))
```

（3）修改x轴和y轴标题的字体大小

```
+ theme(axis.title = element_text(size = 20))
```

也可以只修改x轴或y轴标题的字体大小，例如下面的代码：

```
+ theme(axis.title.x = element_text(size = 20))
```

或

```
+ theme(axis.title.y = element_text(size = 20))
```

（4）修改标题的字体大小

```
+ theme(plot.title = element_text(size = 20))
```

（5）修改图例标题的字体大小

```
+ theme(legend.title = element_text(size = 20))
```

（6）修改图例文本的字体大小

```
+ theme(legend.text = element_text(size = 20))
```

14.2.6　主题

ggplot2自带了一些绘图的主题样式，通过这些主题样式可以快速绘制一个漂亮的图形。

下面通过举例来看一下不同的主题样式。

（1）theme_gray()

```
+ theme_gray()
```

（2）theme_bw()

```
+ theme_bw()
```

（3）theme_classic()

```
+ theme_classic()
```

（4）theme_light()

```
+ theme_light()
```

（5）theme_void()

```
+ theme_void()
```

（6）theme_linedraw()

```
+ theme_linedraw()
```

（7）theme_minimal()

```
  theme_minimal()      # 主题7
```

（8）theme_dark()

```
+ theme_dark()
```

不同主题样式的效果如图 14.15 所示。

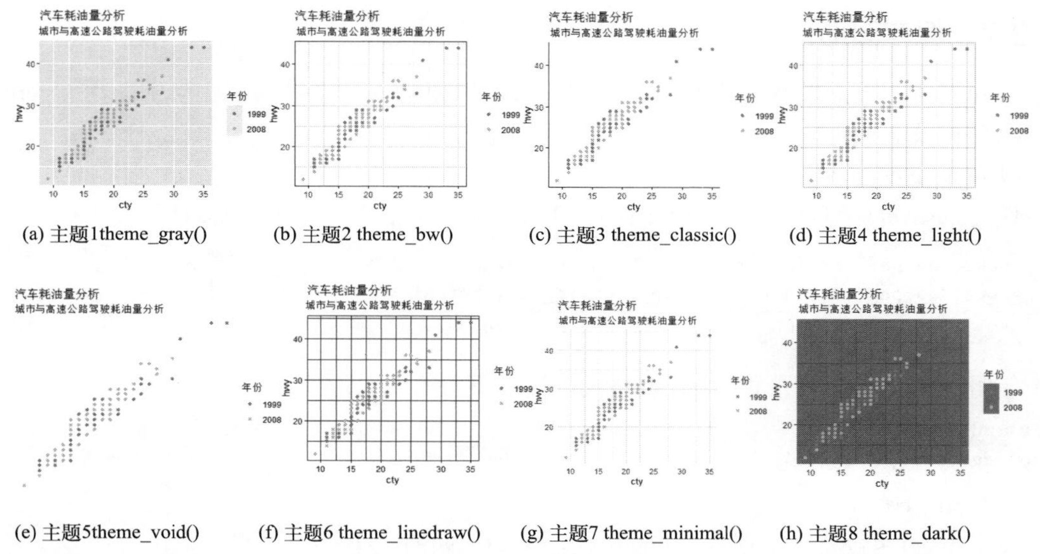

(a) 主题1theme_gray()　(b) 主题2 theme_bw()　(c) 主题3 theme_classic()　(d) 主题4 theme_light()

(e) 主题5theme_void()　(f) 主题6 theme_linedraw()　(g) 主题7 theme_minimal()　(h) 主题8 theme_dark()

图14.15　ggplot2主题样式

除了上述主题样式，ggplot2 还可以使用 ggthemes 拓展主题样式，首先安装 ggthemes 包，然后使用ggthemes拓展主题样式，具体如下：

① theme_clean()；

② theme_calc()；

③ theme_economist()；

④ theme_igray()；

⑤ theme_fivethirtyeight()；

⑥ theme_pander()；

⑦ theme_foundation()；

⑧ theme_base()；

⑨ theme_par()；

⑩ theme_gdocs()；

⑪ theme_map()；

⑫ theme_few()；

⑬ theme_tufte()；

⑭ theme_stata()；

⑮ theme_excel()；

⑯ theme_wsj()；

⑰ theme_hc()；

⑱ theme_solid()；

⑲ theme_solarized()。

> 说明 对以上主题样式感兴趣的读者可以自行尝试，这里就不进行介绍了。

14.2.7 保存图形

绘制完成图形后，有时需要将其保存起来，以便插入到文档或PPT当中使用。ggplot2保存图形有以下3种方式。

（1）ggsave()函数

使用ggsave()函数可以将图形保存为pdf格式和png格式，例如下面的代码：

```
ggsave("aa.pdf",width = 8,device = cairo_pdf, height = 5)
ggsave("aa.png",width = 8,device = cairo_pdf, height = 5,dpi = 300)
```

（2）pdf()函数

使用pdf()函数将图形保存为pdf格式，例如下面的代码：

```
pdf('aa.pdf')
dev.off()
```

（3）png()函数

使用png()函数将图形保存为png格式，例如下面的代码：

```
png("aa.png",width = 800, height = 500)
```

技巧：保存多幅图形时，可以在文件名后加入%d。

14.3　使用ggplot2绘制图表

14.3.1　折线图

折线图一般用于描述一维变量随着某一连续变量（通常为时间）变化的情况。折线图最适合描述时间序列数据的变化情况。下面介绍如何使用ggplot2的geom_line()函数绘制折线图。

14.3.1.1　简单折线图

绘制简单折线图的方法是首先调用ggplot()函数指定数据集，并在aes参数中指定x轴和y轴，然后调用折线图函数geom_line()绘制简单折线图。

【例14.8】　绘制简单折线图（实例位置：资源包\Code\14\08）

下面绘制一个简单的折线图，运行RStudio，编写如下代码。

```
# 加载程序包
library(ggplot2)
library(openxlsx)
# 读取Excel文件
df <- read.xlsx("datas/体温.xlsx",sheet=1)
# 绘制折线图
ggplot(data=df,aes(x=日期,y=体温)) + geom_line()
```

运行程序，结果如图14.16所示。

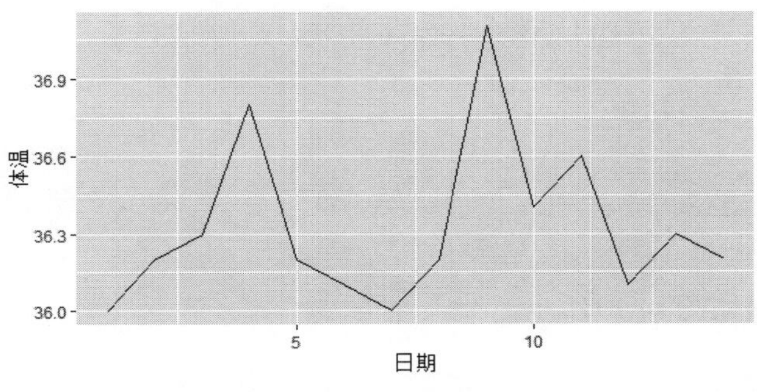

图14.16　简单折线图

14.3.1.2　高级折线图

通过添加标记以及修改线的粗细、样式和颜色等来绘制高级折线图，主要结合geom_point()函数、color参数、size参数、linetype参数。

（1）添加标记

```
ggplot(df,aes(x=日期,y=体温)) +
  geom_point()+
  geom_line()
```

运行程序，结果如图14.17所示。

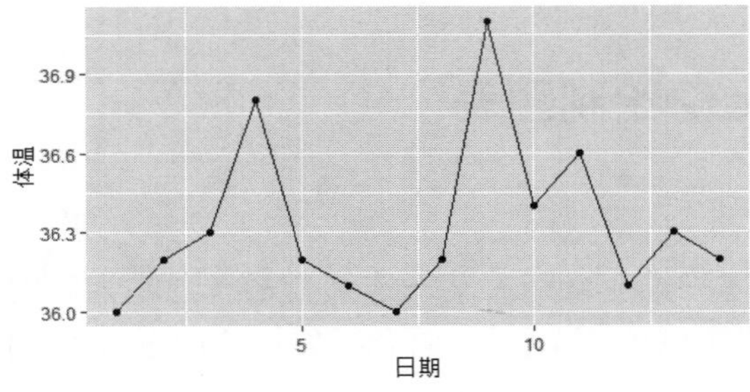

图14.17 添加标记

（2）修改标记形状、大小和颜色

```
ggplot(df,aes(x=日期,y=体温)) +
  geom_point(color="blue",size=3,shape=15)+
  geom_line()
```

运行程序，结果如图14.18所示。

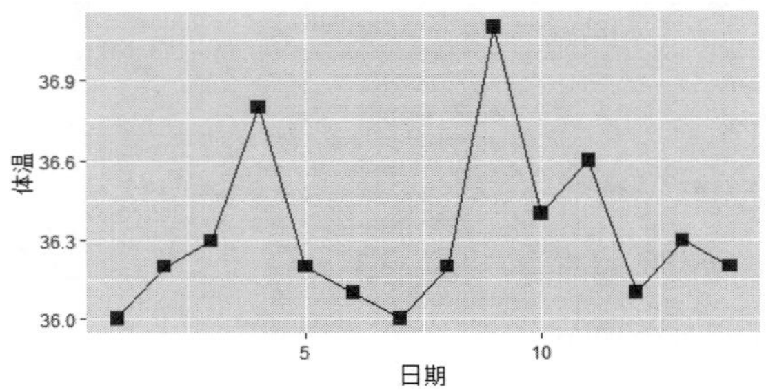

图14.18 修改标记形状、大小和颜色

（3）修改线型、颜色和粗细

```
ggplot(df,aes(x=日期,y=体温)) +
  geom_point(color="blue",size=3,shape=15)+
  geom_line(color="orange",size=1,linetype=5)
```

运行程序，结果如图14.19所示。

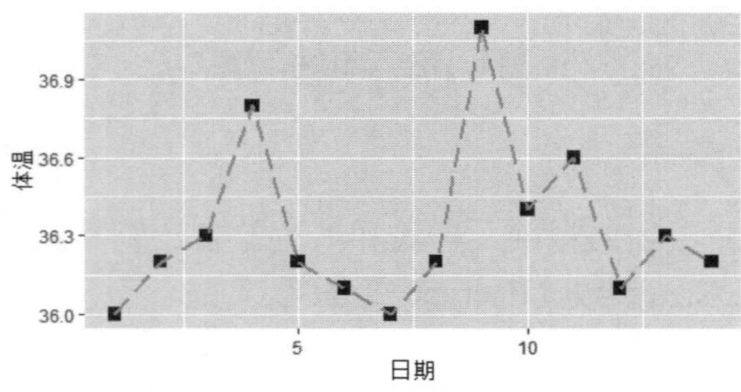

图14.19 修改线型、颜色和粗细

14.3.1.3 多折线图

ggplot2绘制多折线图有两种方法，下面分别进行介绍。

（1）使用多个geom_line()函数

如果分类数据存储在多个变量中，例如图14.20所示，分类数据分别存在“京东”“天猫”和“自营”下，则可以通过使用多个geom_line()函数来绘制多折线图，其中用加号“+”进行叠加组合。

	C	D	E	F	G
1	年份	京东	天猫	自营	总销售额
2	2016	16,800.00	32,550.00	80,695.00	120,045.00
3	2017	89,044.00	187,800.00	28,834.00	305,678.00
4	2018	156,010.00	234,708.00	94,382.00	485,100.00
5	2019	157,856.00	290,017.00	57,215.00	505,088.00
6	2020	558,909.00	321,400.00	104,202.00	984,511.00
7	2021	1,298,890.00	432,578.00	154,088.00	1,885,556.00
8	2022	1,525,004.00	584,500.00	179,271.00	2,288,775.00

图14.20　各平台销售数据

【例14.9】　多折线图分析各平台销售额1（实例位置：资源包\Code\14\09）

下面通过多折线图分析各平台2016—2022的销售额，运行RStudio，编写如下代码。

```
# 加载程序包
library(ggplot2)
library(openxlsx)
# 读取Excel文件
df <- read.xlsx("datas/books1.xlsx",sheet=2)
# 查看数据
head(df)
# 绘制折线图
ggplot(df,aes(x=年份)) +
  geom_line(aes(y=京东,color="red"))+
  geom_line(aes(y=天猫,color="blue"))+
  geom_line(aes(y=自营,color="green"))
```

运行程序，结果如图14.21所示。

上述结果中并不能看出哪条线是哪个平台的销售额，而且y轴标签和图例都是错误的，还需要对图表做进一步处理，非常麻烦，因此这种方法不推荐。

（2）指定group参数

如果分类数据存储在一个变量中（如图14.22所示），则直接使用group参数，将group参数指定为分类变量即可。

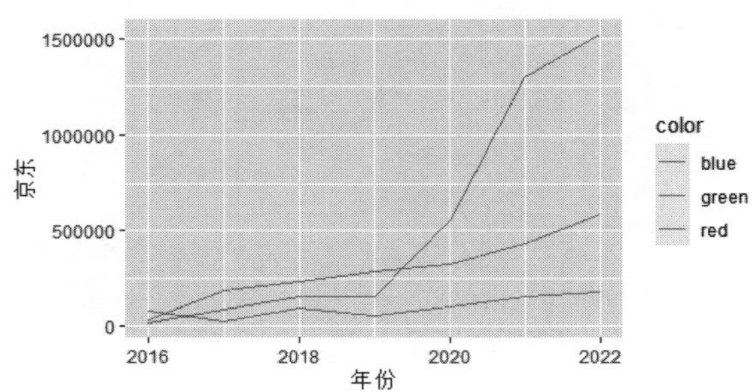

图14.21　多折线图分析各平台销售额1

	月份	门店	销量
1	1月	总店	20
2	1月	二道分店	14
3	1月	南关分店	23
4	1月	朝阳分店	45
5	2月	总店	34
6	2月	二道分店	56
7	2月	南关分店	28
8	2月	朝阳分店	38
9	3月	总店	32
10	3月	二道分店	36
11	3月	南关分店	48
12	3月	朝阳分店	55

图14.22　各门店销售数据

【例14.10】 绘制多折线图（实例位置：资源包\Code\14\10）

绘制多折线图同样使用geom_line()函数，但需要指定group参数。运行RStudio，编写如下代码。

```
# 加载程序包
library(ggplot2)
#创建数据集
月份 <- c('1月', '1月', '1月','1月','2月','2月','2月','2月','3月','3月','3月','3月')
门店 <- c("总店","二道分店","南关分店","朝阳分店")
销量 <- c(20,14,23,45,34,56,28,38,32,36,48,55)
df <- data.frame(月份,门店,销量)
# 查看数据集
df
# 绘制折线图
ggplot(data=df, aes(x=月份, y=销量,group=门店))+
  geom_line()
```

运行程序，结果如图14.23所示。

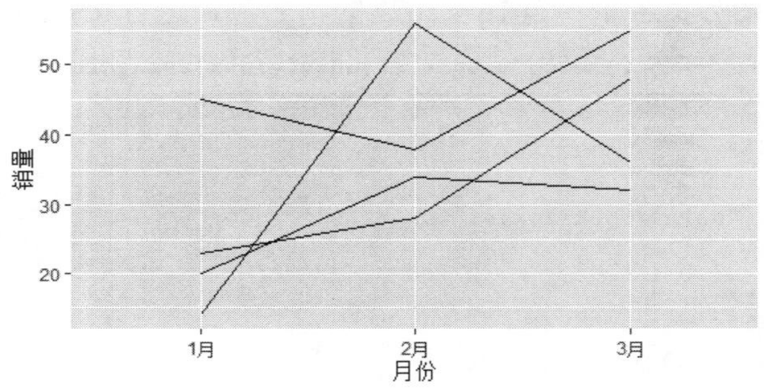

图14.23　绘制多折线图1

上述结果中并不能看出哪条线是哪个门店的销量，那么还需要指定color参数通过颜色区分，另外再结合图例绘制出的多折线图就比较完美了，主要代码如下：

```
ggplot(data=df, aes(x=月份, y=销量,group=门店,color=门店))+
  geom_line()
```

运行程序，结果如图14.24所示。

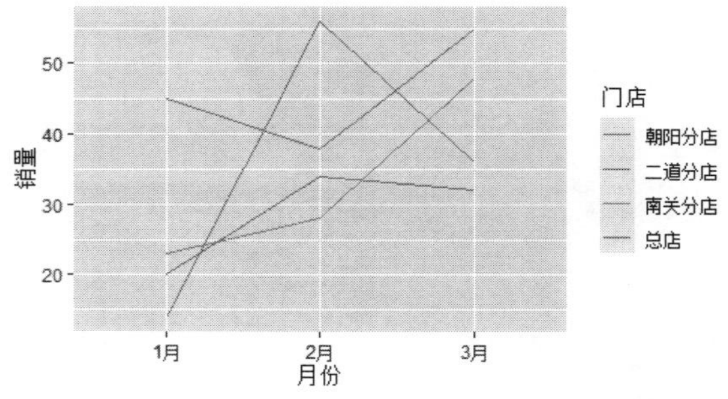

图14.24　绘制多折线图2

还可以指定标记来区分，即指定shape参数并结合geom_point()函数进行绘制，主要代码如下：

```
ggplot(data=df, aes(x=月份, y=销量,group=门店,color=门店,shape=门店))+
  geom_line()+
  geom_point()
```

运行程序，结果如图 14.25 所示。

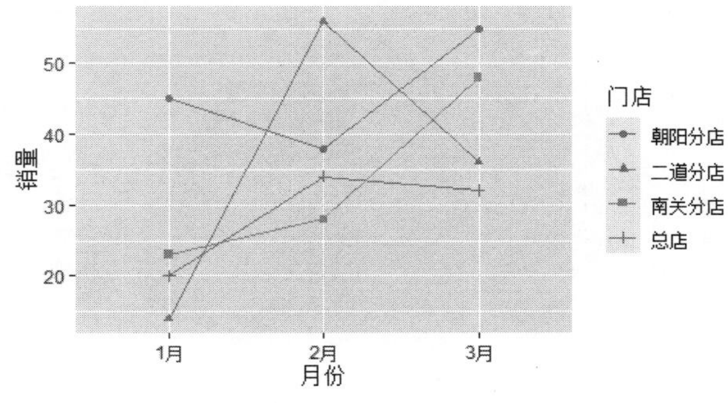

图14.25　绘制多折线图3

所以，如果分类数据存储在多个变量中，如【例 14.9】，则可先将分类数据进行合并存储在一个变量当中。例如将“京东”“天猫”和“自营”存放在一个变量“平台”当中，主要使用 reshape2 包的 melt() 函数。下面通过具体的实例进行介绍。

> **注意** reshape2 包属于第三方 R 包，使用前应首先进行安装。

【例14.11】 多折线图分析各平台销售额 2（实例位置：资源包\Code\14\11）

首先将“京东”“天猫”和“自营”数据进行合并，合并为一个变量，然后绘制多折线图。运行 RStudio，编写如下代码。

```
# 加载程序包
library(reshape2)
library(ggplot2)
library(openxlsx)
# 读取Excel文件
df <- read.xlsx("datas/books1.xlsx",sheet=2)
# 抽取3～6列数据
df <- df[,3:6]
# 查看数据
head(df)
# 数据合并
df1 <- melt(df,id="年份")
df1
```

运行程序，结果如图 14.26 所示。

	年份	variable	value
1	2016	京东	16800
2	2017	京东	89044
3	2018	京东	156010
4	2019	京东	157856
5	2020	京东	558909
6	2021	京东	1298890
7	2022	京东	1525004
8	2016	天猫	32550
9	2017	天猫	187800
10	2018	天猫	234708
11	2019	天猫	290017
12	2020	天猫	321400
13	2021	天猫	432578
14	2022	天猫	584500
15	2016	自营	80695
16	2017	自营	28834
17	2018	自营	94382
18	2019	自营	57215
19	2020	自营	104202
20	2021	自营	154088
21	2022	自营	179271

图14.26　各平台销售数据

从运行结果得知：“京东”“天猫”和“自营”3个平台被当作了一个单独的变量，这就是合并后的结果，其中 variable 和 value 是自动生成的列名。下面修改列名然后绘制多折线图，代码如下：

```
# 修改列名
colnames(df1) <- c("年份","平台","销售额")
head(df1)
# 绘制折线图
ggplot(data=df1, aes(x=年份, y=销售额,group=平台,color=平台))+
  geom_line()
```

运行程序，结果如图14.27所示。

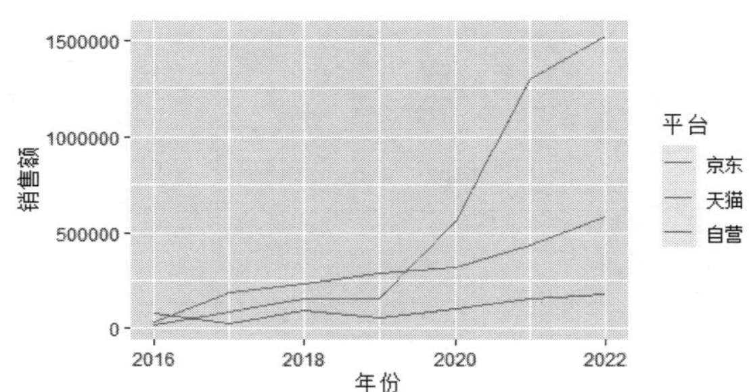

图14.27 多折线图分析各平台销售额2

14.3.2 散点图

通过散点图可以大致看出数据的分布规律，ggplot2绘制散点图主要使用geom_point()函数，前面我们已经介绍了简单的散点图，接下来再介绍3种常见的散点图。

14.3.2.1 线性拟合散点图

线性拟合散点图主要用于分析数据的线性关系。ggplot2绘制线性拟合散点图主要使用geom_point()函数和geom_smooth()函数。geom_point()函数用于绘制散点图，geom_smooth()函数用于添加拟合曲线。

【例14.12】 散点图分析重量与英里数的相关性（实例位置：资源包\Code\14\12）

下面通过线性拟合散点图分析mtcars数据集中重量与每加仑跑的英里数的相关性。运行RStudio，编写如下代码。

```
# 加载包
library(ggplot2)
# 导入数据集
data(mtcars)
df <- mtcars
# 绘制线性拟合散点图
ggplot(df, aes(wt, mpg))+
  geom_point(shape=21,size=4)+
  geom_smooth(method = "lm")
```

运行程序，结果如图14.28所示。

14.3.2.2 分组散点图

绘制分组散点图主要通过添加分类变量进行绘制。

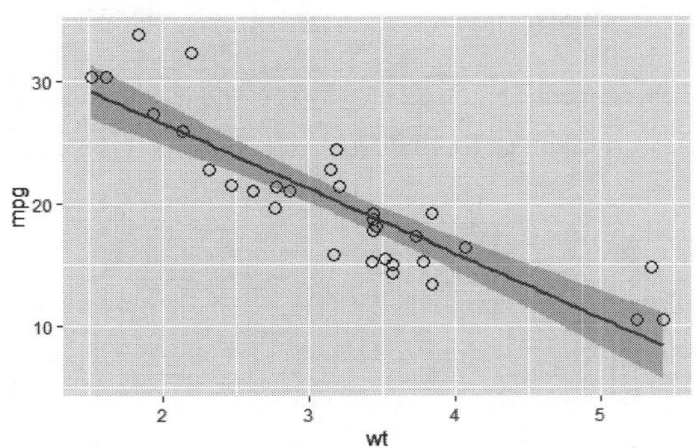

图14.28 散点图分析重量与英里数的相关性

【例14.13】 绘制分组散点图（实例位置：资源包\Code\14\13）

在【例 14.12】的基础上，添加分类变量 gear（即前进齿轮数），通过不同的前进齿轮数对数据进行分组。运行 RStudio，编写如下代码。

```
# 加载包
library(ggplot2)
# 导入数据集
data(mtcars)
df <- mtcars
# 绘制分组散点图
ggplot(df, aes(wt, mpg,color=factor(gear)))+
  geom_point(shape=21,size=3)+
  # 显示图例并设置图例标题为"前进齿轮数"
  guides(color=guide_legend(title = "前进齿轮数"))
```

运行程序，结果如图 14.29 所示。

接下来对每一组数据进行线性拟合，主要代码如下：

```
+ geom_smooth(method = "lm")
```

运行程序，结果如图 14.30 所示。

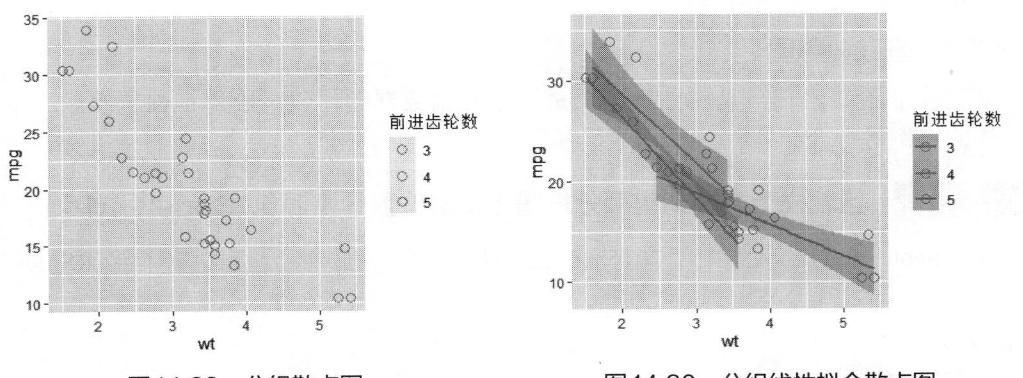

图14.29 分组散点图

图14.30 分组线性拟合散点图

14.3.2.3 分面散点图

分面散点图实际上就是将散点图绘制在不同的画布上，主要使用分面函数facet_wrap()，该函数能够自定义分面的行数和列数。下面针对不同的前进齿轮数分别绘制散点图，主要代码如下：

```
# 加载包
library(ggplot2)
# 导入数据集
data(mtcars)
df <- mtcars
# 绘制面板散点图
ggplot(df, aes(wt, mpg))+
  geom_point(shape=21,size=3)+
  facet_wrap(~gear)
```

运行程序，结果如图14.31所示。

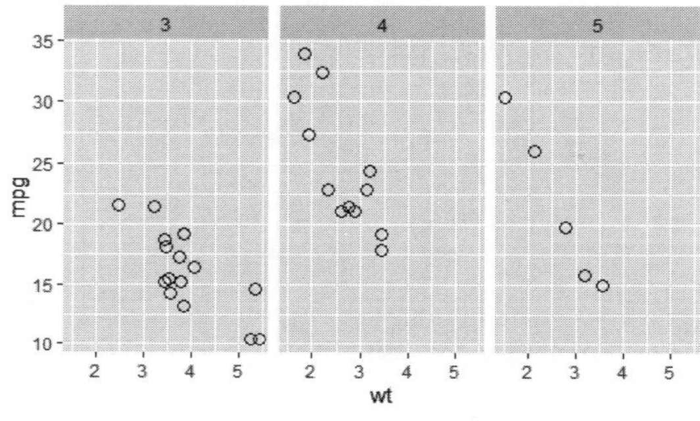

图14.31 分面散点图

说明：关于分面函数facet_wrap()在14.4.3小节将进行详细的介绍。

14.3.3 柱形图

前面章节已经介绍了柱形图，相信大家已经有所了解。ggplot2绘制柱形图主要使用geom_col()函数，下面介绍几种常见的柱形图。

14.3.3.1 基础柱形图

基础柱形图是比较常见的柱形图，是一个类别数据的比较，由单根柱子组成。下面通过具体的实例进行介绍。

【例14.14】 绘制线上图书销售额分析图（实例位置：资源包\Code\14\14）

使用geom_col()函数绘制“2016—2022年线上图书销售额分析图”，运行RStudio，编写如下代码。

```
# 加载程序包
library(ggplot2)
library(openxlsx)
```

```
# 读取Excel文件
df <- read.xlsx("datas/books1.xlsx",sheet=1)
# 绘制柱形图
ggplot(data=df, aes(x=年份, y=销售额))+
  geom_col()
```

运行程序，结果如图 14.32 所示。

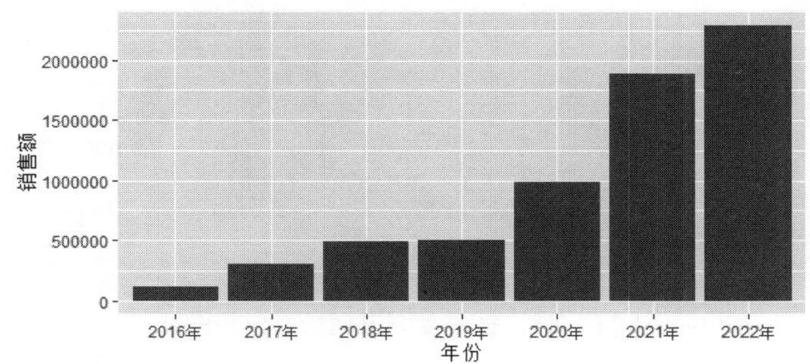

图14.32 线上图书销售额分析图

14.3.3.2 分组柱形图

分组柱形图是多个类别的数据进行比较，由多根柱子组成，且多根柱子是横向堆积在一起的。例如，上一实例我们要分析不同平台 2016 年至 2022 年的图书销售额，就需要使用分组柱形图。

绘制分组柱形图同样使用 geom_col() 函数，重点是指定 fill 参数为分类数据，fill 表示填充，也就是将分类数据映射到填充的颜色当中，这样就形成了一个堆积效果的柱形图（默认为纵向堆积），由于分组柱形图是多根柱子横向堆积的，因此还需要指定 position 参数为“dodge”。另外，与绘制多折线图一样，在绘制分组柱形图前应首先对分类数据进行合并处理。

【例14.15】 绘制各平台图书销售额分析图（实例位置：资源包\Code\14\15）

对于线上图书销售额的统计，如果要统计各个平台的销售额，可以使用分组柱形图，不同颜色的柱子代表不同的平台，例如京东、天猫、自营等。运行 RStudio，编写如下代码。

```
# 加载程序包
library(reshape2)
library(ggplot2)
library(openxlsx)
# 读取Excel文件
df <- read.xlsx("datas/books1.xlsx",sheet=2)
# 抽取3~6列数据
df <- df[,3:6]
# 查看数据
head(df)
# 数据合并
df1 <- melt(df,id="年份")
# 修改列名
colnames(df1) <- c("年份","平台","销售额")
# 绘制柱形图
ggplot(data=df1, aes(x=年份, y=销售额,fill=平台))+
```

```
  geom_col(position='dodge')+
  # 设置标题
  labs(title = "2016—2022年线上图书销售额分析图")
```

运行程序，结果如图14.33所示。

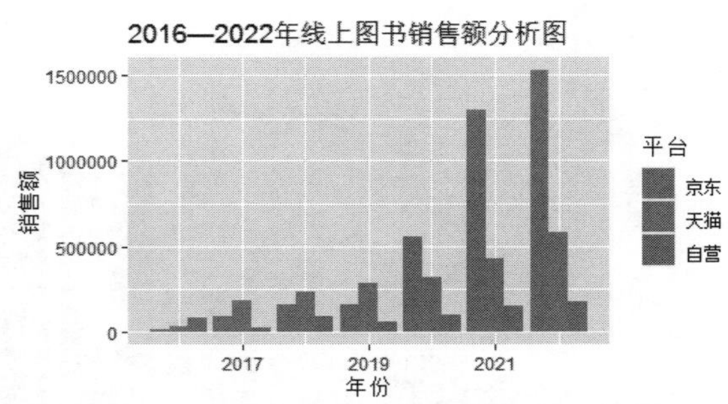

图14.33　各平台图书销售额分析图

从运行结果可以清晰地看出京东、天猫和自营3个平台2016年至2022年的销售额对比分析情况。

14.3.3.3　堆积柱形图

堆积柱形图与分组柱形图相反，它的多根柱子是纵向堆积在一起的。绘制堆积柱形图的方法与分组柱形图一样，不同的是不需要指定position参数，因为该参数的默认值是stack，表示纵向堆积。

【例14.16】　堆积柱形图分析各平台图书销售额（实例位置：资源包\Code\14\16）

下面通过堆积柱形图分析京东、天猫和自营3个平台2016年至2022年的图书销售额。运行RStudio，主要代码如下。

```
# 绘制柱形图
ggplot(data=df1, aes(x=年份, y=销售额,fill=平台))+
  geom_col()+
  # 设置标题
  labs(title = "2016—2022年线上图书销售额分析图")
```

运行程序，结果如图14.34所示。

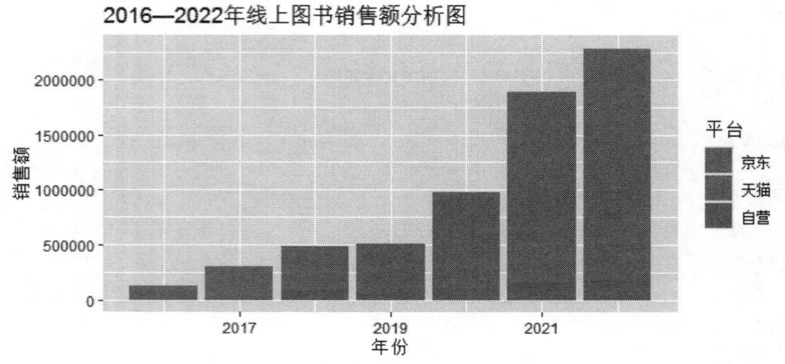

图14.34　堆积柱形图分析各平台图书销售额

从运行结果得知：堆积柱形图不仅可以对比分析各平台每年的图书销售额，还可以对比分析平台总体的图书销售额，比分组柱形图更加直观。

14.3.3.4　百分比堆积柱形图

在堆积柱形图中堆积在一起的每一根柱子表示总体，值为100%，这样就可以得出每一根柱子中的一个部分所占的百分比，这就是百分比堆积柱形图。绘制百分比堆积柱形图需要设置position参数为“fill”，主要代码如下。

```
+ geom_col(position = 'fill')
```

运行程序，结果如图14.35所示。

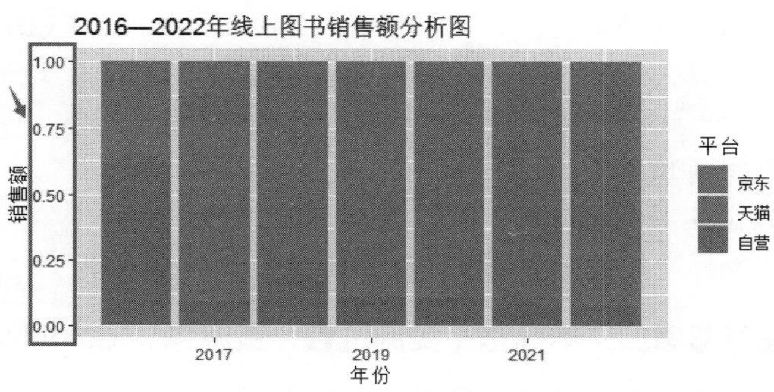

图14.35　百分比堆积柱形图

14.3.3.5　柱形图细节设置

通过前面的学习我们已经学会了如何绘制各种常见的柱形图，但是还需要了解一些细节设置，如柱子宽度、颜色、样式和添加文本标签等。

（1）设置柱子宽度

ggplot2绘制柱形图默认的宽度是0.9，如果需要修改每根柱子的宽度，则需要使用width参数。例如设置柱子宽度为0.8，主要代码如下：

```
+ geom_col(width = 0.8)
```

而对于分组柱形图我们还需要考虑每组柱子之间的宽度，这个宽度需要使用position参数进行设置，例如下面的代码：

```
position = position_dodge(width = 0.5)
```

需要注意的是，设置该宽度时必须考虑到每根柱子的宽度，每根柱子的宽度必须小于每组柱子之间的宽度，否则会出现柱子重叠的现象，如图14.36所示。

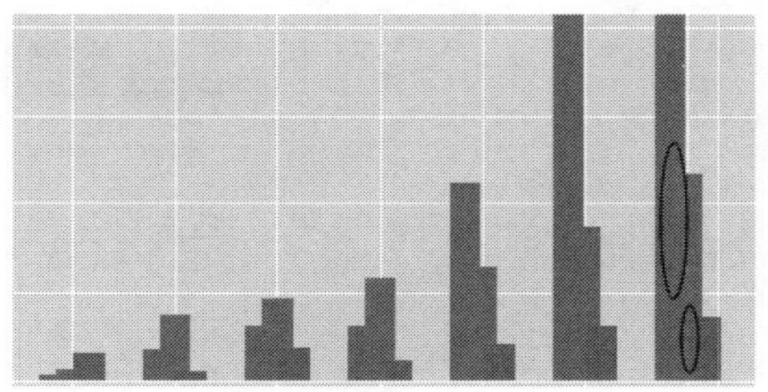

图14.36　柱子重叠现象

由于每根柱子的默认宽度为0.9，而我们设置的每组柱子的宽度为0.5，因此柱子出现了重叠，下面修改代码：

```
+ geom_col(width = 0.4,position = position_dodge(width = 0.5))
```

（2）设置样式和颜色

设置柱子边框的线条样式和颜色，主要使用如下参数：

☑ col/color/colour：柱子边框的颜色。

☑ linetype：线条样式。

☑ alpha：填充色的透明度。

☑ size：线条的粗细。

例如设置分组柱形图的边框颜色、线条样式、填充色透明度和线条粗细，主要代码如下：

```
ggplot(data=df1, aes(x=年份, y=销售额,colour=平台))+
  geom_col(alpha=0.2,size=1,linetype=5)
```

运行程序，结果如图14.37所示。

（3）添加文本标签

为柱形图添加文本标签主要使用geom_text()函数。

【例14.17】 为柱形图添加文本标签（实例位置：资源包\Code\14\17）

下面使用geom_text()函数为基础柱形图的每根柱子添加销售额，运行RStudio，编写如下代码。

```
# 加载程序包
library(ggplot2)
library(openxlsx)
# 读取Excel文件
df <- read.xlsx("datas/books1.xlsx",sheet=1)
# 绘制柱形图
ggplot(data=df, aes(x=年份, y=销售额))+
  geom_col()+
  geom_text(aes(label=销售额),vjust=-0.2)
```

运行程序，结果如图14.38所示。

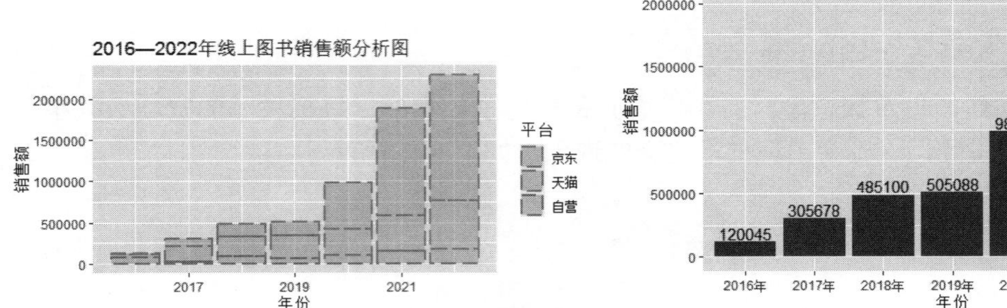

图14.37 设置柱子边框的线条样式和颜色　　图14.38 为柱形图添加文本标签

14.3.4 直方图

ggplot2绘制直方图主要使用gemo_histogram()函数，下面通过具体的实例进行介绍。

【例14.18】 绘制简单直方图（实例位置：资源包\Code\14\18）

下面使用ggplot2包自带的数据集mpg绘制一个简单的直方图。运行RStudio，编写如下代码。

```
# 加载程序包
library(ggplot2)
# 绘制直方图
ggplot(mpg,aes(x=hwy))+
  geom_histogram(bins = 30)
```

运行程序，结果如图14.39所示。

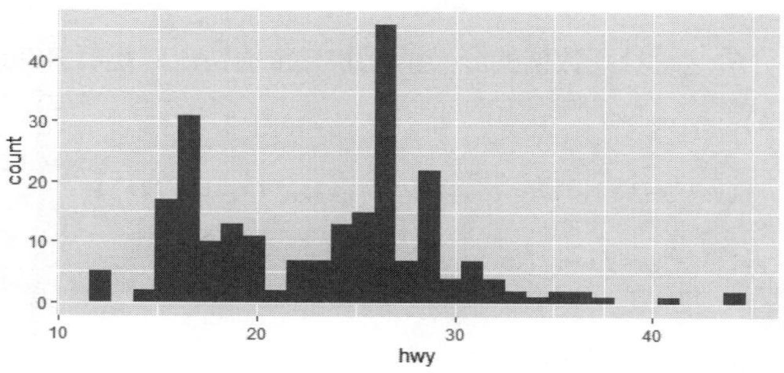

图14.39 简单直方图

【例14.19】 直方图分析学生数学成绩分布情况（实例位置：资源包\Code\14\19）

下面通过直方图分析学生数学成绩的分布情况，运行RStudio，编写如下代码。

```
# 加载程序包
library(ggplot2)
library(openxlsx)
# 读取Excel文件
df <- read.xlsx("datas/grade1.xlsx",sheet=1)
# 绘制直方图
ggplot(df,aes(x=得分))+
  geom_histogram(bins = 30,fill="blue")
```

运行程序，结果如图14.40所示。

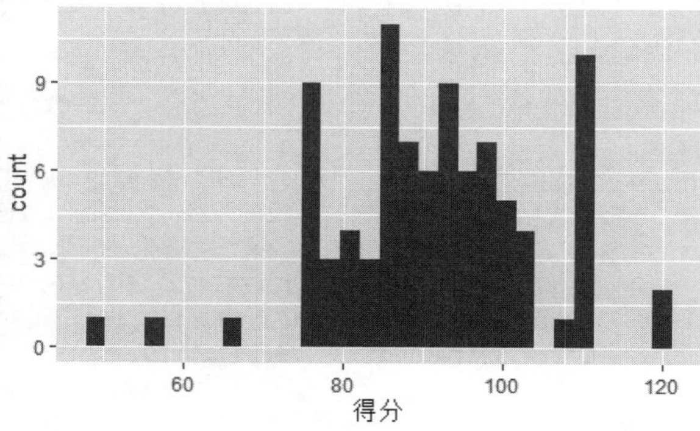

图14.40 直方图分析学生数学成绩分布情况

14.3.5 箱形图

箱形图主要用于观察数据分布状态和异常值。ggplot2绘制箱形图主要使用geom_boxplot()函数，下面介绍如何绘制单个箱形图和分组箱形图。

【例14.20】 箱形图分析身高数据（实例位置：资源包\Code\14\20）

例如一组男生的身高数据，如图14.41所示。

178 172 175 170 173 175 172 180 226

图14.41 一组男生的身高数据

下面通过箱形图分析这组身高数据的分布情况和异常值情况。运行RStudio，编写如下代码。

```
library(ggplot2)
# 创建数据
df <- data.frame(y = c(178,172,175,170,173,175,172,180,226))
# 绘制箱形图
ggplot(df,aes(x="身高",y=y))+
  geom_boxplot()
```

运行程序，结果如图14.42所示。

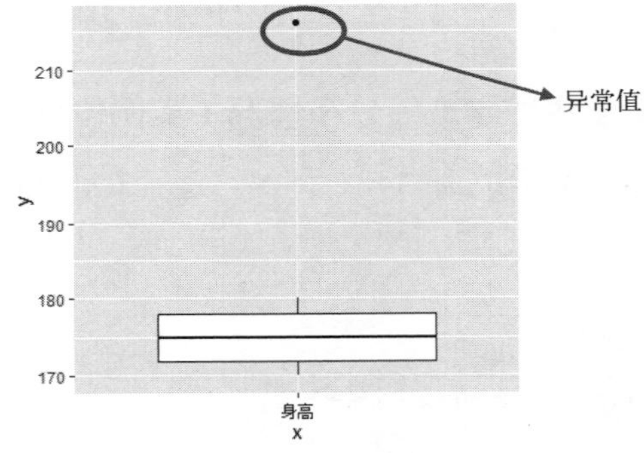

图14.42 箱形图分析身高数据

【例14.21】 分组箱形图分析身高数据（实例位置：资源包\Code\14\21）

下面使用分组箱形图分析高一年级3个班的男生身高数据的分布情况和异常值情况。运行RStudio，编写如下代码。

```
library(ggplot2)
# 创建数据
df <- data.frame(班级=c("1班","1班","1班","1班","1班","1班","1班","1班","1班",
                      "2班","2班","2班","2班","2班","2班","2班","2班","2班",
                      "3班","3班","3班","3班","3班","3班","3班","3班","3班"),
                 身高 = c(178,172,175,170,173,175,172,180,216,
                        170,173,176,177,178,171,177,182,165,
                        171,175,173,172,189,168,172,170,180))
# 绘制箱形图
ggplot(df,aes(x=班级,y=身高))+
  geom_boxplot()
```

运行程序，结果如图 14.43 所示。

给不同分组按照班级填充颜色加以区分，代码如下：

```
geom_boxplot(aes(fill=班级))
```

运行程序，结果如图 14.44 所示。

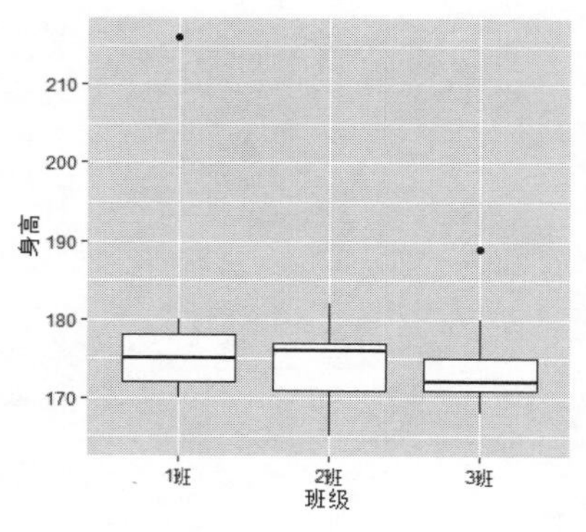

图14.43　分组箱形图分析身高数据

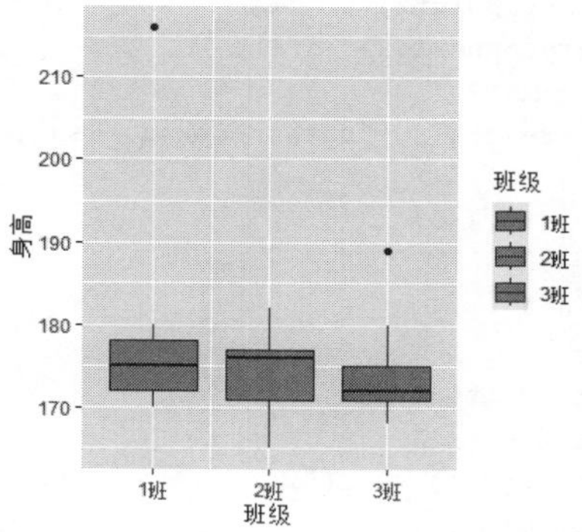

图14.44　分组箱形图分析身高数据（填充颜色）

14.3.6　面积图

面积图用于体现数量随时间而变化的程度，也可用于引起人们对总值趋势的注意，例如表示随时间而变化的利润的数据可以被绘制在面积图中以强调总利润。

ggplot2 绘制面积图主要使用 gemo_area() 函数，下面通过具体的实例介绍如何绘制面积图。

【例14.22】　绘制一个简单的面积图（实例位置：资源包\Code\14\22）

下面使用 gemo_area() 函数绘制一个简单的面积图，运行 RStudio，编写如下代码。

```
# 加载程序包
library(ggplot2)
library(openxlsx)
# 读取Excel文件
df <- read.xlsx("datas/books1.xlsx",sheet=2)
# 绘制面积图
ggplot(df,aes(x=年份)) +
  geom_area(aes(y=京东))
```

运行程序，结果如图 14.45 所示。

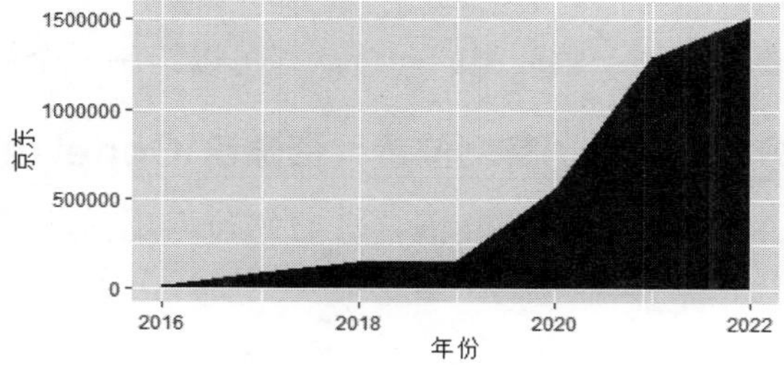

图14.45　简单的面积图

【例14.23】 绘制堆叠面积图（实例位置：资源包\Code\14\23）

通过堆叠面积图可以观察多组数据的对比情况，例如通过堆叠面积图观察京东、天猫和自营3个平台的销售额情况。运行RStudio，编写如下代码。

```
# 加载程序包
library(reshape2)
library(ggplot2)
library(openxlsx)
# 读取Excel文件
df <- read.xlsx("datas/books1.xlsx",sheet=2)
# 抽取3~6列数据
df <- df[,3:6]
# 查看数据
head(df)
# 数据合并
df1 <- melt(df,id="年份")
# 修改列名
colnames(df1) <- c("年份","平台","销售额")
# 查看数据
head(df1)
# 绘制面积图
ggplot(df1,aes(x=年份,y=销售额)) +
  geom_area(aes(fill=平台))
```

运行程序，结果如图14.46所示。

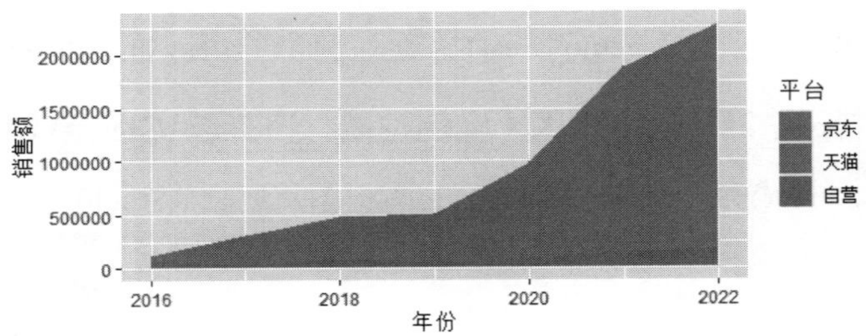

图14.46 堆叠面积图

14.3.7 密度图

密度图可以展示数值型变量的数据分布，在ggplot2中可以使用geom_dendity()函数绘制密度图。下面介绍几种常见的密度图。

14.3.7.1 基础密度图

密度图的绘制只需要输入一个数值型的向量，即可以绘制一个简单的密度图。

【例14.24】 密度图分析鸢尾花（实例位置：资源包\Code\14\24）

下面绘制一个简单的密度图，通过R语言自带的数据集iris演示，运行RStudio，编写如下代码。

```
# 加载程序包
library(ggplot2)
```

```
03 # 导入数据集
04 data(iris)
05 # 绘制密度图
06 df <- iris
07 ggplot(df,aes(x=Sepal.Length))+
08   geom_density(fill="green",color="green",alpha=0.5)
```

运行程序，结果如图14.47所示。

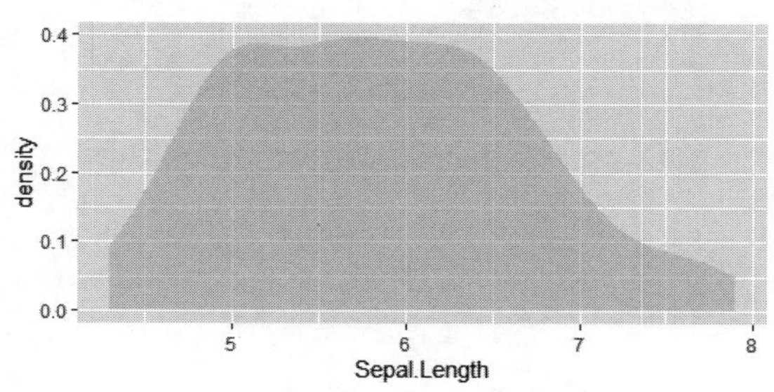

图14.47　密度图

代码解析

第8行代码：fill表示填充色，color表示边框线条颜色，alpha表示透明度。

14.3.7.2　两个变量的密度图

两个变量的密度图可以更好地体现变量之间的关系，绘制两个变量的密度图使用两个geom_density()函数即可。

【例14.25】　密度图分析鸢尾花花萼的长和宽（实例位置：资源包\Code\14\25）

下面通过核密度图分析鸢尾花花萼的长和宽，运行RStudio，编写如下代码。

```
# 加载程序包
library(ggplot2)
# 导入数据集
data(iris)
# 绘制密度图
df <- iris
ggplot(df)+
  geom_density(aes(x=Sepal.Length),fill="green",color="green",alpha=0.5)+
  geom_density(aes(x=Sepal.Width),fill="blue",color="blue",alpha=0.5)+
  # x轴和y轴标题
  labs(x="花萼宽度              花萼长度",y="密度")
```

运行程序，结果如图14.48所示。

14.3.7.3　多组别的密度图

多组别的密度图的绘制首先通过group参数指定分类变量，然后通过fill参数映射分组变量填充不同的颜色进行区分。

【例14.26】　密度图分析不同种类鸢尾花花萼长度（实例位置：资源包\Code\14\26）

下面通过密度图分析不同种类的鸢尾花花萼的长度，运行RStudio，编写如下代码。

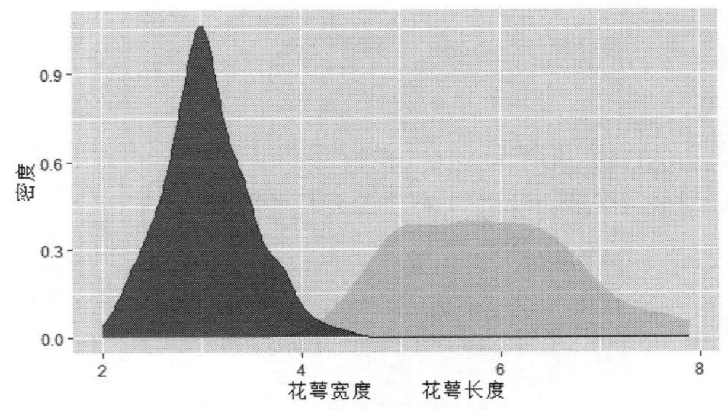

图14.48 密度图分析鸢尾花花萼的长和宽

```
# 加载程序包
library(ggplot2)
# 导入数据集
data(iris)
iris
# 绘制密度图
df <- iris
ggplot(df,aes(x=Sepal.Length,group=Species,fill=Species))+
  geom_density(alpha=0.5)
```

运行程序，结果如图14.49所示。

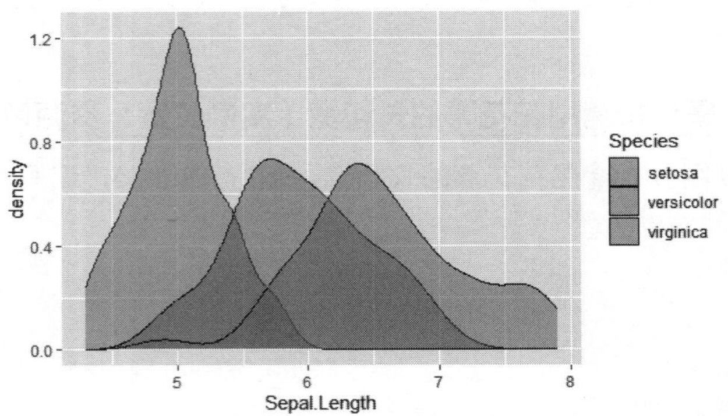

图14.49 密度图分析不同种类鸢尾花花萼的长度

14.3.7.4 堆积密度图

通过设置position参数为“fill”就可以轻松实现堆积密度图，主要代码如下：

```
ggplot(df,aes(x=Sepal.Length,group=Species,fill=Species))+
 geom_density(alpha=0.5,position = "fill")
```

运行程序，结果如图14.50所示。

14.3.8 小提琴图

小提琴图和箱形图一样用于多个数据分布情况的比较，还可以进行描述性统计。绘制小提琴图主要使用geom_violin()函数，下面介绍几种常见的小提琴图。

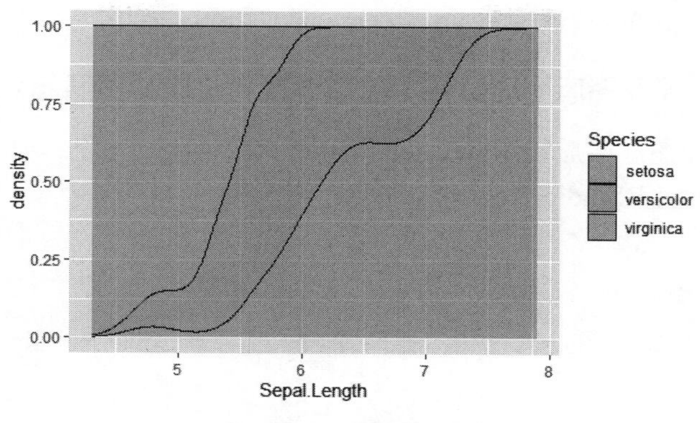

图14.50　堆积密度图

14.3.8.1　基础小提琴图

基础小提琴图直接使用geom_violin()函数绘制即可。

【例14.27】　小提琴图分析不同种类鸢尾花花萼长度（实例位置：资源包\Code\14\27）

下面使用geom_violin()函数绘制小提琴图，分析不同种类鸢尾花花萼的长度，运行RStudio，编写如下代码。

```
01 # 加载程序包
02 library(ggplot2)
03 # 导入数据集
04 data(iris)
05 df <- iris
06 # 绘制小提琴图
07 ggplot(df, aes(x = Species, y = Sepal.Length))+
08   geom_violin(aes(fill = Species), trim = FALSE)
```

运行程序，结果如图14.51所示。

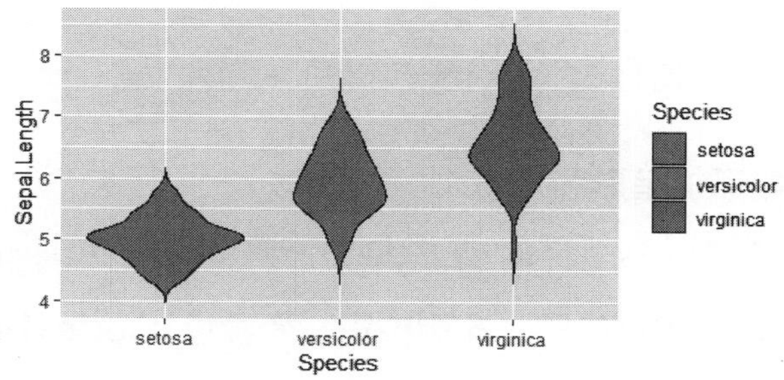

图14.51　小提琴图分析不同种类鸢尾花花萼长度

↙代码解析

第8行代码：fill参数按鸢尾花的类别填充颜色。trim参数默认值为TRUE，表示删除图形的尾部数据。如果不想删除可以设置trim参数值为FALSE。

14.3.8.2　添加统计值

在小提琴图中还可以添加统计值，主要使用stat_summary()函数。例如在小提琴图中加入均值、中位值，设置fun参数为mean或者median即可。

【例14.28】 为小提琴图添加均值和中位值（实例位置：资源包\Code\14\28）

首先绘制小提琴图，然后使用stat_summary()函数为小提琴图添加均值和中位值，以点的形式进行标记。运行RStudio，编写如下代码。

```
# 加载程序包
library(ggplot2)
# 导入数据集
data(iris)
df <- iris
# 绘制小提琴图
ggplot(df, aes(x = Species, y = Sepal.Length))+
  geom_violin(aes(fill = Species), trim = TRUE)+
  # 添加均值
  stat_summary(fun="mean",geom="point",color="white")+
  # 添加中位值
  stat_summary(fun="median",geom="point",color="black")
```

运行程序，结果如图14.52所示。

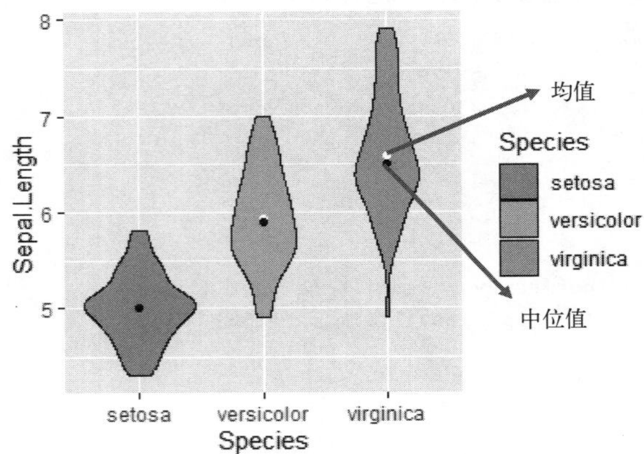

图14.52　为小提琴图添加均值和中位值

14.3.8.3　小提琴图中添加箱形图

小提琴图中添加箱形图主要使用geom_violin()函数结合geom_boxplot()函数。

【例14.29】 小提琴图添加箱形图（实例位置：资源包\Code\14\29）

下面实现在小提琴图中添加箱形图，运行RStudio，编写如下代码。

```
# 加载程序包
library(ggplot2)
# 导入数据集
data(iris)
df <- iris
# 绘制小提琴图
ggplot(df, aes(x = Species, y = Sepal.Length,fill = Species))+
  geom_violin(width=0.8, size=0.2)+
```

```
# 添加箱形图
geom_boxplot(width=0.2,color="yellow")+
# 删除图例
theme(legend.position = "none")
```

运行程序，结果如图14.53所示。

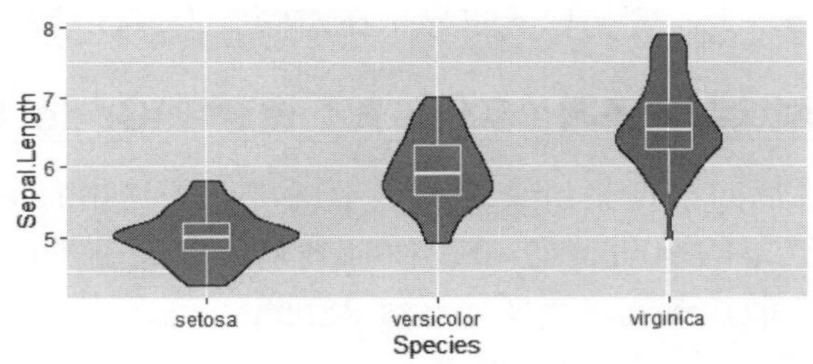

图14.53　小提琴图添加箱形图

14.4　ggplot2分面图

ggplot2包是R语言一个强大的绘图包，具有各种各样的功能，能够模仿甚至超越目前存在的90%以上的绘图软件。它的绘图方式类似于PS的图层，通过一层一个函数，不断地覆盖并完善图形，直至完成。而ggplot2分面图是根据数据集的分类变量按照行、列或者矩阵的方式将散点图、柱形图等基础图表展示到多个图表当中，下面就详细地介绍一下ggplot2分面图。

14.4.1　什么是分面

分面类似于九宫格，将图形放置在不同的单元格中。在ggplot2中使用facet_*相关的函数可以实现对图形进行分面，主要包括facet_grid()函数、facet_wrap()函数和facet_null()函数（不分面）。接下来将重点介绍facet_grid()函数和facet_wrap()函数并结合丰富的实例。

14.4.2　facet_grid()函数

facet_grid()函数根据数据集的分类变量，按照行数和列数对画布进行分面，生成一个二维类似表格的网格，然后添加子图。facet_grid()函数的语法格式如下：

```
facet_grid(rows = NULL,cols = NULL,scales = “fixed”,space = “fixed”,shrink =
TRUE,labeller = “label_value”,as.table = TRUE,switch = NULL,drop = TRUE,margins =
FALSE,facets = NULL)
```

主要参数说明：

☑ rows：根据数据类别按行分面，由vars()函数定义面。例如rows=vars(x)表示将变量x作为维度进行按行分面，并且可以使用多个分类变量。

☑ cols：根据数据类别按列分面，由vars()函数定义面。例如cols=vars(x)表示将变量x作为维度进行按列分面。

☑ scales：表示分面后，坐标轴的尺度按照行适应还是列适应。默认值为fixed表示固定的，按行适应参数值为free_x，按列适应参数值为free_y，或者跨行和列，参数值为free。

☑ space：默认值为fixed，表示固定的，所有分面的大小相同。如果值为free_y，高度将与y轴刻度的长度成比例。如果值为free_x，宽度将与x轴刻度的长度成比例。如果值为free，高度和宽度都会发生变化。

☑ labeller：默认情况下使用label_value，用于添加标签。

☑ switch：默认情况下，标签显示在绘图的顶部和右侧。如果值为x，则顶部的标签将显示在底部。如果值为y，则右侧的标签将显示在左侧。也可以设置为both。

【例14.30】 按行分面绘制多子图（实例位置：资源包\Code\14\30）

下面使用ggplot2自带的数据集mpg绘制多子图，首先使用facet_grid()函数按行分面，行为分类变量drv，即汽车的驱动类型，f、4和r分别为前轮驱动、四轮驱动和后轮驱动，接下来绘制一个包含3个散点图的多子图。运行RStudio，编写如下代码。

```
# 加载程序包
library(ggplot2)
# 分面图
ggplot(mpg,aes(cty,hwy,fill=class,size=cyl))+
  # 绘制散点图
  geom_point(shape=21,alpha=0.5)+
  # 按行分面
  facet_grid(vars(drv))
```

运行程序，结果如图14.54所示。

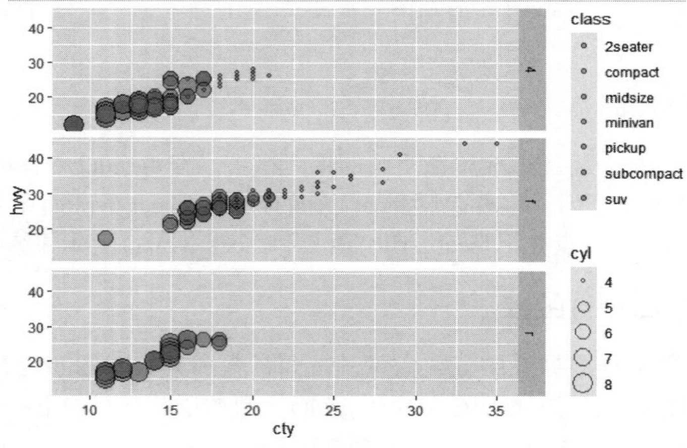

图14.54 按行分面绘制多子图

> **说明** 关于mpg数据集的详细介绍可参考【例14.1】。另外，图14.54中的行数是由数据集中的分类变量drv中所包含的类别数据决定的。

【例14.31】 按列分面绘制多子图（实例位置：资源包\Code\14\31）

按列分面绘制多子图主要设置cols参数，例如修改【例14.30】为按列分面绘制多子图，主要代码如下：

```
# 按列分面
facet_grid(cols = vars(drv))
```

运行程序，结果如图 14.55 所示。

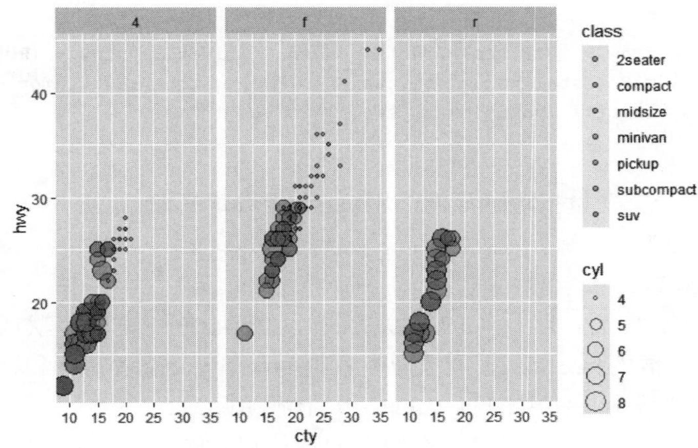

图14.55　按列分面绘制多子图

【例14.32】 按行列矩阵分面绘制多子图（实例位置：资源包\Code\14\32）

按行列矩阵分面绘制多子图主要设置 rows 参数和 cols 参数，运行 RStudio，编写如下代码。

```
# 加载程序包
library(ggplot2)
# 分面图
ggplot(mpg,aes(cty,hwy,fill=class,size=cyl))+
  # 绘制散点图
  geom_point(shape=21,alpha=0.5)+
  # 按行列矩阵分面
  facet_grid(rows = vars(cyl),cols = vars(drv))
```

运行程序，结果如图 14.56 所示。

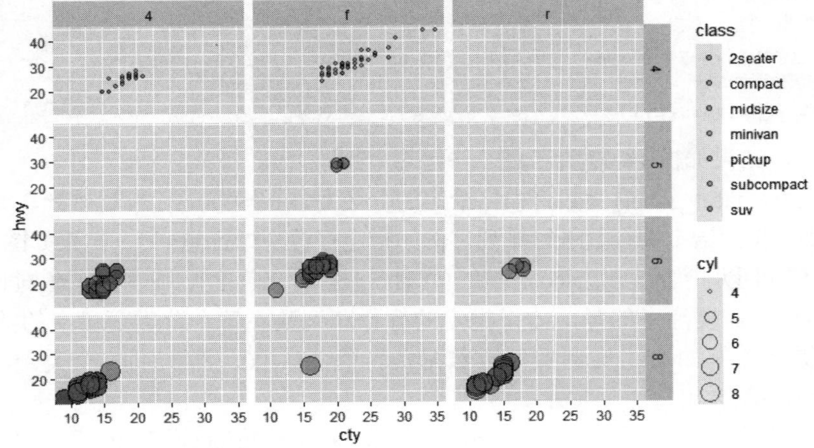

图14.56　按行列矩阵分面绘制多子图

14.4.3 facet_wrap()函数

facet_wrap()函数用于生成一维的多宫格，然后按行或列顺序添加子图。它比facet_grid()函数能够更好地利用空间，而且显示的图形基本上都是矩形的。facet_wrap()函数的语法格式如下：

```
facet_wrap(facets,nrow = NULL,ncol = NULL,scales = "fixed",shrink = TRUE,
           labeller = "label_value",as.table = TRUE,switch = NULL,drop = TRUE,
           dir = "h",strip.position = "top")
```

主要参数说明：

☑ facets：根据分类变量按矩阵分面，由vars()函数定义面。

☑ nrow：分面行数。

☑ ncol：分面列数。

☑ scales：表示分面后，坐标轴的尺度按照行适应还是列适应。默认值为fixed表示固定的，按行适应参数值为free_x，按列适应参数值为free_y，或者跨行和列，参数值为free。

☑ labeller：默认情况下使用label_value，用于添加标签。

☑ switch：默认情况下，标签显示在绘图的顶部和右侧。如果值为x，则顶部的标签将显示在底部。如果值为y，则右侧的标签将显示在左侧。也可以设置为both。

☑ dir：表示方向，h代表水平方向，v代表垂直方向。

☑ strip.position：表示地带标签显示的位置，值为top、bottom、left或right，默认值为top，地带标签显示在绘图的顶部（如图14.57所示）。

【例14.33】 facet_wrap()的矩阵排列绘制多子图（实例位置：资源包\Code\14\33）

下面使用ggplot2自带的数据集mpg绘制多子图，使用facet_wrap()函数进行矩阵分面，分类变量为cyl，即气缸数量，分别为4、6、8和5。运行RStudio，编写如下代码。

```
# 加载程序包
library(ggplot2)
# 查看mpg数据集中cyl变量中的值
unique(mpg$cyl)
# 分面图
ggplot(mpg,aes(cty,hwy,fill=class,size=cyl))+
  # 绘制散点图
  geom_point(shape=21,alpha=0.5)+
  # 按矩阵分面
  facet_wrap(vars(cyl))
```

运行程序，结果如图14.57所示。

默认情况下，facet_wrap()函数将根据给定的分类变量按矩阵进行自动排列，如果指定行数nrow参数，则将按照给定的行数进行排列。例如指定行数（如nrow=1），结果如图14.58所示。

同理，还可以指定列数ncol参数（如ncol=4），或者行数和列数同时指定（如nrow=4,ncol=1）。需要注意的是，如果指定的行数和列数不符合分类变量中的数据类别，则会出现错误提示。例如上述实例中气缸数量，分别为4、6、8和5即4个类别，如果指定1行3列或1行5列就会出现错误提示。

经过上述举例，我们发现facet_wrap()函数与facet_grid()函数相比，最大区别在于facet_wrap()函数能够自定义分面的行数和列数。

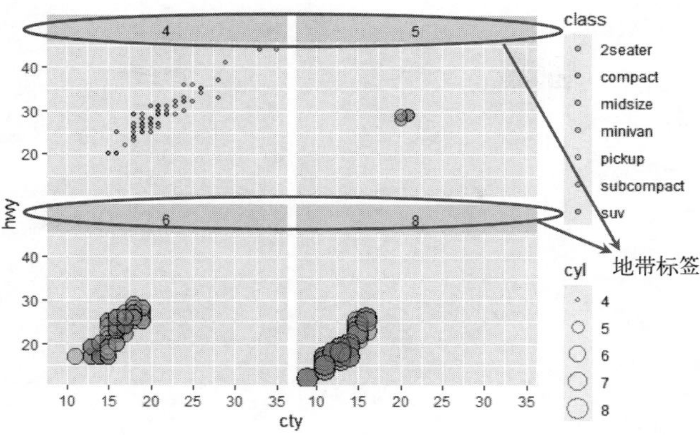

图14.57　facet_wrap()的矩阵排列绘制多子图

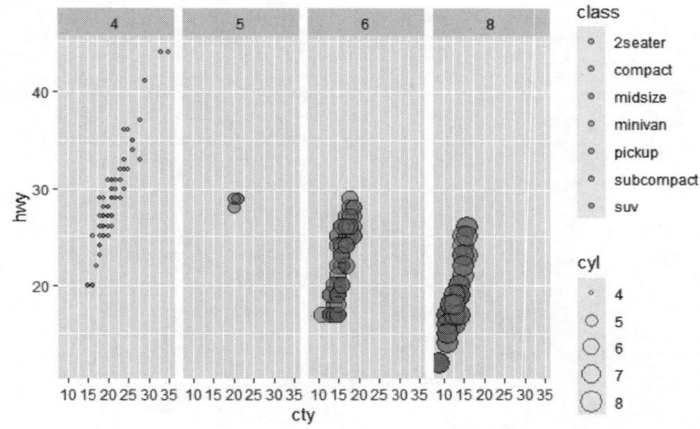

图14.58　facet_wrap()的矩阵排列绘制多子图（指定行数）

本章思维导图

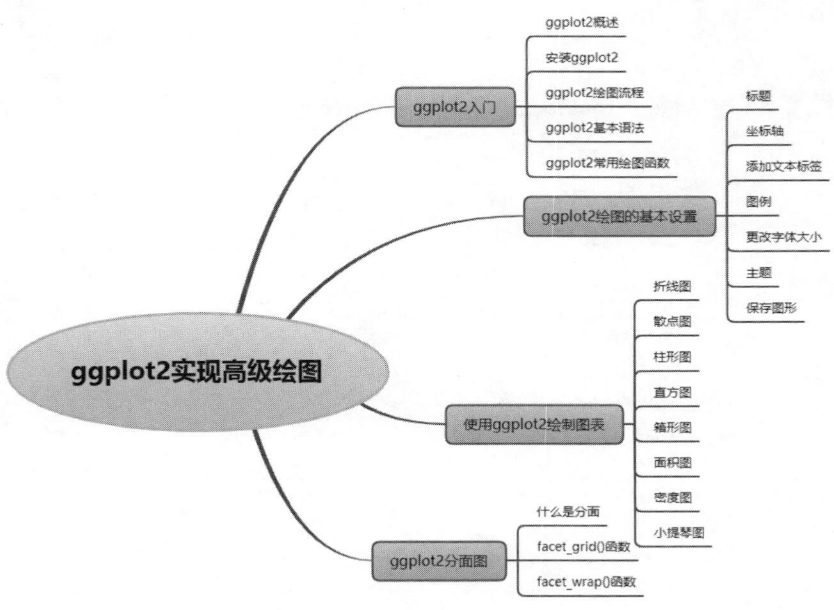

第 3 篇

统计分析篇

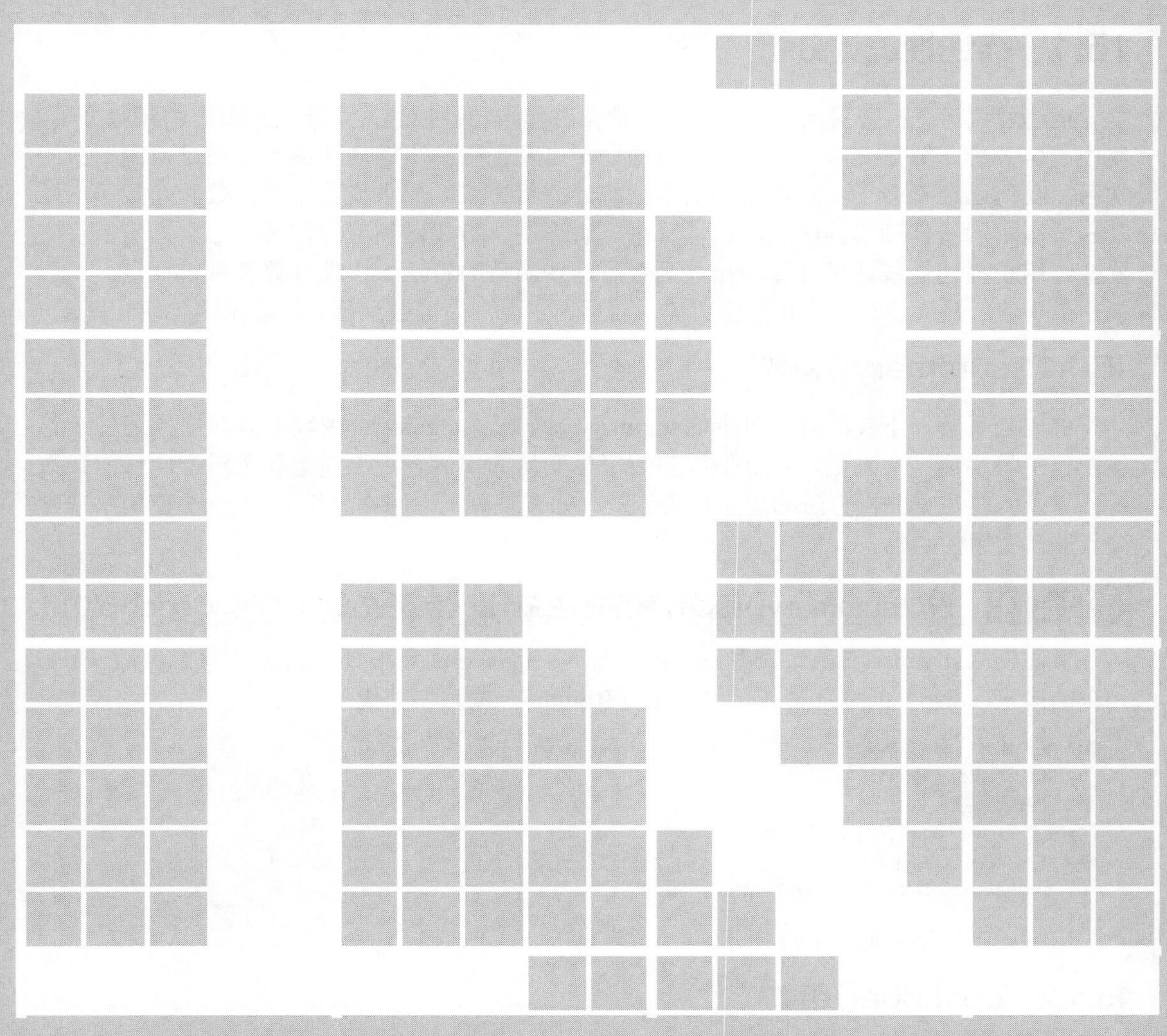

第15章

基本统计分析

数据分析、数据建模离不开基本的统计分析知识，本章主要介绍描述性统计分析、概率与数据分布、列联表和频数表、独立性检验、相关性分析和t检验。其中必须掌握的是描述性统计分析，比较重要的是概率与数据分布，它们是数据分析和数据建模必备知识。而在进行回归分析前，应首先查看数据的相关性，因此相关性分析也是必要的知识点。

15.1 描述性统计分析

描述性统计分析要对数据中所有变量数据进行统计性描述，主要包括数据的频数分析、集中趋势分析、数据离散程度分析、数据分布以及一些基本的统计图形。通过前面章节的学习，我们已经学会了一些常用的描述性统计分析方法，如求均值、中位数和众数等，以及一些基本的统计图形的绘制，如柱形图、饼形图、折线图和直方图等。那么，本节将主要介绍用于描述性统计量计算的相关函数，这些函数的特点一次性计算各种统计量，一般包括最小值、最大值、均值和分位数等，而不用一个一个函数地计算，非常的方便。

15.1.1 summary()函数

首先来了解一下R语言中自带的summary()函数。summary()函数可以获取描述性统计量，包括最小值、最大值、四分位数和数值型变量的均值、因子向量和逻辑型向量的频数统计以及一些数据分析方法的描述性统计量（如方差分析、回归分析），是一个使用率非常高且非常实用的函数。

【例15.1】 通过summary()函数计算描述性统计量（实例位置：资源包\Code\15\01）

下面使用summary()函数查看mtcars数据集中每加仑油英里数（mpg）、气缸个数（cyl）和车的排量（disp）的描述性统计量，运行RStudio，编写如下代码。

```
# 加载mtcars数据集
data(mtcars)
# 抽取数据
df <- c("mpg","cyl","disp")
# 计算描述性统计量
summary(mtcars[df])
```

运行程序，结果如图15.1所示。

15.1.2 describe()函数

Hmisc包中的describe()函数用于返回变量和观测的数量，缺失值和唯一值的数目、平

```
      mpg              cyl              disp
 Min.   :10.40   Min.   :4.000   Min.   : 71.1
 1st Qu.:15.43   1st Qu.:4.000   1st Qu.:120.8
 Median :19.20   Median :6.000   Median :196.3
 Mean   :20.09   Mean   :6.188   Mean   :230.7
 3rd Qu.:22.80   3rd Qu.:8.000   3rd Qu.:326.0
 Max.   :33.90   Max.   :8.000   Max.   :472.0
```

图15.1 通过summary()函数计算描述性统计量

均值、分位数以及5个最大的值和5个最小的值。

【例15.2】 通过describe()函数计算描述性统计量（实例位置：资源包\Code\15\02）

下面使用summary()函数查看mtcars数据集中每加仑油英里数（mpg）、气缸个数（cyl）和车的排量（disp）的描述性统计量，运行RStudio，编写如下代码。

```
library(Hmisc)
# 加载mtcars数据集
data(mtcars)
# 抽取数据
df <- c("mpg","cyl","disp")
# 计算描述性统计量
describe(mtcars[df])
```

运行程序，结果如图15.2所示。

```
mtcars[df]

 3  Variables      32  Observations
--------------------------------------------------------------------------------
mpg
       n  missing distinct     Info     Mean      Gmd      .05      .10
      32        0       25    0.999    20.09    6.796    12.00    14.34
     .25      .50      .75      .90      .95
   15.43    19.20    22.80    30.09    31.30

lowest : 10.4 13.3 14.3 14.7 15.0, highest: 26.0 27.3 30.4 32.4 33.9
--------------------------------------------------------------------------------
cyl
       n  missing distinct     Info     Mean      Gmd
      32        0        3    0.866    6.188    1.948

Value          4     6     8
Frequency     11     7    14
Proportion 0.344 0.219 0.438
--------------------------------------------------------------------------------
disp
       n  missing distinct     Info     Mean      Gmd      .05      .10
      32        0       27    0.999    230.7    142.5    77.35    80.61
     .25      .50      .75      .90      .95
  120.83   196.30   326.00   396.00   449.00

lowest :  71.1  75.7  78.7  79.0  95.1, highest: 360.0 400.0 440.0 460.0 472.0
--------------------------------------------------------------------------------
```

图15.2 通过describe()函数计算描述性统计量

Hmisc包是第三方R包，第一次使用该包必须先下载并安装好。运行RGui，在控制台输入如下代码：

```
install.packages("Hmisc")
```

按下<Enter>键，在CRAN镜像站点的列表中选择镜像站点，然后单击“确定”按钮，开始安装，安装完成后在程序中就可以使用Hmisc包了。

15.1.3 stat.desc()函数

pastecs包中的stat.desc()函数可以计算更多的描述性统计量。例如所有值、空值、缺失值的数量，以及最小值、最大值、值域、总和、中位数、平均数、平均数的标准误差（即标准差除以平均值）、平均数置信度95%的置信区间、方差、标准差、变异系数和正态分布统计量，包括偏度和峰度等，语法格式如下：

```
stat.desc(x, basic=TRUE, desc=TRUE, norm=FALSE, p=0.95)
```

参数说明：

☑ x：数据框或时间序列。

☑ basic：如果basic=TRUE（默认值），则计算所有值、空值、缺失值的数量以及最小值，最大值，值域和总和。

☑ desc：如果desc=TRUE（默认值），则计算中位数、平均数、平均数的标准误差、平均数置信度为95%的置信区间、方差、标准差以及变异系数（即标准差除以平均值）。

☑ norm：如果norm=TRUE，则返回正态分布统计量，包括偏度、峰度、统计显著程度以及Shapiro（夏皮罗）的Wilk检验的两个统计量，即normtest.W为标准检验，normtest.p为相关概率标准检验。

☑ p：计算平均数的置信区间，默认值为0.95，表示置信度为0.95。

【例15.3】 通过stat.desc()函数计算描述性统计量（实例位置：资源包\Code\15\03）

下面使用stat.desc()函数计算描述性统计量，包括所有值、空值和缺失值的数量，最小值、最大值、值域、总和、中位数、平均数、置信区间、方差、标准差、变异系数以及正态分布统计量。运行RStudio，编写如下代码。

```
# 加载程序包
library(pastecs)
# 抽取数据
df <- c("mpg","cyl","disp")
# 计算描述性统计量
stat.desc(mtcars[df],norm=TRUE)
```

运行程序，结果如图15.3所示。

```
                     mpg           cyl          disp
nbr.val       32.0000000  3.200000e+01  3.200000e+01
nbr.null       0.0000000  0.000000e+00  0.000000e+00
nbr.na         0.0000000  0.000000e+00  0.000000e+00
min           10.4000000  4.000000e+00  7.110000e+01
max           33.9000000  8.000000e+00  4.720000e+02
range         23.5000000  4.000000e+00  4.009000e+02
sum          642.9000000  1.980000e+02  7.383100e+03
median        19.2000000  6.000000e+00  1.963000e+02
mean          20.0906250  6.187500e+00  2.307219e+02
SE.mean        1.0654240  3.157093e-01  2.190947e+01
CI.mean.0.95   2.1729465  6.438934e-01  4.468466e+01
var           36.3241028  3.189516e+00  1.536080e+04
std.dev        6.0269481  1.785922e+00  1.239387e+02
coef.var       0.2999881  2.886338e-01  5.371779e-01
skewness       0.6106550 -1.746119e-01  3.816570e-01
skew.2SE       0.7366922 -2.106512e-01  4.604298e-01
kurtosis      -0.3727660 -1.762120e+00 -1.207212e+00
kurt.2SE      -0.2302812 -1.088573e+00 -7.457714e-01
normtest.W     0.9475647  7.533100e-01  9.200127e-01
normtest.p     0.1228814  6.058338e-06  2.080657e-02
```

图15.3 通过stat.desc()函数计算描述性统计量

pastecs包是第三方R包，第一次使用该包必须先下载并安装好。运行RGui，在控制台输入如下代码：

```
install.packages("pastecs")
```

按下<Enter>键，在CRAN镜像站点的列表中选择镜像站点，然后单击“确定”按钮，开始安装，安装完成后在程序中就可以使用pastecs包了。

15.1.4　分组计算描述性统计量

日常数据处理过程中，经常需要将数据按照某一属性分组，然后进行分组统计，计算描述性统计量，如求和、求平均值等。下面进行详细的介绍。

15.1.4.1　单一分组（aggregate()函数）

单一分组是指分组统计中只能指定一个聚合函数的情况，例如mean、sum或min等。在分组统计中，如果只需要计算一个统计指标时可以使用单一分组。单一分组主要使用aggregate()函数，该函数在第12章已经进行了详细的介绍，这里不再赘述，下面通过具体的实例进行演示。

【例15.4】　通过aggregate()分组计算描述性统计量（实例位置：资源包\Code\15\04）

下面使用aggregate()函数分组计算描述性统计量，例如按照传动方式计算每加仑油英里数、总马力和重量的平均值，运行RStudio，编写如下代码。

```
# 加载程序包
library(datasets)
# 导入mtcars数据集
data(mtcars)
# 抽取数据
df<-c("mpg","hp","wt")
# 分组计算平均值
aggregate(mtcars[df],by=list(am=mtcars$am),mean)
```

运行程序，结果如图15.4所示。

```
  am      mpg       hp       wt
1  0 17.14737 160.2632 3.768895
2  1 24.39231 126.8462 2.411000
```

图15.4　通过aggregate()函数分组计算描述性统计量

15.1.4.2　自动分组（describeBy()函数）

自动分组是根据数据集中的变量自动分组计算描述性统计量，主要使用psych包中的describeBy()函数，语法格式如下：

```
describeBy(x, group=NULL,mat=FALSE,type=3,digits=15,...)
```

或者

```
describe.by(x, group=NULL,mat=FALSE,type=3,...)
```

参数说明：

☑ x：表示数据集。

☑ group：要进行的分组值。

☑ mat：是否采用矩阵输出。

☑ digits：当采用矩阵输出时，默认值为保留15位小数。

☑ type：偏斜度和峰度类型。

【例15.5】 自动分组计算描述性统计量（实例位置：资源包\Code\15\05）

下面使用psych包中的describeBy()函数实现自动分组计算描述性统计量，同样使用mtcars数据集。运行RStudio，编写如下代码。

```
# 加载程序包
library(psych)
library(datasets)
# 导入mtcars数据集
data(mtcars)
# 抽取数据
df<-c("mpg","hp","wt")
# 自动分组计算描述性统计量
describeBy(mtcars[vars],mtcars$am,mat=T,digits = 2)
```

运行程序，结果如图15.5所示。

	item	group1	vars	n	mean	sd	median	trimmed	mad	min	max	range	skew	kurtosis	se
mpg1	1	0	1	19	17.15	3.83	17.30	17.12	3.11	10.40	24.40	14.00	0.01	-0.80	0.88
mpg2	2	1	1	13	24.39	6.17	22.80	24.38	6.67	15.00	33.90	18.90	0.05	-1.46	1.71
hp1	3	0	2	19	160.26	53.91	175.00	161.06	77.10	62.00	245.00	183.00	-0.01	-1.21	12.37
hp2	4	1	2	13	126.85	84.06	109.00	114.73	63.75	52.00	335.00	283.00	1.36	0.56	23.31
wt1	5	0	3	19	3.77	0.78	3.52	3.75	0.45	2.46	5.42	2.96	0.98	0.14	0.18
wt2	6	1	3	13	2.41	0.62	2.32	2.39	0.68	1.51	3.57	2.06	0.21	-1.17	0.17

图15.5 自动分组计算描述性统计量

15.1.4.3 自定义函数计算描述性统计量

数据统计过程中，有时需要自定义描述性统计量，此时可以通过自定义函数来计算描述性统计量。

【例15.6】 自定义函数计算描述性统计量（实例位置：资源包\Code\15\06）

下面通过自定义函数计算描述性统计量，包括记录数、均值、标准差、偏度和峰值等。运行RStudio，编写如下代码。

```
# 加载程序包
library(datasets)
# 导入mtcars数据集
data(mtcars)
# 自定义函数myfun计算描述性统计量
# na.omit是否删除向量中的NA值
myfun <- function(x, na.omit=FALSE){
  if (na.omit)
    x <- x[!is.na(x)]
  m <- mean(x)      # 均值
  n <- length(x)    # 记录数
  sd <- sd(x)       # 标准差
  skew <- sum((x-m)^3/sd^3)/n      # 偏度
  kurt <- sum((x-m)^4/sd^4)/n - 3 # 峰度
  return(c(n=n, mean=m, stdev=sd, skew=skew, kurtosis=kurt))
}
# 抽取数据
df <- c("mpg", "hp", "wt")
# 计算描述性统计量
mystats <- sapply(mtcars[df], myfun)
mystats
```

运行程序，结果如图15.6所示。

```
              mpg          hp          wt
n        32.000000  32.0000000 32.00000000
mean     20.090625 146.6875000  3.21725000
stdev     6.026948  68.5628685  0.97845744
skew      0.610655   0.7260237  0.42314646
kurtosis -0.372766  -0.1355511 -0.02271075
```

图15.6 自定义函数计算描述性统计量

15.2 概率与数据分布

15.2.1 概率

概率，通俗一点理解就是一个事件出现的可能性。例如，抛出一枚硬币，在没有采取特殊手段的情况下，硬币落地时不是正面朝上就是反面朝上，示意图如图15.7所示，一般不会出现第三种可能。那么，抛一次硬币正反面的概率基本就是各占50%，也就是0.5。概率在0（0%）～1（100%）之间取值，通常用分数表示。

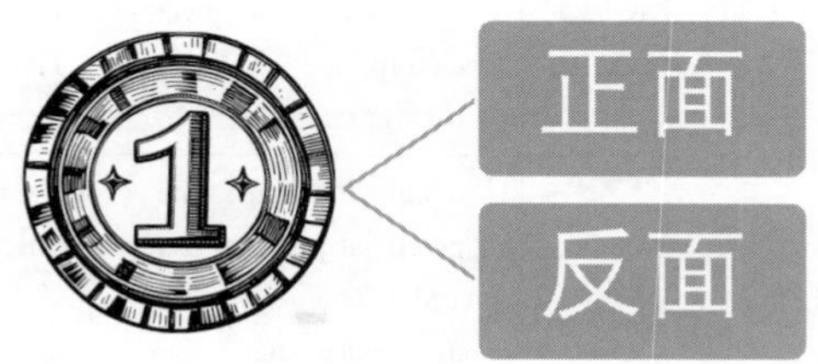

图15.7 抛硬币示意图

15.2.2 数据分布概述

在统计学中数据分布主要包括连续数据概率分布和离散数据概率分布。连续数据概率分布分为均匀分布、正态分布、t分布、F分布、卡方分布、指数分布、伽马分布和贝塔分布，离散数据概率分布分为二项分布、几何分布和泊松分布。

↓补充知识——数据类别

在统计学中，数据按变量值是否连续可分为连续数据与离散数据两种。连续数据是指连续的数值，例如身高、体重。离散数据是指不连续的数值，例如班级人数、职工人数、电脑台数等，只能按计量单位计数，这种数据的数值一般用计数方法取得。

R语言中提供了多种数据分布函数（如表15.1所示），可以方便快捷地计算事件发生的概率。

表15.1 R语言常用数据分布函数

数据分布	概念	相关函数
均匀分布	也称矩形分布，是对称概率分布，表示在区间[a,b]内任意等长度区间内事件出现的概率相同	dunif(x, min = 0, max = 1, log = FALSE) punif(q, min = 0, max = 1, lower.tail = TRUE, log.p = FALSE) qunif(p, min = 0, max = 1, lower.tail = TRUE, log.p = FALSE) runif(n, min = 0, max = 1)
正态分布	正态分布大部分数据集中在平均值附近，小部分数据在两端，像一只倒扣的钟，两头低，中间高，左右对称	dnorm(x, mean = 0, sd = 1, log = FALSE) pnorm(q, mean = 0, sd = 1, lower.tail = TRUE, log.p = FALSE) qnorm(p, mean = 0, sd = 1, lower.tail = TRUE, log.p = FALSE) rnorm(n, mean = 0, sd = 1)

续表

数据分布	概念	相关函数
t分布	根据小样本来估计呈正态分布且方差未知的总体的均值	dt(x, df, ncp, log = FALSE) pt(q, df, ncp, lower.tail = TRUE, log.p = FALSE) qt(p, df, ncp, lower.tail = TRUE, log.p = FALSE) rt(n, df, ncp)
F分布	两个服从卡方分布的独立随机变量各除以其自由度后的比值的抽样分布，是一种非对称分布，且位置不可互换	df(x, df1, df2, ncp, log = FALSE) pf(q, df1, df2, ncp, lower.tail = TRUE, log.p = FALSE) qf(p, df1, df2, ncp, lower.tail = TRUE, log.p = FALSE) rf(n, df1, df2, ncp)
卡方分布	n个独立随机变量的平方和的分布规律，n增加时，分布曲线趋向于左右对称	dchisq(x, df, ncp=0, log = FALSE) pchisq(q, df, ncp=0, lower.tail = TRUE, log.p = FALSE) qchisq(p, df, ncp=0, lower.tail = TRUE, log.p = FALSE) rchisq(n, df, ncp=0)
指数分布	用来表示独立随机事件发生的时间间隔	dexp(x, rate = 1, log = FALSE) pexp(q, rate = 1, lower.tail = TRUE, log.p = FALSE) qexp(p, rate = 1, lower.tail = TRUE, log.p = FALSE) rexp(n, rate = 1)
伽马分布	卡方分布和指数分布都是伽马分布的特例	dgamma(x, shape, rate = 1, scale = 1/rate, log = FALSE) pgamma(q, shape, rate = 1, scale = 1/rate, lower.tail = TRUE, log.p = FALSE) qgamma(p, shape, rate = 1, scale = 1/rate, lower.tail = TRUE, log.p = FALSE) rgamma(n, shape, rate = 1, scale = 1/rate)
贝塔分布	通常用于描述一些取值在（0,1）区间的随机变量的概率分布	dbeta(x, shape1, shape2, ncp = 0, log = FALSE) pbeta(q, shape1, shape2, ncp = 0, lower.tail = TRUE, log.p = FALSE) qbeta(p, shape1, shape2, ncp = 0, lower.tail = TRUE, log.p = FALSE) rbeta(n, shape1, shape2, ncp = 0)
二项分布	是n个独立的成功/失败试验中成功的次数的离散概率分布，其中每次试验的成功概率为p	dbinom(x, size, prob, log = FALSE) pbinom(q, size, prob, lower.tail = TRUE, log.p = FALSE) qbinom(p, size, prob, lower.tail = TRUE, log.p = FALSE) rbinom(n, size, prob)
几何分布	在n次伯努利试验中，试验k次才得到第一次成功的概率	dgeom(x, prob, log = FALSE) pgeom(q, prob, lower.tail = TRUE, log.p = FALSE) qgeom(p, prob, lower.tail = TRUE, log.p = FALSE) rgeom(n, prob)
泊松分布	是一个计数过程，通常用于模拟一个事件在连续时间中发生的次数	dpois(x, lambda, log = FALSE) ppois(q, lambda, lower.tail = TRUE, log.p = FALSE) qpois(p, lambda, lower.tail = TRUE, log.p = FALSE) rpois(n, lambda)

上述表中我们发现每个函数都包含4个不同的前缀，对应的功能说明如下：

☑ d：density，概率密度函数，表示概率的变化率，注意不是概率。

☑ p：probability，概率分布函数，表示概率值。

☑ q：quantile，分位数函数，表示分位点，例如0.9分位点。

☑ r：random，生成随机函数。

以正态分布函数norm()为例，加入前缀后的说明如下：

☑ dnorm()：返回正态分布中的概率密度值。

☑ pnorm()：返回正态分布中的概率值。

☑ qnorm()：返回正态分布中的分位数值。

☑ rnorm()：创建n个服从正态分布的随机数。

15.2.3　正态分布

正态分布是应用最广泛、生活中最常见的一种数据分布形式，例如男女身高、考试成绩和人的寿命等都是服从正态分布的。“正态分布”也称“常态分布”，又名“高斯分布”，它在数据分析、数据建模等许多方面有着重大的影响力。

正态分布像一口倒扣的钟，中间高两边低，左右对称，大部分数据集中在平均值附近，小部分数据在两端。例如某班的30名男生的身高，绘制出直方图如图15.8所示。这就是一个典型的正态分布，即中间高两边低，左右对称。当然，这个数据比较少，数据越多越明显。

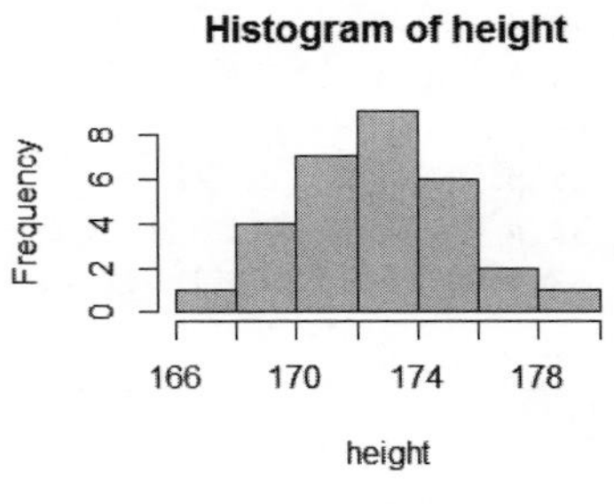

图15.8　直方图

在R语言中实现正态分布主要使用dnorm()、pnorm()、qnorm()或rnorm()函数，每个函数实现不同的功能，比较常用且重要的是dnorm()函数和pnorm()函数，下面进行综合运用。首先使用dnorm()函数计算概率密度绘制正态分布密度图，然后使用pnorm()函数计算概率。

【例15.7】　数学成绩超过110分概率分布情况（实例位置：资源包\Code\15\07）

在第13章【例13.19】中通过直方图已经得知某高一数学成绩的分布情况基本为正态分布，但是高分段缺失，下面使用dorm()函数计算平均分79，标准差19超过110分的概率密度，然后绘制概率密度图，同时使用pnorm()函数计算超过110分的概率，最后在概率密度图中进行标注。运行RStudio，编写如下代码。

```
# 加载程序包
library(openxlsx)
# 读取Excel文件
df <- read.xlsx("datas/grade1.xlsx",sheet=1)
mymean <- mean(df[,"得分"]) # 均值
mymean
mysd <- sd(df[,"得分"])      # 标准差
mysd
# 创建0~150分，增量为0.1的数值向量
x <- seq(0,150,by = .1)
# 记录数（0~150分的样本数）
length(x)
# 概率密度
y <- dnorm(x,mean = 79,sd = 19)
# 绘制曲线密度图
plot(x,y,type = "l")
# 创建110~150，增量为0.1的数值向量
```

```
18 x1 <- seq(110,150,by=.1)
19 # 超过110分的概率密度
20 y1 <- dnorm(x1,mean = 79,sd = 19)
21 # 绘制多边形并添加阴影
22 polygon(c(110,x1,150),c(0,dnorm(x1,mean = 79,sd = 19),0),density = 15)
23 # 标准化处理z分数
24 z=(110-79)/19
25 z
26 # z=1.63左侧的正态曲线下方的面积
27 # 即低于110分的正态曲线下方的面积（概率）
28 p <- pnorm(1.63)
29 # 超过110分的概率
30 p1 <-1-p
31 p1
32 # 添加文本标签（超过110分的概率）
33 text(140,0.003,labels=paste(format(p1*100,digits=3),"%"),cex=1)
```

运行程序，结果如图15.9所示。

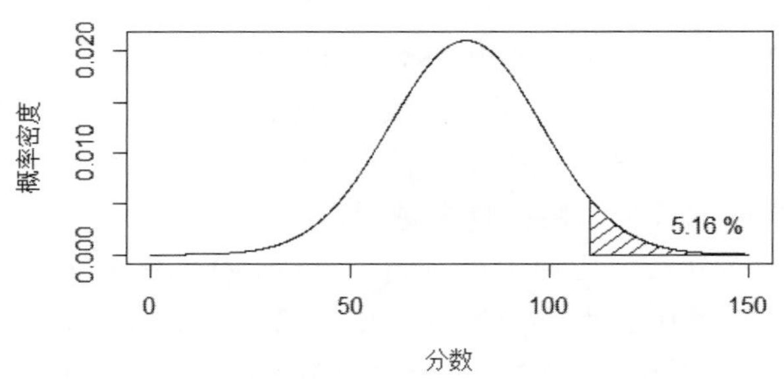

图15.9 数学成绩概率密度分布图

从运行结果得知：在1501样本数据中数学成绩平均分79，标准差19，超过110分的概率为5.16%。

代码解析

第14行代码：第二个参数为平均值，第三个参数为标准差。

15.2.4 二项分布

二项分布是一种具有广泛用途的离散型随机变量的概率分布，是n个独立的成功/失败试验中成功的次数的离散概率分布，其中每次试验的成功概率为p。

在R语言中，二项分布概率的计算主要使用二项分布函数binom()，其中：dbinom()函数对于离散变量，返回结果是特定值的概率，而对连续变量返回结果是密度；pbinom()函数表示求累计概率。这两个函数的参数x/q表示实验的成功次数，size表示实验次数，prob表示概率值。

【例15.8】 抛硬币实验（实例位置：资源包\Code\15\08）

例如抛一枚均匀的硬币，抛一次正面朝上的概率为0.5，那么抛20次，10次正面朝上的概率是多少？下面使用二项分布函数binom()进行计算。运行RStudio，编写如下代码。

```
dbinom(10,20,0.5)
```

运行程序，结果为0.1761971，即抛20次，10次正面朝上的概率为0.1761971。

15.2.5 泊松分布

泊松分布是一种统计与概率学里常用的离散概率分布，用于描述单位时间内随机事件发生的次数。泊松分布主要满足3个条件：

① 小概率事件。

② 发生概率是稳定的。

③ 与下一次事件的发生，是相互独立的。

在R语言中，泊松分布概率的计算主要使用泊松分布函数pois()。

【例15.9】 计算客服接待顾客的概率（实例位置：资源包\Code\15\09）

例如一家网店，经过统计客服平均每分钟接待2个顾客，那么客服每分钟接待5个顾客的概率是多少？下面使用泊松分布函数dpois()进行计算。运行RStudio，编写如下代码。

```
dpois(5,lambda = 2)
```

运行程序，结果为0.03608941，即客服每分钟接待5个顾客的概率为0.03608941。

代码解析

lambda参数表示每个时间间隔的平均事件数。

15.3 列联表和频数表

数据分析过程中，经常需要对数据集按照两个或两个以上的变量进行分组统计，从而查看数据的分布状况，这种情况就叫做“列联表”。在R语言中列联表是按照两个或两个以上的变量对数据进行分组统计频数，然后比较各组数据，从而寻找变量间的关系。本节主要介绍创建列联表的常用函数。

15.3.1 table()函数

table()函数可以使用N个分类变量（因子）创建一个N维的列联表。

【例15.10】 创建一个简单的列联表（实例位置：资源包\Code\15\10）

首先创建一个优秀大学生夏令营考核信息的数据集，然后使用table()函数创建一个简单的列联表分析男生和女生毕业学校类别和考核结果的分布情况。运行RStudio，编写如下代码。

```
# 创建数据
# 性别变量
性别 <- c(rep("男",10),rep("女",12))
# 毕业学校类别变量
毕业学校类别 <- c(985,211,211,985,985,985,985,211,985,985,211,211,211,211,211,
               211,211,985,985,985,985,211)
# 考核结果变量
考核结果 <- c("合格","优秀","合格","优秀","优秀","优秀","优秀","合格","优秀",
             "合格","优秀","优秀","合格","优秀","优秀","优秀","优秀","优秀","优秀",
```

```
            "合格","不合格","优秀")
# 构建数据框
df <- data.frame(性别,毕业学校类别,考核结果)
# 输出数据
df
# 二维列联表
# 性别变量为行，毕业学校类别为列
mytable <- table(性别,毕业学校类别)
mytable # 输出表格
```

运行程序，结果如图15.10所示。

从运行结果得知：table()函数创建的是一个二维列联表，包括行和列，“性别”为行，“毕业学校类别”为列。另外，还可以看出男生985毕业的比较多。

table()函数还可以创建三维列联表，我们增加一个“考核结果”变量，主要代码如下：

```
# 三维列联表
mytable <- table(性别,毕业学校类别,考核结果)
mytable # 输出表格
```

运行程序，结果如图15.11所示。

```
    毕业学校类别
性别 211 985
  男   3   7
  女   8   4
```

图15.10 二维列联表

```
, , 考核结果 = 不合格

    毕业学校类别
性别 211 985
  男   0   0
  女   0   1

, , 考核结果 = 合格

    毕业学校类别
性别 211 985
  男   2   2
  女   1   1

, , 考核结果 = 优秀

    毕业学校类别
性别 211 985
  男   1   5
  女   7   2
```

图15.11 三维列联表

创建完成的列联表还可以进行简单的统计，例如对每一行数据求和、对每一列数据求和以及数据的占比情况，示例代码如下：

```
# 对每一行数据求和
margin.table(mytable,1)
# 对每一列数据求和
margin.table(mytable,2)
# 计算数据占总数的比例
prop.table(mytable)
# 以行为单位，计算数据占总数的比例
prop.table(mytable, 1)
# 以列为单位，计算数据占总数的比例
prop.table(mytable, 2)
```

15.3.2 ftable()函数

ftable()函数能够以一种紧凑而吸引人的方式创建多维列联表，例如上述举例中我们发现table()函数创建的三维列联表数据看上去很乱，下面使用ftable()函数创建三维列联表。

【例15.11】 使用ftable()函数创建三维列联表（实例位置：资源包\Code\15\11）

下面使用ftable()函数创建三维列联表。同样首先创建一个优秀大学生夏令营考核信息的数据集，然后使用ftable()函数创建三维列联表，主要代码如下。

```
# 三维列联表
mytable <- ftable(性别,毕业学校类别,考核结果)
mytable # 输出表格
```

运行程序，结果如图15.12所示。

```
                    考核结果 不合格 合格 优秀
性别 毕业学校类别
男   211                    0    2    1
     985                    0    2    5
女   211                    0    1    7
     985                    1    1    2
```

图15.12　使用ftable()函数创建三维列联表

从运行结果得知：ftable()函数创建的三维列联表数据看上去更加紧凑和清晰。

15.3.3 xtab()函数

xtab()函数可以根据一个公式和一个矩阵或数据框创建一个N维列联表。

【例15.12】 使用xtab()函数创建列联表（实例位置：资源包\Code\15\12）

下面使用xtab()函数创建列联表。同样首先创建一个优秀大学生夏令营考核信息的数据集，然后使用xtab()函数创建列联表，主要代码如下。

```
# 二维列联表
mytable <- xtabs(~性别+毕业学校类别,data=df)
mytable # 输出表格
# 三维列联表
mytable <- xtabs(~性别+毕业学校类别+考核结果,data=df)
mytable # 输出表格
```

运行程序，结果如图15.13和图15.14所示。

```
     毕业学校类别
性别 211 985
  男   3   7
  女   8   4
```

图15.13　二维列联表

```
, , 考核结果 = 不合格

     毕业学校类别
性别 211 985
  男   0   0
  女   0   1

, , 考核结果 = 合格

     毕业学校类别
性别 211 985
  男   2   2
  女   1   1

, , 考核结果 = 优秀

     毕业学校类别
性别 211 985
  男   1   5
  女   7   2
```

图15.14　三维列联表

本节主要介绍了如何创建列联表和频数表，那么关于列联表分析主要分析的是变量之间有无关联，即是否存在独立性，下面将介绍如何进行独立性检验。

15.4 独立性检验

独立性检验是统计学的一种检验方式，是利用随机变量来判断两个分类变量是否有关系的方法。R提供了多种分类变量独立性检验方法，本节主要介绍3种检验方法，分别为卡方检验、Fisher（费希尔）精确检验和Cochran-Mantel-Haenszel检验（简称CMH检验）。

15.4.1 卡方检验

首先来了解一下什么是卡方检验。卡方检验是用途非常广泛的一种假设检验方法，用于确定两个分类变量之间是否具有显著的相关性，还是相对独立的。

例如观察人们的购买饮料的模式，并尝试将一个人的性别与他们喜欢的饮料的味道相关联。如果发现相关性，我们可以通过了解购买者的性别数量来调整对应口味的库存。

在R语言中卡方检验可以使用chisq.test()函数，语法格式如下：

```
chisq.test(data)
```

其中data参数表示包含观察值中变量计数值的数据。

【例15.13】 使用chisq.test()函数进行卡方检验（实例位置：资源包\Code\15\13）

下面使用chisq.test()函数进行卡方检验，同样使用优秀大学生夏令营考核信息数据集，主要代码如下。

```
# 二维列联表
mytable <- xtabs(~性别+毕业学校类别,data=df)
mytable # 输出表格
# 卡方检验
chisq.test(mytable)
```

运行程序，卡方检验结果如图15.15所示。

```
> # 卡方检验
> chisq.test(mytable)

        Pearson's Chi-squared test with Yates' continuity correction

data:  mytable
X-squared = 1.65, df = 1, p-value = 0.199
```

图15.15 卡方检验

从运行结果得知：经过卡方检验，卡方值为1.65，自由度为1，p值为0.199>0.05，性别和毕业学校类别之间不存在关系，是相对独立的。

独立性检验主要使用p值来衡量，p值的范围在0到1之间，p值≤0.05表明变量之间存在某种关系，不独立，p值>0.05表明变量之间不存在关系，是相对独立的。

15.4.2 Fisher精确检验

Fisher（费希尔）是英国统计与遗传学家，现代统计科学的奠基人之一，Fisher精确检验便是以他的名字命名的统计方法。Fisher精确检验可以将所有R×C列表的精确概率计算出来。Fisher精确检验直接将概率求和得到p，而不是根据卡方值和自由度查表得到的，因此Fisher精确检验不提供卡方值。

在R中可以使用fisher.test()函数进行Fisher精确检验，语法格式如下：

```
fisher.test(mytable)
```

其中mytable参数是一个二维列联表。

【例15.14】 fisher.test()函数进行Fisher精确检验（实例位置：资源包\Code\15\14）

下面使用fisher.test()函数进行精确检验，同样使用优秀大学生夏令营考核信息数据集，主要代码如下。

```
# 二维列联表
mytable <- xtabs(~性别+毕业学校类别,data=df)
mytable # 输出表格
# Fisher精确检验
fisher.test(mytable)
```

运行程序，Fisher精确检验结果如图15.16所示。

```
        Fisher's Exact Test for Count Data

data:  mytable
p-value = 0.1984
alternative hypothesis: true odds ratio is not equal to 1
95 percent confidence interval:
 0.02378266 1.72973171
sample estimates:
odds ratio
 0.2314046
```

图15.16　Fisher精确检验

从运行结果得知：经过Fisher精确检验，p值为0.1984>0.05，性别和毕业学校类别之间不存在关系，是相对独立的。

> 注意　fisher.test() 函数不适用于 2×2 的列联表。

15.4.3　Cochran-Mantel-Haenszel检验

Cochran-Mantel-Haenszel检验也称CMH检验，主要用于检验在对第三个分类变量分组后与其他两个分类变量之间是否存在关系，是对分类数据进行检验的常用方法。

在R语言中主要使用mantelhaen.test()函数实现Cochran-Mantel-Haenszel检验。

【例15.15】 Cochran-Mantel-Haenszel检验（实例位置：资源包\Code\15\15）

下面使用mantelhaen.test()函数进行Cochran-Mantel-Haenszel检验，同样使用优秀大学生夏令营考核信息数据集，主要代码如下。

```
# 三维列联表
mytable <- xtabs(~毕业学校类别+考核结果+性别,data=df)
mytable # 输出表格
# Cochran-Mantel-Haenszel检验
mantelhaen.test(mytable)
```

运行程序，Cochran-Mantel-Haenszel检验结果如图15.17所示。

从运行结果得知：经过Cochran-Mantel-Haenszel检验，p值为0.3456>0.05，表明毕业学校类别与考核结果与性别的每一个水平不存在关系，是相对独立的。

```
        Cochran-Mantel-Haenszel test

data:  mytable
Cochran-Mantel-Haenszel M^2 = 2.1247, df = 2, p-value =
0.3456
```

图15.17 Cochran-Manel-Haenszel检验

15.5 相关性分析

任何事物之间都存在一定的联系，例如夏天温度的高低与空调的销量就存在相关性，当温度升高时，空调的销量也会相应提高。

相关性分析是指对多个具备相关关系的数据进行分析，从而衡量数据之间的相关程度或密切程度。相关性可以应用到所有数据的分析过程中。如果一组数据的改变引发另一组数据朝相同方向变化，那么这两组数据存在正相关性，例如身高与体重，一般个子高的人体重会重一些，个子矮的人体重会轻一些。如果一组数据的改变引发另一组数据朝相反方向变化，那么这两组数据存在负相关性，例如运动与体重。

15.5.1 相关系数

在相关性分析过程中，变量之间的相关性主要通过相关系数来判断。相关系数是用来描述定量与变量之间的关系，用于反应数据之间关系密切程度的统计指标，相关系数的取值区间在1到−1之间。1表示数据之间完全正相关（线性相关），−1表示数据之间完全负相关，0表示数据之间不相关，越接近0表示相关关系越弱，越接近1表示相关关系越强。相关系数的绝对值一般在0.8以上有强的相关性，0.3到0.8之间，可以认为有弱的相关性，0.3以下认为没有相关性。

在R语言中有多种方法可以计算相关系数，主要包括Pearson相关系数、Spearman相关系数、Kendall相关系数、偏相关系数、多分格相关系数和多系列相关系数。下面主要介绍Pearson相关系数、Spearman相关系数、Kendall相关系数和偏相关系数。

15.5.1.1 Pearson相关系数、Spearman相关系数和Kendall相关系数

Pearson相关系数为积相关系数，用于衡量两个定量变量之间的线性关系程度。Spearman相关系数为等级相关系数，用于衡量分级定序变量之间的相关程度。Kendall相关系数是一种非参数的等级相关度量。在R中这三种相关系数的计算主要使用cor()函数和cov()函数。

cor()函数用于返回相关系数值，值在1到−1之间，1表示数据之间完全正相关（线性相关），−1表示数据之间完全负相关，0表示数据之间不相关。数据越接近0表示相关关系越弱，越接近1或−1表示相关关系越强。语法格式如下：

```
cor(x,y = NULL,use= "everything",method= c("pearson","kendall","spearman"))
```

参数说明：

☑ x：向量、矩阵或数据框。

☑ y：向量、矩阵或数据框，默认值为NULL。

☑ use：指定缺失数据的处理情况，可选字符串，默认值为everything，表示遇到缺失数据时，函数返回值为NA。all.obs表示遇到缺失数据时会报错。complete.obs和na.or.

complete处理方式类似，表示对缺失值按行删除。pairwise.complete.obs表示依次比较多对变量，并将两个变量相互之间的缺失行剔除，然后用剩下的数据计算两者的相关系数。

☑ method：相关系数计算方法，字符串类型，值为pearson（默认值）、kendall或spearman，也可以缩写。

cov()函数返回协方差系数，用来衡量两个变量的整体误差，绝对值越大表明相关性越强，绝对值越小表明相关性越弱。cov()函数的语法格式和参数说明可以参考cor()函数。

下面通过具体的实例介绍相关系数。

【例15.16】 使用cor()函数计算数据的相关性（实例位置：资源包\Code\15\16）

R自带的state.x77数据集提供了美国50个州1977年的人口、收入、文盲率、预期寿命和高中毕业率等数据。下面使用cor()函数计算该数据集中数据的相关系数，从而了解数据之间的相关性，运行RStudio，编写如下代码。

```
cor(state.x77)
```

运行程序，结果如图15.18所示。

```
             Population     Income  Illiteracy    Life Exp     Murder     HS Grad      Frost        Area
Population   1.00000000  0.2082276  0.10762237 -0.06805195  0.3436428 -0.09848975 -0.3321525  0.02254384
Income       0.20822756  1.0000000 -0.43707519  0.34025534 -0.2300776  0.61993232  0.2262822  0.36331544
Illiteracy   0.10762237 -0.4370752  1.00000000 -0.58847793  0.7029752 -0.65718861 -0.6719470  0.07726113
Life Exp    -0.06805195  0.3402553 -0.58847793  1.00000000 -0.7808458  0.58221620  0.2620680 -0.10733194
Murder       0.34364275 -0.2300776  0.70297520 -0.78084575  1.0000000 -0.48797102 -0.5388834  0.22839021
HS Grad     -0.09848975  0.6199323 -0.65718861  0.58221620 -0.4879710  1.00000000  0.3667797  0.33354187
Frost       -0.33215245  0.2262822 -0.67194697  0.26206801 -0.5388834  0.36677970  1.0000000  0.05922910
Area         0.02254384  0.3633154  0.07726113 -0.10733194  0.2283902  0.33354187  0.0592291  1.00000000
```

图15.18　相关系数

从运行结果得知：对角线数据的相关系数都是1，是完全正相关（线性）关系，是自身与自身的相关性，例如Population（人口）与Population（人口）自身的相关性是1。同时可以看出Murder（犯罪率）与Illiteracy（文盲率）、Income（收入）与HS Grad（高中毕业率）有一定的正相关性，而且相关性很强。

技巧：如果为整个数据集创建相关系数矩阵，可以在cor()函数中直接指定数据集名称；如果只对部分变量创建相关系数矩阵，可以使用向量，例如下面的代码。

```
cor(state.x77[c("Population","Income","Illiteracy")])
```

相关系数的优点是可以通过数字对变量的关系进行度量，并且带有方向性，1表示正相关，-1表示负相关，越靠近0相关性越弱。缺点是无法利用这种关系对数据进行预测。

代码解析

下面简单了解一下state.x77数据集，相关字段说明如表15.2所示。

表15.2　state.x77数据集

字段	说明
Population	人口
Income	收入
Illiteracy	文盲率
Life Exp	预期寿命

续表

字段	说明
Murder	犯罪率
HS Grad	高中毕业率
Frost	天气
Area	面积

【例15.17】 使用cov()函数计算数据的相关性（实例位置：资源包\Code\15\17）

【例15.16】通过cor()函数计算出了数据的相关系数，从而让我们通过数据直观地了解到state.x77数据集中数据之间的相关性。下面使用cov()函数来计算state.x77数据集中数据的协方差，从而通过协方差了解数据的相关性。运行RStudio，编写如下代码。

```
# 抽取数据
x <- state.x77[,c(1,2,3,6)]
y <- state.x77[,c(4,5)]
# 计算协方差
cov(x,y)
```

运行程序，结果如图15.19所示。

```
             Life Exp      Murder
Population -407.8424612 5663.523714
Income      280.6631837 -521.894286
Illiteracy   -0.4815122    1.581776
HS Grad       6.3126849  -14.549616
```

图15.19 协方差

从运行结果得知：人口与预期寿命为负相关，与犯罪率正相关；收入与预期寿命为正相关，与犯罪率负相关。

15.5.1.2 偏相关系数

偏相关系数是指在控制一个或者多个变量时，剩余其他变量之间的相互关系，常用于社会科学的研究。在R中主要使用ggm包中的pcor()函数计算偏相关系数。语法格式如下：

```
pcor(u,s)
```

参数说明：

☑ u：数值向量（前两个数值表示要计算相关系数的下标，其余的数值为条件变量的下标）。

☑ s：cov()函数计算出来的协方差结果。

【例15.18】 使用pcor()函数计算偏相关系数（实例位置：资源包\Code\15\18）

使用pcor()函数计算偏相关系数，了解state.x77数据集中在控制了收入、文盲率和高中毕业率的影响时，人口和犯罪率之间的关系。运行RStudio，编写如下代码。

```
# 加载程序包
library(ggm)
# 获取数据集中所有变量的名称
colnames(state.x77)
```

```
05 # 使用pcor()函数计算偏相关系数
06 pcor(c(1,5,2,3,6),cov(state.x77))
```

运行程序，结果如图15.20所示。

```
> colnames(state.x77)
[1] "Population" "Income"     "Illiteracy"
[4] "Life Exp"   "Murder"     "HS Grad"
[7] "Frost"      "Area"
> # 使用pcor()函数计算偏相关系数
> pcor(c(1,5,2,3,6),cov(state.x77))
[1] 0.3462724
```

图15.20 偏相关系数

从运行结果得知：控制了收入、文盲率和高中毕业率的影响时，人口和犯罪率之间的偏相关系数为0.3462724。

ggm是第三方R包，使用前应首先进行安装，安装方法如下所示。

运行RGui，输入如下代码：

```
install.packages("ggm")
```

按下<Enter>键，在CRAN镜像站点的列表中选择镜像站点，然后单击“确定”按钮，开始安装，安装完成后在程序中就可以使用ggm包了。

15.5.2 相关性分析

广告展现量与费用成本相关性分析。为了促进销售，电商营销必然要投入广告，这样就会产生广告展现量和费用成本相关的数据。通常情况下，我们认为费用高，广告效果就好，它们之间必然存在联系，但仅通过主观判断没有说服力，无法证明数据之间关系的真实存在，也无法度量它们之间关系的强弱。因此我们要通过相关性分析来找出数据之间的关系。

下面来看一下费用成本与广告展现量相关数据情况（由于数据太多，只显示部分数据），如图15.21所示。

	A	B	C	D	E	F	G	H	I	J
1	日期	费用	展现量	点击量	订单金额	加购数	下单新客数	访问页面数	进店数	商品关注数
2	2020/2/1	1754.51	38291	504	2932.4	154	31	4730	94	7
3	2020/2/2	1708.95	39817	576	4926.47	242	49	4645	93	14
4	2020/2/3	921.05	39912	583	5413.6	228	54	4941	82	13
5	2020/2/4	1369.76	38085	553	3595.4	173	40	4551	99	6
6	2020/2/5	1460.02	37239	585	4914.8	189	55	5711	83	16
7	2020/2/6	1543.76	35196	640	4891.8	207	53	6010	30	6
8	2020/2/7	1457.93	33294	611	3585.5	151	37	5113	37	7
9	2020/2/8	1600.38	36216	659	4257.1	240	45	5130	78	11
10	2020/2/9	1465.57	36275	611	4412.3	174	47	4397	75	12
11	2020/2/10	1617.68	41618	722	4914	180	45	5670	86	5
12	2020/2/11	1618.95	44519	792	5699.42	234	63	5825	50	1
13	2020/2/12	1730.31	50918	898	8029.4	262	78	6399	92	8
14	2020/2/13	1849.9	49554	883	6819.5	228	67	6520	84	12
15	2020/2/14	2032.52	52686	938	5697.5	271	59	7040	121	10
16	2020/2/15	2239.69	60906	978	6007.9	246	68	7906	107	12
17	2020/2/16	2077.94	58147	989	6476.7	280	72	7029	104	16
18	2020/2/17	2137.24	59479	1015	6895.4	260	72	6392	101	9
19	2020/2/18	2103.28	60372	993	5992.3	253	60	6935	100	11

图15.21 费用成本与广告展现量

相关性分析方法很多，简单的相关性分析方法是将数据进行可视化处理，单纯从数据的角度很难发现数据之间的趋势和联系，而将数据绘制成图表后就可以直观地看出数据之间的趋势和联系。

下面通过散点图看一看广告展现量与费用成本的相关性，效果如图15.22所示。

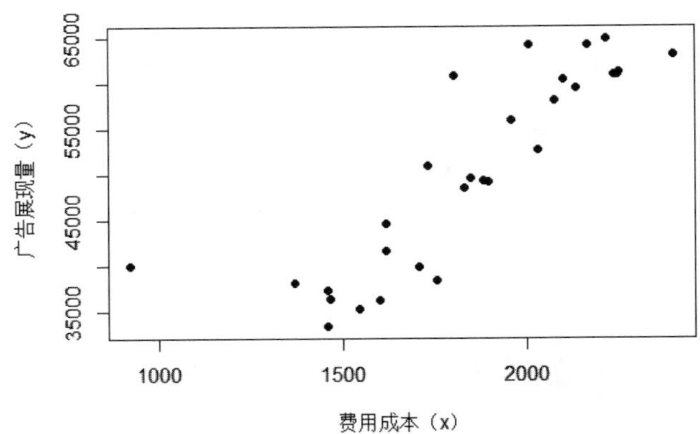

图15.22　广告展现量与费用成本散点图

运行RStudio，编写如下代码。

```
# 加载程序包
library(openxlsx)
# 读取Excel文件
df <- read.xlsx("datas/广告.xlsx",sheet=1)
x <- df[["费用"]]
y <- df[["展现量"]]
# 绘制散点图
plot(x, y,
      xlab="费用成本（x）", ylab="广告展现量（y）", pch=19)
```

虽然图表清晰地展示了广告展现量与费用成本的相关性，但无法判断数据之间有什么关系，相关关系也没有准确的度量，并且数据超过两组时也无法完成各组数据的相关性分析。

下面使用cor()函数计算相关系数，相关系数是反映数据之间关系密切程度的统计指标，主要代码如下：

```
cor(df1)
```

运行程序，结果如图15.23所示。

	费用	展现量	点击量	订单金额	加购数	下单新客数	访问页面数	进店数	商品关注数
费用	1.0000000	0.8560127	0.8585966	0.6257874	0.6017346	0.6424477	0.7633200	0.6508993	0.1557482
展现量	0.8560127	1.0000000	0.9385539	0.7280374	0.7512832	0.7561067	0.8470172	0.6975909	0.2099898
点击量	0.8585966	0.9385539	1.0000000	0.8548834	0.8158577	0.8636944	0.9101424	0.5859167	0.2054461
订单金额	0.6257874	0.7280374	0.8548834	1.0000000	0.8136941	0.9472378	0.8031933	0.4656295	0.2798305
加购数	0.6017346	0.7512832	0.8158577	0.8136941	1.0000000	0.8090869	0.7763792	0.4715942	0.3128821
下单新客数	0.6424477	0.7561067	0.8636944	0.9472378	0.8090869	1.0000000	0.8429035	0.4855702	0.3617179
访问页面数	0.7633200	0.8470172	0.9101424	0.8031933	0.7763792	0.8429035	1.0000000	0.5413966	0.3274999
进店数	0.6508993	0.6975909	0.5859167	0.4656295	0.4715942	0.4855702	0.5413966	1.0000000	0.3938636
商品关注数	0.1557482	0.2099898	0.2054461	0.2798305	0.3128821	0.3617179	0.3274999	0.3938636	1.0000000

图15.23　相关系数

从分析结果得知："费用"与"费用"自身的相关性是1，与"展现量""点击量"的相关系数是0.8560127、0.8585966；"展现量"与"展现量"自身的相关性是1，与"点击量""订单金额"的相关系数是0.9385539、0.7280374。那么，除了"商品关注数"相关系数比较低，其他都很高，可以看出“费用”与“展现量”“点击量”等有一定的正相关性，而且相关性很强。

15.6 t检验

t检验用于对变量中的两组数据的均值进行检验，根据样本数据之间的差异检验样本数据所代表的总体数据之间的差异是否显著。例如：比较男女身高是否存在差别；两种教学方法用于两组学生，从而观察这两种方法对学生学习成绩的提高是否存在差别。

15.6.1 独立样本的t检验

两组样本数据的各个变量从各自总体中抽取，也就是说两组样数据没有任何关联，两组抽样样本数据彼此独立，称为独立样本，而对独立样本进行t检验就是独立样本的t检验。在R语言中，可以使用t.test()函数进行独立样本的t检验。语法格式如下：

```
t.test(x, y = NULL,alternative = c("two.sided","less", "greater"), mu = 0,
       paired = FALSE, var.equal = FALSE,conf.level = 0.95, ...)
```

参数说明：

☑ x,y：用于均值比较的数值向量。当y为NULL时，表示单样本t检验。

☑ alternative：表示指定假设检验的备择检验类型，值为two.sided表示双侧检验，less表示左侧检验，greater表示右侧检验。

☑ mu：数值型，默认值为0。当检验为单样本t检验时，表示x所代表的总体均值是否与mu中指定的值相等。当检验为双样本t检验时，表示x和y代表的总体均值之差是否与mu中指定的值相等。

☑ paired：逻辑型，值为FASLE表示独立样本检验，为TRUE表示非独立样本检验。

☑ var.equal：双样本检验时，总体方差是否相等。

☑ conf.level：表示假设检验的置信水平，默认值为0.95。

【例15.19】 两种药物性下增加睡眠时间的差异（实例位置：资源包\Code\15\19）

下面使用R语言中自带的睡眠数据集sleep，通过t.test()函数检验该数据集中两种药物下增加睡眠时间的差异是否显著。运行RStudio，编写如下代码。

```
# 查看数据
head(sleep)
# 绘制箱形图
# group表示不同的药物1和2，因子类型
plot(extra ~ group, data = sleep)
# 检验两种药物下增加睡眠时间的显著性
t.test(extra ~ group, data = sleep)
```

运行程序，结果如图15.24和图15.25所示。

从运行结果得知：通过箱形图的中位数可以看出第二种药物下患者增加睡眠的时间比较长，p-value（p值）大于0.05，即两种药物下增加睡眠时间的差异不显著。

↓ 补充知识——详解 t.test() 函数返回值

☑ t：t统计量，即t检验的统计量的值，显著性指标。一般认为t值大于2或小于-2时，两组数据之间的差异是显著的。

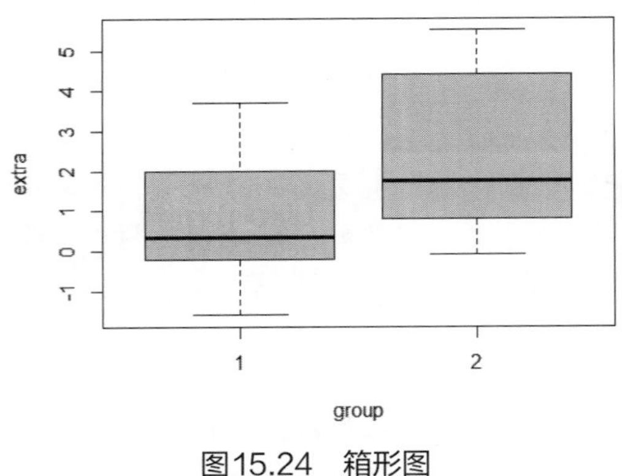

图15.24　箱形图

```
        Welch Two Sample t-test

data:  extra by group
t = -1.8608, df = 17.776, p-value = 0.07939
alternative hypothesis: true difference in means between
 group 1 and group 2 is not equal to 0
95 percent confidence interval:
 -3.3654832  0.2054832
sample estimates:
mean in group 1 mean in group 2
           0.75            2.33
```

图15.25　t检验结果

☑ df：t统计量的自由度。在统计学中，自由度指的是计算某一统计量时，取值不受限制的变量个数。

☑ p-value：全称Probability-value即概率值，它是一个通过计算得到的概率值，也称p值。一般p值的界限为0.05，当p<0.05时拒绝原假设，差异显著，当p>0.05时不拒绝原假设，差异不显著。

☑ alternative hypothesis：备择假设，第一组和第二组的均值之差不等于0。

☑ 95 percent confidence interval：95%的置信区间。

☑ sample estimates：样本估计均值，估计均值或均值之差，取决于它是独立样本t检验还是非独立样本t检验。上述实例为独立样本t检验，因此结果是第一组的均值和第二组的均值。

15.6.2　非独立样本的t检验

当两组样本数据之间相关时，称之为非独立样本，而对非独立样本进行t检验就是非独立样本的t检验。在R语言中非独立样本的t检验同样使用t.test()函数，不同的是需要设置paired参数为TRUE。

【例15.20】　比较年轻男性与年长男性的失业率（实例位置：资源包\Code\15\20）

下面使用MASS包中提供的UScrime数据集进行演示，在该数据集中变量U1为14～24岁年龄段城市男性的失业率，变量U2为35～39岁年龄段城市男性的失业率。接下来使用t.test()函数来比较年轻男性与年长男性的失业率。运行RStudio，编写如下代码。

```
# 加载程序包
library(MASS)
# 抽取UScrime数据集中的数据
df <- UScrime[,c(10,11)]
# 提取年轻男性失业率
x <- df$U1
# 提取年长男性失业率
y <- df$U2
# t检验
t.test(x,y,paired=TRUE)
```

运行程序，结果如图15.26所示。

```
        Paired t-test

data:  x and y
t = 32.407, df = 46, p-value < 2.2e-16
alternative hypothesis: true mean difference is not equal to 0
95 percent confidence interval:
 57.67003 65.30870
sample estimates:
mean difference
       61.48936
```

图15.26　非独立样本的t检验

从运行结果得知：p值小于0.05，年轻男性与年长男性的失业率存在差异。差异的均值为61.48936，非常大，说明年轻男性的失业率更高。

本章思维导图

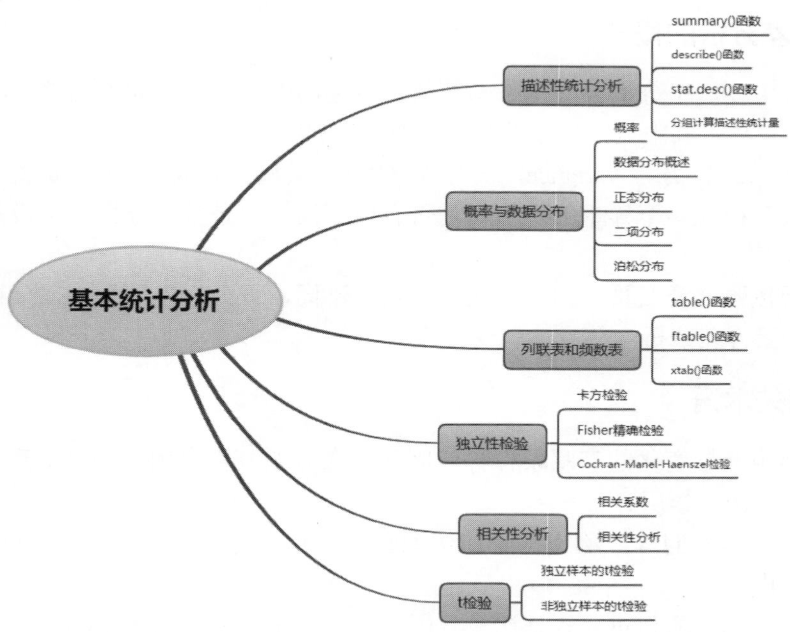

第16章 方差分析

本章主要介绍方差的基本概念、方差相关术语、方差分析的基本流程，以及如何通过R语言实现方差分析等。

16.1 方差分析概述

16.1.1 方差分析的概念

方差分析主要用于分析分类变量与数值变量之间的关系，例如不同地区的饮料销量是否存在显著的差异，其中地区为分类变量，销量为数值变量。

方差分析（analysis of variance，简称ANOVA）又称变异数分析或F检验，它是以最简单的形式比较和检验多个样本的均值间是否有所不同，它是数据分析当中最基础和最常用的分析方法。

方差分析按照分类变量（因子变量）个数的不同，可分为单因素方差分析、双因素方差分析和多因素方差分析。

16.1.2 相关术语

因素：影响变量变化的客观条件称作因素。在方差分析中因素为分类变量，在R语言中是因子类型，例如学历。

水平：因素的不同等级称作水平，例如学历包括中专、大专、本科、硕士和博士等，也就是5个水平。

均值比较：均值的相对比较是比较各因素对因变量的效应的大小的相对比较。均值的多重比较是研究因素单元对因变量的影响之间是否存在显著性差异。

解释变量：解释变量顾名思义，是用来解释组间差异的变量。在实验中，解释变量通常是我们人为设置或者分配在不同的组中，通过观察不同组之间的差异来分析解释变量起到的作用。典型的解释变量包括性别、药物的类型、不同的疗法、不同的教学方法等。

响应变量：与解释变量对应的是响应变量，指的是在统计观察或实验中需要测量和记录的特征，例如一个人的身高、体重，病情的轻重，学生的得分，等等。另外我们需要注意的是，解释变量和响应变量并不是界限分明的，同样一个特征在不同的统计研究中可能是解释变量，也可能是响应变量。性别可以影响体重，从而体重是响应变量，而在某一疾病研究中，体重是影响疾病程度的因素，这时体重又成了解释变量。

16.1.3 方差分析表

方差分析表（analysis of variance table）是指为了便于进行数据分析和统计判断，按照方差分析的过程得出的计算结果。例如离差平方和、自由度、均方和F检验值等指标数值，以方便检查和分析方差统计分析结果，方差分析表的一般形式如表16.1所示。

表16.1　方差分析表

差异源	自由度df	平方和SS	均方MS	F值	p值
组间（因素）	k-1	SSA	MSA	MSA/MSE	由计算得出
组内（误差）	n-k	SSE	MSE	—	
总和	n-1	SST	—	—	

表16.1中，n为全部观测值的个数（也就是样本数据的个数），k为因素水平总体个数。表中的计算结果可以通过如下公式计算得到，但是比较麻烦，而在R语言中使用方差分析相关函数就轻松多了，相关内容在后面的章节会进行详细的介绍。

$$\text{MSA}=\frac{\text{组间平方和}}{\text{自由度}}=\frac{\text{SSA}}{\text{k}-1}$$

$$\text{MSE}=\frac{\text{组内平方和}}{\text{自由度}}=\frac{\text{SSE}}{\text{n}-\text{k}}$$

$$\text{F值}=\frac{\text{MSA}}{\text{MSE}}\sim \text{F}(\text{k}-1,\text{n}-\text{k})$$

总平方和SST=组间平方和SSA+组内平方和SSE

上述方差分析表出现了一些术语。下面了解一下相关术语。

☑ df：自由度，在统计学中，自由度指的是计算某一统计量时，取值不受限制的变量个数。公式为df=n−k，其中n为样本数量，k为被限制的条件数或变量个数，或计算某一统计量时用到其他独立统计量的个数。

☑ SS：平方和，指统计所得数据的平方和，用来衡量数据间的差异性。

☑ SSA：组间平方和。

☑ SSE：组内平方和。

☑ SST：总误差平方和，全部观察值与总平均值的误差平方和。反映全部观察值的离散程度。

☑ MS：均方值，其值等于对应的SS除以df。

☑ MSA：组间均方值。

☑ MSE：组内均方值。

☑ F值：F统计量，是衡量不同样本均值之间差异大小的标准化统计量，用于检验同一因素下不同组之间的平均数是否存在显著性差异，其值等于MSA/MSE。F值越大，结果越显著，拟合程度也就越好。

☑ p值：由计算得出，是统计学上的重要指标，用于判断数据间的差异是否显著。在假设检验中，p值越小，则拒绝原假设的概率越大，即差异性越显著。*意思是p值小于0.05，表示两组存在显著差异，** 意思是p值小于0.01，表示两组的差异极其显著。

> 说明 上述内容先简单了解即可，后续还有相关内容的介绍。

16.2 方差分析的基本流程

在R语言中可以使用aov()函数实现方差分析，通过summary()函数得出方差分析表的详细结果。aov()函数进行方差分析前需要对数据进行正态性检验和方差齐性检验，基本流程如图16.1所示。

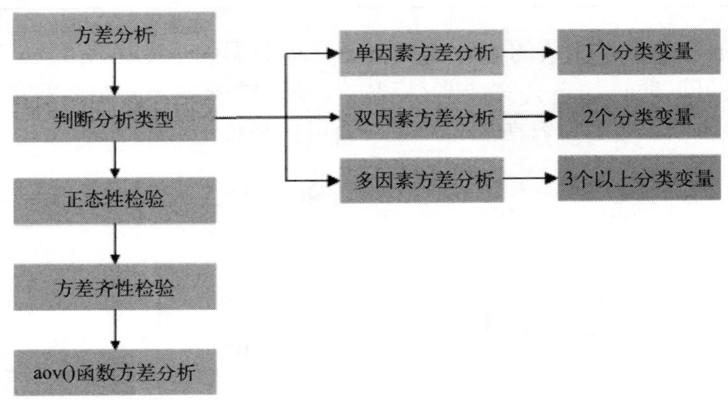

图16.1 方差分析的基本流程

16.3 aov()函数

在R语言中可以使用aov()函数进行方差分析，通过summary()函数得出方差分析表的详细结果。下面重点介绍aov()函数。

aov()函数是用于方差分析的模型，语法格式如下：

```
aov(formula, data = NULL, projections = FALSE, qr = TRUE, contrasts = NULL, ...)
```

参数说明：

☑ formula：以公式的形式指定方差分析的类型，如表16.2所示，其中涉及的符号及说明如表16.3所示。

☑ data：公式中指定的变量，如果缺少变量，则以标准方式搜索变量。

☑ projections：逻辑值，是否返回预测。

☑ qr：逻辑值，是否返回QR分解。

☑ contrasts：用于公式中某些因素的对比列表，不用于任何错误项，并且仅在错误项中为因素提供对比，并给出警告。

☑ ...：附加参数，要传递给lm()函数的参数，例如子集或na.action。

另外，levene.test()函数也可以实现方差分析，适用于正态分布、非正态分布以及分布不明的数据。

表16.2　formula中的模型及公式

模型	公式
单因素方差分析	y ～ A
含单个协变量的单因素方差分析	y ～ x+A
双因素方差分析	y ～ A*B
含两个协变量的双因素方差分析	y ～ x1+x2+ A*B
随机化区组	y ～ B+A（B是区组因子）
单因素重复测量方差分析	y ～ A+Error（Subject/A）
含单个组内因子（W）和单个组间因子（B）的两因素方差分析	y ～ B*W+ Error（Subject/W）

表16.3　表达式中的符号及说明

符号	说明
～	分隔符号，左边为响应变量，右边为解释变量，例如用A、B、C测试y，公式为y ～ A+B+C
+	分隔解释变量
:	表示变量的交互项，例如用A、B和A与B的交互项预测y，公式为y ～ A+B+A:B
*	表示所有可能的交互项，公式为y ～ A*B*C
^	表示交互项达到某个次数，公式为y ～ (A+B+C)^2
.	表示包含除因变量外的所有变量，例如一个数据框中包含变量y、A、B和C，公式为y ～ .
-	表示从公式中去除某个变量，公式为y ～ A*B-A:B

16.4　单因素方差分析

单因素方差分析是用来研究一个因子变量的不同水平是否对观测变量产生了显著影响。由于仅研究单个因素对观测变量的影响，因此称为单因素方差分析。从数据类型上看，数据中包含一个因子变量。

例如分析不同口味对饮料销量的影响、不同学历对工资收入的影响、不同职业对工资收入的影响等。这些问题都可以通过单因素方差分析得到答案。

在进行单因素方差分析时，数据应首先满足3个条件，即独立性、正态性和方差齐性。对于数据的独立性，除了特殊情况外，一般情况下数据都符合独立性，这里就不进行介绍了，默认数据符合独立性，下面介绍正态性检验和方差齐性检验。

16.4.1　正态性检验

正态性检验的方法有多种，至于选择哪种方法可以根据实际需求决定。常见的方法有W检验、K-S检验、Q-Q图和P-P图，下面分别进行介绍。

（1）W检验

在检验中用W统计量作为正态性检验，因此也称为W检验。W检验适用于样本量不太大的数据集。在R语言中数据样本量在3 ～ 5000之间就可以使用W检验，主要使用shapiro.test()函数实现，语法格式如下：

```
shapiro.test(x)
```

参数x为要检验的数据集，长度为3 ～ 5000，返回值为一个对象，对象的属性p.value与显著性水平相比（一般与0.05相比），如果p.value值大，则说明其服从正态分布，该值越接近1越好。

首先来看一组数据，如图16.2所示。

上述数据是R语言自带的数据集PlantGrowth，该数据集用于比较对照三种处理方式对植物产量的影响，包括两个变量30条记录，其中变量weight是植物的产量，group是不同的处理方式，值分别为ctrl、trt1和trt2。

	weight	group
1	4.17	ctrl
2	5.58	ctrl
3	5.18	ctrl
4	6.11	ctrl
5	4.50	ctrl
6	4.61	ctrl

图16.2 数据集PlantGrowth

【例16.1】 shapiro.test()函数实现正态分布检验（实例位置：资源包\Code\16\01）

下面使用shapiro.test()函数对PlantGrowth数据集中3种处理方式（ctrl、trt1和trt2）下的每组数据进行正态性检验。首先将数据按照不同的处理方式进行拆分，然后构建函数对3种处理方式（ctrl、trt1和trt2）下的每组数据进行正态性检验，运行RStudio，编写如下代码。

```
# 导入数据集
data(PlantGrowth)
mydata <- PlantGrowth
# 根据不同处理方式拆分数据
mydata1 <- split(mydata[,1],mydata$group)
# 构建函数对3种处理方式的数据进行正态分布检验
lapply(mydata1, function(x){
  shapiro.test(x)
})
```

运行程序，结果如图16.3所示。

```
$ctrl

        Shapiro-Wilk normality test

data:  x
W = 0.95668, p-value = 0.7475

$trt1

        Shapiro-Wilk normality test

data:  x
W = 0.93041, p-value = 0.4519

$trt2

        Shapiro-Wilk normality test

data:  x
W = 0.94101, p-value = 0.5643
```

图16.3 shapiro.test()函数实现正态分布检验

从运行结果得知：p-value也就是p值都大于0.05，说明数据符合正态分布。

（2）K-S检验

当数据样本量较大时可以使用K-S（全称kolmogorov-smirnov）检验数据是否符合正态分布。K-S检验又称K-S单样本检验。在R语言中实现K-S检验主要依靠ks.test()函数，它是R语言自带的函数，语法格式如下：

```
ks.test(x, y, alternative = c("two.sided", "less", "greater"),exact = NULL)
```

参数说明：

☑ x：观测值向量，要进行检验的数据。

☑ y：第二观测值向量，和参数x一样，也是要进行检验的数据，也可以是字符串，表示累积分布函数的名称，例如“pnorm”表示具有连续型累积分布函数的名称。

☑ alternative：备择假设，指定单、双侧检验。

☑ exact：是否计算精确的p值。

【例16.2】 使用ks.test()函数实现正态分布检验（实例位置：资源包\Code\16\02）

首先创建两个样本数据a和b，然后使用ks.test()函数进行正态分布检验确定a和b是否来自同一个分布。运行RStudio，编写如下代码。

```
# 保证前后生成的随机数保持一致
set.seed(0)
# 生成50个最小值为-5，最大值为5符合均匀分布的随机数
a <- runif(50, min = -5, max = 5)
# 生成50个平均值为0，标准差为5符合正态分布的随机数
b <- rnorm(50, mean = 0, sd = 5)
# 正态分布检验
ks.test(a,"pnorm", mean = 0, sd = 5)
ks.test(b,"pnorm", mean = 0, sd = 5)
# a和b是否来自同一个分布
ks.test(a, b)
```

运行程序，结果如图16.4所示。

```
        Exact one-sample Kolmogorov-Smirnov test

data:  a
D = 0.16691, p-value = 0.1097
alternative hypothesis: two-sided

> ks.test(b,"pnorm", mean = 0, sd = 5)

        Exact one-sample Kolmogorov-Smirnov test

data:  b
D = 0.097205, p-value = 0.6957
alternative hypothesis: two-sided

> ks.test(a, b)

        Exact two-sample Kolmogorov-Smirnov test

data:  a and b
D = 0.18, p-value = 0.3959
alternative hypothesis: two-sided
```

图16.4 使用ks.test()函数实现正态分布检验

从运行结果得知：D值没有偏离0太远，p值（p-value）大于0.05，说明数据符合正态分布。

（3）Q-Q图

在实际数据分析过程中，可以结合Q-Q图和P-P图进行综合判断数据是否符合正态分布。Q-Q图和P-P图都属于散点图，关于散点图的绘制可以参考第13章。

绘制Q-Q图可以使用qqnorm()函数和car包中的qqPlot()函数直接绘制也可以通过手动计算然后结合plot()函数绘制散点图，下面分别进行举例。

【例16.3】 使用qqnorm()函数绘制Q-Q图（实例位置：资源包\Code\16\03）

首先创建一组向量数据，然后使用qqnorm()函数绘制符合正态分布的散点图，并使用qqline()函数在该Q-Q图上添加辅助线。运行RStudio，编写如下代码。

```
# 创建向量
a <- seq(1, 100, 1)
# 绘制符合正态分布的散点图
qqnorm(a)
# 绘制辅助线
qqline(a, col="red", lwd=2)
```

运行程序，结果如图16.5所示。

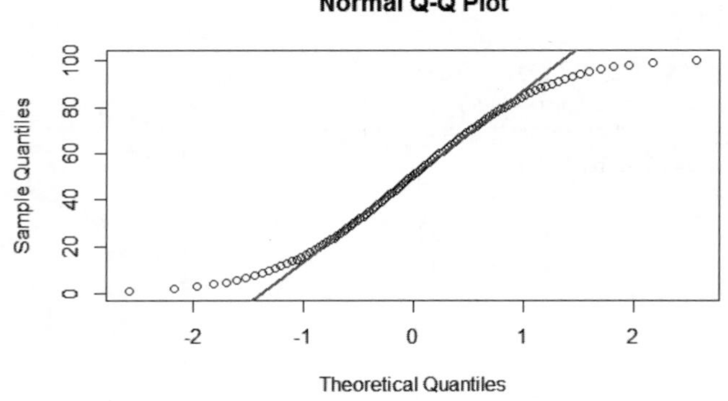

图16.5　使用qqnorm()函数绘制Q-Q图

【例16.4】 手动计算并绘制一个简单的Q-Q图（实例位置：资源包\Code\16\04）

首先Q-Q图横坐标为假定正态分布的分位数，需要通过公式计算得出，纵坐标为实际数据，然后使用plot()函数绘制散点图，使用abline()函数为散点图添加辅助线。运行RStudio，编写如下代码。

```
# 创建向量
a <- seq(1, 100, 1)
# 计算分位数
t <- (rank(a) -0.5)/length(a)
# 标准化分位数
q <- qnorm(t)
# 绘制符合正态分布的散点图
plot(q, a)
# 绘制直线
abline(mean(a), sd(a), col="red", lwd=2)
```

运行程序，结果如图16.6所示。

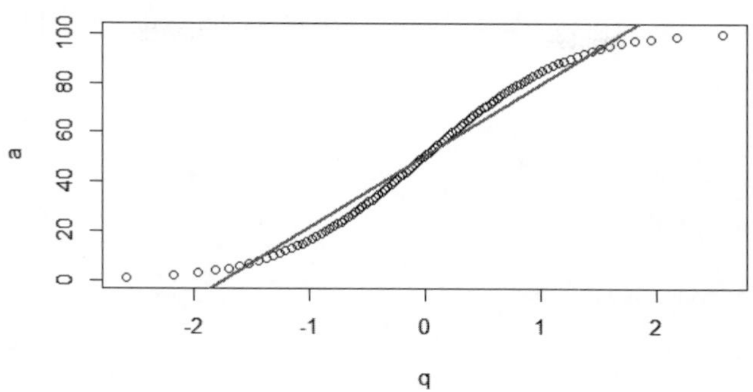

图16.6　手动计算并绘制一个简单的Q-Q图

↙ 代码解析

第04行代码：rank()函数用于排名，返回向量中每个元素的排名，默认为升序。

第06行代码：qnorm()函数为计算分位数函数。

【例16.5】　使用qqPlot()函数绘制Q-Q图（实例位置：资源包\Code\16\05）

car包中的qqPlot()函数也可以绘制Q-Q图。car包是第三方R包，使用前应首先进行安装。下面是使用qqPlot()函数绘制Q-Q图及95%置信区间。运行RStudio，编写如下代码。

```
# 加载程序包
library(car)
# 保证每次生成的数据不变
set.seed(100)
# 随机生成100个符合正态分布的数据
a <- rnorm(100)
# 绘制Q-Q图
qqPlot(a, col="red", col.lines="green")
```

运行程序，结果如图16.7所示。

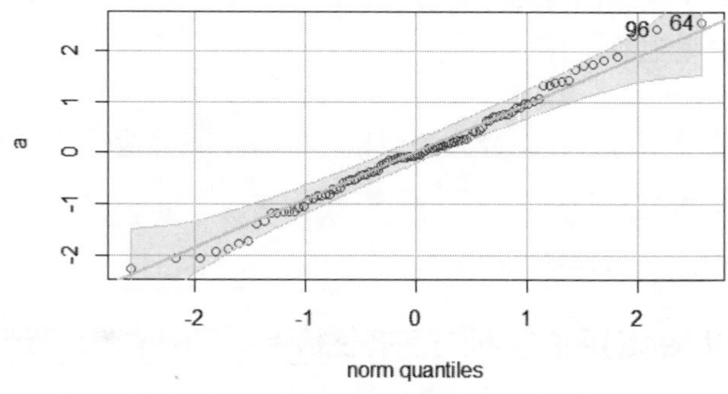

图16.7　使用qqPlot()函数绘制Q-Q图

（4）P-P图

P-P图是以实际累积概率为横坐标，也就是【例16.4】中的变量t，正态分布的期望累积概率为纵坐标绘制的散点图。当变量服从正态分布时，散点图中的数据点基本都在一条直线上，如图16.5所示。

【例16.6】 绘制一个简单的P-P图（实例位置：资源包\Code\16\06）

首先创建一组向量数据，然后进行计算并绘制一个简单的P-P图。运行RStudio，编写如下代码。

```
# 创建向量
a <- seq(1, 100, 1)
# 计算累积比例数值
t <- (rank(a)-0.5)/length(a)
# 期望累积概率
p <- pnorm(a,mean=mean(a), sd=sd(a))
# 绘制P-P图
plot(t,p)
```

运行程序，结果如图16.8所示。

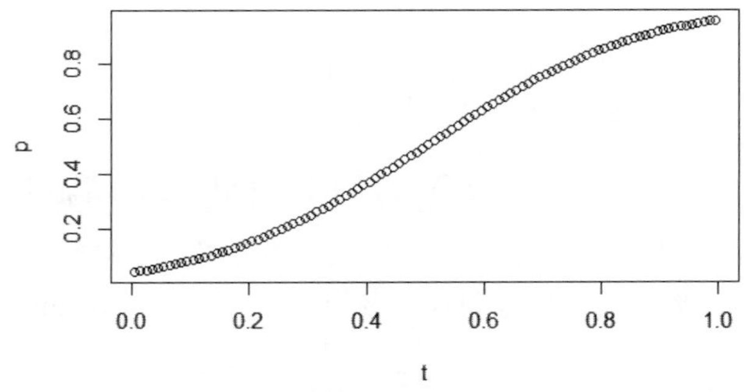

图16.8 绘制一个简单的P-P图

16.4.2 方差齐性检验

首先来了解一下什么是方差齐性检验，方差齐性检验又称方差一致性检验。在对不同样本组进行比较的时候，判断某个变量在不同样本组的方差是否一致。方差齐性检验是方差分析和回归分析重要的前提假设。

在R语言中可以使用bartlett.test()函数和car包（第三方R包）的leveneTest()函数实现方差齐性检验，下面分别进行介绍。

（1）bartlett.test()函数

bartlett.test()函数适用于符合正态分布的数据作为方差齐性检验的数据，语法格式如下：

```
bartlett.test(x, g, ...)
```

其中参数x为数据框，g为分组变量。

【例16.7】 bartlett.test()函数实现方差齐性检验（实例位置：资源包\Code\16\07）

下面使用bartlett.test()函数对不同班级的学生数学成绩进行方差齐性检验，运行RStudio，编写如下代码。

```
# 加载程序包
library(openxlsx)
# 读取Excel文件
df <- read.xlsx("datas/grade1.xlsx",sheet=1)
```

```
# 方差齐性检验
bartlett.test(df$得分,df$班级)
```

运行程序，结果如图16.9所示。

```
        Bartlett test of homogeneity of variances

data:  df$得分 and df$班级
Bartlett's K-squared = 2.0424, df = 2, p-value = 0.3602
```

图16.9 bartlett.test()函数实现方差齐性检验

从运行结果得知：p-value>0.05，说明数据的方差是齐性的。

（2）leveneTest()函数

car包中的leveneTest()函数对于非正态分布数据和正态分布数据都适用，语法格式如下：

```
leveneTest(y, group, center=median, ...)
```

参数说明与bartlett.test()函数一样，这里不再赘述，下面直接举例。

【例16.8】 leveneTest()函数实现方差齐性检验（实例位置：资源包\Code\16\08）

使用car包的leveneTest()函数对PlantGrowth数据集中三种处理方式对植物产量的影响进行方差齐性检验，运行RStudio，编写如下代码。

```
# 加载程序包
library(car)
# 导入数据集
data(PlantGrowth)
mydata <- PlantGrowth
# 方差齐性检验
leveneTest(weight~group,data = mydata)
```

运行程序，结果如图16.10所示。

```
Levene's Test for Homogeneity of Variance (center = median)
      Df F value Pr(>F)
group  2  1.1192 0.3412
      27
```

图16.10 leveneTest()函数实现方差齐性检验

从运行结果得知：p值为0.3412>0.05，说明数据的方差是齐性的。

16.4.3 单因素方差分析案例

最简单的方差分析是单因素方差分析，下面通过单因素方差分析内置数据集chickwts中不同种类的食物是否影响雏鸡的体重，具体过程如下：

（1）查看数据

chickwts数据集是R语言自带的数据集，下面通过前面所学的知识查看chickwts数据集，对该数据集概况进行详细的了解，运行RStudio，编写如下代码。

```
# 导入数据集
data(chickwts)
# 查看数据结构
str(chickwts)
```

```
# 查看feed食物类型
unique(chickwts$feed)
```

运行程序，结果如图16.11所示。

```
> # 查看数据整体概况
> str(chickwts)
'data.frame':	71 obs. of  2 variables:
 $ weight: num  179 160 136 227 217 168 108 124 143 140 ...
 $ feed  : Factor w/ 6 levels "casein","horsebean",..: 2 2 2 2 2 2
2 2 2 2 ...
> # 查看feed食物的种类
> unique(chickwts$feed)
[1] horsebean linseed   soybean   sunflower meatmeal  casein
6 Levels: casein horsebean linseed meatmeal ... sunflower
```

图16.11　chickwts数据集概况

从运行结果得知：chickwts数据集包括两个变量71条记录，其中变量weight是数值型，表示雏鸡的体重，feed是因子类型，表示食物的种类，值分别为horsebean、linseed、soybean、sunflower、meatmeal和casein。

（2）正态性检验

下面使用W检验即shapiro.test()函数对数据进行正态性检验，主要代码如下：

```
# 正态性检验(W检验)
# 根据不同食物种类拆分数据
mydata <- split(chickwts[,1],chickwts$feed)
# 构建函数对6种食物的数据进行正态分布检验
mydata
lapply(mydata, function(x){
  shapiro.test(x)
})
```

运行程序，结果如图16.12所示。

```
$casein

	Shapiro-Wilk normality test

data:  x
W = 0.91663, p-value = 0.2592


$horsebean

	Shapiro-Wilk normality test

data:  x
W = 0.93758, p-value = 0.5264


$linseed

	Shapiro-Wilk normality test

data:  x
W = 0.96931, p-value = 0.9035


$meatmeal

	Shapiro-Wilk normality test

data:  x
W = 0.97914, p-value = 0.9612


$soybean

	Shapiro-Wilk normality test

data:  x
W = 0.9464, p-value = 0.5064


$sunflower

	Shapiro-Wilk normality test

data:  x
W = 0.92809, p-value = 0.3603
```

图16.12　正态分布检验

接下来使用qqnorm()函数绘制Q-Q图观察雏鸡体重数据是否符合正态分布，主要代码如下：

```
# 绘制散点图
qqnorm(chickwts$weight)
# 绘制直线红色加粗
qqline(chickwts$weight, col="red", lwd=2)
```

运行程序，结果如图16.13所示。

从运行结果得知：雏鸡体重数据基本在一条直线上，说明数据符合正态分布。

（3）方差齐性检验

由于数据符合正态分布，因此可以使用bartlett.test()函数进行方差齐性检验，主要代码如下：

```
bartlett.test(chickwts$weight,chickwts$feed)
```

运行程序，结果如图16.14所示。

从运行结果得知：p-value>0.05，说明数据的方差是齐性的。

（4）绘制雏鸡体重分布图

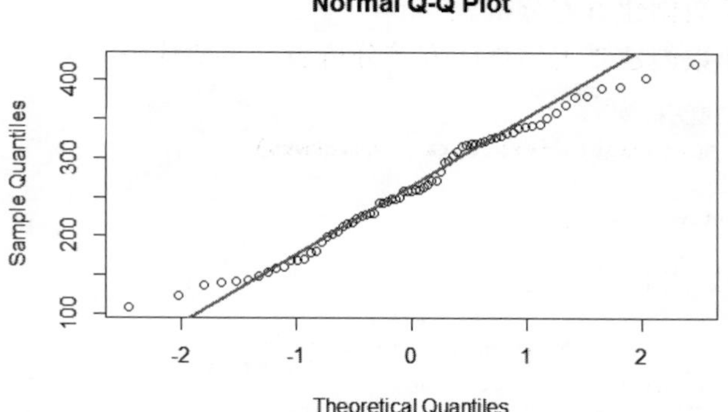

图16.13 绘制Q-Q图观察雏鸡体重是否符合正态分布

```
        Bartlett test of homogeneity of variances

data:  chickwts$weight and chickwts$feed
Bartlett's K-squared = 3.2597, df = 5, p-value = 0.66
```

图16.14 方差齐性检验

箱形图可以绘制多组数据，而且最大的优点就是不受异常值的影响，下面通过箱形图分析6种食物喂养的雏鸡的平均体重情况，主要代码如下：

```
# 计算雏鸡的平均体重
weight_mean <- tapply(chickwts$weight, chickwts$feed,mean)
# 绘制箱形图
boxplot(chickwts$weight~chickwts$feed)
# 在箱形图中添加平均体重标记
points(1:6,weight_mean,pch=24,bg=2)
```

运行程序，结果如图16.15所示。

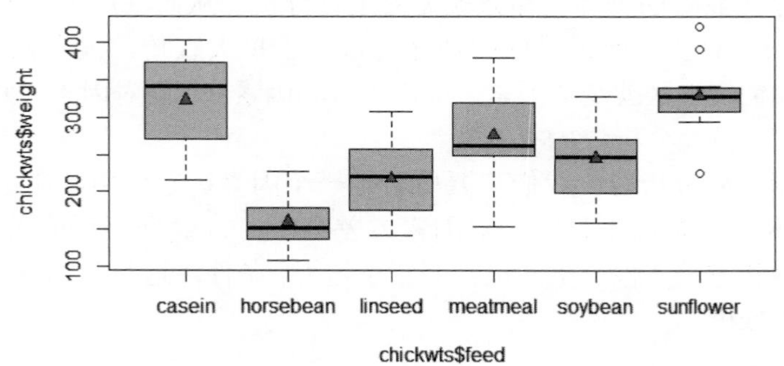

图16.15 箱形图查看雏鸡体重分布情况

从运行结果得知：喂食不同种类食物的雏鸡的平均体重各不相同。

虽然从箱形图中已经看出了雏鸡的平均体重各不相同，但还不足以证明喂食不同种类的食物是否影响雏鸡的体重。下面使用aov()函数进一步分析，得出方差分析表从而找到确切的答案。

（5）使用aov()函数创建方差分析表

下面使用aov()函数创建雏鸡体重的方差分析表，主要代码如下：

```
# aov()函数创建方差分析表
chick_anova <- aov(weight~feed,data = chickwts)
# 获取描述性统计量
summary(chick_anova)
```

运行程序，结果如图16.16所示。

```
            Df Sum Sq Mean Sq F value   Pr(>F)    
feed         5 231129   46226   15.37 5.94e-10 ***
Residuals   65 195556    3009                     
---
Signif. codes:  0 '***' 0.001 '**' 0.01 '*' 0.05 '.' 0.1 ' ' 1
```

图16.16 方差分析表

说明：上述方差分析表，feed（食物类型）是因素，Residuals是误差，Signif是显著性。Df是自由度，Sum Sq是离差平方和，Mean Sq是平均离差平方和，F value是F值，Pr（>F）表示F值在随机分布下的概率。“*”代表显著性类别，p值小于0.1时，“*”的数量随着p值的减少而增加。

从运行结果得知：统计结果显著，说明喂食不同种类的食物，雏鸡的体重存在显著差异。

16.5 双因素方差分析

双因素方差分析是用来研究两个因素的不同水平对实验结果的显著影响。从数据类型上看，数据中包含两个分类变量（因子变量）。

例如在饮料销售中，除了口味影响销量之外，销售地区是否也会影响销量，如果在不同的地区，销量存在显著的差异，那么就需要进行分析。从而采用不同的销售策略，销量高的地区保持市场占有率，而销量低的地区应进一步扩大宣传，提升该地区销量。那么，上述提到的口味和销售地区就是双因素，即因素A和因素B，而对因素A和因素B同时进行分析，就属于双因素方差分析。

在进行双因素方差分析时，我们需要检验是一个因素在起作用，还是两个因素都起作用，或是两个因素的影响都不显著。双因素方差分析时，数据同样应首先满足3个条件，即独立性、正态性和方差齐性。上文已经介绍了这3个条件，这里我们默认数据符合这3个条件，进行下一步分析。

16.5.1 主效应分析

主效应分析主要研究两种因素对实验结果的显著影响，其中每个因素对实验结果的显著影响都是独立的，不存在相互关系，在统计学中称为“主效应”或“因子效应”。

下面以内置数据集warpbreaks为例，该数据集为织布机异常数据，包括54条记录3个变量，其中变量breaks为数值型，表示损坏次数，wool为因子类型，表示纱线类型，tension为因子类型，表示纱线张力。通过主效应分析纱线类型和纱线张力两个因素中每个因素对损坏次数影响的显著性，具体过程如下所述。

（1）查看数据

warpbreaks数据集是R语言自带的数据集，首先了解一下该数据集的概况，运行RStudio，编写如下代码。

```
# 导入数据
data(warpbreaks)
# 显示前6条数据
head(warpbreaks)
# 查看数据结构
str(warpbreaks)
```

运行程序，结果如图16.17所示。

```
> head(warpbreaks)
  breaks wool tension
1     26    A       L
2     30    A       L
3     54    A       L
4     25    A       L
5     70    A       L
6     52    A       L
> str(warpbreaks)
'data.frame':   54 obs. of  3 variables:
 $ breaks : num  26 30 54 25 70 52 51 26 67 18 ...
 $ wool   : Factor w/ 2 levels "A","B": 1 1 1 1 1 1 1 1 1 1 ...
 $ tension: Factor w/ 3 levels "L","M","H": 1 1 1 1 1 1 1 1 1 2 ...
```

图16.17　查看数据概况

从运行结果得知：warpbreaks数据集包括54条记录3个变量，其中变量breaks为数值型，表示损坏次数，wool为因子类型，表示纱线类型，tension为因子类型，表示纱线张力。

接下来看一下纱线类型和纱线张力都包括哪些值，主要代码如下：

```
# 查看纱线类型
unique(warpbreaks$wool)
# 查看纱线张力
unique(warpbreaks$tension)
```

运行程序，结果如图16.18所示。

```
> # 查看纱线类型
> unique(warpbreaks$wool)
[1] A B
Levels: A B
> # 查看纱线张力
> unique(warpbreaks$tension)
[1] L M H
Levels: L M H
```

图16.18　查看数据中的值

（2）查看数据分组状况和相关性

使用table()函数查看数据的分组状况，使用summary()函数得出卡方检验结果，主要代码如下：

```
# 查看数据分组状况
mytable <- table(warpbreaks$wool,warpbreaks$tension)
print(mytable)
# 卡方检验
summary(mytable)
```

运行程序，结果如图16.19所示。

```
> # 查看数据分组状况
> mytable <- table(warpbreaks$wool,warpbreaks$tension)
> print(mytable)

    L M H
  A 9 9 9
  B 9 9 9
> # 卡方检验
> summary(mytable)
Number of cases in table: 54
Number of factors: 2
Test for independence of all factors:
        Chisq = 0, df = 2, p-value = 1
```

图16.19　数据分组状况和相关性

从运行结果得知：卡方值为0，自由度为2，p值为1>0.05，纱线类型和纱线张力之间不存在关系，是相对独立的。

（3）主效应分析

主效应分析同样使用summary()和aov()函数，那么在进行主效应分析前，我们首先通过单因素方差分析分别看一下wool不同类型的纱线和tension不同张力的纱线对损坏次数产生的影响，主要代码如下：

```
01 summary(aov(breaks~wool,data=warpbreaks))
02 summary(aov(breaks~tension,data=warpbreaks))
```

运行程序，结果如图16.20所示。

```
            Df Sum Sq Mean Sq F value Pr(>F)
wool         1    451   450.7   2.668  0.108
Residuals   52   8782   168.9
> summary(aov(breaks~tension,data=warpbreaks))
            Df Sum Sq Mean Sq F value  Pr(>F)
tension      2   2034  1017.1   7.206 0.00175 **
Residuals   51   7199   141.1
---
Signif. codes:  0 '***' 0.001 '**' 0.01 '*' 0.05 '.' 0.1 ' ' 1
```

图16.20　单因素方差分析

从运行结果得知：单独分析wool使用不同类型的纱线对损坏次数没有显著影响，而tension使用不同张力的纱线对损坏次数有显著影响。但是，这个结果并不能证明使用不同类型的纱线和使用不同张力的纱线两个因素对损坏次数有显著影响或者没有显著影响，还需要通过主效应分析进行检验，主要代码如下：

```
01 mydata1 <-aov(breaks~wool+tension,data=warpbreaks)
02 summary(mydata1)
```

运行程序，结果如图16.21所示。

```
            Df Sum Sq Mean Sq F value  Pr(>F)
wool         1    451   450.7   3.339 0.07361 .
tension      2   2034  1017.1   7.537 0.00138 **
Residuals   50   6748   135.0
---
Signif. codes:  0 '***' 0.001 '**' 0.01 '*' 0.05 '.' 0.1 ' ' 1
```

图16.21　主效应分析

从运行结果得知：使用不同类型的纱线和不同张力的纱线对损坏次数产生了显著影响。

16.5.2　交互效应分析

交互效应分析是研究两个或两个以上因素相互作用对实验结果的影响。同样使用warpbreaks数据集和aov()函数，只需要在主效应分析模型上加上wool*tension就可以实现交互效应分析。下面分析使用不同类型的纱线和使用不同张力的纱线两个因素相互搭配对损坏次数影响的显著性，主要代码如下：

```
mydata2 <-aov(breaks~wool+tension+wool*tension,data=warpbreaks)
summary(mydata2)
```

运行程序，结果如图16.22所示。

```
             Df Sum Sq Mean Sq F value   Pr(>F)    
wool          1    451   450.7   3.765 0.058213 .  
tension       2   2034  1017.1   8.498 0.000693 ***
wool:tension  2   1003   501.4   4.189 0.021044 *  
Residuals    48   5745   119.7                     
---
Signif. codes:  0 ‘***’ 0.001 ‘**’ 0.01 ‘*’ 0.05 ‘.’ 0.1 ‘ ’ 1
```

图16.22　交互效应分析

从运行结果得知：使用不同的纱线和不同张力的纱线对损坏次数产生了显著影响。

本章思维导图

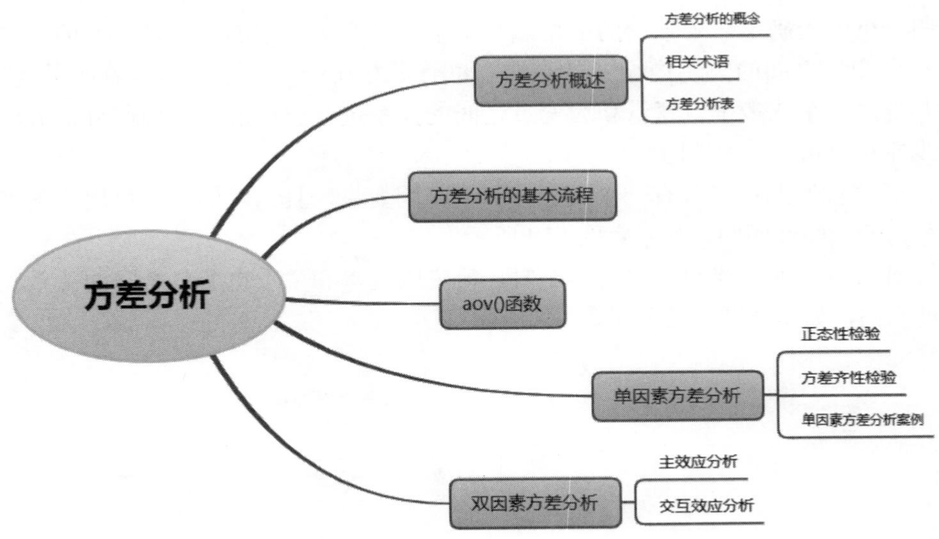

第17章

回归分析

回归分析应用非常广泛，本章主要介绍回归分析的基本概念和应用、回归分析分析流程、分析前必备的检验工作，以及如何用R语言实现一元线性回归分析和多元线性回归分析。

17.1 回归分析概述

回归分析是数据分析与预测的核心，适用于很多方面。本节主要介绍什么是回归分析以及回归分析的应用。

17.1.1 什么是回归分析

回归分析是对两个或两个以上变量之间的相关关系进行定量研究的一种统计分析方法，然后通过回归分析作需求预测，发现和分析变量之间的相关关系，从而利用这些相关关系来预测未来的需求。

回归分析用于确定一个唯一的因变量和一个或多个数值型的自变量之间的关系，假设因变量和自变量之间的关系遵循一条直线，也就是存在线性关系，那么就叫做线性回归。线性回归是对一个或多个自变量和因变量之间的关系进行建模的一种回归分析方法，它包括一元线性回归和多元线性回归。

☑ 一元线性回归：当只有一个自变量和一个因变量，且二者的关系可用一条直线近似表示，称为一元线性回归，如示意图17.1所示。

☑ 多元线性回归：当自变量有多个时，研究因变量和多个自变量之间的关系，则称为多元线性回归，如示意图17.2所示。

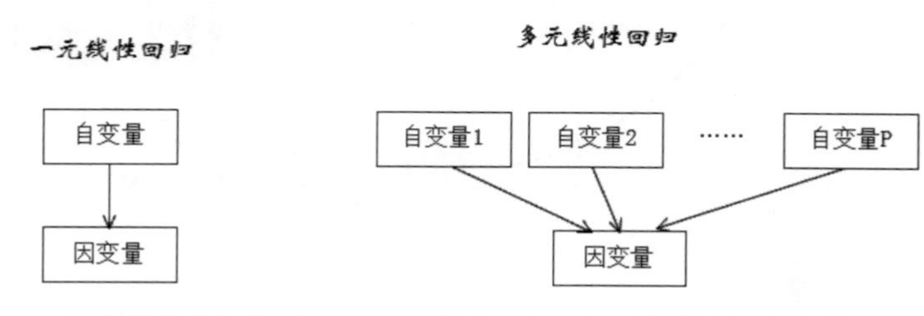

图17.1　一元线性回归示意图　　图17.2　多元线性回归示意图

说明　被预测的变量叫作因变量，被用来进行预测的变量叫作自变量。

简单地说，当研究一个因素（如最高气温）影响饮料销量时，可以使用一元线性回归，当研究多个因素（如最高气温、销售地区、饮料口味等）影响饮料销量时，可以使用多元线性回归。

除此之外，回归分析还包括逻辑回归，用来对二元分类的结果建模，泊松分布用来对整型的计数数据建模等。但是，只要学会线性回归分析，再研究其他的回归分析就轻松多了。

17.1.2　回归分析的应用

回归分析通常用来对数据之间的复杂关系建立模型，用来估计一种处理方法对结果的影响并预测未来发展趋势。具体应用案例如下：

☑ 根据种群和个体测得的特征，研究他们之间如何不同（差异性），从而用于不同领域的科学研究，如经济学、社会学、心理学、物理学和生态学。

☑ 量化事件及其相应的因果关系，例如应用于药物临床试验、工程安全检测、销售研究等。

☑ 给定已知的规则，确定可用来预测未来行为的模型，例如用来预测保险赔偿、自然灾害的损失、选举的结果和犯罪率等。

回归分析也可用于假设检验，其中包括数据是否能够表明原假设更可能是真还是假。回归模型对关系强度和一致性的估计提供了信息，用于评估结果是否是由于偶然性造成的。回归分析是大量方法的一个综合体，几乎可以应用于所有的机器学习任务。如果只能选择一种分析方法，那么回归方法将是一个不错的选择。

17.2　回归分析的基本流程

回归分析中常用的分析方法为一元线性回归和多元线性回归，基本分析流程如图17.3所示。

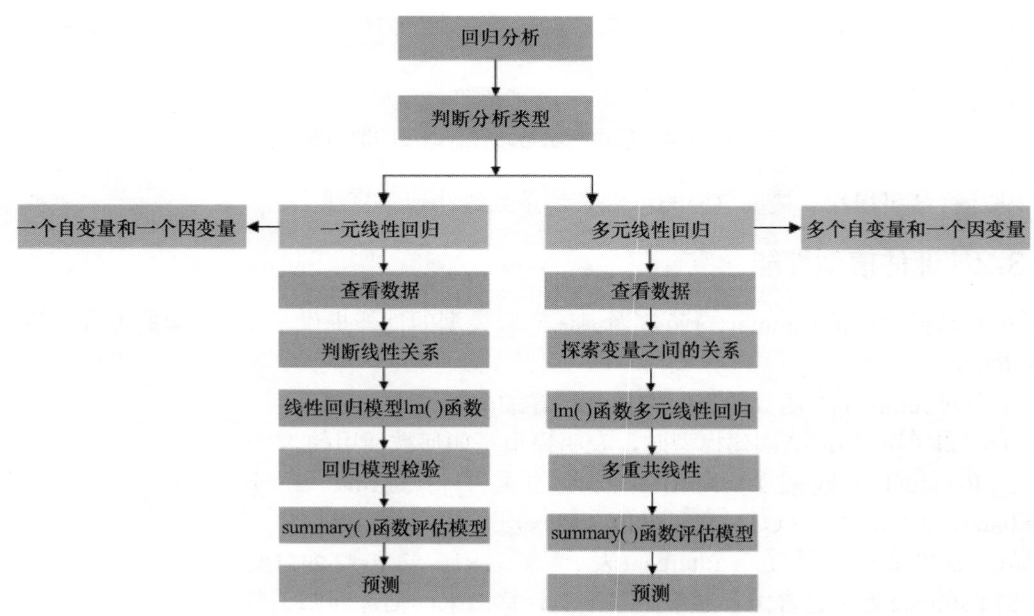

图17.3　回归分析的基本流程

17.3　假设检验

在进行回归分析前，首先应判断变量之间的线性关系，而应用回归模型后还要评估模型的性能，以更好地应用模型进行分析与预测。在进行多元线性回归分析时，还要检验自变量的多重共线性。

17.3.1　线性关系

在进行一元线性回归分析前，首先要确定两个变量之间是否存在线性关系。线性关系用于检验自变量与因变量之间的线性关系，也就是说数据是否分布在一条直线上。检验是否满足线性关系的最简单方法是绘制自变量x与因变量y的散点图，这样可以直观地查看两个变量之间是否存在线性关系。如果图中的点看起来分布在一条直线上，那么这两个变量之间就存在某种类型的线性关系。

例如绘制最高气温与冰红茶销量的散点图，观察最高气温与冰红茶销量的线性关系，示例代码如下：

```
maxtemp <- c(29,28,34,31,25,29,32)
tea <- c(77,64,96,88,56,67,90)
plot(maxtemp,tea)
```

运行程序，结果如图17.4所示。

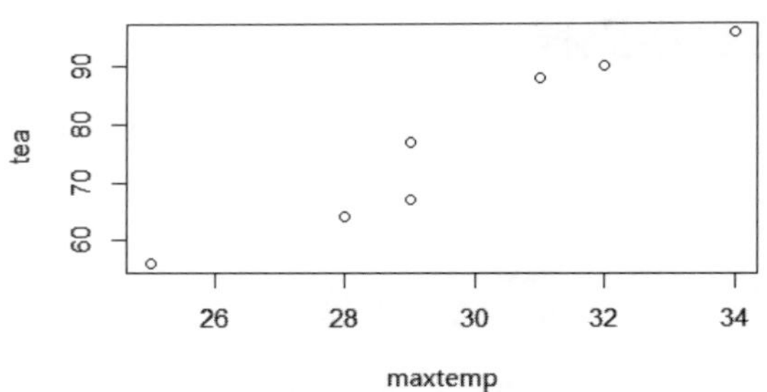

图17.4　最高气温与冰红茶销量的散点图

从运行结果得知：最高气温与冰红茶销量大致在一条直线上。

17.3.2　评估模型性能

在回归模型中的summary()函数为评估回归模型的性能提供了6个关键的方面，例如图17.5所示。

下面对summary()函数的返回结果进行详细的解读。

① Call（调用）：当创建模型时，表明模型是如何被调用的。

② Residuals（残差）：列出了残差的最小值（Min）、1/4分位数（1Q）、中位数（Median）、3/4分位数（Q3）和最大值（Max）。

③ Coefficients（系数）：Intercept表示截距，x1、x2和x3为自变量

☑ Estimate列：包含由普通最小二乘法计算出来的估计回归系数。

☑ Std. Error列：估计的回归系数的标准差。

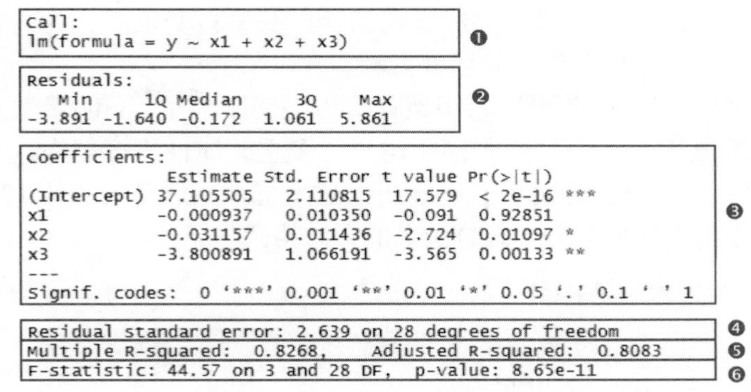
```
Call:
lm(formula = y ~ x1 + x2 + x3)                                ❶

Residuals:
   Min      1Q  Median      3Q     Max                        ❷
-3.891 -1.640 -0.172  1.061  5.861

Coefficients:
             Estimate Std. Error t value Pr(>|t|)
(Intercept) 37.105505   2.110815  17.579  < 2e-16 ***
x1          -0.000937   0.010350  -0.091  0.92851             ❸
x2          -0.031157   0.011436  -2.724  0.01097 *
x3          -3.800891   1.066191  -3.565  0.00133 **
---
Signif. codes:  0 '***' 0.001 '**' 0.01 '*' 0.05 '.' 0.1 ' ' 1

Residual standard error: 2.639 on 28 degrees of freedom       ❹
Multiple R-squared:  0.8268,    Adjusted R-squared:  0.8083   ❺
F-statistic: 44.57 on 3 and 28 DF,  p-value: 8.65e-11         ❻
```

图17.5　summary()函数返回结果

☑ t value列：t统计量。

☑ Pr(>|t|)列：对应t统计量的p值，与预设的0.05进行比较，来判定对应的自变量的显著性，原假设是该系数显著为0，若p<0.05，则拒绝原假设，即对应的变量显著不为0。从图17.5可以看出x2和x3的p<0.05，通过显著性检验，Intercept的p值<0.05，显著。

说明　星号（如“***”）为显著性标记，其中***说明极为显著，**说明高度显著，*说明显著，·说明不太显著，没有记号为不显著。

④ Residual standard error：残差的标准差。

⑤ Multiple R-squared和Adjusted R-squared：Multiple R-Squared表示相关系数的平方，即R^2，用于验证因变量与自变量的相关性程度，Adjusted R-squared表示修正相关系数的平方，这个值会小于R^2，其目的是不轻易作出自变量与因变量相关的判断。它们与p-value存在决定关系，系数显著的时候R^2也会很大。从图17.5可以看出相关系数的平方为0.8268，表示拟合程度良好，这个值越高越好。

⑥ F-statistic：F统计量，也称为F检验，其值越大越显著。p-value表示F统计量对应的p值，用于判断回归方程的显著性检验。从图17.5可以看出p值为p-value: 8.65e-11<0.05，通过显著性检验。

以上内容简单总结如下：

☑ t检验：检验自变量的显著性。

☑ R-squared：查看回归方程拟合程度。

☑ F检验：检验回归方程整体显著性。

如果是一元线性回归方程，t检验和F检验的检验效果是一样的，对应的值也是相同的。

17.3.3　多重共线性检验

在回归分析中，因变量和自变量存在相关关系，但自变量与自变量之间也会存在相关关系，还可能是强相关关系。在回归分析中，如果两个或两个以上自变量之间存在相关性，这种自变量之间的相关性就称作多重共线性，也称作自变量间的自相关性。

在多元线性回归分析中，相比于模型的优化，更为重要的工作是进行多重共线性检验，剔除影响回归模型的多余变量。

方差膨胀因子是用于判别多重共线性的指标，衡量自变量的行为（方差）受其与其他自变量的相互作用、相关性和膨胀的程度影响。

在R语言中可以使用car包的vif()函数计算方差膨胀因子。vif()函数用于计算方差膨胀和广义线性方差膨胀因子。方差膨胀因子越小，多重共线性程度越小，自变量之间相关系越低。反之，方差膨胀因子越大，多重共线性越严重，一般认为大于10时（严格说是5），代表模型存在严重的共线性问题。vif()函数的语法格式如下：

```
vif(model, merge_coef = FALSE)
```

参数说明：

☑ model：模型返回的计算结果变量。

☑ merge_coef：默认值为FALSE，不与模型汇总矩阵的系数合并。

示例代码如下：

```
vif(myfit)
```

说明 有关 vif() 函数详细的应用可参考 17.5.3 节 多元线性回归案例。

17.4 一元线性回归

一元线性回归是当只有一个自变量和一个因变量，且二者的关系可用一条直线近似表示，用于研究因变量Y和一个自变量X之间的关系。下面介绍如何在R语言中应用一元线性回归进行回归分析。

17.4.1 lm()函数

lm()函数是R语言中经常用到的函数，用来拟合线性回归模型。lm()函数使用最小二乘法对线性模型进行估计，是拟合线性模型最基本的函数。

说明 所谓“二乘”就是平方的意思，最小二乘法也称最小平方和，其目的是通过最小化误差的平方和，使得预测值与真值无限接近。

lm()函数主要用于线性回归分析，也可以用于单因素方差分析和协方差分析。语法格式如下：

```
lm(formula, data, subset, weights, na.action, method = "qr", model = TRUE, x = FALSE,
   y = FALSE, qr = TRUE, singular.ok = TRUE, contrasts = NULL, offset, ...)
```

主要参数说明：

☑ formula：是指要拟合的模型的表达式，例如y~x、y~x+1和y~x-1，其中+1表示有截距项，-1指没有截距项，而x表示默认有截距项。另外，“~”符号左边为因变量，右边为各个自变量，多个自变量之间用“+”符号分隔。

说明 更多符号及说明可参考第16章的表16.3。

☑ data：数据框，包含了用于拟合线性回归模型的数据。

lm()函数的返回结果存储在一个列表中，其中包含了大量的拟合模型的信息，可以使用unlist()函数查看，感兴趣的读者可以自行尝试。

【例17.1】 lm()函数实现简单回归分析（实例位置：资源包\Code\17\01）

下面通过一个简单的例子介绍如何使用lm()函数实现简单的一元线性回归分析，例如通过最高气温预测冰红茶销量，运行RStudio，编写如下代码。

```
maxtemp <- c(29,28,34,31,25,29,32)
tea <- c(77,64,96,88,56,67,90)
myfit <- lm(formula = tea~maxtemp)
myfit
```

```
Call:
lm(formula = tea ~ maxtemp)

Coefficients:
(Intercept)      maxtemp
    -69.733        4.933
```

图17.6 lm()函数回归分析结果

运行程序，结果如图17.6所示。

从运行结果得知：Intercept对应的是截距，即-69.733；maxtemp对应的是系数（斜率），即4.933。

那么，截距和系数都有了，就可以根据一元线性回归方程y=ax+b，计算y值，也就是被预测的值（因变量），x为特征（自变量），a为系数，b为截距。

假如未来3天的最高气温为31、34、32，那么冰红茶销量预测值的计算代码如下：

```
maxtemp <- c(31,34,32)
tea1 <- -69.733+4.933*maxtemp1
tea1
```

运行程序，预测销量为[1] 83.190 97.989 88.123。

以上就是lm()函数的简单应用，后续还会介绍实际的应用案例。

17.4.2 predict()函数

17.4.1节预测销量是通过一元线性回归方程计算得出来的，但在R语言中不必那么麻烦，R语言为我们提供了专门的预测函数——predict()函数。

predict()函数用于在新的样本数据上进行预测，语法格式如下：

```
predict(object, newdata, se.fit = FALSE, scale = NULL, df = Inf,
        interval = c("none", "confidence", "prediction"),level = 0.95,
        type = c("response", "terms"),terms = NULL, na.action = na.pass,
        pred.var = res.var/weights, weights = 1, …)
```

主要参数说明：

☑ object：对象，从lm()函数继承类的对象，即lm()函数的返回值。

☑ newdata：可选参数，数据框，用于预测的数据。如果省略，则是数据的拟合值。

☑ df：自由度。

☑ interval：区间计算的类型。值为prediction，则返回在默认置信水平为95%下的置信区间（lwr为区间左端，upr为区间右端）。值为confidence，则返回预测值的预测范围区间。

☑ level：置信水平，默认值为0.95。

☑ type：预测类型。值为response返回预测概率。值为terms返回一个矩阵提供在线性预测下模型公式中每一项的拟合值。

☑ pred.var：未来观测值的方差。
☑ weights：用于预测的方差权重。

【例17.2】 predict()函数实现简单预测（实例位置：资源包\Code\17\02）

下面使用predict()函数实现数据预测，运行RStudio，编写如下代码。

```
# 创建数据框
df <- data.frame(x=c(3, 5, 5, 7, 7, 6, 7, 8, 12, 15),
                 y=c(22, 24, 24, 25, 25, 27, 29, 31, 35, 38))
# 回归分析
myfit <- lm(y ~ x, data=df)
myfit
# 创建新数据
new <- data.frame(x=c(18,22,34))
# 预测结果
predict(myfit, newdata = new)
```

运行程序，结果如图17.7所示。

```
Call:
lm(formula = y ~ x, data = df)

Coefficients:
(Intercept)            x
     17.400        1.413

> # 创建新数据
> new <- data.frame(x=c(18,22,34))
> # 预测结果
> predict(myfit, newdata = new)
       1        2        3
42.84000 48.49333 65.45333
```

图17.7　predict()函数实现简单预测

17.4.3　一元线性回归案例

下面按照线性回归分析的基本流程分析内置数据集women中年龄在30～39之间女性的身高和体重，并通过身高来预测体重，具体过程如下：

（1）查看数据

women数据集是R语言自带的数据集，下面查看该数据集的概况，运行RStudio，编写如下代码。

```
# 导入数据集
data(women)
# 查看数据结构
str(women)
```

运行程序，结果如图17.8所示。

```
'data.frame':	15 obs. of  2 variables:
 $ height: num  58 59 60 61 62 63 64 65 66 67 ...
 $ weight: num  115 117 120 123 126 129 132 135 139 142 ...
```

图17.8　查看数据

从运行结果得知：women数据集包括两个变量15条记录，其中变量height和weight都是数值型，分别表示身高（英寸，1英寸＝2.54厘米）和体重（磅，1磅≈0.45千克）。

（2）判断线性关系

判断线性关系最简单直接的方法就是绘制散点图。下面绘制身高与体重的散点图，查看身高与体重的数据分布情况，从而判断线性关系，主要代码如下：

```
plot(women$height,women$weight,xlab = "身高（英寸）",ylab = "体重（磅）")
```

运行程序，结果如图 17.9 所示。

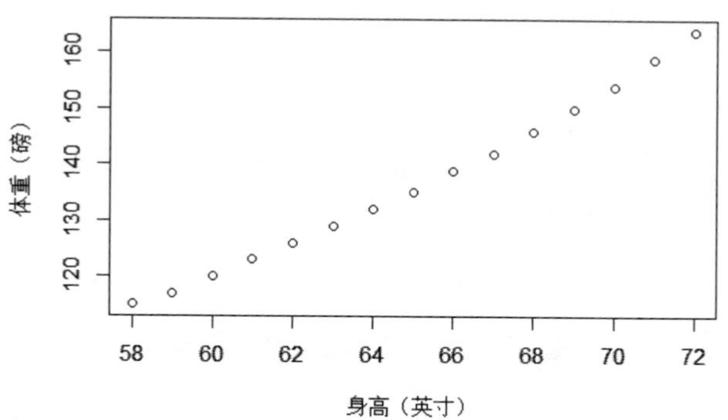

图17.9　身高体重分布散点图

从运行结果得知：身高与体重基本在一条直线上，可以认为两者具有线性关系。

（3）拟合回归模型

下面使用 lm() 函数拟合回归模型得到截距和系数，绘制拟合回归线，主要代码如下：

```
# 回归分析
y <- women$weight
x <- women$height
myfit <- lm(y~x)
myfit
# 绘制拟合回归线
abline(myfit)
```

运行程序，结果如图 17.10 和图 17.11 所示。

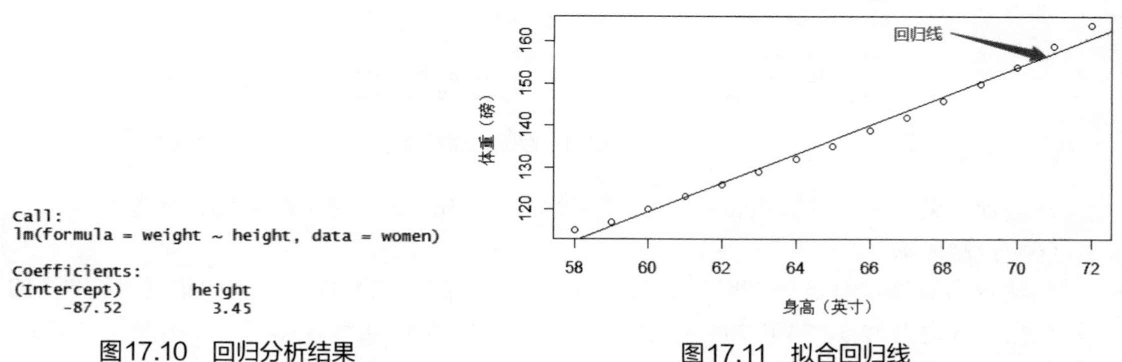

图17.10　回归分析结果　　图17.11　拟合回归线

从运行结果得知：图 17.10 中 Intercept 对应的是截距，即-87.52，height 对应的是系数（斜率），即 3.45。图 17.11 是通过回归分析结果绘制的回归线。

（4）回归模型检验

对于回归模型和回归系数的检验，一般用方差分析或t检验，两者的检验结果是等价的。方差分析主要是针对整个模型的，而t检验是针对回归系数的检验。

使用anova()函数对回归模型进行方差分析，主要代码如下：

```
anova(myfit)
```

运行程序，结果如图17.12所示。

```
Analysis of Variance Table

Response: y
          Df Sum Sq Mean Sq F value    Pr(>F)
x          1 3332.7  3332.7    1433 1.091e-14 ***
Residuals 13   30.2     2.3
---
Signif. codes:
0 '***' 0.001 '**' 0.01 '*' 0.05 '.' 0.1 ' ' 1
```

图17.12 回归模型的检验结果

从运行结果得知：$p<0.05$，回归模型在$p=0.05$的水平下显著，身高和体重存在线性回归关系。

（5）评估模型性能

使用summary()函数评估模型性能，主要代码如下：

```
summary(myfit)
```

运行程序，结果如图17.13所示。

```
Call:
lm(formula = y ~ x)

Residuals:
    Min      1Q  Median      3Q     Max
-1.7333 -1.1333 -0.3833  0.7417  3.1167

Coefficients:
             Estimate Std. Error t value Pr(>|t|)
(Intercept) -87.51667    5.93694  -14.74 1.71e-09 ***
x             3.45000    0.09114   37.85 1.09e-14 ***
---
Signif. codes:  0 '***' 0.001 '**' 0.01 '*' 0.05 '.' 0.1 ' ' 1

Residual standard error: 1.525 on 13 degrees of freedom
Multiple R-squared:  0.991,	Adjusted R-squared:  0.9903
F-statistic:  1433 on 1 and 13 DF,  p-value: 1.091e-14
```

图17.13 回归系数的检验结果

从运行结果得知：x的$p<0.05$，通过显著性检验，Intercept的p值<0.05，显著。

（6）预测体重

既然身高对体重有显著作用，那么就可以通过身高来预测体重。例如新增3名女性的身高数据，分别为72.5、74和76（英寸），然后使用predict()函数预测体重，主要代码如下：

```
# 新增身高数据
new <- data.frame(x=c(72.5,74,76))
# 预测体重
predict(myfit,newdata = new)
```

运行程序，结果如下：

```
   1        2        3
162.6083 167.7833 174.6833
```

17.4.4 predict()函数错误调试

在一元线性回归案例中我们使用了predict()函数，在通过该函数计算预测值时出现了如图17.14所示的警告信息。

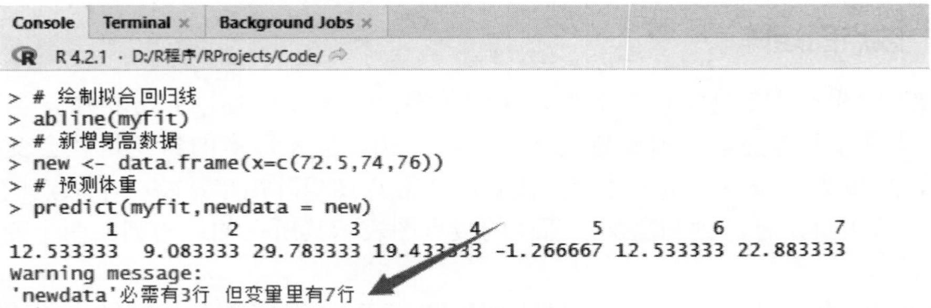

```
Console  Terminal ×  Background Jobs ×
R 4.2.1 · D:/R程序/RProjects/Code/
> # 绘制拟合回归线
> abline(myfit)
> # 新增身高数据
> new <- data.frame(x=c(72.5,74,76))
> # 预测体重
> predict(myfit,newdata = new)
        1         2         3         4         5         6         7
12.533333  9.083333 29.783333 19.433333 -1.266667 12.533333 22.883333
Warning message:
'newdata'必需有3行 但变量里有7行
```

图17.14　警告信息

经过分析得知：自变量使用了不同的名称，例如原始身高数据的变量名称为height，而新增的用来预测体重的身高数据的变量名称为x，出现歧义，因此产生了上述错误。

解决方法：将原始身高数据的变量名称与用来预测体重的身高数据的变量名称保持一致，均设置为x，如图17.15所示。

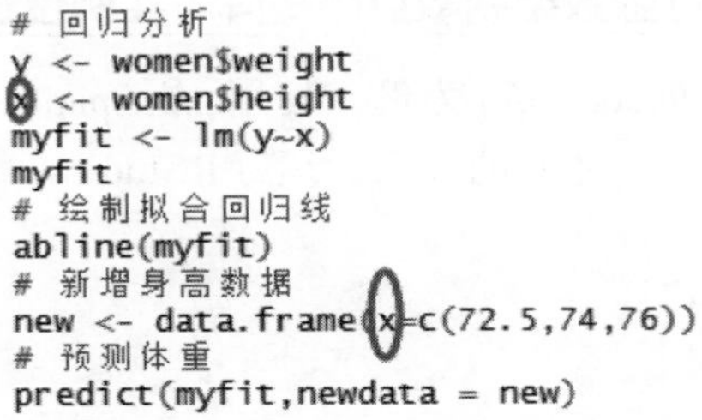

```
# 回归分析
y <- women$weight
x <- women$height
myfit <- lm(y~x)
myfit
# 绘制拟合回归线
abline(myfit)
# 新增身高数据
new <- data.frame(x=c(72.5,74,76))
# 预测体重
predict(myfit,newdata = new)
```

图17.15　代码

大家在使用predict()函数时，也要注意这个问题。

17.5 多元线性回归

多元线性回归是指有两个或两个以上的自变量的回归分析，是研究因变量和多个自变量之间的关系的一种统计方法。通过对变量实际观测的分析、计算，建立因变量与多个自变量的回归方程，经统计检验认为回归效果显著后，便可用于预测与控制。由多个自变量的最优组合共同来预测或估计因变量比只用一个自变量进行预测或估计更有效，更符合实际，因此多元线性回归比一元线性回归的实用意义更大。本节主要介绍在R语言中如何实现多元线性回归分析。

17.5.1 相关系数矩阵

在进行多元线性回归分析前，首要任务是探索数据，确定各个变量之间的关系。通过相关系数矩阵可以快速浏览多个变量之间的关系。在R语言中可以使用cor()函数创建相关系数矩阵。

说明 有关 cor() 函数的详细介绍可参考第 15 章。

17.5.2 散点图矩阵

通过散点图可以直观地观察变量之间的关系。在多元线性回归分析中，当有多个自变量时可以为每个自变量和因变量创建一个散点图，但是过多的自变量就会变得比较繁琐。此时，可以为多个自变量创建散点图矩阵。散点图矩阵简单地将一个散点图集合排列在网格中，其中每个行与列的交叉点所在的散点图表示其所在的行与列的两个变量的相关关系。

在R语言中有很多函数可以绘制散点图矩阵，而pairs()函数是绘制散点图矩阵的基本函数。还有一个更好的方法是psych包中的pairs.panels()函数来创建散点图矩阵。

说明 psych 包属于第三方 R 包，使用前应首先进行安装，安装方法为 install.packages("psych")。

【例17.3】 pairs.panels()函数绘制散点图矩阵（实例位置：资源包\Code\17\03）

下面以R语言自带的数据集state.x77为例，使用pairs.panels()函数为state.x77数据集绘制散点图矩阵，以直观地观察变量之间的关系，运行RStudio，编写如下代码。

```
# 加载程序包
library(psych)
# 导入数据集
data(state.x77)
# 绘制散点图矩阵
pairs.panels(state.x77)
```

运行程序，结果如图17.16所示。

从运行结果得知：在散点图矩阵中，对角线的上方是相关系数矩阵；对角线是直方图，描绘了每个变量的数值分布；对角线的下方是散点图额外的可视化信息，每个散点图中两个变量的相关性由一个椭圆的形状表示，椭圆越被拉伸，其相关性越强。

一个几乎类似于圆的椭圆形，表示非常弱的相关性，例如Population和Illiteracy、Population和HS Grad等。位于椭圆中心的点表示x轴变量的均值和y轴变量的均值所确定的点。散点图中绘制的曲线为局部回归曲线，表示x轴和y轴变量之间的一般关系。

17.5.3 多元线性回归案例

下面按照多元线性回归分析的基本流程分析预测内置数据集mtcars中汽车油耗。该数

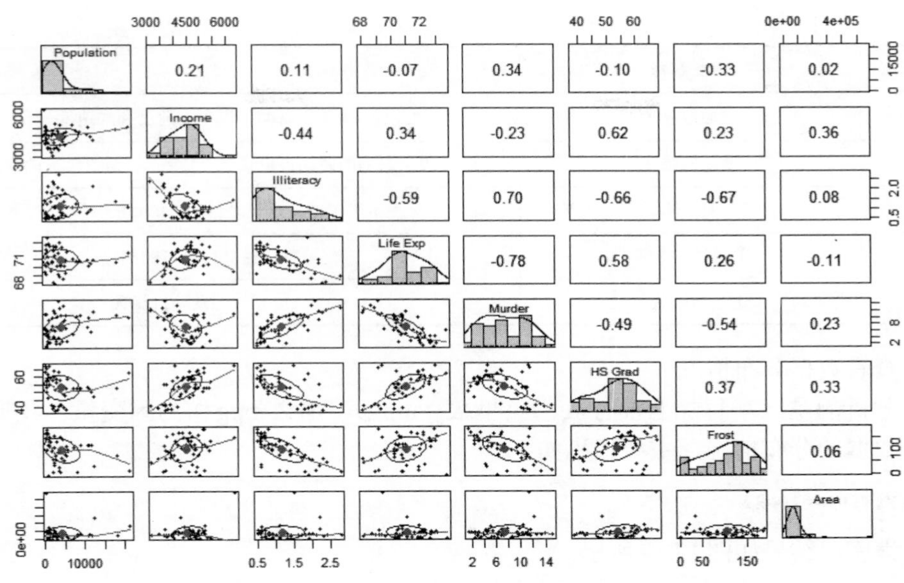

图17.16　pairs.panels()函数绘制散点图矩阵

据集包含了32辆汽车的信息，包括它们的每加仑油英里数、气缸数、排量、总马力和重量等，具体分析过程如下所述。

（1）查看数据

mtcars数据集是R语言自带的数据集，下面查看该数据集的概况，运行RStudio，编写如下代码。

```
# 导入数据集
data(mtcars)
# 查看数据结构
str(mtcars)
# 查看数据
print(mtcars)
```

从运行结果得知：mtcars数据集包含32条数据11个变量，11个变量都是数值型。变量的具体说明如表17.1所示。

表17.1　mtcars数据集

变量	中文解释	说明
mpg	每加仑油英里数	汽车每加仑油行驶的里程（英里数）
cyl	气缸数	功率更大的汽车通常具有更多的汽缸
disp	排量（立方英寸）	发动机气缸的总容积
hp	总马力	汽车产生的功率的量度
drat	后轴比率	驱动轴的转动与车轮的转动如何对应。较高的值会降低燃油效率
wt	重量	重量（1000磅）

续表

变量	中文解释	说明
qsec	加速度	1/4英里时间：汽车的速度和加速度
vs	发动机缸体	表示车辆的发动机形状是“V”形还是更常见的直形
am	变速箱	表示汽车的变速箱是自动（0）还是手动（1）
gear	前进挡的数量	跑车往往具有更多的挡位
carb	化油器的数量	与更强大的发动机相关

（2）查看数据分布情况

既然分析的是汽车每加仑油行驶的英里数（mpg），那么mpg作为因变量，我们来看一看mpg中数据的分布情况，主要代码如下：

```
summary(mtcars$mpg)
```

运行程序，结果如图17.17所示。

```
   Min. 1st Qu.  Median    Mean 3rd Qu.    Max. 
  10.40   15.43   19.20   20.09   22.80   33.90 
```

图17.17　汽车每加仑油行驶的英里数分布情况

从运行结果得知：平均数接近中位数，表明mpg的数据分布比较居中，接下来再通过直方图看一下数据的分布情况，主要代码如下：

```
hist(mtcars$mpg)
```

运行程序，结果如图17.18所示。

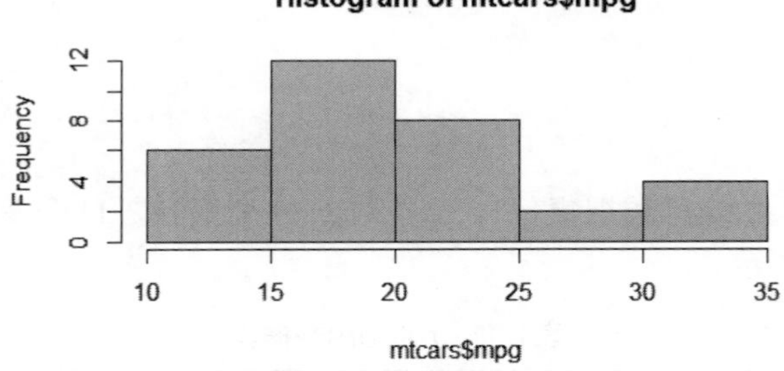

图17.18　直方图查看数据分布

（3）相关系数矩阵

通过相关系数分析变量之间的关系。下面使用cor()函数为mtcars数据集创建一个相关系数矩阵，主要代码如下：

```
cor(mtcars)
```

如果为整个数据集创建相关系数矩阵，可以在cor()函数中直接指定数据集名称；如果只对部分变量创建相关系数矩阵，可以使用向量，例如下面的代码。

```
cor(mtcars[c("mpg","cyl","disp","hp","drat","wt")])
```

运行程序，结果如图 17.19 所示。

```
           mpg        cyl       disp         hp        drat         wt
mpg   1.0000000 -0.8521620 -0.8475514 -0.7761684  0.68117191 -0.8676594
cyl  -0.8521620  1.0000000  0.9020329  0.8324475 -0.69993811  0.7824958
disp -0.8475514  0.9020329  1.0000000  0.7909486 -0.71021393  0.8879799
hp   -0.7761684  0.8324475  0.7909486  1.0000000 -0.44875912  0.6587479
drat  0.6811719 -0.6999381 -0.7102139 -0.4487591  1.00000000 -0.7124406
wt   -0.8676594  0.7824958  0.8879799  0.6587479 -0.71244065  1.0000000
qsec  0.4186840 -0.5912421 -0.4336979 -0.7082234  0.09120476 -0.1747159
vs    0.6640389 -0.8108118 -0.7104159 -0.7230967  0.44027846 -0.5549157
am    0.5998324 -0.5226070 -0.5912270 -0.2432043  0.71271113 -0.6924953
gear  0.4802848 -0.4926866 -0.5555692 -0.1257043  0.69961013 -0.5832870
carb -0.5509251  0.5269883  0.3949769  0.7498125 -0.09078980  0.4276059
            qsec         vs          am       gear        carb
mpg   0.41868403  0.6640389  0.59983243  0.4802848 -0.55092507
cyl  -0.59124207 -0.8108118 -0.52260705 -0.4926866  0.52698829
disp -0.43369788 -0.7104159 -0.59122704 -0.5555692  0.39497686
hp   -0.70822339 -0.7230967 -0.24320426 -0.1257043  0.74981247
drat  0.09120476  0.4402785  0.71271113  0.6996101 -0.09078980
wt   -0.17471588 -0.5549157 -0.69249526 -0.5832870  0.42760594
qsec  1.00000000  0.7445354 -0.22986086 -0.2126822 -0.65624923
vs    0.74453544  1.0000000  0.16834512  0.2060233 -0.56960714
am   -0.22986086  0.1683451  1.00000000  0.7940588  0.05753435
gear -0.21268223  0.2060233  0.79405876  1.0000000  0.27407284
carb -0.65624923 -0.5696071  0.05753435  0.2740728  1.00000000
```

图17.19　相关系数矩阵

从运行结果得知：汽车每加仑油行驶的英里数（mpg）与气缸数（cyl）、排量（disp）、总马力（hp）和重量（wt）负相关很强，与化油器的数量（carb）负相关较弱，与后轴比率（drat）、发动机缸体（vs）、变速箱（am）、前进挡的数量（qear）和加速度（qsec）正相关较弱。

> **说明**　相关系数的绝对值一般在 0.8 以上有强的相关性；0.3 到 0.8 之间，可以认为有弱的相关性；0.3 以下认为没有相关性。

（4）散点图矩阵

通过相关系数矩阵看得不是很直观，接下来将数据可视化，使用 pairs() 函数对 mtcars 数据集绘制散点图矩阵，主要代码如下：

```
pairs(mtcars)
```

运行程序，结果如图 17.20 所示。

虽然散点图矩阵中的散点图非常多，但也大致看出了汽车每加仑油行驶的英里数（mpg）与排量（disp）、总马力（hp）和重量（wt）3 个自变量基本成线性关系。下面使用 pairs.panels() 函数绘制更加详尽的散点图矩阵，主要绘制因变量汽车每加仑油行驶的英里数（mpg）与自变量排量（disp）、总马力（hp）和重量（wt）的散点图矩阵，详细看一下它们之间的线性关系，主要代码如下：

```
# 导入程序包
library(psych)
# pairs.panels()函数绘制散点图矩阵
pairs.panels(mtcars[c("mpg","disp","hp","wt")])
```

图17.20 散点图矩阵1

运行程序，结果如图17.21所示。

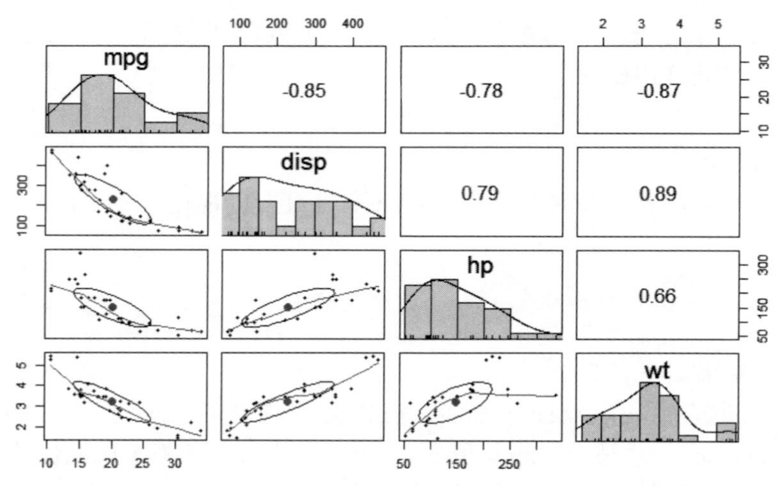

图17.21 散点图矩阵2

从运行结果得知：散点图矩阵大致分为三部分，下面分别进行介绍。

☑ 对角线上方

在散点图矩阵中，对角线上方为相关系数矩阵，汽车每加仑油行驶的英里数与排量、总马力和重量有较强的负相关，也就是说排量、总马力和重量越大，汽车每加仑油行驶的英里数越少，汽车也就越耗油。

☑ 对角线

在散点图矩阵中，对角线为每个变量数值分布的直方图。

☑ 对角线下方

在散点图矩阵中，对角线下方为散点图，每个散点图中的椭圆表示两个变量的相关性，椭圆越扁，变量之间的相关性越强；每个散点图中的曲线为局部回归曲线；每个散点图中位于椭圆中心的点为两个变量均值所确定的点。

（5）使用lm()函数进行多元线性回归

得知了mtcars数据集中变量的相关性，下面使用排量、总马力和重量拟合多元线性回归模型，同样使用lm()函数，主要代码如下：

```
y <- mtcars$mpg
x1 <- mtcars$disp
x2 <- mtcars$hp
x3 <- mtcars$wt
myfit <- lm(y~x1+x2+x3)
myfit
```

运行程序，结果如图17.22所示。

```
Call:
lm(formula = y ~ x1 + x2 + x3)

Coefficients:
(Intercept)           x1           x2           x3
  37.105505    -0.000937    -0.031157    -3.800891
```

图17.22　拟合系数

（6）回归系数检验

使用summary()函数对回归系数进行验证，主要代码如下：

```
summary(myfit)
```

运行程序，结果如图17.23所示。

```
Call:
lm(formula = y ~ x1 + x2 + x3)

Residuals:
   Min     1Q Median     3Q    Max
-3.891 -1.640 -0.172  1.061  5.861

Coefficients:
             Estimate Std. Error t value Pr(>|t|)
(Intercept) 37.105505   2.110815  17.579  < 2e-16 ***
x1          -0.000937   0.010350  -0.091  0.92851
x2          -0.031157   0.011436  -2.724  0.01097 *
x3          -3.800891   1.066191  -3.565  0.00133 **
---
Signif. codes:  0 ‘***’ 0.001 ‘**’ 0.01 ‘*’ 0.05 ‘.’ 0.1 ‘ ’ 1

Residual standard error: 2.639 on 28 degrees of freedom
Multiple R-squared:  0.8268,    Adjusted R-squared:  0.8083
F-statistic: 44.57 on 3 and 28 DF,  p-value: 8.65e-11
```

图17.23　回归模型的结果

从运行结果得知：模型拟合得不是很好。自变量x1（disp）的p值较大为' '，接近1表明其对因变量mpg的作用不显著，没有通过我们的检验。那么，接下来对模型进行修正，首先使用vif()函数检查一下自变量是否存在多重共线性，主要代码如下：

```
library(car)
vif(myfit)
```

运行程序，结果如图17.24所示。

```
      x1       x2       x3
7.324517 2.736633 4.844618
```

图17.24 自变量系数

从运行结果得知：x1（disp）的vif值大于5，因此存在多重共线性。为了不影响预测结果，我们手动将这个变量移除，调整后的代码如下：

```
myfit <- lm(y~x2+x3)
summary(myfit)
```

运行程序，结果如图17.25所示。

```
Call:
lm(formula = y ~ x2 + x3)

Residuals:
   Min     1Q Median     3Q    Max
-3.941 -1.600 -0.182  1.050  5.854

Coefficients:
            Estimate Std. Error t value Pr(>|t|)
(Intercept) 37.22727    1.59879  23.285  < 2e-16 ***
x2          -0.03177    0.00903  -3.519  0.00145 **
x3          -3.87783    0.63273  -6.129 1.12e-06 ***
---
Signif. codes:  0 '***' 0.001 '**' 0.01 '*' 0.05 '.' 0.1 ' ' 1

Residual standard error: 2.593 on 29 degrees of freedom
Multiple R-squared:  0.8268,	Adjusted R-squared:  0.8148
F-statistic: 69.21 on 2 and 29 DF,  p-value: 9.109e-12
```

图17.25 回归模型的结果

从运行结果得知：自变量x2（hp）和x3（wt）对因变量mpg的作用非常显著。

（7）预测

预测新数据，例如总马力（hp）为256，重量（wt）为5.7，预测汽车每加仑油行驶的英里数，主要代码如下：

```
ndata <- data.frame(x2=256,x3=5.7)
predict(myfit,newdata = ndata)
```

运行程序，结果如下：

```
      1
6.98976
```

从运行结果得知：预测的汽车每加仑油行驶的英里数为6.98976。

本章思维导图

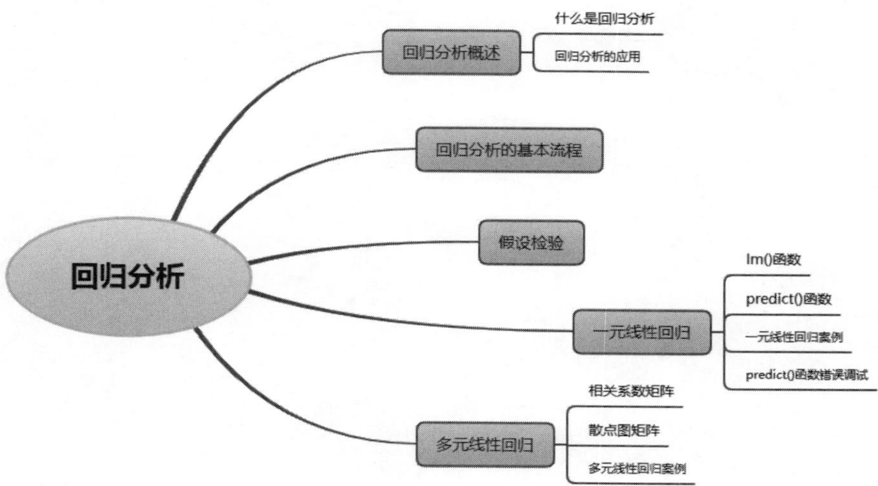
回归分析
回归分析概述
什么是回归分析
回归分析的应用
回归分析的基本流程
假设检验
一元线性回归
lm()函数
predict()函数
一元线性回归案例
predict()函数错误调试
多元线性回归
相关系数矩阵
散点图矩阵
多元线性回归案例